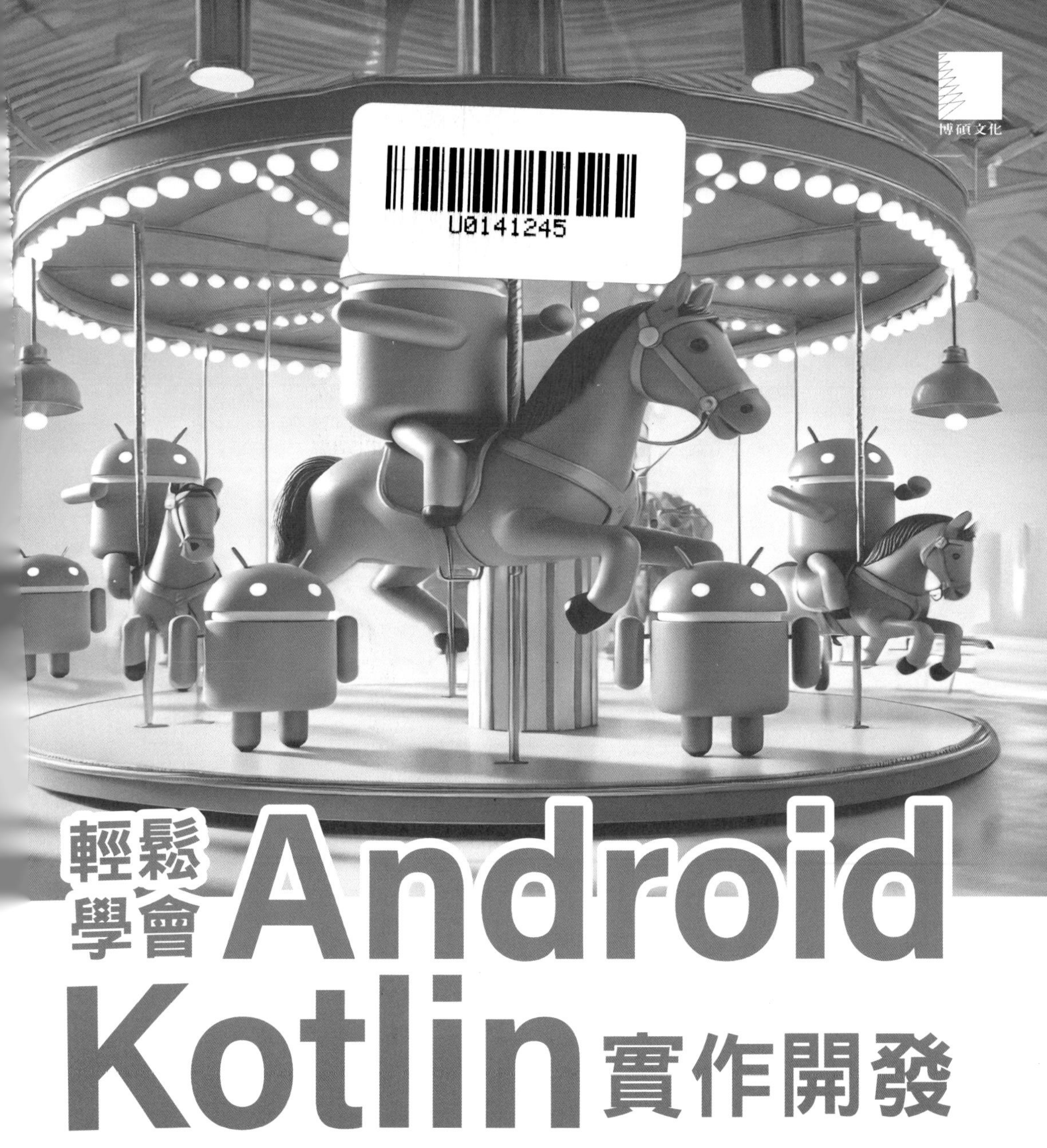

輕鬆學會 Android Kotlin 實作開發

精心設計24個Lab讓你快速上手 第三版

黃士嘉、麥光廷 著

- ☑ 循序漸進學習Android程式設計
- ☑ 實作與應用Android Studio與Kotlin
- ☑ 深入理解Android開發核心技術

使用
Android Studio Koala
& Android 14 & Kotlin

輕鬆學會 Android Kotlin 實作開發
精心設計 24 個 Lab 讓你快速上手

作　　者：黃士嘉、麥光廷
責任編輯：曾婉玲

董 事 長：曾梓翔
總 編 輯：陳錦輝

出　　版：博碩文化股份有限公司
地　　址：221 新北市汐止區新台五路一段 112 號 10 樓 A 棟
　　　　　電話 (02) 2696-2869　傳真 (02) 2696-2867

郵撥帳號：17484299　戶名：博碩文化股份有限公司
博碩網站：http://www.drmaster.com.tw
讀者服務信箱：dr26962869@gmail.com
讀者服務專線：(02) 2696-2869 分機 238、519
（週一至週五 09:30 ～ 12:00；13:30 ～ 17:00）

版　　次：2024 年 8 月第三版

建議零售價：新台幣 720 元
I S B N：978-626-333-946-0（平裝）
律師顧問：鳴權法律事務所 陳曉鳴 律師

國家圖書館出版品預行編目資料

輕鬆學會 Android Kotlin 實作開發：精心設計 24 個 Lab 讓你快速上手 / 黃士嘉，麥光廷著 . -- 第三版 . -- 新北市：博碩文化股份有限公司，2024.08
　面；　公分

ISBN 978-626-333-946-0(平裝)

1.CST: 系統程式 2.CST: 電腦程式設計

312.52　　　　113011693

Printed in Taiwan

博 碩 粉 絲 團

序言

Google在2017年的I/O開發者大會中，正式宣布指定Kotlin為Google官方指定開發Android App的一級開發語言（First-class language）。筆者任教於國立台北科技大學電子工程系，開設「應用軟體設計實習」Android課程超過10年，觀察到Kotlin程式語言的開發是未來的重要趨勢，這主要是因為Kotlin具有比Java語法更安全、更簡潔、更清晰、更收斂及更直覺的特性，編譯速度也比Java更快，並且完全兼容Java 6及更高版本。Android Studio也提供了完善的Kotlin開發環境，因此筆者將Kotlin程式語言在開發Android App的觀念和技術整理成書，希望能帶領讀者從零開始，在實作中學習，透過精心設計的Lab，讓讀者可以快速上手。

本書第一版及第二版分別在2019及2021年出版，在博客來網路商城熱賣，長期榮登手機APP程式開發類第一名。在第三版中，我們延續前兩版實作的精髓，全面翻新內容，以當前最新的Android Studio Koala為主要的開發環境，增加了Android開發的進階技巧，包含「ViewModel與LiveData」、「ViewBinding與DataBinding」、「協程Coroutines」及「Room資料庫」，讓讀者輕鬆學習到最新的Android開發知識。

筆者和所領導的多媒體系統實驗室團隊，共同研發「iTalkuTalk：AI學習語言與文化交流社群」和「BlueNet交通大平台」系統，在Google Play商店，榮獲超過4.8顆星和4.6顆星的評價，其中「iTalkuTalk：AI學習語言與文化交流社群」在2024年下載量超過100萬，提供母語人士語言學習影片約8000片、人工智慧互動口語練習約8萬句，App最佳排名第一名，截至2024年6月，已經累積超過210個國家使用，累積註冊活躍會員超過27萬人，包括：越南活躍會員約9萬人、台灣活躍會員約7萬人、中南美洲活躍會員約5萬人。我們也在「iTalkuTalk：AI學習語言與文化交流社群」APP中，首創真人學伴配對學習，多人競賽學習模式，讓學習語言更具真實性和趣味性。

本書共有24個Lab：「Lab0：版本控制」、「Lab1：Android環境建置與專案架構」、「Lab2：介面設計與元件佈局」、「Lab3：物件控制與事件監聽」、「Lab4：Activity」、「Lab5：Fragment」、「Lab6：訊息提示元件」、「Lab7：清單元件」、「Lab8：進階清單元件」、「Lab9：同步與非同步執行」、「Lab10：動畫製作」、「Lab11：多媒體應用」、「Lab12：Service」、「Lab13：BroadcastReceiver」、「Lab14：Google Maps」、「Lab15：SQLite」、「Lab16：ContentProvider」、「Lab17：網路應用程式」、「Lab18：通知訊息」、「Lab19：人工智慧」、「Lab20：ViewModel與LiveData」、「Lab21：ViewBinding與DataBinding」、「Lab22：協程Coroutines」、「Lab23：Room資料庫」，從最基本的版

本控制、介面設計與元件認識開始，逐步進入本地端資料庫、API 串接及推播等應用，最終涵蓋了用手機運行人工智慧（AI）訓練模型的內容。此外，本書還包含了 ViewModel 與 LiveData、ViewBinding 與 DataBinding、協程 Coroutines 及 Room 資料庫等進階主題。透過這些從簡單到深入的學習路徑，讓讀者能快速掌握 Kotlin Android App 開發的完整技巧。

黃士嘉 謹識

國立台北科技大學電子工程系 教授

加拿大 McGill University 國際客座教授

加拿大 Ontario Tech University 國際客座教授

IEEE Broadcasting Technology Society 台灣分會會長

IEEE Sensors Journal 期刊編輯

IEEE Open Journal of the Computer Society 期刊編輯

Electronic Commerce Research and Applications 期刊編輯

目錄

00 |CHAPTER| 版本控制

0.1 版本控制工具 002

0.1.1 Git 002

0.1.2 GitHub 003

0.2 實戰演練：Git 與 GitHub 操作 011

0.2.1 安裝 Git 操作工具：Git Bash 011

0.2.2 註冊 GitHub 帳號與建立遠端資料庫 018

0.2.3 練習 Git 與 GitHub 的基本使用情境 022

0.3 參考資料：Git 常用指令 029

0.4 書附範例專案 034

01 |CHAPTER| Android 環境建置與專案架構

1.1 Android 環境建置 036

1.1.1 開發環境：Android Studio 036

1.1.2 建立應用程式專案 039

1.1.3 建立模擬器 045

1.1.4 執行應用程式專案 049

1.2 Android 專案架構 050

1.2.1 應用程式設定目錄：manifests 051

1.2.2 類別目錄：java 054

1.2.3 資源目錄：res 055

1.2.4 自動化建構工具：Gradle 059

02 |CHAPTER| 介面設計與元件佈局

2.1 版面配置 064

2.1.1 介面設計 064

2.1.2 佈局元件 067

2.1.3 視窗元件 072

2.2 實戰演練：猜拳遊戲介面設計 075

2.2.1 元件佈局與排版 076

03 |CHAPTER| 物件控制與事件監聽

3.1 綁定元件與監聽事件 084

3.1.1 元件綁定 084

3.1.2 事件監聽 088

3.2 實戰演練：猜拳遊戲程式設計 090

3.2.1 事件監聽與判斷 092

04 |CHAPTER| Activity

4.1 Activity 096

4.1.1 建立 Activity 096

4.1.2 畫面轉換 099

4.1.3 傳遞單筆資料至下一個畫面 100

4.1.4 傳遞多筆資料至下一個畫面 101

4.1.5 回傳資料至上一個畫面 102

4.2 實戰演練：點餐系統 105

4.2.1 介面設計 106

4.2.2 程式設計 112

05 |CHAPTER| Fragment

5.1 Fragment........116

5.1.1 生命週期........117

5.1.2 日誌........119

5.1.3 建立 Fragment........121

5.1.4 滑動頁面：ViewPager2........124

5.2 實戰演練：生命週期觀測........128

5.2.1 介面設計........128

5.2.2 程式設計........134

06 |CHAPTER| 訊息提示元件

6.1 提示訊息........146

6.1.1 Toast........146

6.1.2 Snackbar........146

6.1.3 AlertDialog........147

6.2 實戰演練：訊息提示與互動........151

6.2.1 介面設計........152

6.2.2 程式設計........154

07 |CHAPTER| 清單元件

7.1 清單........160

7.1.1 Adapter 介紹........160

7.1.2 Adapter 使用........161

7.1.3 Adapter 客製化........162

7.1.4 清單元件類型........166

7.2 實戰演練：購物清單 168
7.2.1 介面設計 168
7.2.2 程式設計 173

08 |CHAPTER| 進階清單元件

8.1 View 的重複利用 178
8.1.1 ViewHolder 介紹 178
8.1.2 使用 ViewHolder 179
8.1.3 RecyclerView 180
8.2 實戰演練：通訊錄 183
8.2.1 介面設計 184
8.2.2 程式設計 189

09 |CHAPTER| 同步與非同步執行

9.1 非同步執行 194
9.1.1 執行緒 194
9.1.2 非同步執行方法：Thread 196
9.2 實戰演練：龜兔賽跑 198
9.2.1 介面設計 199
9.2.2 程式設計 202
9.3 實戰演練：體位檢測機 205
9.3.1 介面設計 206
9.3.2 程式設計 212

10 |CHAPTER| 動畫製作

10.1 動畫 216

10.1.1 逐格動畫 217

10.1.2 補間動畫 219

10.2 實戰演練：動畫製作 223

10.2.1 介面設計 224

10.2.2 程式設計 228

11 |CHAPTER| 多媒體應用

11.1 多媒體 232

11.1.1 多媒體錄製器：MediaRecorder 232

11.1.2 多媒體播放器：MediaPlayer 234

11.1.3 相機 236

11.1.4 權限請求 237

11.2 實戰演練：錄音播放器 239

11.2.1 介面設計 240

11.2.2 程式設計 242

11.3 實戰演練：影像擷取器 247

11.3.1 介面設計 247

11.3.2 程式設計 249

12 |CHAPTER| Service

12.1 Service 252

12.1.1 建立 Service 252

12.1.2 啟動 Service 254

12.2 實戰演練：背景彈出應用 256
12.2.1 介面設計 257
12.2.2 程式設計 259

13 |CHAPTER| BroadcastReceiver

13.1 BroadcastReceiver 262
13.1.1 Listener 與 BroadcastReceiver 262
13.1.2 靜態註冊 BroadcastReceiver 263
13.1.3 動態註冊 BroadcastReceiver 267
13.2 實戰演練：廣播電台 270
13.2.1 介面設計 270
13.2.2 程式設計 273

14 |CHAPTER| Google Maps

14.1 Google Maps 278
14.1.1 建立地圖 279
14.1.2 顯示目前位置 280
14.1.3 標記地圖 283
14.1.4 移動地圖視角 284
14.1.5 繪製地圖線段 285
14.2 實戰演練：地圖應用 286
14.2.1 Google API 金鑰申請 287
14.2.2 匯入 Google Maps 函式庫 294
14.2.3 程式設計 300

15 SQLite
|CHAPTER|

15.1 SQLite 資料庫 304

15.1.1 建立 SQLiteOpenHelper 304

15.1.2 資料庫結構與設計 306

15.1.3 資料庫語法與應用 308

15.2 實戰演練：圖書管理系統 313

15.2.1 介面設計 315

15.2.2 程式設計 319

16 ContentProvider
|CHAPTER|

16.1 ContentProvider 324

16.1.1 建立 ContentProvider 324

16.1.2 提供與解析 ContentProvider 327

16.2 實戰演練：圖書管理主從系統 329

16.2.1 圖書管理主系統介面設計 332

16.2.2 圖書管理主系統程式設計 336

16.2.3 圖書管理子系統介面設計 341

16.2.4 圖書管理子系統程式設計 345

17 網路應用程式
|CHAPTER|

17.1 API 350

17.1.1 HTTP 通訊協定 350

17.1.2 JSON 353

17.1.3 OkHttp 356

17.2 實戰演練：空氣品質查詢系統 359

17.2.1 介面設計......360
17.2.2 匯入 GSON 及 OkHttp 函式庫......362
17.2.3 程式設計......362

18 |CHAPTER| 通知訊息

18.1 通知與推播......368
18.1.1 建立通知......368
18.1.2 Firebase......371
18.1.3 雲端訊息......375
18.2 實戰演練：廣告活動系統......376
18.2.1 介面設計......376
18.2.2 連結 Firebase Cloud Messaging......378
18.2.3 程式設計......384
18.2.4 發送 Firebase Cloud Messaging......387

19 |CHAPTER| 人工智慧

19.1 人工智慧與機器學習......394
19.1.1 機器學習流程......394
19.1.2 ML Kit......395
19.2 實戰演練：智慧相機......396
19.2.1 介面設計......397
19.2.2 匯入 ML Kit 函式庫......399
19.2.3 程式設計......399

20 ViewModel 與 LiveData
|CHAPTER|

20.1 ViewModel 404

20.1.1 ViewModel 的生命週期 405

20.1.2 建立與使用 ViewModel 406

20.2 LiveData 410

20.2.1 使用 LiveData 觀察資料變化 411

20.3 實戰演練：註冊介面應用 413

20.3.1 介面設計 414

20.3.2 程式設計 418

21 ViewBinding 與 DataBinding
|CHAPTER|

21.1 元件綁定方式 424

21.1.1 ViewBinding 使用方式 424

21.1.2 DataBinding 使用方式 431

21.2 實戰演練：計算機應用 441

21.2.1 啟用 DataBinding 442

21.2.2 介面設計 443

21.2.3 程式設計 447

22 協程框架
|CHAPTER|

22.1 協程 456

22.1.1 協程的使用方式 457

22.1.2 其他協程概念 462

22.2 資料流 467

22.2.1 資料流的運算子 470

22.2.2 冷流與熱流 474

22.3 實戰演練：倒數計數器應用 479

22.3.1 啟用 DataBinding 及引用 Lifecycle 函式庫 480

22.3.2 介面設計 481

22.3.3 程式設計 485

23 |CHAPTER| Room 資料庫

23.1 Room 資料庫 492

23.1.1 建立 Room 資料庫 493

23.1.2 Room 資料庫的操作 498

23.1.3 Room 常用註解 502

23.2 實戰演練：記事本應用 508

23.2.1 啟用 DataBinding 及引用相關函式庫 510

23.2.2 介面設計 512

23.2.3 程式設計 522

版本控制

學習目標

- ❑ 了解版本控制行為、Git 工具及 GitHub 遠端資料庫平台
- ❑ 了解常用的 Git 指令以及其功能
- ❑ 實際練習 Git 與 GitHub 的基本使用情境

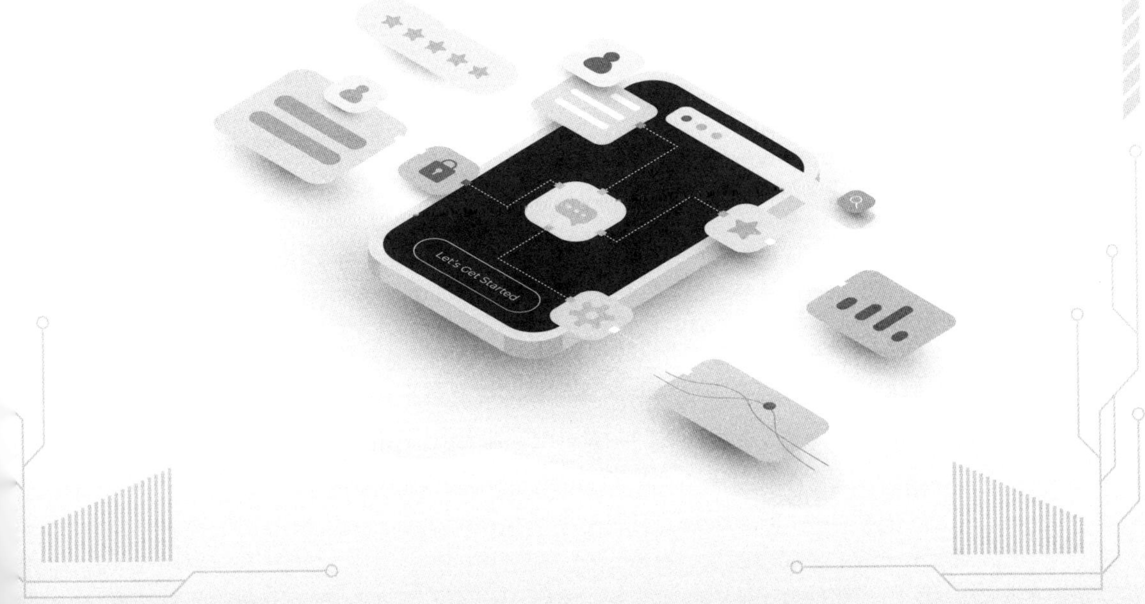

0.1 版本控制工具

在編輯檔案時，為了確保資料修改後能恢復到編輯前的狀態，通常會複製編輯前的檔案，並透過日期編號為該版本命名，如原始檔案為 txt 的純文字檔，經過多次的版本修改後可能變為圖 0-1。

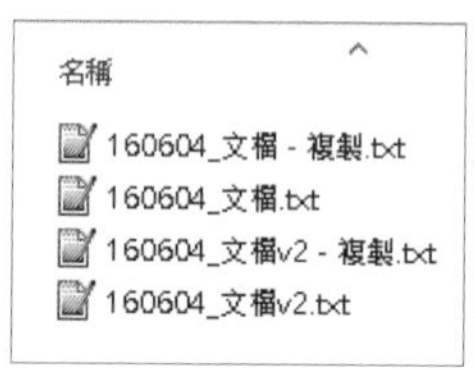

圖 0-1　雜亂的檔案管理

當需要還原時，才發現這樣的命名方式完全無助於找回想要還原的版本，不僅不記得修改過的內容，還難以比較檔案之間的差異。在多人的開發團隊中，與他人共同開發一個程式也經常發生這樣的情形，如果採用這種命名方式，會花費更多額外的時間，且不易管控版本。

因此，做好版本控制相當重要，如圖 0-2 所示，版本控制是系統開發的標準作法，它能系統化管理備份資料，讓開發者從開始到結案，完整追蹤開發過程。此外，版本控制也能在開發過程中，確保不同人都能編輯相同的程式，藉此達到多方同步的目的。

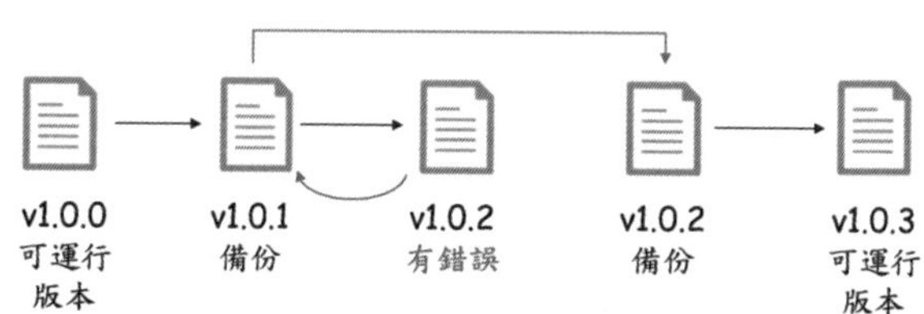

圖 0-2　透過版本控制保留檔案備份

0.1.1　Git

Git 為分散式的版本控制系統，可將檔案每一次的變更狀態儲存為歷史紀錄，如圖 0-3 所示。我們可以透過版本控制軟體，將編輯過的檔案復原到指定的歷史紀錄，也能顯示編輯前與編輯後的內容差異。個人的開發過程只需要使用 Git，就足以達成版本控制的目的，但是要與多人合作開發時，就需要借助遠端資料庫來做管理。

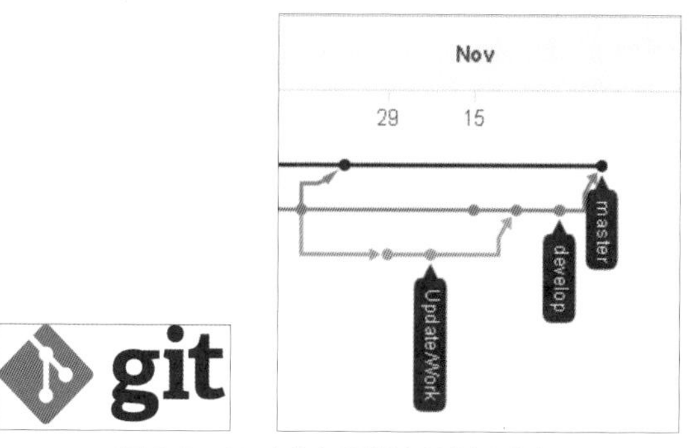

圖 0-3　Git（左）與版本控制（右）

0.1.2　GitHub

GitHub 是一個透過 Git 進行版本控制的遠端資料庫，它提供雲端平台作為程式碼存放與共享，是目前世界上最大的程式碼存放平台。

如圖 0-4 所示，GitHub 最主要的功能是將位於電腦端經由 Git 操作後的歷史紀錄備份或分享至雲端，除了允許個人或團體建立、存取資料庫外，也提供圖形化介面協助軟體開發，使用者可透過平台查看其他使用者的動態或程式碼，也可以對其提出意見與評價。

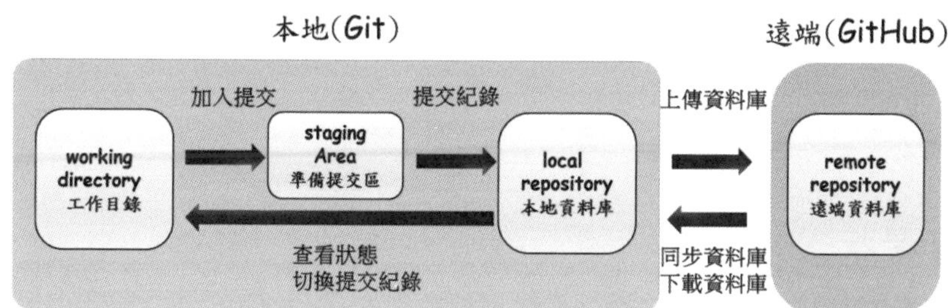

圖 0-4　使用 Git 備份資料到 GitHub

❏ working directory（工作目錄）

「工作目錄」為存放要被版本控制的檔案資料夾。我們可以選擇一個普通的資料夾，並在其內部建立 Git 資料庫，就能將該資料夾變成工作目錄。

❏ staging area（準備提交區）

「準備提交區」用於記錄將要被提交的資料。當在工作目錄下的檔案有更動，且我們希望提交更動的內容，就會將這些資料存入準備提交區，此狀態下僅標記要被提交的檔案，尚未將檔案進行提交。

❑ local repository（本地資料庫）

即自己電腦端上的資料庫。當確定好所有要提交的資料都加入準備提交區後，可將準備提交區的資料進行提交，提交後的資料會被記錄成一個提交紀錄保存於資料庫中。

❑ remote repository（遠端資料庫）

即遠端伺服器上的資料庫。當本地資料備齊後，可透過上傳將資料保存到遠端資料庫，也可以反過來將遠端資料庫的紀錄下載或進行同步。

建立本地資料庫

建立本地資料庫前，必須先選擇工作目錄，並在該工作目錄下輸入「git init」指令來產生資料庫。

```
$ git init
```

執行指令後，目錄下會產生一個「.git」的資料夾，即為本地資料庫，如圖 0-5 所示。若使用 Git 的控制台查看此目錄，會發現路徑後增加了一個 [master] 的標籤，表示有偵測到資料庫，如圖 0-6 所示。

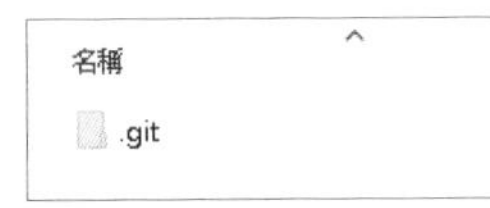

圖 0-5　目錄中的 .git 目錄

```
C:\Users\black\Documents\GitHub\MyProject> git init
Initialized empty Git repository in C:/Users/black/Documents/GitHub/MyProject/.git/
C:\Users\black\Documents\GitHub\MyProject [master]>
```

圖 0-6　[master] 標籤

查看狀態

建立資料庫後，當工作目錄有更動，例如：增加新的檔案或原本既有的檔案有變動，我們可輸入「git status」指令來查看更動過的資料，如圖 0-7 所示。

```
$ git status
```

圖 0-7　工作目錄

在目錄中增加了四個檔案後執行指令，會發現控制台中以紅色字列出有更動過的檔案，且 [master] 標籤多了一段紅色數字，表示偵測到有異動的檔案個數，如圖 0-8 所示。

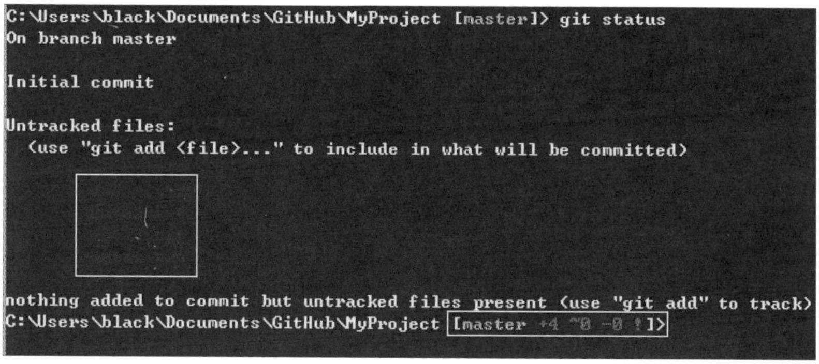

```
C:\Users\black\Documents\GitHub\MyProject [master]> git status
On branch master

Initial commit

Untracked files:
  (use "git add <file>..." to include in what will be committed)

nothing added to commit but untracked files present (use "git add" to track)
C:\Users\black\Documents\GitHub\MyProject [master +4 ~0 -0 !]>
```

圖 0-8　查看目錄中更動過的檔案

加入提交

在記錄檔案版本之前，我們需要先將異動的資料放入準備提交區。我們可輸入「git add」指令，將特定檔案加入準備提交區，也可使用「git add .」指令加入所有檔案。

```
$ git add 檔案名稱或 git add .
```

執行指令後，會發現 [master] 標籤變為綠色，這表示先前的這些檔案已經被加入準備提交區，如圖 0-9 所示。

```
C:\Users\black\Documents\GitHub\MyProject [master +4 ~0 -0 !]> git add .
C:\Users\black\Documents\GitHub\MyProject [master +4 ~0 -0 ~]>
```

圖 0-9　加入檔案變更提交

提交紀錄

若想把準備提交區的檔案儲存到資料庫中，需要執行提交（Commit）。我們可輸入「git commit」指令，將準備提交區的資料做提交。

執行提交時須附加提交訊息，簡單易懂的提交訊息能使尋找紀錄時快速了解該紀錄所做的更動，如圖 0-10 所示，加上「Initial commit」的訊息讓開發者辨識。如果沒有輸入提交訊息就執行提交，會出現提交失敗的訊息。

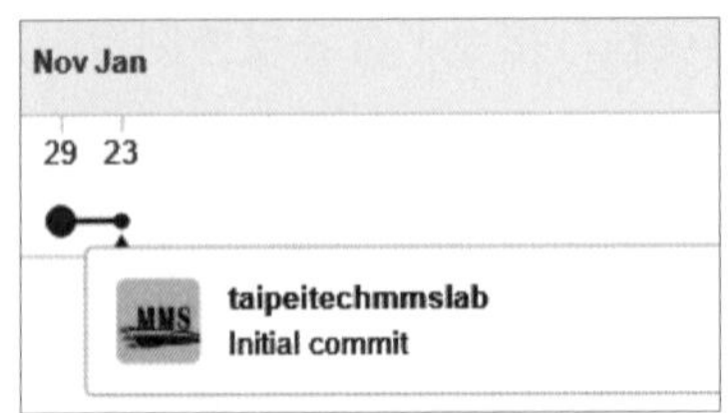

圖 0-10　GitHub 上的提交訊息

在 git commit 後面加上 -m 的語法，可以輸入提交訊息。

```
$ git commit -m "說明文字"
```

這步驟會將修改的內容做紀錄保存，如圖 0-11 所示。當標籤後的綠色文字消失，代表工作目錄與本地資料庫已經同步。

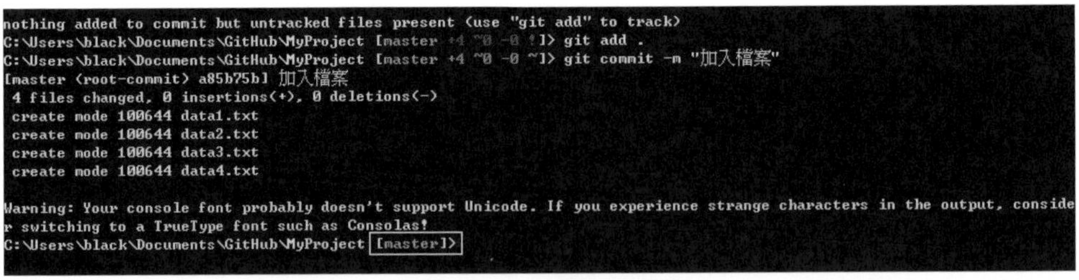

```
nothing added to commit but untracked files present (use "git add" to track)
C:\Users\black\Documents\GitHub\MyProject [master +4 ~0 -0 !]> git add .
C:\Users\black\Documents\GitHub\MyProject [master +4 ~0 -0 ~]> git commit -m "加入檔案"
[master (root-commit) a85b75b] 加入檔案
 4 files changed, 0 insertions(+), 0 deletions(-)
 create mode 100644 data1.txt
 create mode 100644 data2.txt
 create mode 100644 data3.txt
 create mode 100644 data4.txt

Warning: Your console font probably doesn't support Unicode. If you experience strange characters in the output, consider switching to a TrueType font such as Consolas!
C:\Users\black\Documents\GitHub\MyProject [master]>
```

圖 0-11　加入提交紀錄

建立遠端資料庫

事先註冊好 GitHub 帳號，在上傳至遠端資料庫前，若遠端沒有資料庫，須先建立一個資料庫，如圖 0-12、0-13 所示。

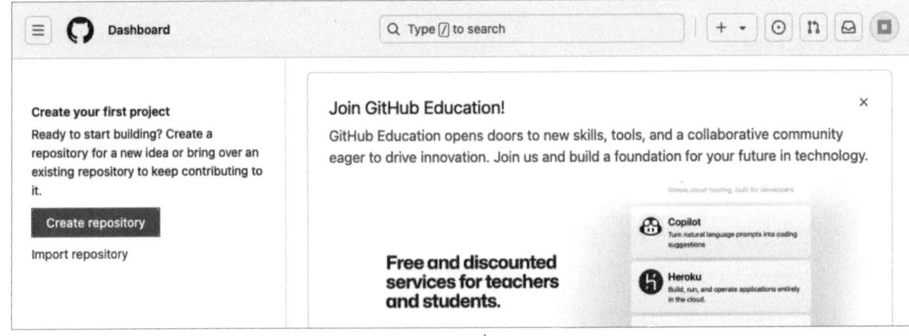

圖 0-12　點選「Create repository」按鈕

Create a new repository
A repository contains all project files, including the revision history. Already have a project repository elsewhere?
Import a repository.
Required fields are marked with an asterisk (*).
Owner *
Repository name *
MyProject
MyProject is available.
Great repository names are short and memorable. Need inspiration? How about silver-sniffle ?
Description (optional)
Public
Anyone on the internet can see this repository. You choose who can commit.
Private
You choose who can see and commit to this repository.
Initialize this repository with:
Add a README file
This is where you can write a long description for your project. Learn more about READMEs.
Add .gitignore
.gitignore template: None
Choose which files not to track from a list of templates. Learn more about ignoring files.
Choose a license
License: None
A license tells others what they can and can't do with your code. Learn more about licenses.
You are creating a public repository in your personal account.
Create repository

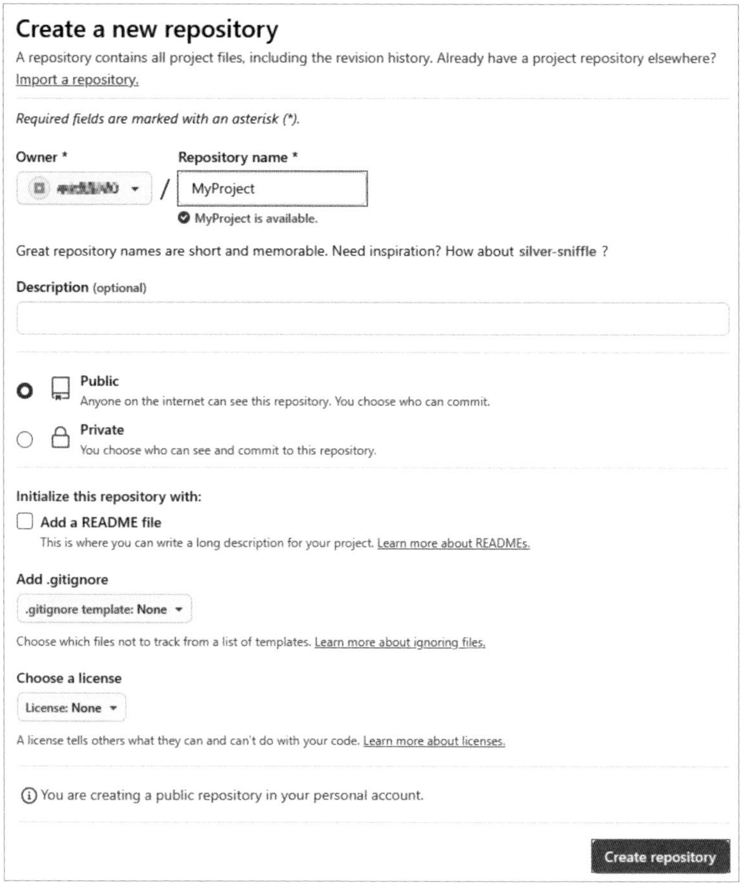

圖 0-13　輸入專案名稱並按下「Create repository」按鈕

建立資料庫後，會產生此資料庫的連結，之後上傳資料時會需要，如圖 0-14 所示。

Quick setup — if you've done this kind of thing before
Set up in Desktop
or
HTTPS
SSH
Get started by creating a new file or uploading an existing file. We recommend every repository include a README, LICENSE, and .gitignore.
...or create a new repository on the command line
echo "# MyProject" >> README.md
git init
git add README.md
git commit -m "first commit"
git branch -M main
git push -u origin main

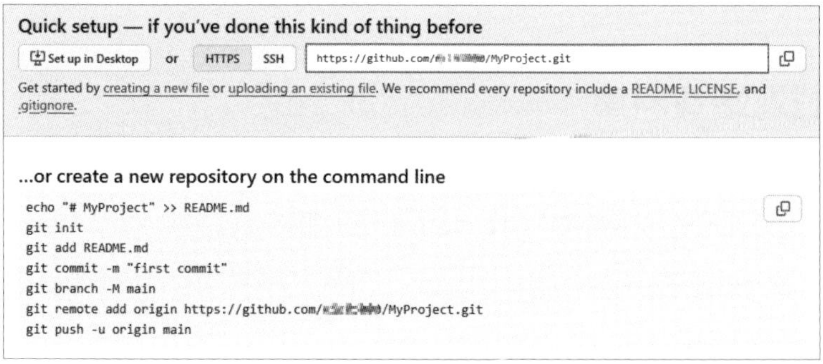

圖 0-14　GitHub 資料庫連結

上傳到遠端資料庫

當需要與他人共享本地資料或備份資料時，需要將資料庫上傳。輸入「git remote」指令，以連結遠端資料庫，並附上資料庫的連結，如圖 0-15 所示。

```
$ git remote add origin 資料庫連結
```

```
[master]> git remote add origin https://github.com/          /MyProject.git
```

圖 0-15　連結遠端資料庫

然後輸入「git push」指令，將資料上傳至遠端資料庫，如圖 0-16 所示。

```
$ git push origin 標籤名稱
```

```
tHub\MyProject [master]> git push origin master
```

圖 0-16　上傳資料到遠端資料庫

同步遠端資料庫

在多人開發時，若他人更新了 GitHub 上的專案，會使本地與遠端的資料不同步，此時需要將 GitHub 上的資料下載並更新本地端。若本地端已有相對應的遠端資料庫，則可輸入「git pull」指令，將本地端與遠端進行同步，如圖 0-17 所示。

```
$ git pull origin 標籤名稱
```

```
GitHub\MyProject [master]> git pull origin master
```

圖 0-17　從遠端資料庫同步資料到本地

下載遠端資料庫

若本地端無資料庫，則無法藉由同步的方式取得資料，而是必須將遠端的資料庫下載至本地端，為達此目的，應輸入「git clone」指令，如圖 0-18 所示。

```
$ git clone 資料庫連結
```

```
s\GitHub> git clone https://github.com/          /MyProject.git
```

圖 0-18　下載遠端資料庫

查看本地資料庫

當需要查看本地資料庫中的所有提交紀錄時，可輸入「gitk」指令來啟動 Git 的圖形化介面做查看，如圖 0-19 所示。

```
$ gitk
```

圖 0-19　Git 圖形化介面

版本紀錄是以時間先後順序來儲存，於圖 0-19 可看到由下往上生長的樹狀圖，每次提交都會產生出新的節點，每一個節點都代表一次的版本紀錄。

為了區分每一個提交紀錄，系統會自動產生一組對應的識別碼來為紀錄命名，識別碼會以不重複的四十位英文數字來表示，如圖 0-20 所示。只要指定識別碼，就能在資料庫中找到對應的提交紀錄。

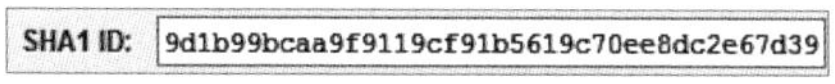

SHA1 ID: 9d1b99bcaa9f9119cf91b5619c70ee8dc2e67d39

圖 0-20　SHA1 識別碼

執行提交後，資料庫會進行內容比較，並顯示上次提交的紀錄與現在紀錄的差異。右下角會顯示此提交紀錄中有被更動的檔案，左下角則顯示該提交紀錄所更動的檔案與前一版的差異，黑色文字是未更動的內容，紅色文字是移除掉的內容，綠色文字則是新增的內容。

 切換提交紀錄

在開發的過程中，若發現目前版本出現不可修復的錯誤，希望能回到之前的版本，可輸入「git checkout」指令並搭配識別碼，移動到對應的提交紀錄，如圖 0-21 所示。

```
$ git checkout 識別碼
```

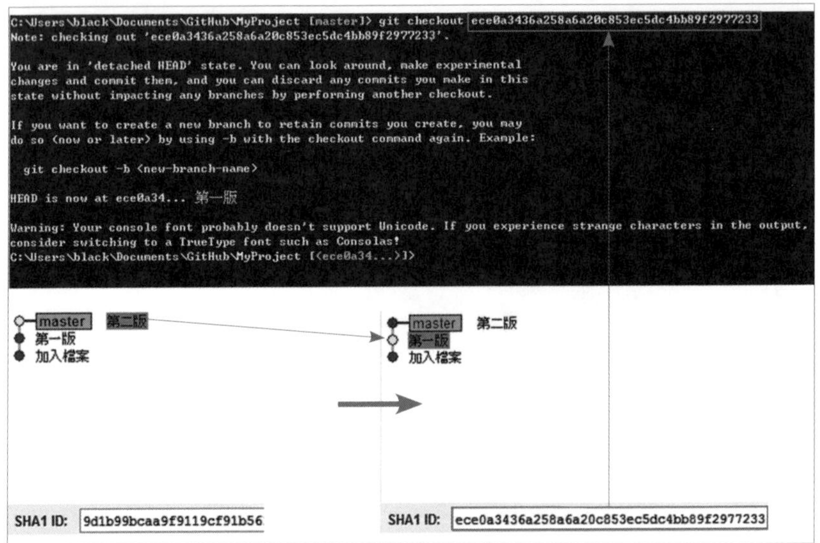

圖 0-21　切換提交紀錄

實作後，會發現黃色的點從 [master] 移動到了「第一版」，控制台的標籤也變成了標籤起頭的亂碼，表示成功回到前面的提交紀錄，工作目錄的資料也會自動回復到該提交紀錄的版本。如果有新版本，就可從此提交紀錄繼續提交新的紀錄，進而產生新的版本分支，延續專案的開發。

0.2 實戰演練：Git 與 GitHub 操作

❍ 安裝 Git 操作工具：Git Bash。

❍ 註冊 GitHub 帳號與建立遠端資料庫。

❍ 練習 Git 與 GitHub 的基本使用情境。

- 情境①：將本地專案推送至 GitHub 遠端資料庫。
- 情境②：複製特定的遠端專案至工作目錄。

0.2.1 安裝 Git 操作工具：Git Bash

STEP 01 至網址：URL https://git-for-windows.github.io/，下載 Git 安裝檔，如圖 0-22 所示。

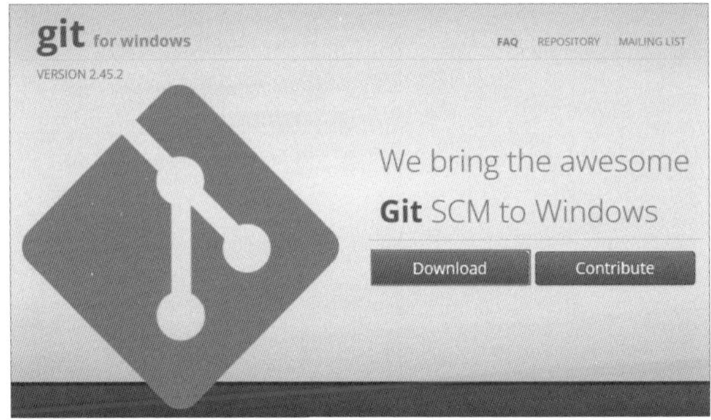

圖 0-22　下載 Git 安裝檔

STEP 02 開啟安裝檔，開始安裝 Git，如圖 0-23 所示。

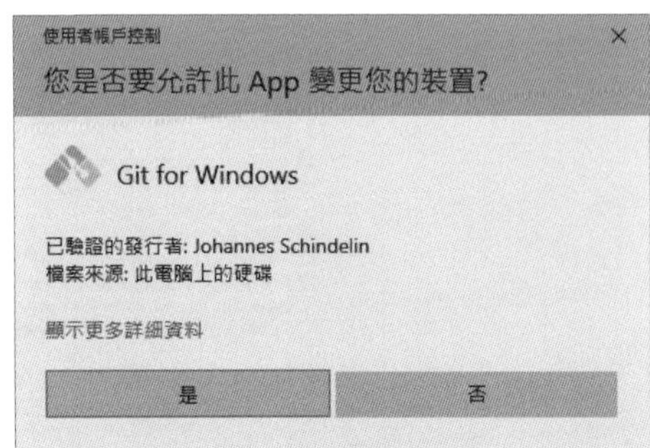

圖 0-23　允許安裝 Git

STEP 03 閱讀並同意授權聲明，點選「Next」按鈕，如圖0-24所示。

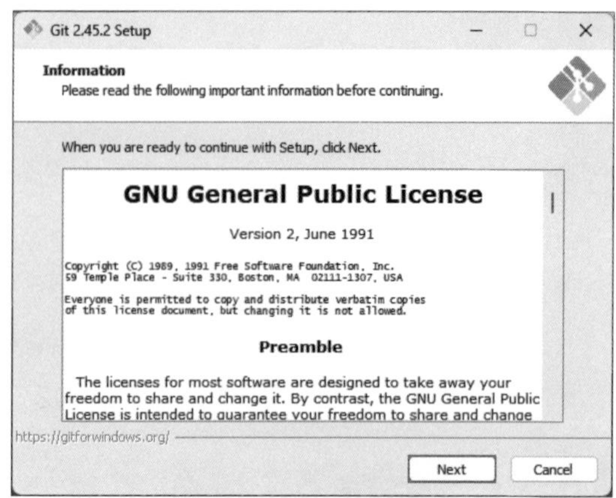

圖0-24　Git授權聲明

STEP 04 選擇安裝位置，點選「Next」按鈕，如圖0-25所示。

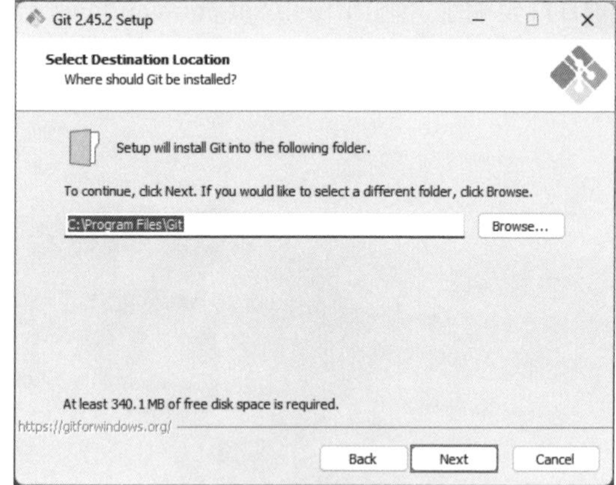

圖0-25　選擇安裝位置

STEP 05 勾選「On the Desktop」，點選「Next」按鈕，如圖0-26所示。

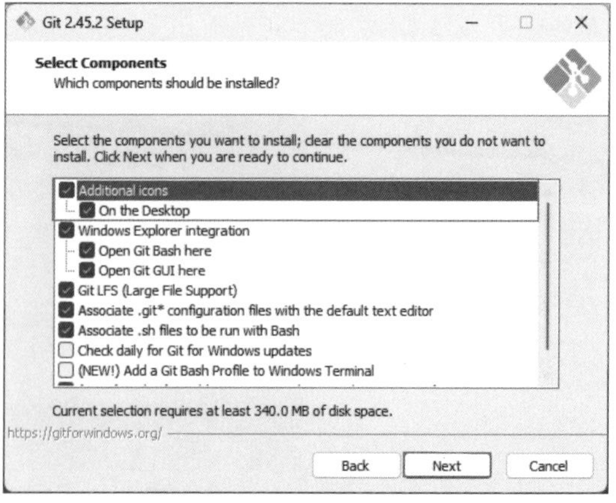

圖0-26　選擇新增捷徑於桌面

STEP 06 選擇開始目錄資料夾，點選「Next」按鈕，如圖 0-27 所示。

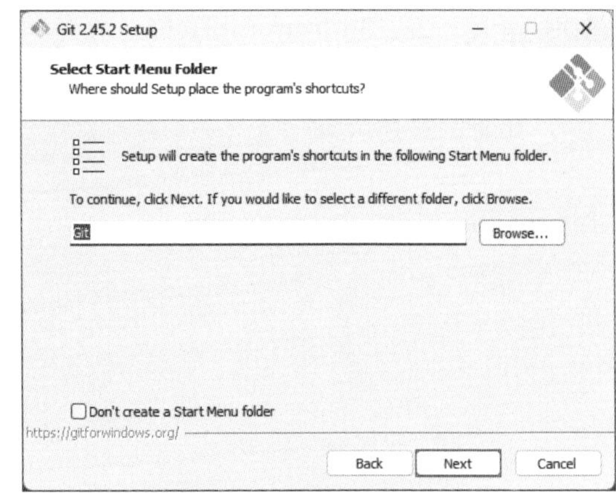

圖 0-27　選擇開始目錄資料夾

STEP 07 選擇「Use Vim（the ubiquitous text editor）as Git's default editor」，點選「Next」按鈕，如圖 0-28 所示。

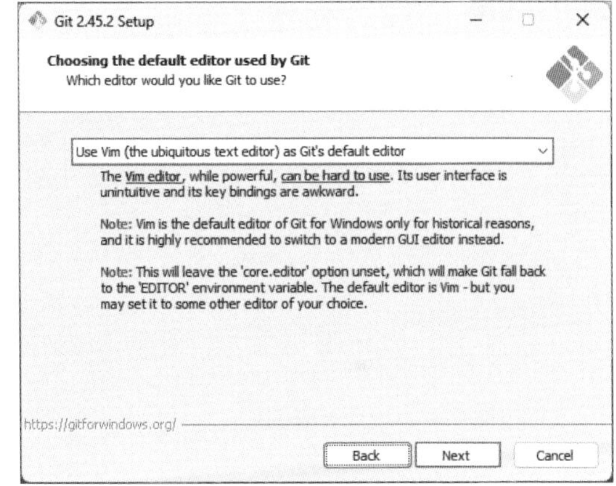

圖 0-28　選擇 Git 編輯器

STEP 08 選擇「Let Git decide」，點選「Next」按鈕，如圖 0-29 所示。

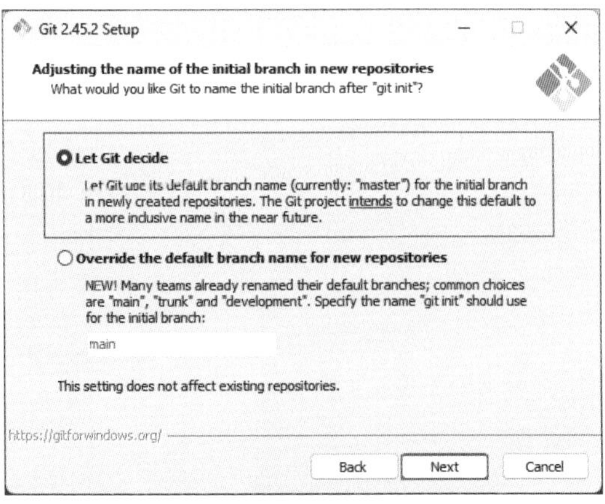

圖 0-29　調整分支的初始名稱

STEP 09 選擇「Use Git from Git Bash only」，點選「Next」按鈕，如圖 0-30 所示。

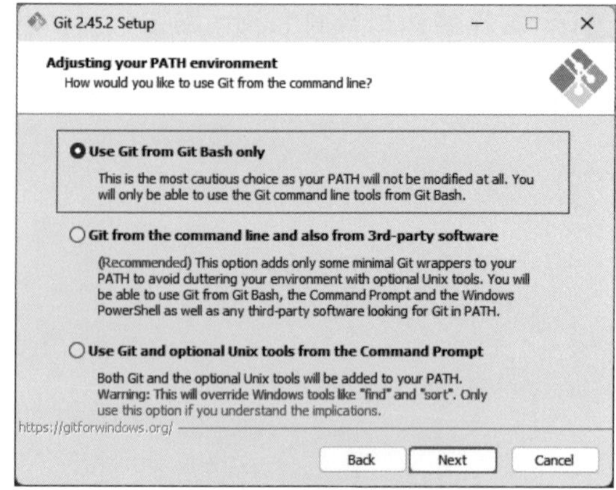

圖 0-30　調整環境設定

STEP 10 選擇「Use bundled OpenSSH」，點選「Next」按鈕，如圖 0-31 所示。

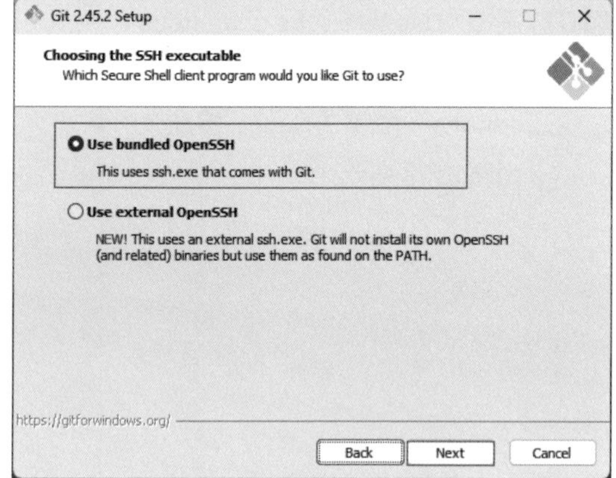

圖 0-31　選擇 SSH 執行檔

STEP 11 選擇「Use the OpenSSL library」，點選「Next」按鈕，如圖 0-32 所示。

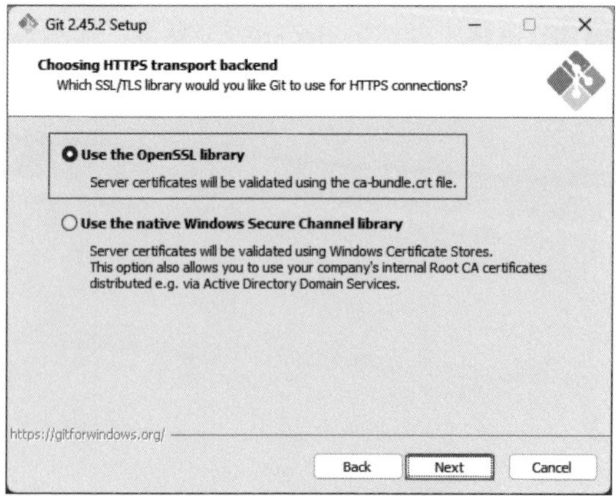

圖 0-32　選擇安全性傳輸套件

STEP 12 選擇「Checkout Windows-style, commit Unix-style line endings」，點選「Next」按鈕，如圖 0-33 所示。

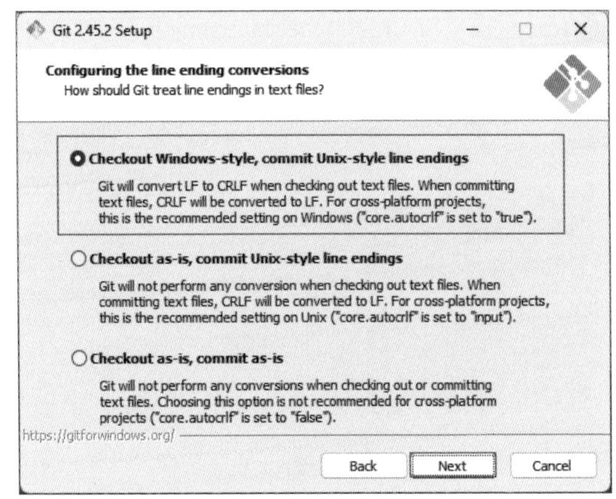

圖 0-33　設定結束符號

STEP 13 選擇「Use MinTTY」，點選「Next」按鈕，如圖 0-34 所示。

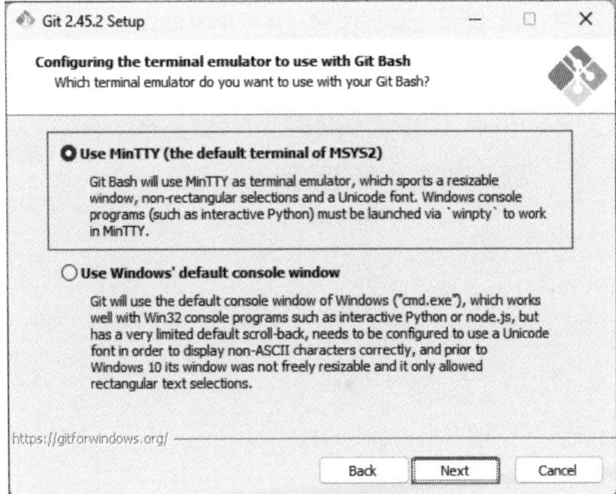

圖 0-34　設定終端機

STEP 14 選擇「Fast-forward merge」，點選「Next」按鈕，如圖 0-35 所示。

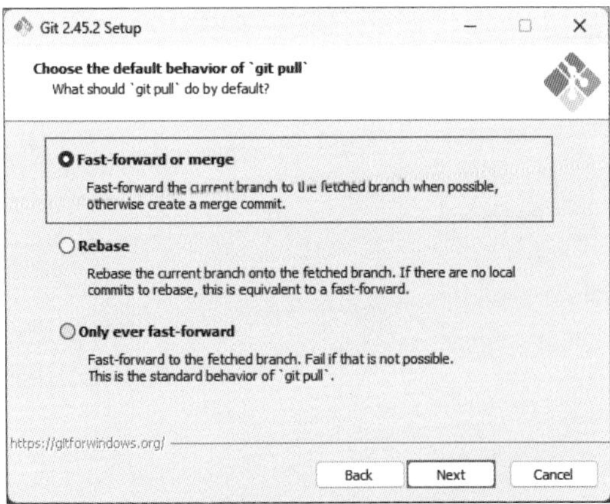

圖 0-35　選擇 git pull 指令的預設行為

STEP 15 選擇「Git Credential Manager」，點選「Next」按鈕，如圖 0-36 所示。

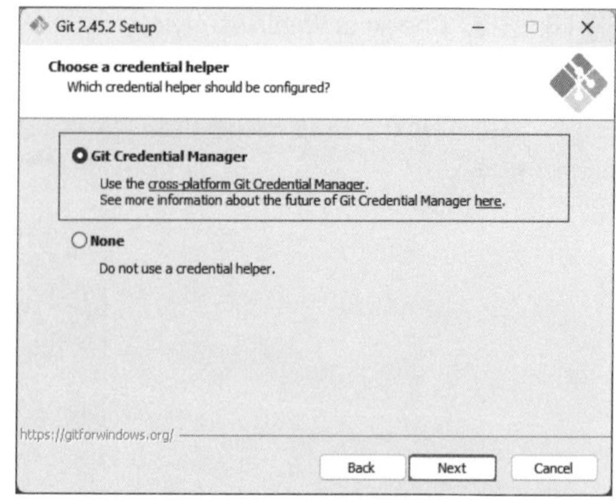

圖 0-36　選擇身分認證方式

STEP 16 選　擇「Enable file system caching」和「Enable symbolic links」選項，點選「Next」按鈕，如圖 0-37 所示。

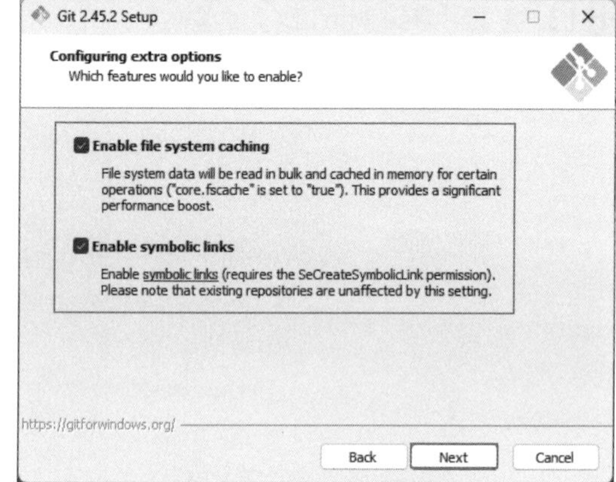

圖 0-37　設定額外功能

STEP 17 點選「Install」按鈕，如圖 0-38 所示。

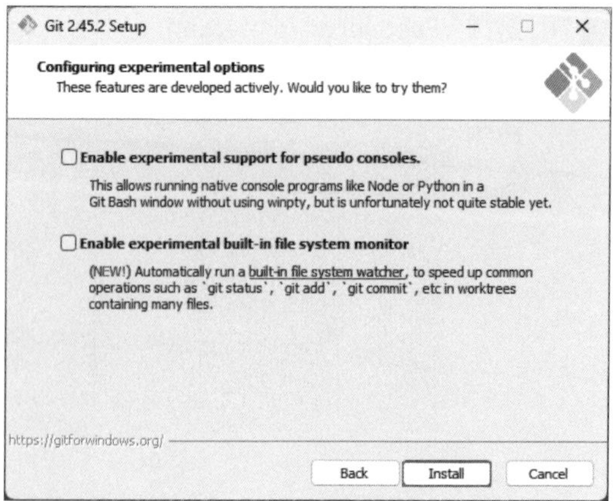

圖 0-38　設定實驗性功能

STEP 18 安裝完成後，點選「Finish」按鈕來離開，如圖 0-39 所示。

圖 0-39　安裝成功

STEP 19 到桌面點選「Git Bash」圖示，以執行 Git Bash，如圖 0-40 所示。

圖 0-40　開啟 Git Bash

STEP 20 在 Git Bash 內，設定自己的 user.email 和 user.name，如圖 0-41 所示。

```
$ git config --global user.email "xxx@gmail.com"
$ git config --global user.name "xxx"
```

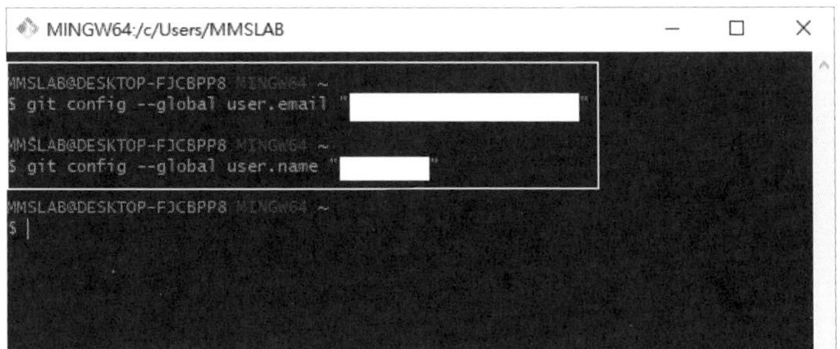

圖 0-41　設定使用者資料

0.2.2 註冊 GitHub 帳號與建立遠端資料庫

STEP 01 至 GitHub 官方網站（URL https://github.com/）註冊帳號，如圖 0-42 所示。

圖 0-42　GitHub 官網

STEP 02 填寫註冊所需的基本資料，如圖 0-43 所示。

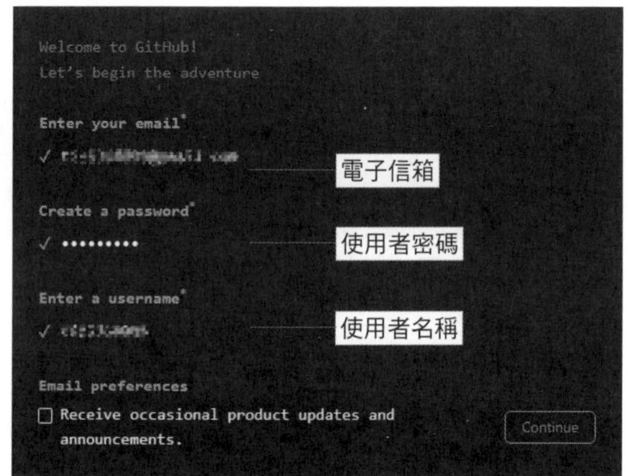

圖 0-43　填寫基本資料

STEP 03 點選「驗證」按鈕，進行真人審核，如圖 0-44 所示。

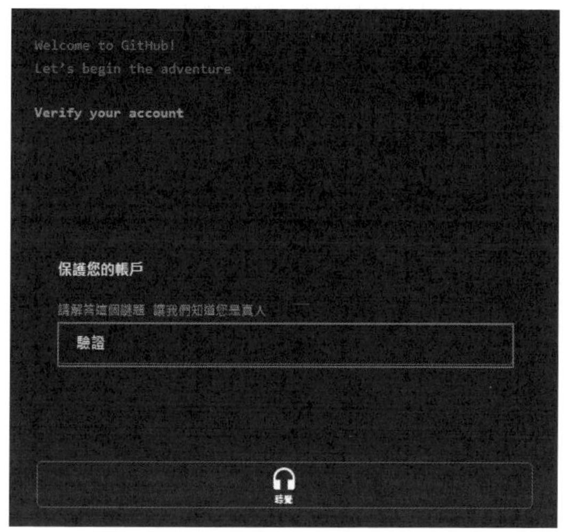

圖 0-44　進行真人審核

STEP 04 至註冊時填寫的電子信箱中，找到驗證碼並輸入，如圖 0-45 所示。

圖 0-45　輸入驗證碼

STEP 05 完成 Email 審核後，即可進行登入，如圖 0-46 所示。

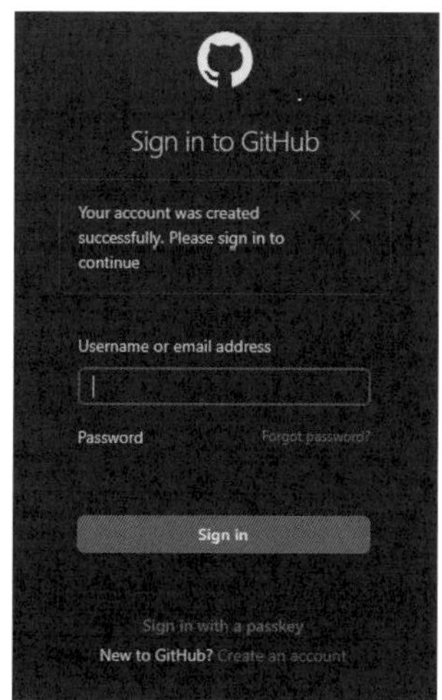

圖 0-46　登入 Github

STEP 06 點選下方的「Skip personalization」，來跳過 Github 身分調查，如圖 0-47 所示。

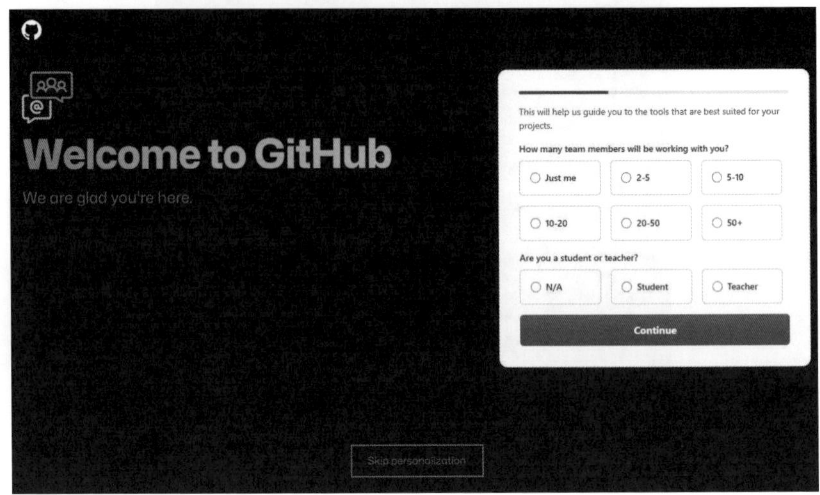

圖 0-47 跳過 Github 身分調查

STEP 07 建立一個遠端 Repository 在 GitHub 上。點選「Create repository」按鈕，如圖 0-48 所示。

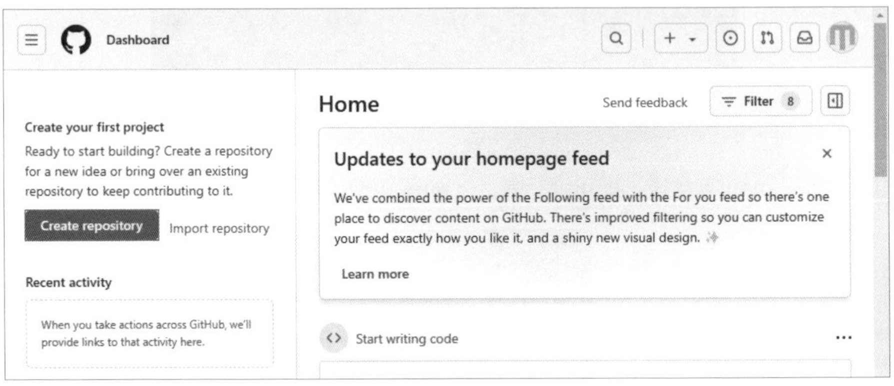

圖 0-48 建立專案

STEP 08 輸入及設定 Repository 的資料及屬性，將專案名稱命名為「MyProject」後，並點選「Create repository」按鈕，如圖 0-49 所示。

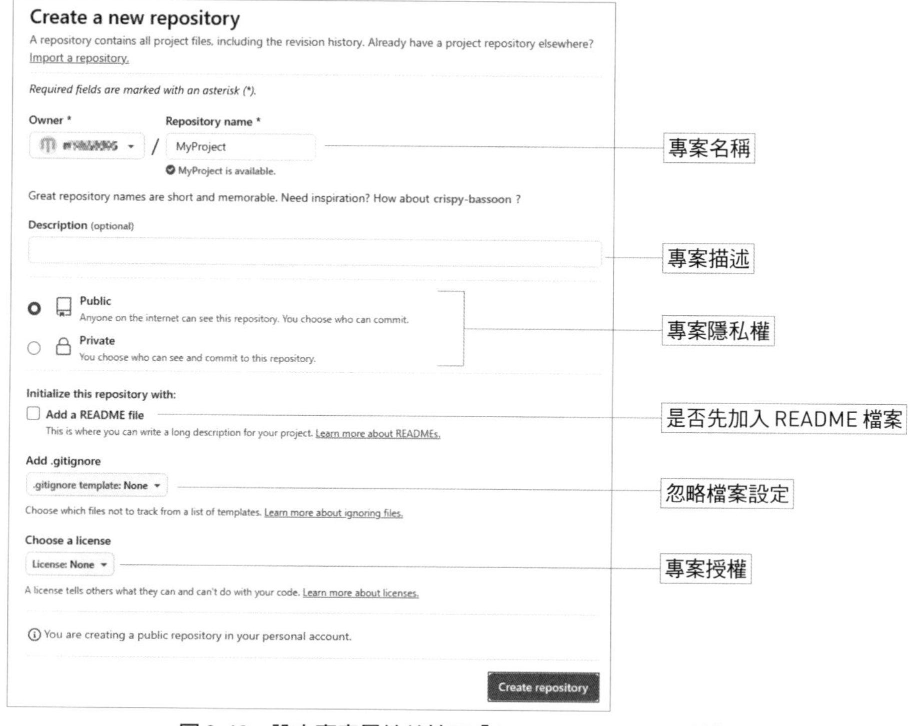

A repository contains all project files, including the revision history. Already have a project repository elsewhere?

Required fields are marked with an asterisk (*).

MyProject is available.
Great repository names are short and memorable. Need inspiration? How about crispy-bassoon ?
Description (optional)

Anyone on the internet can see this repository. You choose who can commit.

You choose who can see and commit to this repository.
Initialize this repository with:
Add a README file
This is where you can write a long description for your project. Learn more about READMEs.

.gitignore template: None
Choose which files not to track from a list of templates. Learn more about ignoring files.
Choose a license
License: None
A license tells others what they can and can't do with your code. Learn more about licenses.
You are creating a public repository in your personal account.

專案隱私權

忽略檔案設定

圖 0-49　設定專案屬性並按下「Create repository」按鈕

STEP 09 完成遠端資料庫的建立，如圖 0-50 所示。

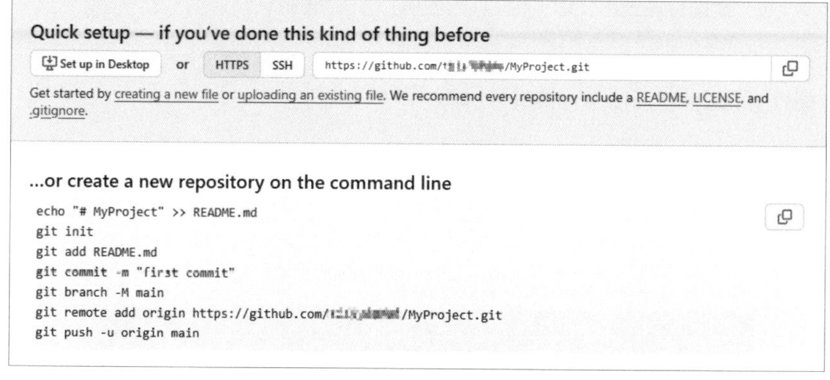

Quick setup — if you've done this kind of thing before
Set up in Desktop
or
HTTPS
SSH
Get started by creating a new file or uploading an existing file. We recommend every repository include a README, LICENSE, and .gitignore.
...or create a new repository on the command line
echo "# MyProject" >> README.md
git init
git add README.md
git commit -m "first commit"
git branch -M main
git push -u origin main

圖 0-50　專案建立成功

0.2.3 練習 Git 與 GitHub 的基本使用情境

情境①：將本地專案推送至 GitHub 遠端資料庫

STEP 01 在桌面建立一個「My Project」資料夾，並開啟 Git Bash 切換到該資料夾作為工作目錄，如圖 0-51 所示。

執行下面指令，切換當前目錄到工作目錄路徑。

```
$ cd Desktop/MyProject
```

MyProject

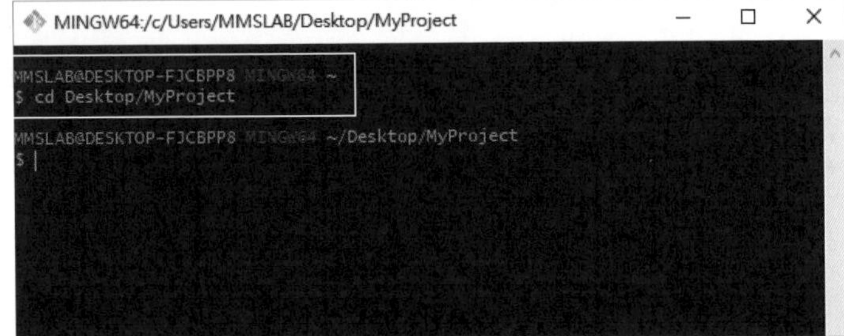

圖 0-51　切換工作目錄

> **說 明**　「~」這符號代表使用者的目錄，為 C:\Users\[你的名稱]，所以 cd Desktop/MyProject 後，當前目錄變為 C:\Users\[你的名稱]\Desktop\MyProject\。

STEP 02 建立 Git 本地資料庫，如圖 0-52 所示。

在工作目錄輸入指令產生出本地資料庫。

```
$ git init
```

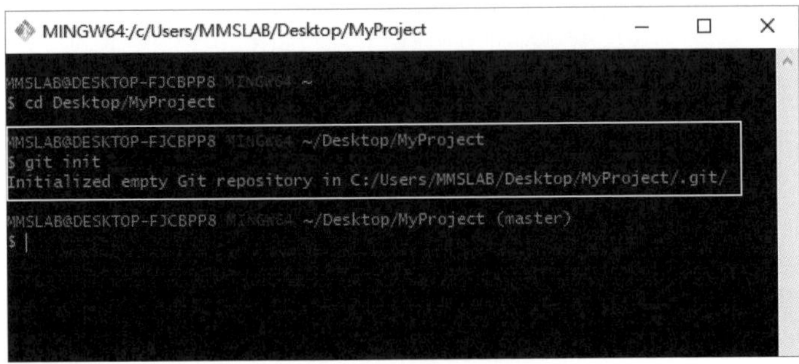

圖 0-52　初始化 Git

STEP 03 將完成的專案移到「My Project」資料夾，為上傳專案作準備。

在檔案總管瀏覽路徑 C:\Users\[你的名稱]\Desktop\MyProject\，並加入自己的程式專案及檔案到此工作目錄下，如圖 0-53 所示。

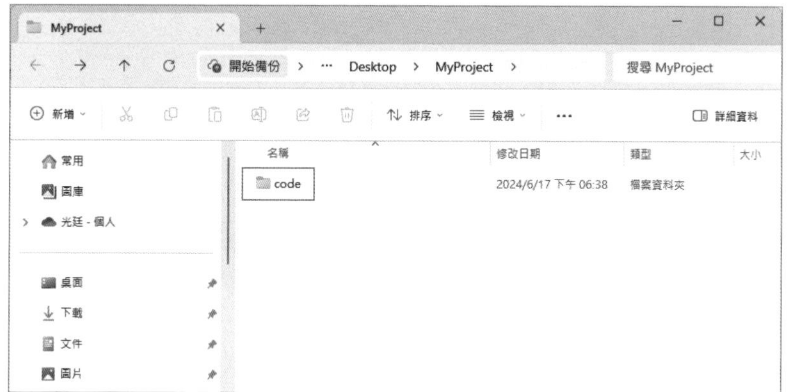

圖 0-53　加入你的專案

STEP 04 查看本地資料變更狀況，有紅色字體表示變更未被追蹤，如圖 0-54 所示。

```
$ git status
```

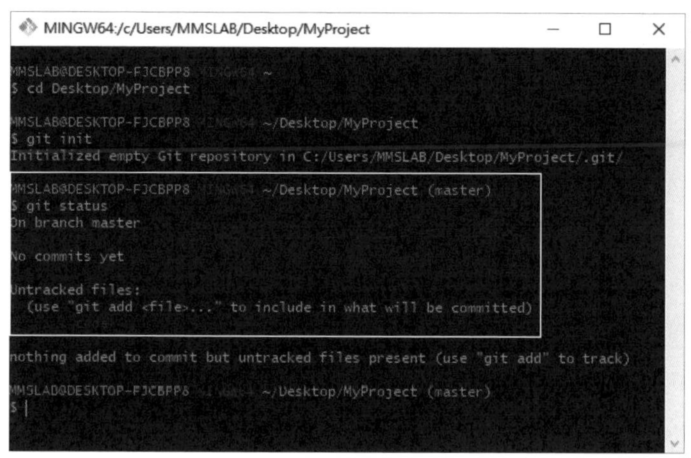

圖 0-54　查看變更

STEP 05 將檔案的變更動作加入至準備提交區，如圖 0-55 所示。提交後，可以執行 git status 查看有哪些檔案被追蹤 / 新增。

```
$ git add .
```

```
No commits yet

Untracked files:
  (use "git add <file>..." to include in what will be committed)

nothing added to commit but untracked files present (use "git add" to track)

MMSLAB@DESKTOP-FJCBPP8 MINGW64 ~/Desktop/MyProject (master)
$ git add .

MMSLAB@DESKTOP-FJCBPP8 MINGW64 ~/Desktop/MyProject (master)
$ git status
On branch master

No commits yet

Changes to be committed:
  (use "git rm --cached <file>..." to unstage)
        new file:   code/code.txt

MMSLAB@DESKTOP-FJCBPP8 MINGW64 ~/Desktop/MyProject (master)
$ |
```

圖 0-55　加入變更的檔案

STEP 06 將提交區的檔案提交至本地資料庫，如圖 0-56 所示。

```
$ git commit -m "New code"
```

```
nothing added to commit but untracked files present (use "git add" to track)

MMSLAB@DESKTOP-FJCBPP8 MINGW64 ~/Desktop/MyProject (master)
$ git add .

MMSLAB@DESKTOP-FJCBPP8 MINGW64 ~/Desktop/MyProject (master)
$ git status
On branch master

No commits yet

Changes to be committed:
  (use "git rm --cached <file>..." to unstage)
        new file:   code/code.txt

MMSLAB@DESKTOP-FJCBPP8 MINGW64 ~/Desktop/MyProject (master)
$ git commit -m "New code"
[master (root-commit) 8e40d82] New code
 1 file changed, 1 insertion(+)
 create mode 100644 code/code.txt

MMSLAB@DESKTOP-FJCBPP8 MINGW64 ~/Desktop/MyProject (master)
$ |
```

圖 0-56　提交檔案

STEP 07 將本地資料庫連結遠端資料庫（GitHub），先複製 GitHub 的資料庫連結，如圖 0-57 所示。

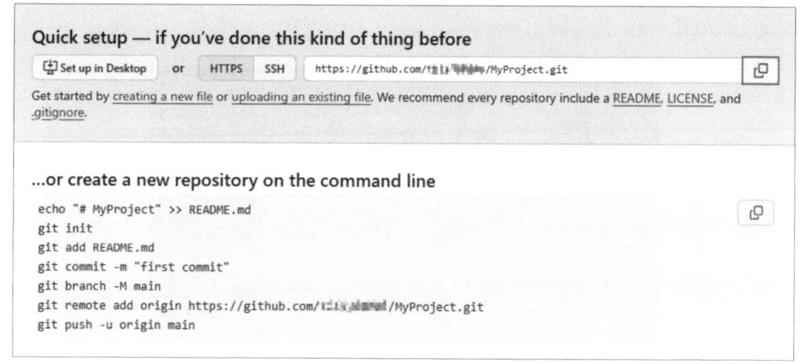

Quick setup — if you've done this kind of thing before
Set up in Desktop
or
HTTPS
SSH
https://github.com//MyProject.git
Get started by creating a new file or uploading an existing file. We recommend every repository include a README, LICENSE, and .gitignore.
...or create a new repository on the command line
echo "# MyProject" >> README.md
git init
git add README.md
git commit -m "first commit"
git branch -M main
git remote add origin https://github.com//MyProject.git
git push -u origin main

圖 0-57　GitHub 專案頁面

STEP 08 複製連結後，在工作目錄下使用指令連結遠端資料庫，如圖 0-58 所示。

```
$ git remote add origin 資料庫連結
```

```
MINGW64:/c/Users/MMSLAB/Desktop/MyProject
$ git add .

MMSLAB@DESKTOP-FJCBPP8 MINGW64 ~/Desktop/MyProject (master)
$ git status
On branch master

No commits yet

Changes to be committed:
  (use "git rm --cached <file>..." to unstage)
        new file:   code/code.txt

MMSLAB@DESKTOP-FJCBPP8 MINGW64 ~/Desktop/MyProject (master)
$ git commit -m "New code"
[master (root-commit) 8e40d82] New code
 1 file changed, 1 insertion(+)
 create mode 100644 code/code.txt

MMSLAB@DESKTOP-FJCBPP8 MINGW64 ~/Desktop/MyProject (master)
$ git remote add origin https://github.com/          /MyProject.git

MMSLAB@DESKTOP-FJCBPP8 MINGW64 ~/Desktop/MyProject (master)
$
```

圖 0-58　連結遠端資料庫

STEP 09 將本地資料庫的紀錄提交到遠端資料庫（GitHub）上，如圖 0-59 所示。

```
$ git push origin master
```

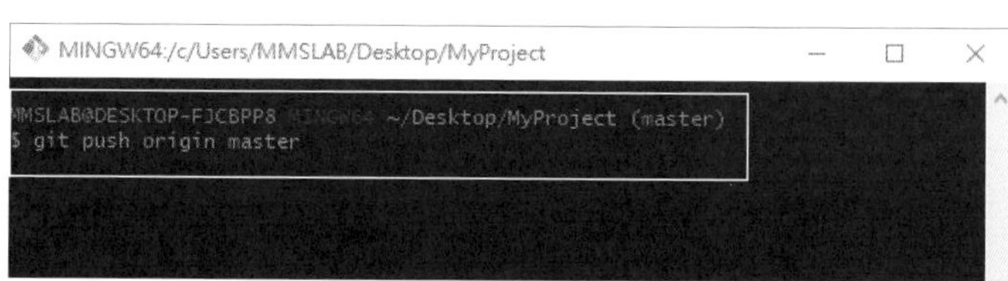

圖 0-59　提交檔案至遠端資料庫

STEP 10 進行身分驗證。點選「Sign in with your browser」按鈕，如圖 0-60 所示。

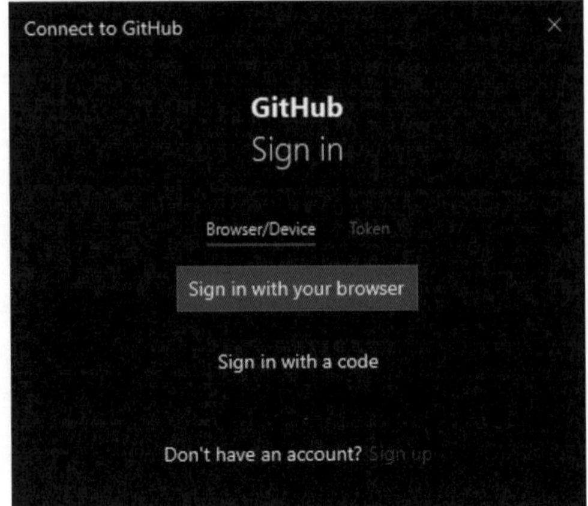

圖 0-60　進行身分驗證

STEP 11 登入 GitHub 的信箱與密碼，並點選「Sign in」按鈕，如圖 0-61 所示。

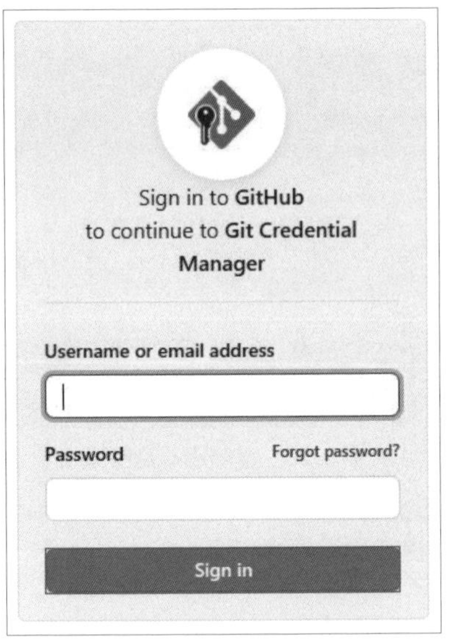

圖 0-61　登入 GitHub

STEP 12 點選「Authorize git-ecosystem」按鈕，如圖 0-62 所示。

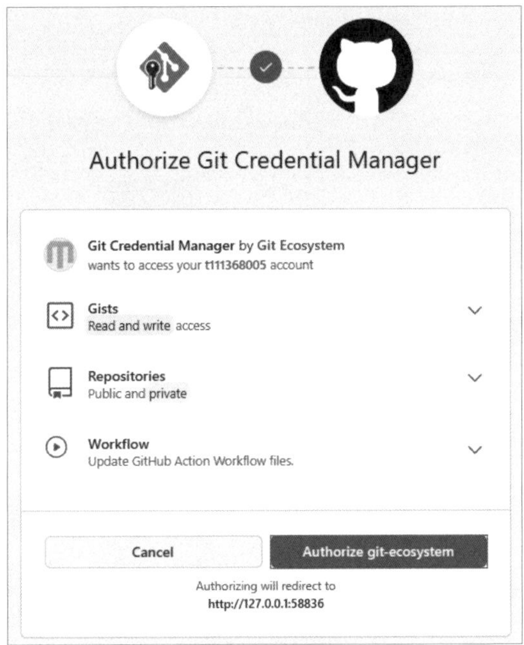

圖 0-62　授權認證

STEP 13 身分驗證成功後，檔案會自動發送至遠端的 GitHub，如圖 0-63 所示。

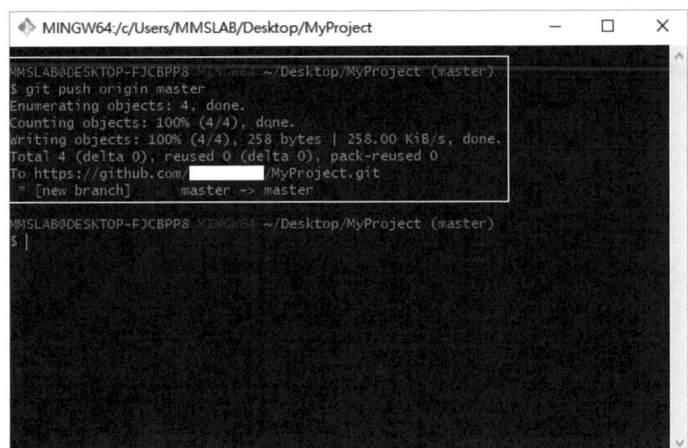

圖 0-63　檔案上傳成功

STEP 14 回到瀏覽器，按下F5鍵重新整理 GitHub 的頁面，可以看到剛剛上傳的檔案，如圖 0-64 所示。

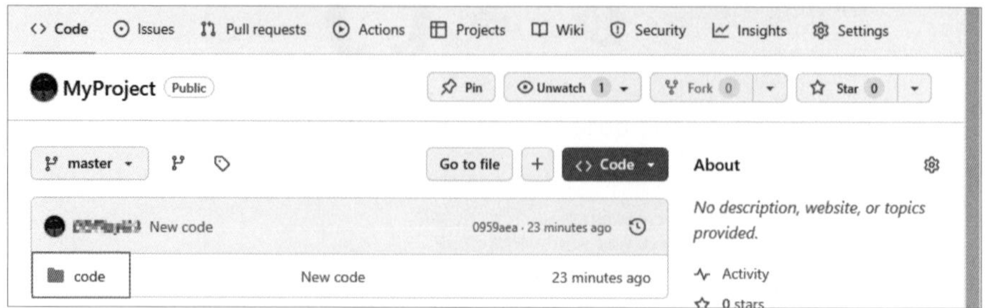

圖 0-64　查看 GitHub 上的專案

情境②：複製特定的遠端專案至工作目錄

STEP 01 從 GitHub 尋找他人所寫的程式專案，如專案網址：URL https://github.com/smartCarLab/smartCar，點選圖 0-65 方框內的按鈕，複製該專案的 URL，如圖 0-65 所示。

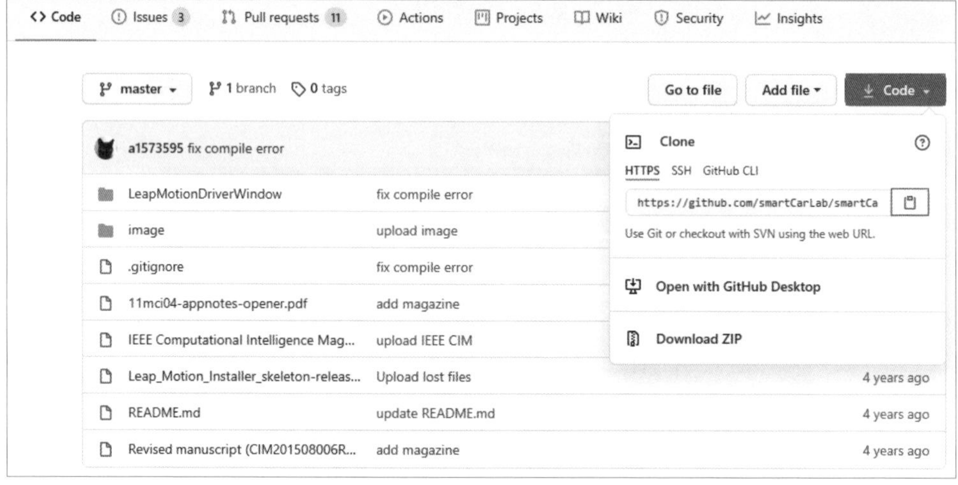

圖 0-65　複製專案 URL

STEP 02 在「My Project」資料夾開啟 Git Bash，並執行以下指令，進行遠端資料庫下載，如圖 0-66 所示。

```
$ git clone https://github.com/smartCarLab/smartCar.git
```

```
MMSLAB@DESKTOP-FJCBPP8 MINGW64 ~/Desktop/MyProject (master)
$ git clone https://github.com/smartCarLab/smartCar.git
Cloning into 'smartCar'...
remote: Enumerating objects: 287, done.
remote: Total 287 (delta 0), reused 0 (delta 0), pack-reused 287
Receiving objects: 100% (287/287), 98.39 MiB | 5.89 MiB/s, done.
Resolving deltas: 100% (81/81), done.
Updating files: 100% (712/712), done.

MMSLAB@DESKTOP-FJCBPP8 MINGW64 ~/Desktop/MyProject (master)
$
```

圖 0-66　複製專案到本地

STEP 03 開啟「My Project」資料夾，會發現程式專案已經下載完成，如圖 0-67 所示。

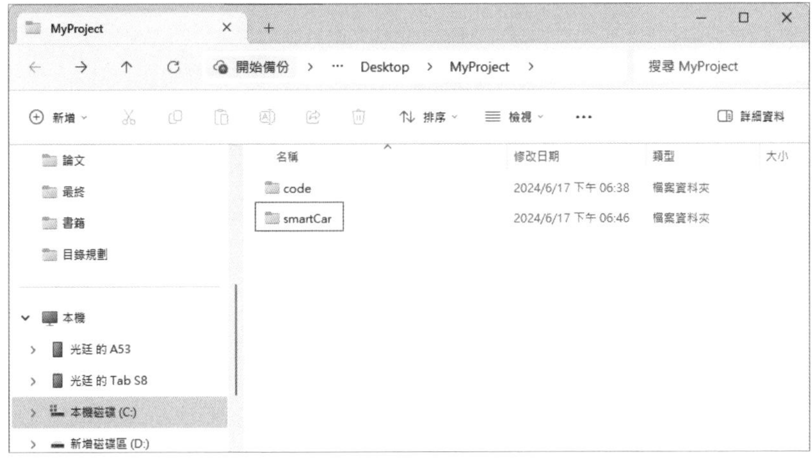

圖 0-67　查看檔案目錄

0.3 參考資料：Git 常用指令

指令	說明
gitk	顯示歷史紀錄的樹狀圖形化介面。
git add	加入要提交的檔案。
git branch	查看及創立新的分支。
git checkout	切換至指定的分支或提交紀錄。
git checkout -b	先建立分支再切換至此分支。
git commit -m	提交一個新的版本並命名。
git commit --amend	更改目前分支最新版的提交紀錄。

指令	說明
git log	檢視提交的歷史紀錄。
git merge	合併分支。
git mergetool	呼叫一個適當的視覺化合併工具，並引導你解決衝突。
git pull	將遠端的資料更新到本地端。
git push	將本地端的資料更新到遠端。
git push -f	將本地端的資料強制更新到遠端。
git rebase	衍合分支。
git reset	回到特定的提交紀錄，在此提交紀錄後修改過的資料將放至未追蹤區。
git reset --hard	回到特定的提交紀錄，在此提交紀錄後修改過的資料將刪除。
git stash	將目前修改的資料放到暫存區。
git stash apply	取出暫存區中最新的一筆紀錄，但不移除暫存區。
git stash apply stash@{index}	取出暫存區中第 index 筆紀錄，且不移除暫存區。
git stash clear	清除暫存區裡的所有紀錄。
git stash drop	刪除暫存區中最新的一筆紀錄。
git stash drop stash@{index}	刪除暫存區中第 index 筆紀錄。
git stash list	列出暫存區裡全部的暫存紀錄。
git stash pop	取出暫存區中最新的一筆紀錄，並將其移除暫存區。
git stash pop stash@{index}	取出暫存區中第 index 筆紀錄，並將其移除暫存區。

注意 rebase 和 reset 屬於較危險的操作指令，因為它們會改寫提交的歷史紀錄，處理不好的話，可能造成資料遺失。若在沒有把握的狀況下，最好先在操作前使用 branch 備份，當發生問題時，只要 reset 至備份的分支即可。

❏ git status

檢查目前分支狀態。如圖 0-68 所示，在分支上修改過或是刪除，可以透過 git status 指令來確認目前修改的檔案。

❍ 指令範例：git status

```
# On branch master
# Changes to be committed:
#   (use "git reset HEAD <file>..." to unstage)
#
#       modified:   public/index.html
#       deleted:    public/sitemap.xml
#       new file:   public/stylesheets/mobile.css
#
# Changes not staged for commit:
#   (use "git add/rm <file>..." to update what will be committed)
#   (use "git checkout -- <file>..." to discard changes in working directory)
#
#       deleted:    app.rb
#       deleted:    test/add_test_crash_report.sh
#
# Untracked files:
#   (use "git add <file>..." to include in what will be committed)
#
#       public/javascripts/
```

圖 0-68　git status

❑ git log

查看目前分支近期提交的名稱、時間點、識別碼，如圖 0-69 所示。

❍ 指令範例：git log

```
107632c - (HEAD, release-1.2.4, b1.2.4) Update website for 1.2.4 (1 year, 4 months ago)
88d9f68 - Bump version number (1 year, 4 months ago)
b7df3fd - regenned site for new blog post about status board (1 year, 4 months ago)
f76e532 - new blog post: rubinius status board (1 year, 4 months ago)
42f7c72 - added capitalize to String case benchmarks (1 year, 4 months ago)
bddf636 - yet another way of removing the first elements from an array (1 year, 4 months ago)
6e4ed98 - new bench for Array#slice (1 year, 4 months ago)
049bace - Remove tags for now passing specs (1 year, 4 months ago)
44c3886 - Socket needs it's own shutdown (1 year, 4 months ago)
8374734 - regenned site for new blog post (map pins) (1 year, 4 months ago)
f90da99 - new blog post: rubinius around the world map and pins of shirts/tshirts (1 year, 4 months ago)
cf13e6b - Add a few more errno's based on OS X and Linux (1 year, 4 months ago)
0b8b477 - Add a bunch of errno's from FreeBSD (1 year, 4 months ago)
4b34345 - Load correct digest file, fixes broken Rubygems (1 year, 4 months ago)
e2be2d5 - Remove unused rubinius::guards (1 year, 4 months ago)
23e97d5 - Remove used flag and file it was defined in (1 year, 4 months ago)
cff4ee2 - Remove unused CallFrameList and some maps (1 year, 4 months ago)
dd8f2b1 - Removed unused async message and mailbox code (1 year, 4 months ago)
c4b54ba - Remove unused code (1 year, 4 months ago)
744e9f0 - Fix tiny typo's (1 year, 4 months ago)
912d530 - Cleanup last remnands of dynamic interpreter (1 year, 4 months ago)
6b29b21 - Remove unused IndirectLiterals (1 year, 4 months ago)
83db68a - Fixed Digest requires in const_missing. (1 year, 4 months ago)
```

圖 0-69　git log

❑ git add .

將修改或變更檔案的部分暫存在 index 位址，如圖 0-70 所示。

❍ 指令範例：git add .

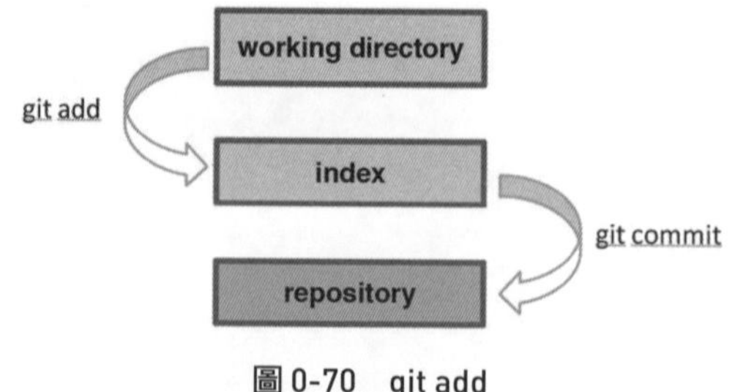

圖 0-70 git add

❑ git commit

將暫存在 index 位址的內容存到提交紀錄的容器裡。結果如下：○→○→A→B，原先在 A 點，經由修改專案後，git commit 產生出新的節點 B。

❍ 指令範例：git commit –m " 敘述這次提交修改的內容 "

❑ git pull

將目前 GitHub 上最新的提交紀錄同步下來，如圖 0-71 所示。

個人本地端的提交紀錄 ○→○→○→A，最新的提交紀錄是 A；GitHub 上的提交紀錄 ○→○→○→A→B→C→D，最新的提交紀錄是 D，執行 git pull 指令時，會將 GitHub 上的提交紀錄同步到本地端，結果如下：

個人本地端的提交紀錄 ○→○→○→A→B→C→D

❍ 指令範例：git pull

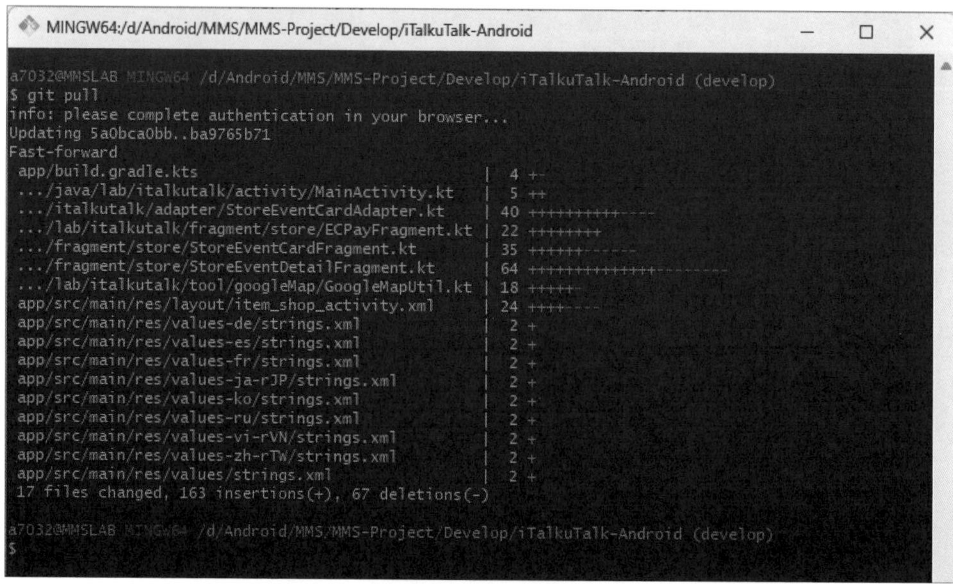

圖 0-71 git pull

❑ git push

將本地端的提交紀錄同步到 GitHub 上，更新目前所開發的專案到遠端資料庫。

個人本地端的提交紀錄 ○→○→○→A→B→C→D，最新的提交紀錄是 D，GitHub 上的提交紀錄 ○→○→○→A，最新的提交紀錄是 A，執行 git push 指令同步到 GitHub 時，結果如下：

GitHub 的提交紀錄 ○→○→○→A→B→C→D

❍ 指令範例：git push，第一次同步需要輸入帳號密碼進行身分驗證。

❑ gitk

開啟 Git GUI，查看所有提交紀錄的詳細資料，如圖 0-72 所示。

❍ 指令範例：gitk

圖 0-72 gitk

❑ git checkout

切換至不同的分支。目前在develop分支（develop），當執行git checkout master指令後，就會切換至master分支（master）。

0.4 書附範例專案

在介紹GitHub的專案管理後，筆者將本書的所有Lab專案程式碼放置在GitHub上，讀者可以自行將Lab專案下載到個人電腦的工作目錄下，Lab專案程式碼放置的GitHub連結如下：URL https://github.com/taipeitechmmslab/MMSLAB-Android-Kotlin。

筆者提供的專案程式碼主題分別如下：

項目	主題
Lab2	Layout（介面設計與元件佈局）
Lab3	Listener（物件控制與事件監聽）
Lab4	Activity（活動）
Lab5	Fragment（片段）
Lab6	Toast、Snackbar、AlertDialog（訊息提示元件）
Lab7	ListView、GridView、Spinner（清單元件）
Lab8	RecyclerView（進階清單元件）
Lab9	Synchronous、Asynchronous（同步與非同步執行）
Lab10	Animation（動畫製作）
Lab11	MultiMedia（多媒體應用）
Lab12	Service（服務）
Lab13	BroadcastReceiver（廣播接收器）
Lab14	Google Maps（地圖）
Lab15	SQLite（輕量級嵌入式資料庫）
Lab16	ContentProvider（內容提供者）
Lab17	Web API（網路應用程式）
Lab18	Notification（通知訊息）
Lab19	Artificial Intelligence（人工智慧）
Lab20	ViewModel與LiveData（資料與View元件同步）
Lab21	ViewBinding與DataBinding（View元件綁定）
Lab22	Coroutines（協程）
Lab23	Room Database（本地持久化儲存）

01

Android 環境建置與專案架構

學習目標

- ❑ 建置環境並實作第一個 Android 應用程式
- ❑ 了解 Android Studio 的開發環境以及查看專案

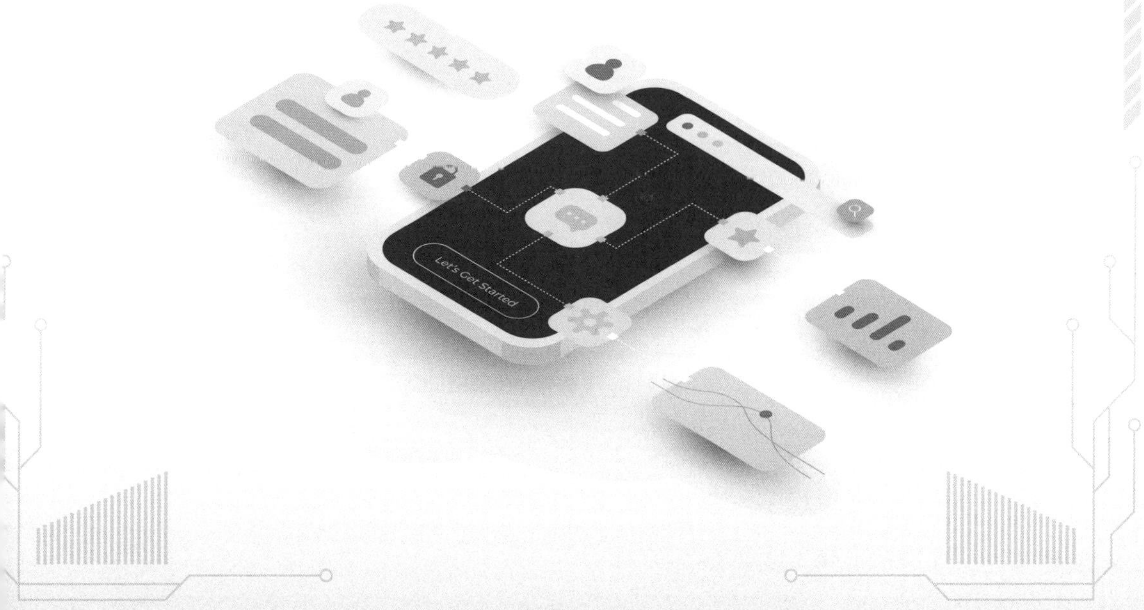

1.1 Android 環境建置

硬體方面需要：

- 一台電腦（本書以 Windows 作業系統作為介紹）。
- 一支 Android 手機或模擬器（本書以模擬器作為介紹）。

> 注意　需要注意手機是否有驅動程式，若無則可至手機廠商的官方網站下載。若無 Android 手機，也可使用模擬器執行專案。

軟體方面需要：

- Android Studio 開發環境。
- Android 開發工具（stand-alone Android SDK）。

1.1.1 開發環境：Android Studio

STEP 01 開啟 Android Studio 網址：URL https://developer.android.com/studio/，下載 Android Studio 開發環境，如圖 1-1 所示。

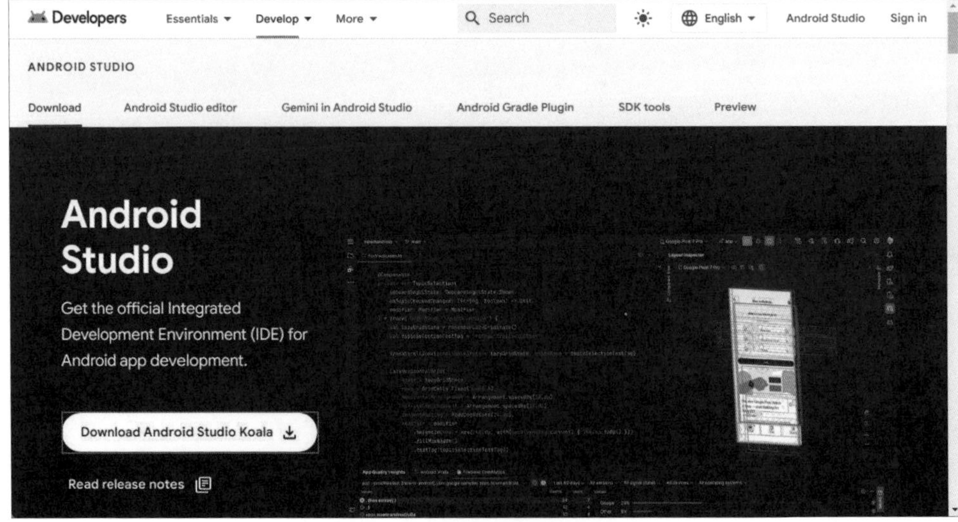

圖 1-1　下載 Android Studio

STEP 02 閱讀同意下載聲明後開始下載，如圖 1-2 所示。

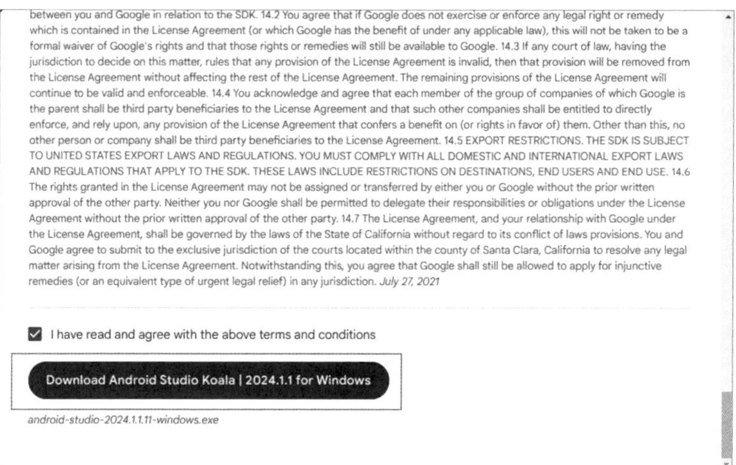

between you and Google in relation to the SDK. 14.2 You agree that if Google does not exercise or enforce any legal right or remedy which is contained in the License Agreement (or which Google has the benefit of under any applicable law), this will not be taken to be a formal waiver of Google's rights and that those rights or remedies will still be available to Google. 14.3 If any court of law, having the jurisdiction to decide on this matter, rules that any provision of the License Agreement is invalid, then that provision will be removed from the License Agreement without affecting the rest of the License Agreement. The remaining provisions of the License Agreement will continue to be valid and enforceable. 14.4 You acknowledge and agree that each member of the group of companies of which Google is the parent shall be third party beneficiaries to the License Agreement and that such other companies shall be entitled to directly enforce, and rely upon, any provision of the License Agreement that confers a benefit on (or rights in favor of) them. Other than this, no other person or company shall be third party beneficiaries to the License Agreement. 14.5 EXPORT RESTRICTIONS. THE SDK IS SUBJECT TO UNITED STATES EXPORT LAWS AND REGULATIONS. YOU MUST COMPLY WITH ALL DOMESTIC AND INTERNATIONAL EXPORT LAWS AND REGULATIONS THAT APPLY TO THE SDK. THESE LAWS INCLUDE RESTRICTIONS ON DESTINATIONS, END USERS AND END USE. 14.6 The rights granted in the License Agreement may not be assigned or transferred by either you or Google without the prior written approval of the other party. Neither you nor Google shall be permitted to delegate their responsibilities or obligations under the License Agreement without the prior written approval of the other party. 14.7 The License Agreement, and your relationship with Google under the License Agreement, shall be governed by the laws of the State of California without regard to its conflict of laws provisions. You and Google agree to submit to the exclusive jurisdiction of the courts located within the county of Santa Clara, California to resolve any legal matter arising from the License Agreement. Notwithstanding this, you agree that Google shall still be allowed to apply for injunctive remedies (or an equivalent type of urgent legal relief) in any jurisdiction. July 27, 2021
I have read and agree with the above terms and conditions
Download Android Studio Koala | 2024.1.1 for Windows
android-studio-2024.1.1.11-windows.exe

圖 1-2　閱讀並同意下載聲明

STEP 03 開啟 Android Studio 安裝檔，點選「Next」按鈕，如圖 1-3 所示。

Setup will guide you through the installation of Android Studio.
It is recommended that you close all other applications before starting Setup. This will make it possible to update relevant system files without having to reboot your computer.
Click Next to continue.

圖 1-3　開始安裝 Android Studio

STEP 04 選擇安裝套件，請勾選「Android Virtual Device」，點選「Next」按鈕，如圖1-4所示。

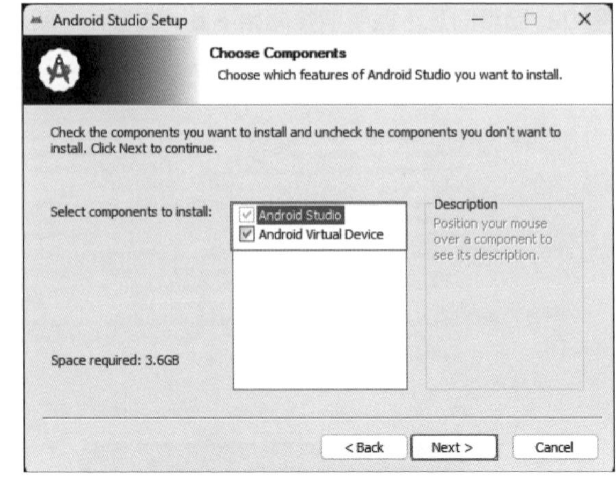

圖1-4 選擇安裝AVD套件

STEP 05 設定Android Studio安裝路徑，點選「Next」按鈕，如圖1-5所示。

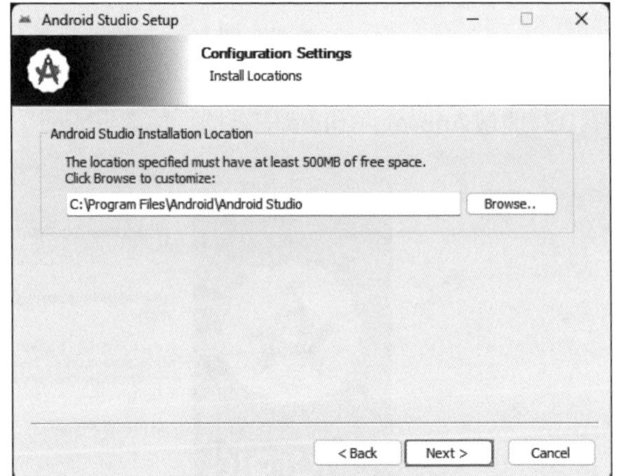

圖1-5 設定安裝路徑

STEP 06 設定Android Studio於開始目錄的名稱，並點選「Install」按鈕，如圖1-6所示。

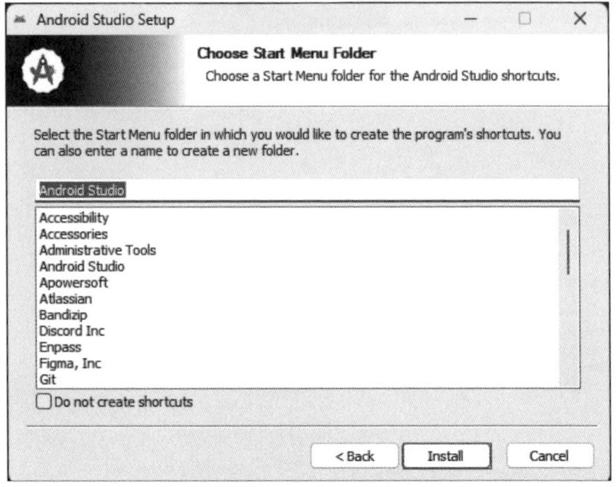

圖1-6 設定目錄名稱

STEP 07 等待安裝完成後，點選「Next」按鈕，如圖 1-7 所示。

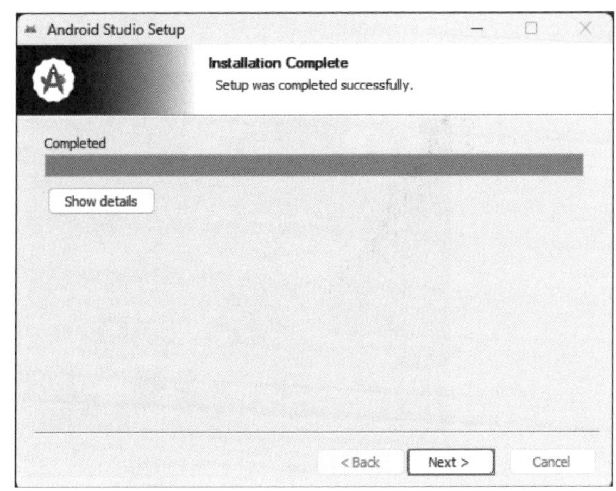

圖 1-7　等待 Android Studio 安裝完成

STEP 08 點選「Finish」按鈕來結束安裝，如圖 1-8 所示。

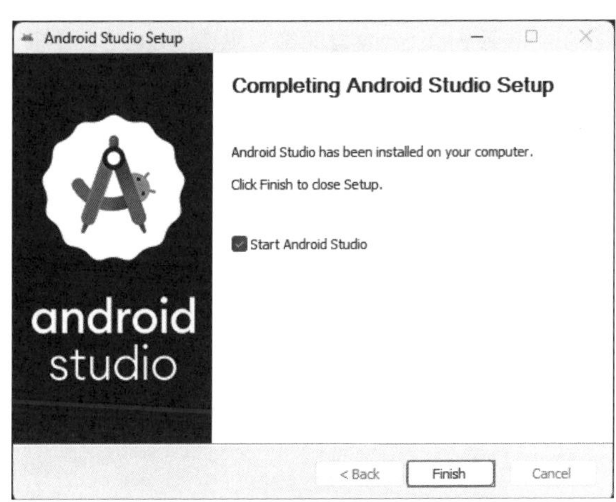

圖 1-8　Android Studio 安裝完成

1.1.2　建立應用程式專案

STEP 01 開啟 Android Studio 後，第一次啟用會詢問是否匯入先前版本的設定，請選擇「Do not import settings」，並點選「OK」按鈕，如圖 1-9 所示。

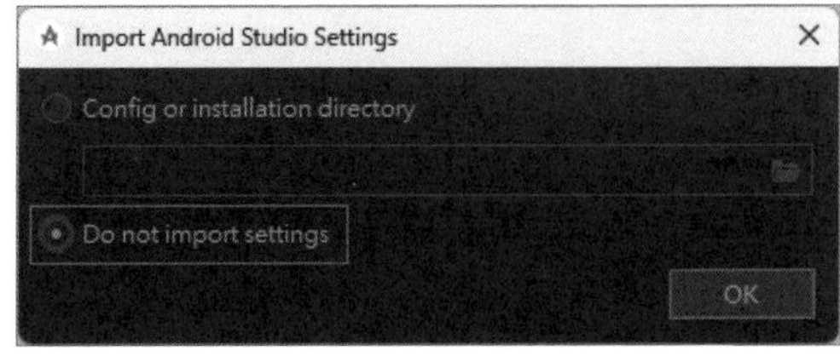

圖 1-9　是否匯入先前版本設定

STEP 02 是否允許 Google 蒐集使用者的資訊，點選「Don't send」，如圖 1-10 所示。

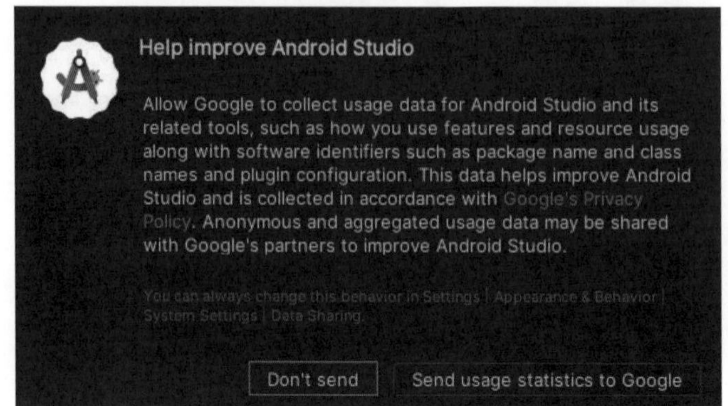

圖 1-10　是否允許 Google 蒐集使用者資訊

STEP 03 進入 Welcome 頁面後，點選「Next」按鈕，如圖 1-11 所示。

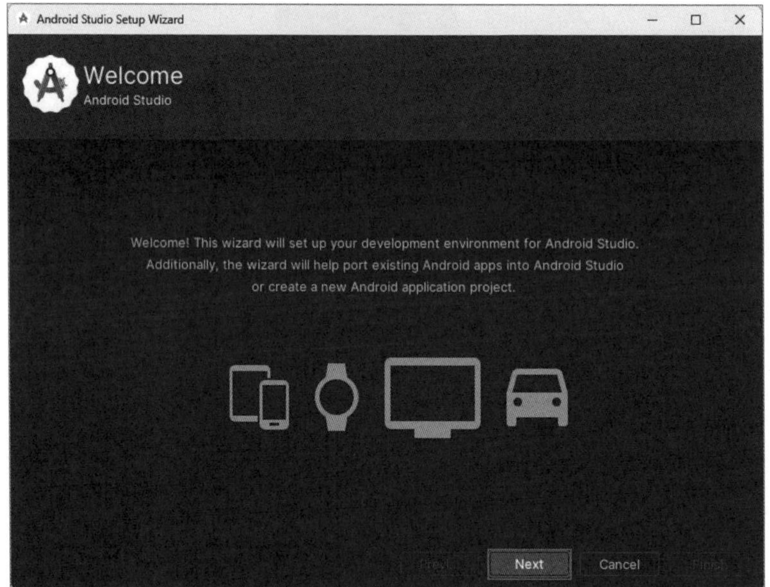

圖 1-11　Welcome 頁面

STEP 04 選擇「Standard」安裝類型，點選「Next」按鈕，如圖 1-12 所示。

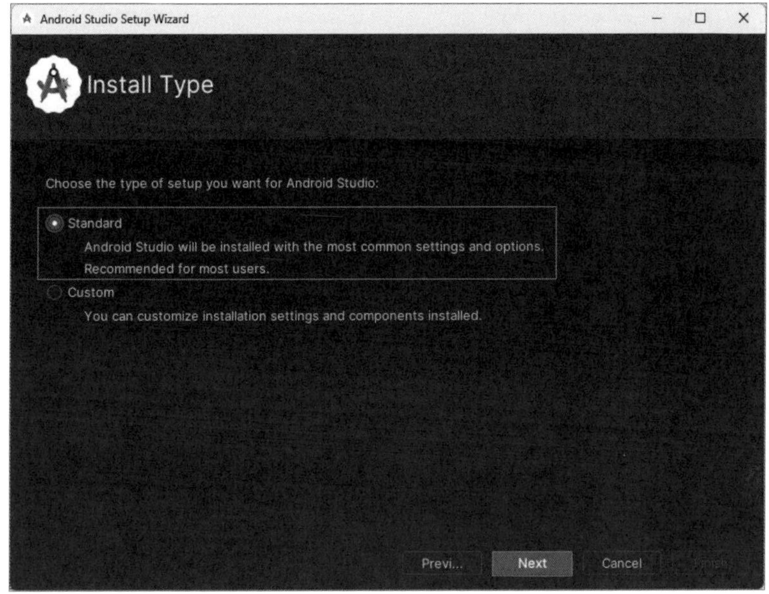

圖 1-12 選擇 Standard 安裝類型

STEP 05 確認設定的資訊，點選「Next」按鈕，如圖 1-13 所示。

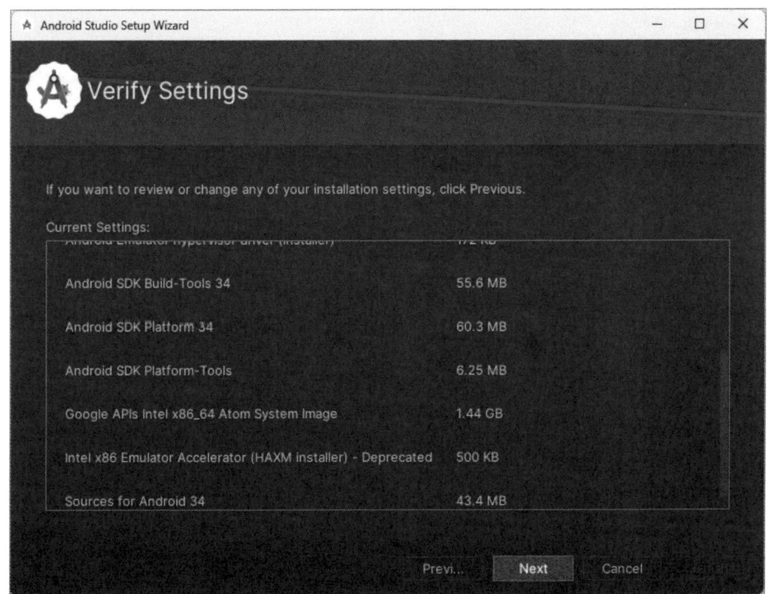

圖 1-13 確認設定的資訊

STEP 06 同意 Android SDK 授權協議，如圖 1-14 所示。

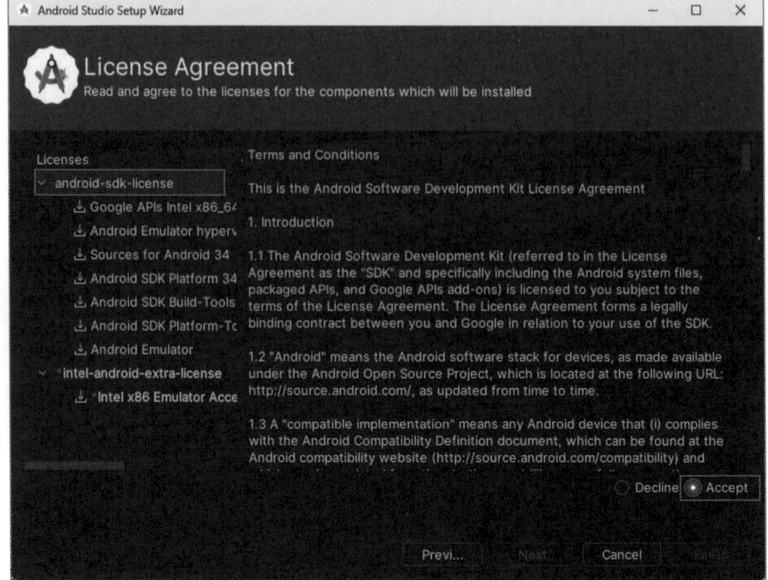

圖 1-14　同意 Android SDK 授權協議

STEP 07 同意 Intel Android Extra 授權協議後，點選「Finish」按鈕，如圖 1-15 所示。

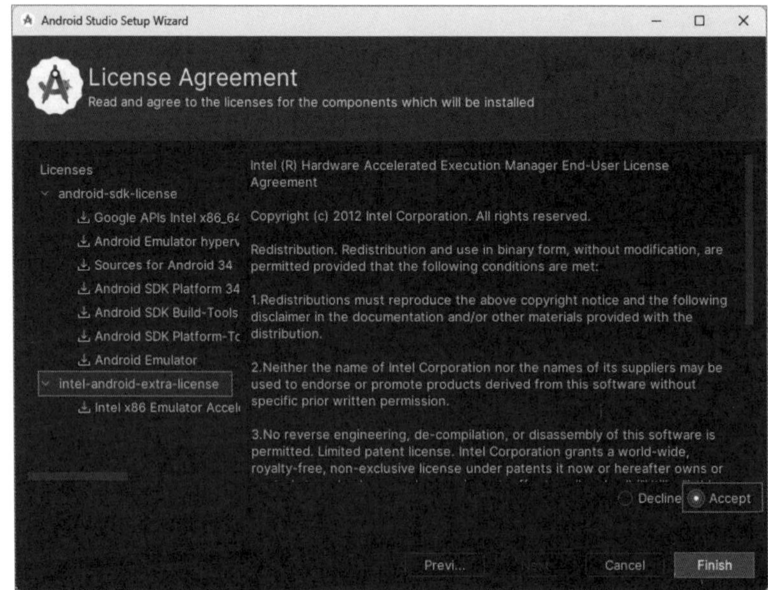

圖 1-15　同意 Intel Android Extra 授權協議

STEP 08 等待相關套件下載完成，點選「Finish」按鈕，如圖 1-16 所示。

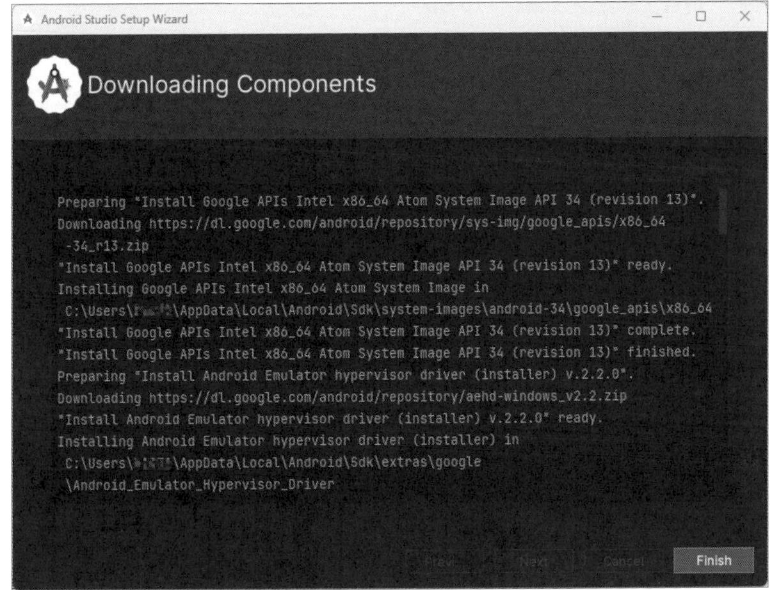

圖 1-16　安裝相關套件

STEP 09 建立第一個 Android 專案。開啟 Android Studio 後，點選「New Project」建立新專案，如圖 1-17 所示。

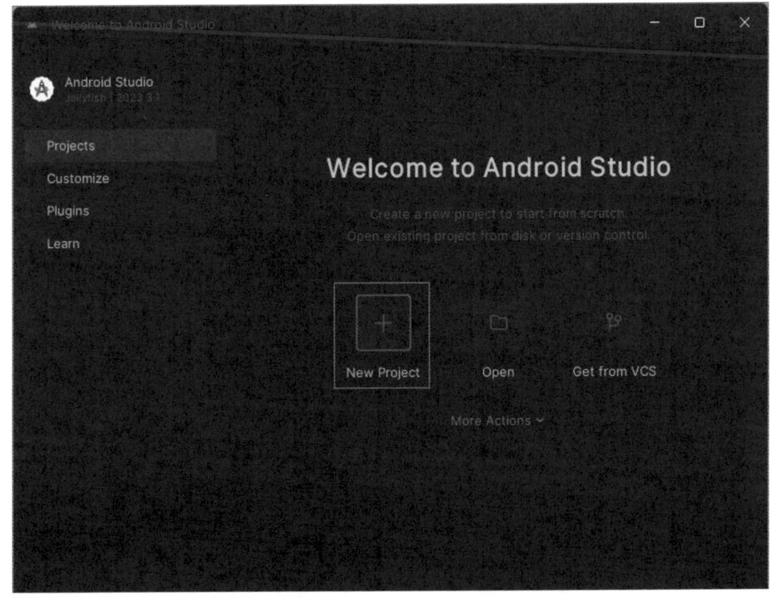

圖 1-17　開啟 Android Studio 建立新專案

STEP 10 根據需求可選擇不同的樣板進行開發，一般使用「Empty Views Activity」即可，點選「Next」按鈕，如圖 1-18 所示。

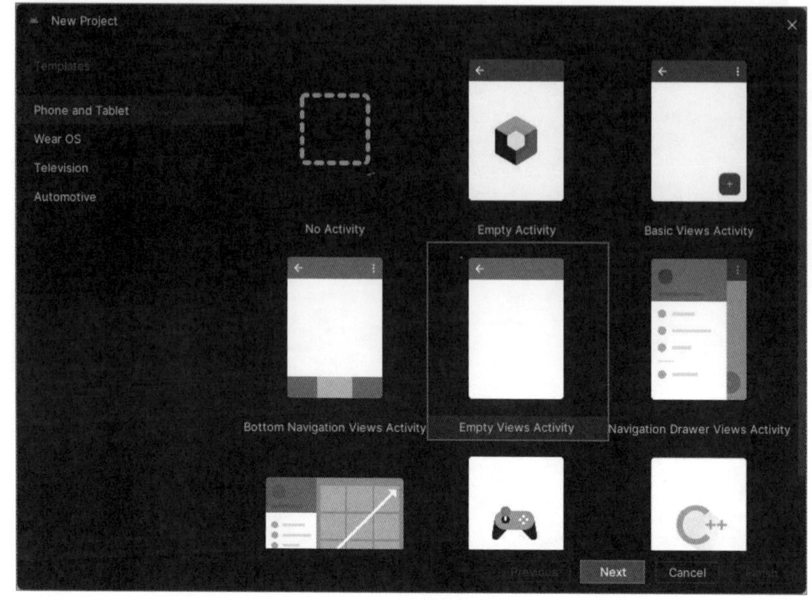

圖 1-18　選擇開發樣板

STEP 11 設定專案名稱及專案路徑，選擇「Kotlin」作為開發語言，最低支援版本選擇「API 24」，點選「Finish」按鈕來完成專案建立，如圖 1-19 所示。

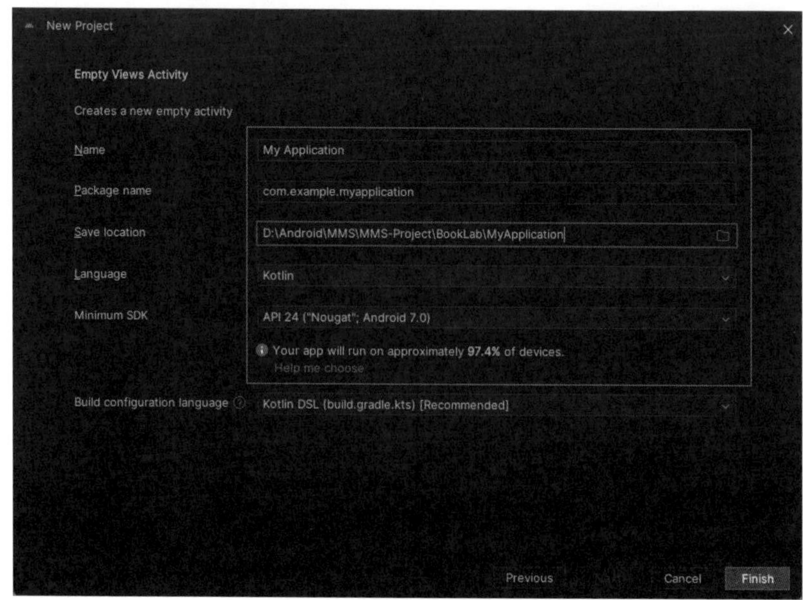

圖 1-19　設定專案屬性並建立新專案

STEP 12 專案建立成功後，會看到如圖 1-20 的畫面。

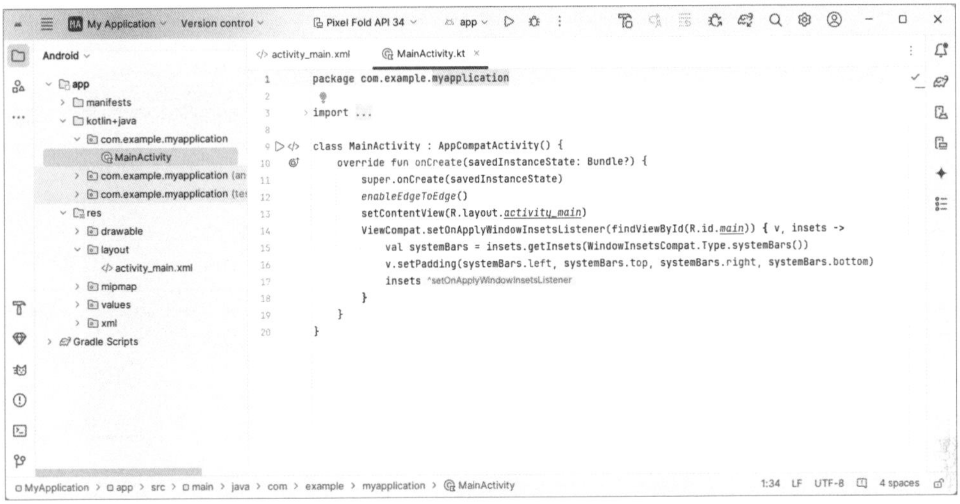

```
package com.example.myapplication

import ...

class MainActivity : AppCompatActivity() {
    override fun onCreate(savedInstanceState: Bundle?) {
        super.onCreate(savedInstanceState)
        enableEdgeToEdge()
        setContentView(R.layout.activity_main)
        ViewCompat.setOnApplyWindowInsetsListener(findViewById(R.id.main)) { v, insets ->
            val systemBars = insets.getInsets(WindowInsetsCompat.Type.systemBars())
            v.setPadding(systemBars.left, systemBars.top, systemBars.right, systemBars.bottom)
            insets
        }
    }
}
```

圖 1-20　專案建立成功

1.1.3　建立模擬器

STEP 01 點選「Device Manager」的圖示，它位於 Android Studio 右方的工具列，如圖 1-21 所示。

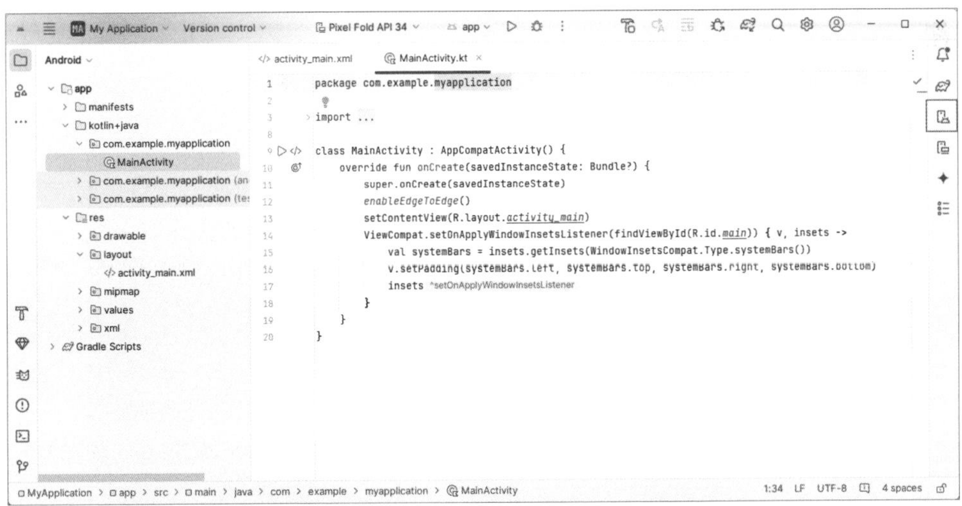

圖 1-21　點選「Device Manager」的圖示

STEP 02 點選「Add a new device」的圖示，如圖 1-22 所示。

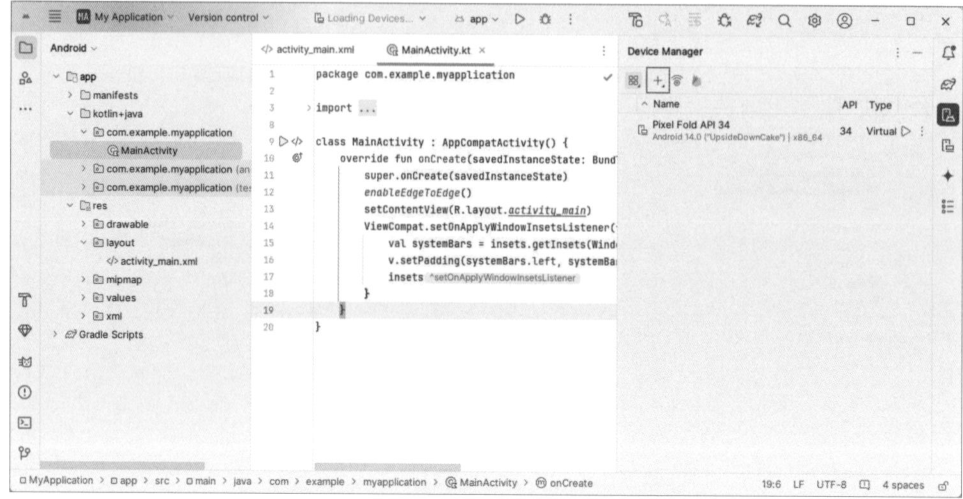

圖 1-22　點選「Add a new device」的圖示

STEP 03 點選「Create Virtual Device」按鈕，建立一個新的模擬器，如圖 1-23 所示。

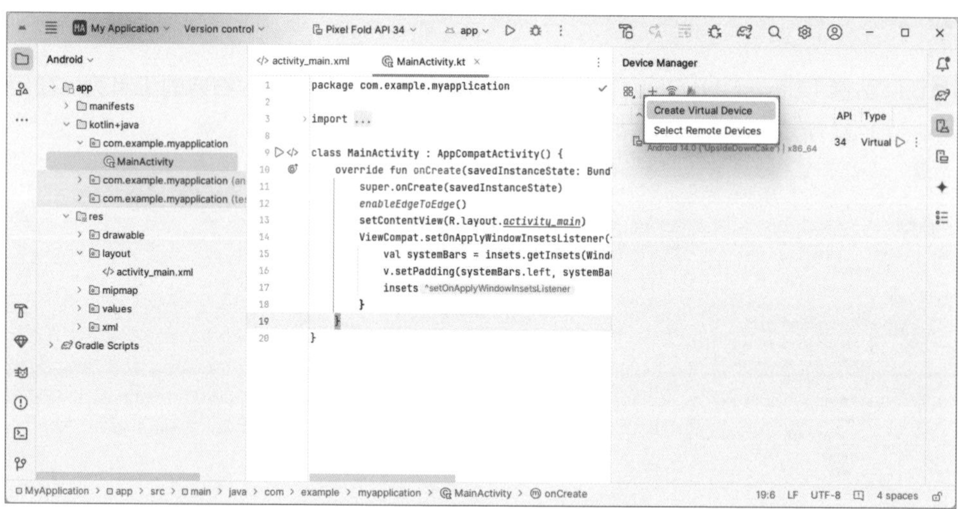

圖 1-23　建立新的 Android 模擬器

STEP 04 選擇模擬器的種類為「Phone」，型號為「Pixel 8」，點選「Next」按鈕，如圖 1-24 所示。

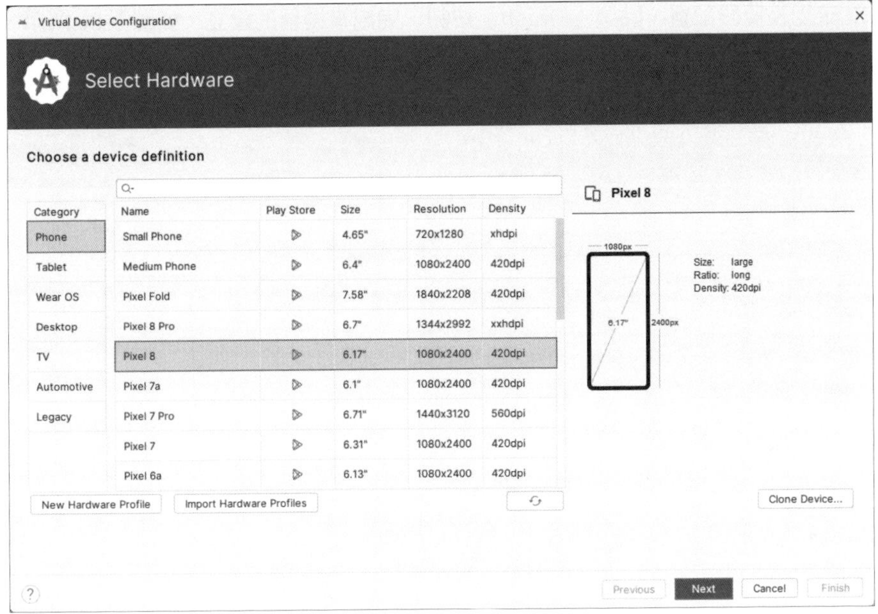

圖 1-24　選擇模擬器類型

STEP 05 下載模擬器上執行的Android版本，這裡可以根據讀者的喜好來選擇不同的Android版本。本書選擇「UpsideDownCake」，點選「Next」按鈕，如圖1-25所示。

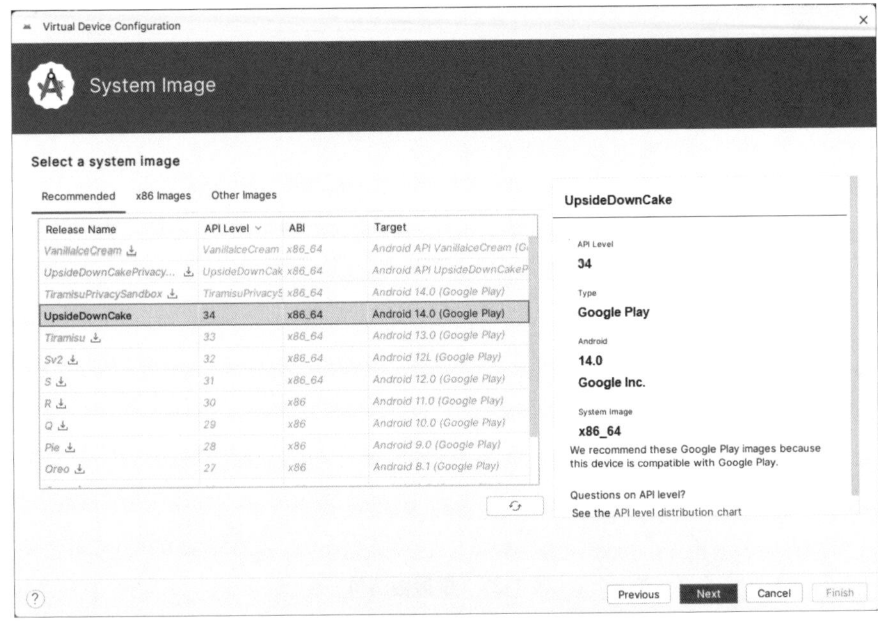

圖 1-25　下載模擬器的 Android 版本

STEP 06 確認模擬器配置，點選「Finish」按鈕，完成模擬器的建立，如圖 1-26 所示。

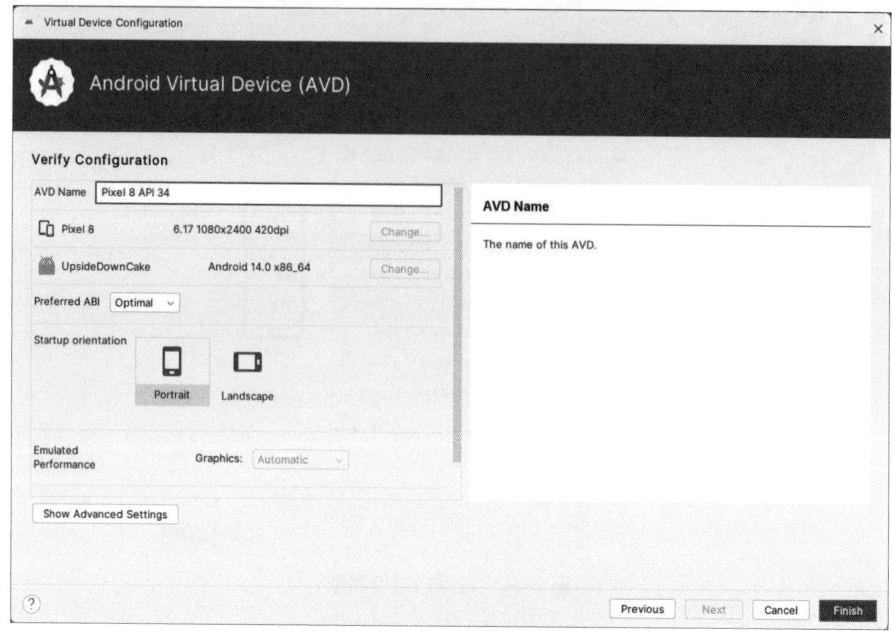

圖 1-26　完成模擬器配置

STEP 07 在 Device Manager 的清單會出現模擬器選項，點選右側箭頭來開啟模擬器，如圖 1-27 所示。

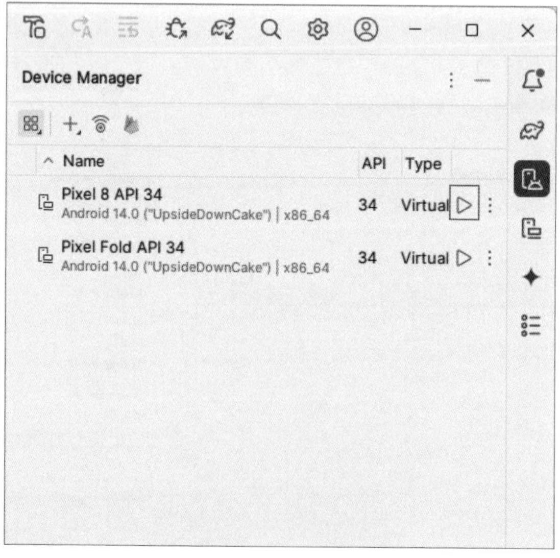

圖 1-27　模擬器清單

STEP 08 看到如圖 1-28 的畫面，就代表模擬器啟動完成。

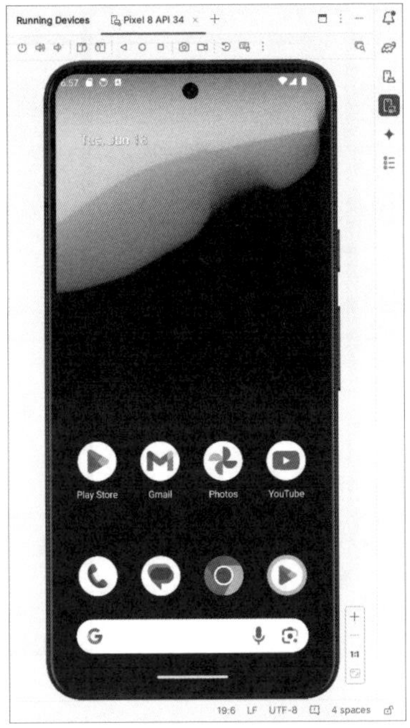

圖 1-28　Android 模擬器畫面

1.1.4　執行應用程式專案

STEP 01 確認模擬器已啟動且可運作後，要編譯撰寫完成的程式碼。點選位於 Android Studio 工具列中的綠色箭頭，如圖 1-29 所示。

圖 1-29　編譯程式

STEP 02 編譯完成後，會自動安裝至模擬器中，預設的 Android 專案會顯示「Hello World!」，如圖 1-30 所示。

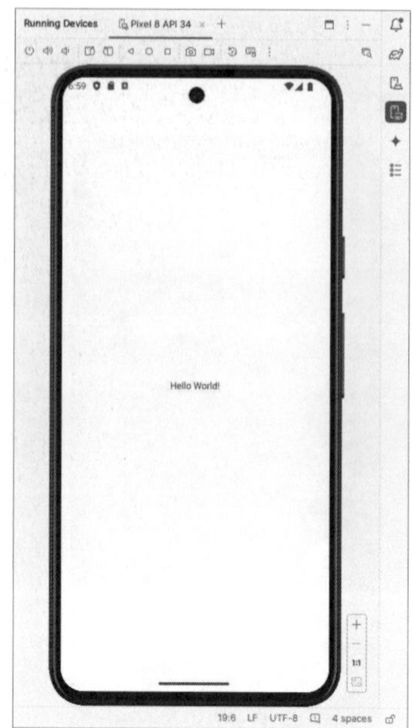

圖 1-30　程式專案成功安裝至模擬器

1.2 Android 專案架構

Android Studio 左側表單內會顯示應用程式的目錄，如圖 1-31 所示，預設的專案顯示方式會以 Android 模式呈現。在 Android 模式下，會有一個存放專案程式碼與資源的 app 目錄，以及一個用於自動化建構的 Gradle Scripts 目錄。

- 應用程式設定目錄：manifests。
- 類別目錄：kotlin + java。
- 資源目錄：res。
- 自動化建構工具：Gradle。

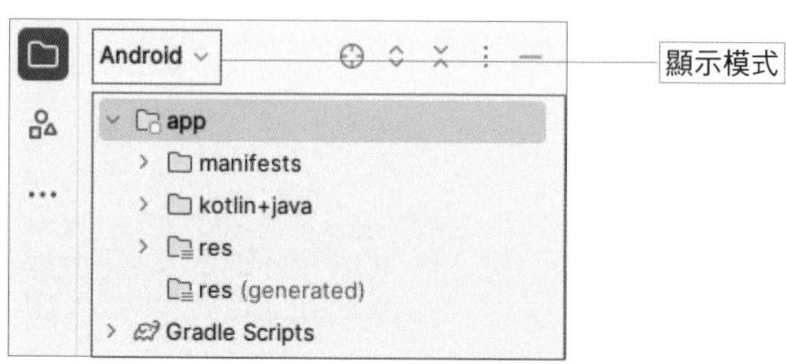

圖 1-31　Android 專案目錄

說 明 Android 顯示模式的目錄不等於實際目錄。實際目錄須切換至 Project 顯示模式。

1.2.1 應用程式設定目錄：manifests

展開 manifests 目錄，會有一個 AndroidManifest.xml 的檔案，如圖 1-32 所示。系統在執行該應用程式的程式碼之前，需要向 Android 系統宣告應用程式的基本資訊，如應用程式的標題、圖示等，都會被描述於 AndroidManifest.xml 中。詳細可見：URL https://developer.android.com/guide/topics/manifest/manifest-intro.html。

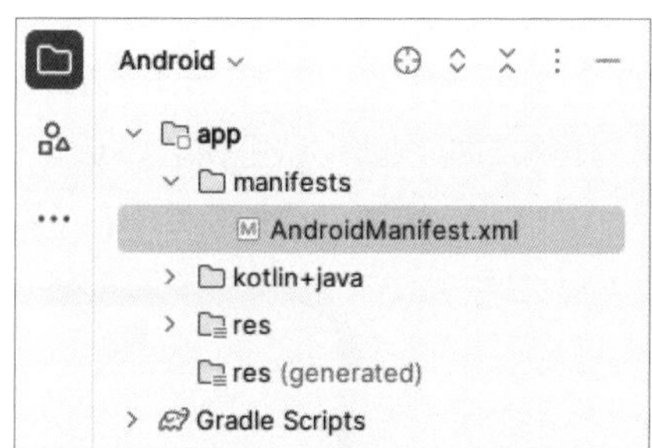

圖 1-32　應用程式設定檔 AndroidManifest.xml

```
<?xml version="1.0" encoding="utf-8"?>
<manifest xmlns:android="http://schemas.android.com/apk/res/android"
    xmlns:tools="http://schemas.android.com/tools">

    <application
        android:allowBackup="true"
        android:dataExtractionRules="@xml/data_extraction_rules"
        android:fullBackupContent="@xml/backup_rules"
        android:icon="@mipmap/ic_launcher"
        android:label="@string/app_name"
        android:roundIcon="@mipmap/ic_launcher_round"
        android:supportsRtl="true"
        android:theme="@style/Theme.MyApplication"
        tools:targetApi="31">
        <activity
            android:name=".MainActivity"
            android:exported="true">
            <intent-filter>
                <action android:name="android.intent.action.MAIN" />
```

```
                <category android:name="android.intent.category.LAUNCHER" />
            </intent-filter>
        </activity>
    </application>
</manifest>
```

AndroidManifest.xml 的基本元素

❑ application

用於定義應用程式相關的元件，例如：基本資訊，如圖 1-33 所示。

❍ android:icon 定義應用程式的圖示，預設為 Android 機器人圖示。

❍ android:label 定義應用程式的名稱與標題，預設為專案名稱。

❍ android:roundIcon 定義應用程式的圓形圖示，預設為 Android 機器人圖示。

❍ android:theme 定義應用程式的主題，其設定會預設給所有子頁面。

圖 1-33　應用程式的 Icon、Label 與 Theme

❑ activity

application 底下需要描述應用程式執行時會使用的組件類別，例如：Activity（活動）、Service（服務）、BroadcastReceiver（廣播接收器）、ContentProvider（內容提供者），而 activity 為 Activity 類別的標籤。

❍ 以下方程式碼為例，定義了 Activity、Service 與 BroadcastReceiver，這些類別在被執行前，系統會去查閱 application 是否有對應的描述，而初學者經常忘記將類別描述於 application 中，導致系統產生錯誤。

❍ 系統會為新建立的專案產生一個 MainActivity 的 activity 標籤，若要使用更多的 activity 或是其他組件類別，就需要自行增加。

❍ 類別名稱的描述必須包含 package 名稱，如 demo.myapplication.MainActivity，若該類別屬於同個 package，則可省略為「.MainActivity」。

```
<application
    android:allowBackup="true"
    android:dataExtractionRules="@xml/data_extraction_rules"
    android:fullBackupContent="@xml/backup_rules"
    android:icon="@mipmap/ic_launcher"
    android:label="@string/app_name"
    android:roundIcon="@mipmap/ic_launcher_round"
    android:supportsRtl="true"
    android:theme="@style/Theme.MyApplication"
    tools:targetApi="31">
    <activity
        android:name=".MainActivity"
        android:exported="true">
        <intent-filter>
            <action android:name="android.intent.action.MAIN" />

            <category android:name="android.intent.category.LAUNCHER" />
        </intent-filter>
    </activity>

    <service
        android:name=".MyService"
        android:enabled="true"
        android:exported="true" />

    <receiver
        android:name=".MyReceiver"
        android:enabled="true"
        android:exported="true" />
</application>
```

若使用 Service 或 BroadcastReceiver 元件，需要在此處加入對應的描述，此章節中不需要加入

1.2.2 類別目錄：java

Android的主要語言為Java與Kotlin，專案的程式碼會被描述成類別結構放置於src目錄，在Android顯示模式下會位於「kotlin + java」目錄，如圖1-34所示。

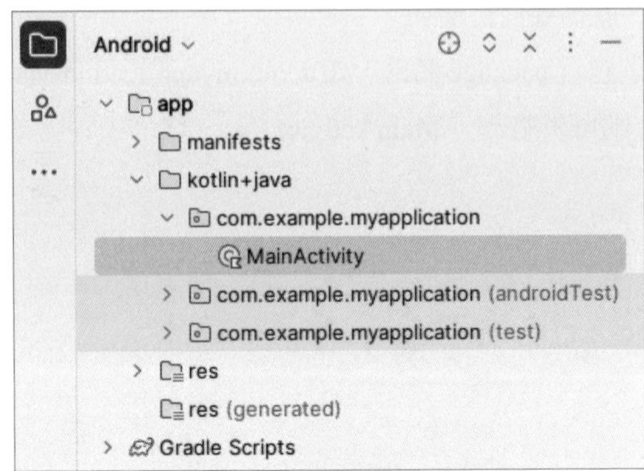

圖1-34　專案的Java目錄

Google提供豐富的SDK套件，讓開發者基於套件的框架，快速地開發Android應用程式，實踐所需要的功能。

以下方的MainActivity類別為例，開發者透過繼承AppCompatActivity的類別框架，並撰寫簡短的程式碼，便可在執行後產生應用程式介面。由於繼承AppCompatActivity類別，開發者不必撰寫畫面產生的相關程式，僅藉由加入客製化的程式碼，就能簡單地實作客製化的應用程式。

```
package com.example.myapplication

import android.os.Bundle
import androidx.activity.enableEdgeToEdge
import androidx.appcompat.app.AppCompatActivity
import androidx.core.view.ViewCompat
import androidx.core.view.WindowInsetsCompat

class MainActivity : AppCompatActivity() {
    override fun onCreate(savedInstanceState: Bundle?) {
        super.onCreate(savedInstanceState)

        enableEdgeToEdge()

        setContentView(R.layout.activity_main)
```

繼承AppCompatActivity原生框架

啟用無邊框模式，使Layout畫面可以從系統列下方開始繪製

設定顯示的Layout畫面

```
ViewCompat.setOnApplyWindowInsetsListener(findViewById(R.id.main)) { v, insets ->
            val systemBars = insets.getInsets(WindowInsetsCompat.Type.
systemBars())
            v.setPadding(systemBars.left, systemBars.top, systemBars.right,
systemBars.bottom)
            insets
        }
    }
}
```

使用 WindowInsets 來處理畫面重疊問題，避免畫面從系統列下方開始繪製，導致系統手勢發生衝突

新增客製化的程式碼讓應用程式執行

1.2.3 資源目錄：res

Android 應用程式專案中，除了程式碼之外，還包含其他的專案資源，這些資源會被放置於 res 目錄下，例如：內部的圖檔、版面配置、顏色、風格主題等。

如圖 1-35 所示，res 目錄下，依據用途區分成 drawable、layout、mipmap、values 與 xml 等五個目錄。其中，xml 目錄用於存放一些基於特定功能的通用類型 XML 配置檔，如網路配置、資料備份與還原配置，本書並未使用到相關功能。

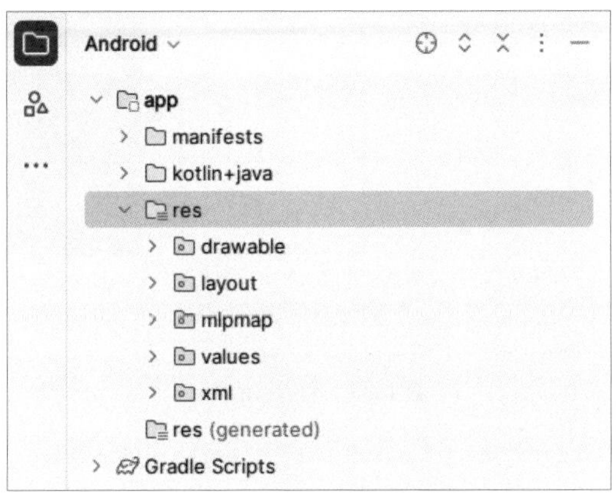

圖 1-35　專案的 res 資源目錄

❑ drawable

應用程式使用的圖檔會置於 drawable 目錄下，如圖 1-36 所示。圖檔資源可以是 .png、.jpg 或以 .xml 格式設計的素材。

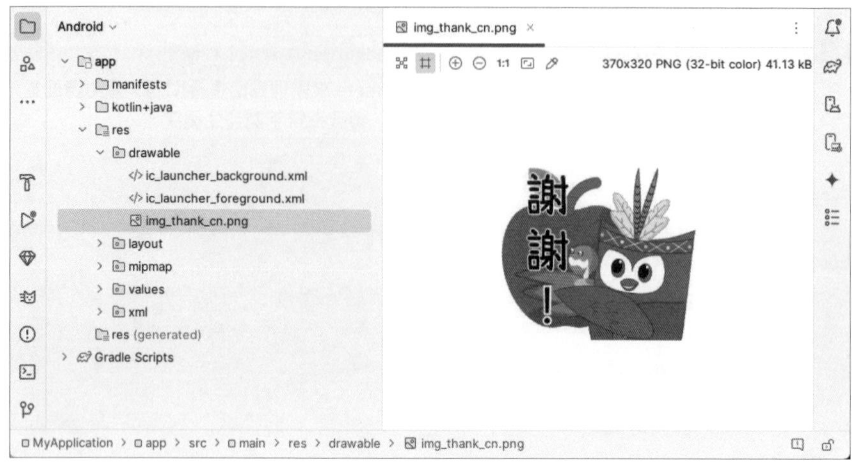

圖 1-36　圖檔 drawable

❑ layout

應用程式介面的版面配置檔會置於 layout 目錄下，如圖 1-37 所示。

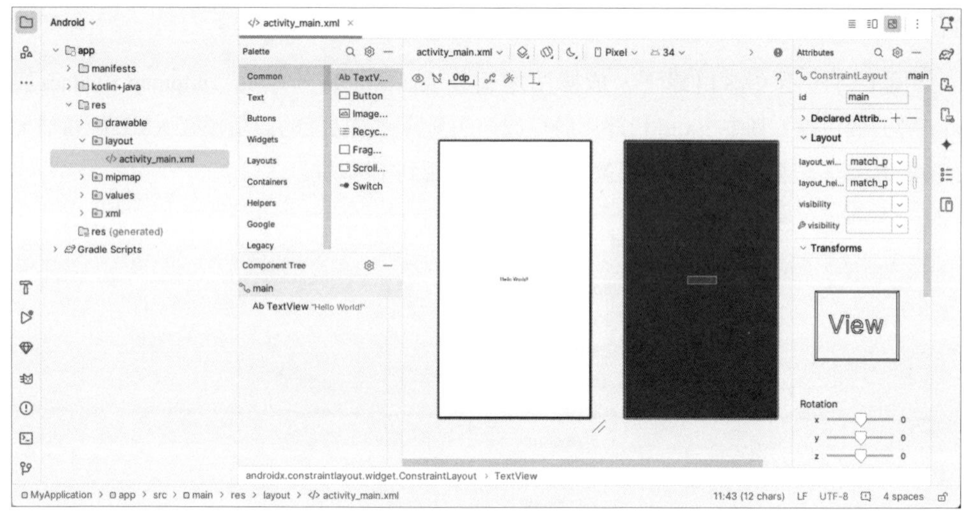

圖 1-37　佈局 layout

❑ mipmap

應用程式的圖示會置於 mipmap 目錄下，如圖 1-38 所示。

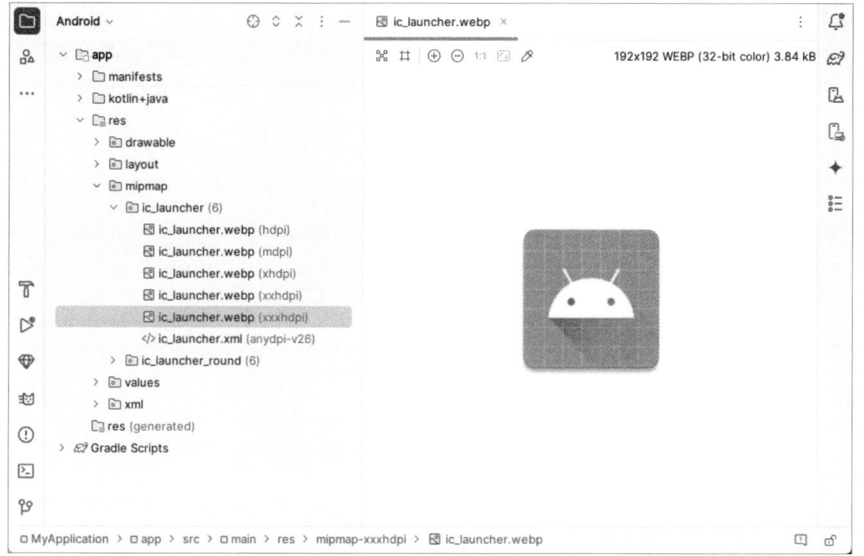

圖 1-38　圖示 mipmap

❑ values

應用程式資源的變數值會置於 values 目錄下，如圖 1-39 所示。依用途分成字串（strings）、顏色（colors）、主題（themes）等。

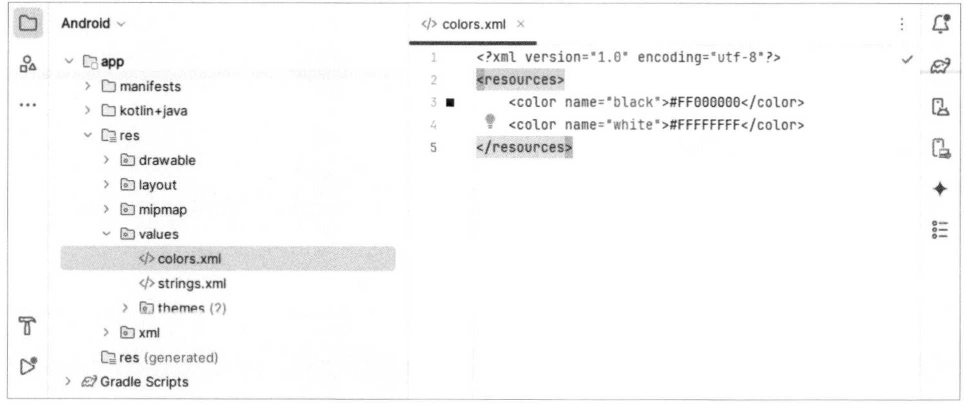

圖 1-39　數值 values

新增或修改檔案於資源目錄後，開發者可藉由 XML 與程式碼兩種語法方式來使用該資源。

在 XML 中，使用「@ 目錄 / 檔名」的命名描述指定特定資源，例如：使用 values 中的字串「app_name」，可以透過「@string/app_name」得到對應的文字，如圖 1-40 所示。

```
<application
    android:allowBackup="true"
    android:dataExtractionRules="@xml/data_extraction_rules"
    android:fullBackupContent="@xml/backup_rules"
    android:icon="@mipmap/ic_launcher"
    android:label="@string/app_name"
    android:roundIcon="@mipmap/ic_launcher_round"
    android:supportsRtl="true"
    android:theme="@style/Theme.MyApplication"
    tools:targetApi="31">
```

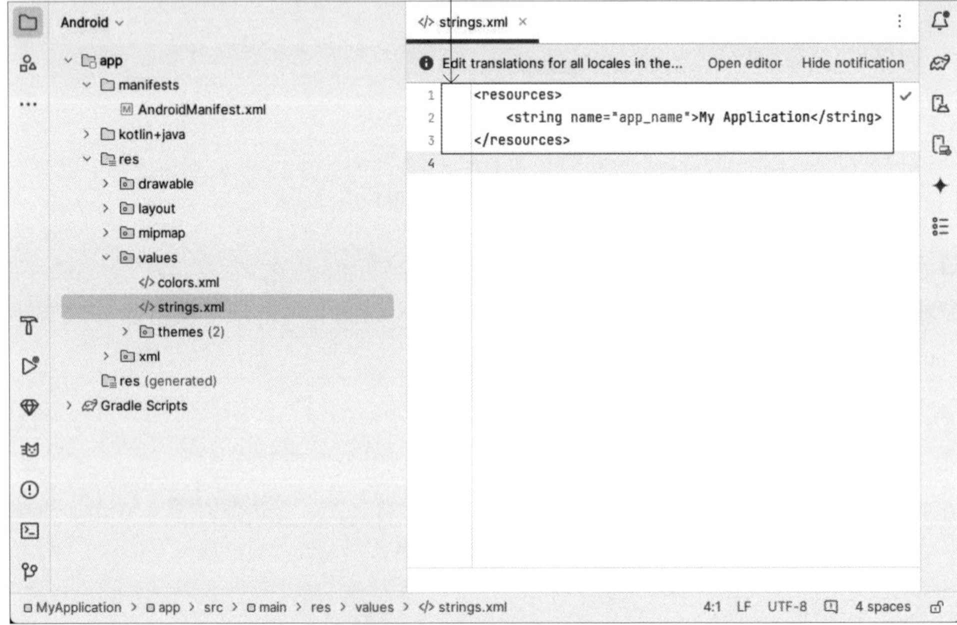

圖 1-40　字串資源 strings

在程式碼中，需要透過 R 類別來連接資源。R 類別由系統自動產生，系統會分配實體路徑給資源目錄下的所有檔案，並將其描述於 R 類別，開發者可使用 R.id.xxx 的命名描述去指定特定資源，例如：圖片「R.drawable.xxx」、版面配置「R.layout.xxx」與字串「R.string.xxx」，如圖 1-41 所示。

```
override fun onCreate(savedInstanceState: Bundle?) {
    super.onCreate(savedInstanceState)
    enableEdgeToEdge()
```

```
    setContentView(R.layout.activity_main)
ViewCompat.setOnApplyWindowInsetsListener(findViewById(R.id.main)) { v, insets ->
        val systemBars = insets.getInsets(WindowInsetsCompat.Type.systemBars())
        v.setPadding(systemBars.left, systemBars.top, systemBars.right,
systemBars.bottom)
        insets
    }
}
```

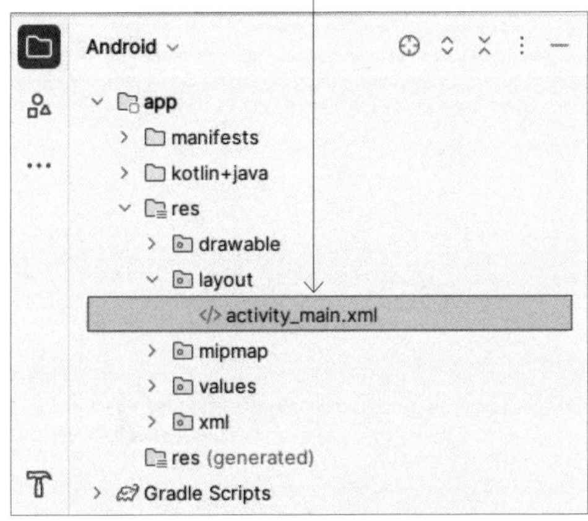

圖 1-41　透過 R 類別對照版面配置檔

1.2.4　自動化建構工具：Gradle

Gradle 是一個基於 Apache Ant 和 Maven 概念的專案自動化建構工具，在 Android Studio 中負責管理專案的設定，包含專案（Project）、模組（Module）的設定檔、混淆碼規則、本地設定檔與仰賴套件管理，如圖 1-42 所示。

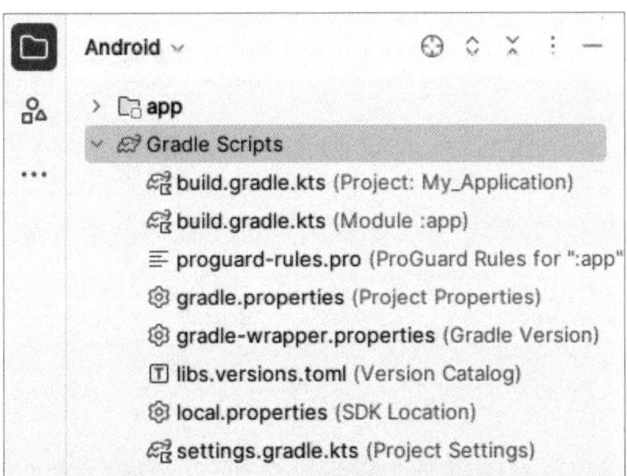

圖 1-42　自動化建置工具 Gradle

❑ build.gradle.kts (Project: My_Application)

專案建構檔。負責定義專案的依賴關係、外掛程式和建構設置，確保項目能夠正確地編譯、測試和打包。

❑ build.gradle.kts (Module :app)

模組建構檔。在 Android Studio 中，每個專案可以擁有多個模組，每個模組都有獨立的設定檔，用於記錄模組所需的屬性、簽署訊息或依賴項目。

```
plugins {
    alias(libs.plugins.android.application)
    alias(libs.plugins.jetbrains.kotlin.android)
}

android {
    namespace = "com.example.myapplication"
    compileSdk = 34
    defaultConfig {
        applicationId = "com.example.myapplication"
        minSdk = 24
        targetSdk = 34
        versionCode = 1
        versionName = "1.0"
        ...
    }

    buildTypes { ... }

    compileOptions { ... }
    kotlinOptions { ... }
}

dependencies { ... }
```


❑ proguard-rules.pro

程式混淆規則配置檔。在應用程式發布上架前，保護程式碼是很重要的步驟。透過 Proguard 對類別、屬性和方法進行混淆，增加程式反編譯後的閱讀難度，同時也可以降低 APK 檔案大小。

❑ gradle.properties

Gradle 設定檔，用於設定全域資料。將敏感訊息存放在 gradle.properties 中，可避免將其上傳到版本控制系統。

❏ gradle-wrapper.properties

Gradle Wrapper 配置檔。這個檔案會自動產生，開發者無須更動，除非要手動指定 Gradle 的版本。

```
distributionBase=GRADLE_USER_HOME
distributionPath=wrapper/dists
distributionUrl=https\://services.gradle.org/distributions/gradle-8.6-bin.zip
zipStoreBase=GRADLE_USER_HOME
zipStorePath=wrapper/dists
```

❏ libs.versions.toml

仰賴套件管理檔。列出所有使用的套件及其版本號，統一管理和更新專案的依賴項目。透過這個檔案，可以集中控制依賴版本，避免不同模組之間使用的套件版本不一致的問題。

```
[versions] ———— 版本號管理
agp = "8.4.0"
...

[libraries] ———— 依賴項目管理
androidx-core-ktx = { group = "androidx.core", name = "core-ktx", version.ref
= "coreKtx" }
...

[plugins] ———— 外掛程式項目管理
android-application = { id = "com.android.application", version.ref = "agp" }
jetbrains-kotlin-android = { id = "org.jetbrains.kotlin.android", version.ref
= "kotlin" }
```

❏ local.properties

本地設定檔。在實作應用程式時，會遇到僅限於個人或開發用、不需要或被禁止上傳到 GitHub 的屬性，例如：SDK 路徑或 Developer Key 等，可以將這類屬性定義於 local.properties。

❏ settings.gradle.kts

程式模組設定檔，用於管理專案中的模組。當使用其他模組時，必須在 settings.gradle 中加入該模組的路徑。

02 介面設計與元件佈局

學習目標

- ❏ 學習使用者介面的設計方式與概念
- ❏ 認識三種基本的佈局元件及其佈局方式
- ❏ 認識四種常見的視窗元件及其功能特性
- ❏ 了解佈局元件與視窗元件的用途及使用方式

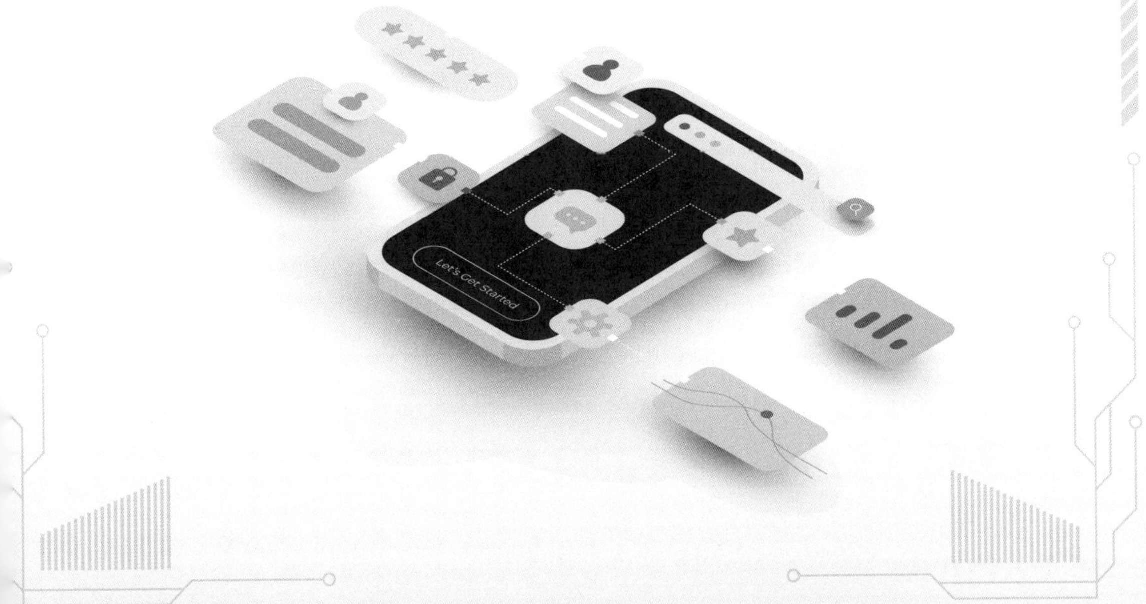

2.1 版面配置

一個應用程式至少會具備一個畫面來與使用者互動，在 Android 中，開發者可透過 XML 語法描述畫面的版面佈局，這類佈局檔案稱為「Layout」。

圖 2-1 右上方有三個選項用於切換目前的瀏覽模式，由左至右分別表示：

- Code：顯示該設計畫面的 XML 語法。
- Split：顯示 XML 語法並同時呈現設計畫面。
- Design：顯示設計畫面的圖形介面。

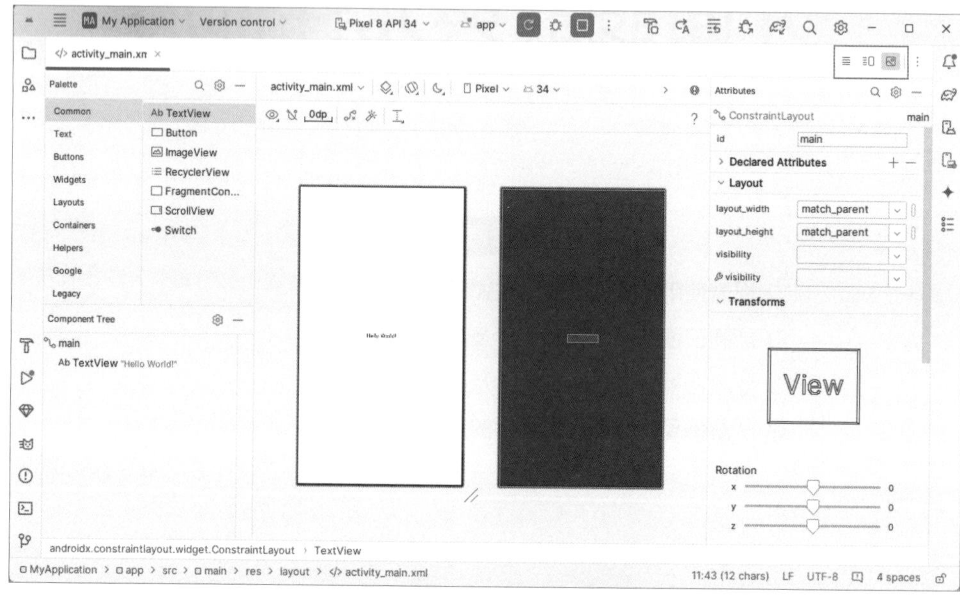

圖 2-1 Android Studio 佈局畫面

2.1.1 介面設計

Layout 檔會被放置在「res/layout」目錄之下，將其打開後，可見到圖 2-2 中的預覽畫面，左側為「調色盤 / 元件盤」(Palette)，開發者可以從中挑選所需的元件，拖曳至中間的預覽畫面或是圖 2-4 的元件樹中。

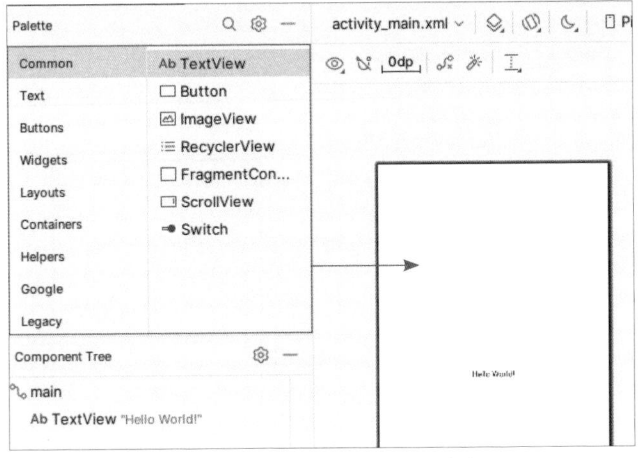

圖 2-2　元件盤位於佈局畫面的左上方

在預覽畫面中的元件可直接點選，右方的欄位會顯示該元件的屬性表，開發者可透過屬性表更改該元件的相關內容，如圖 2-3 所示。

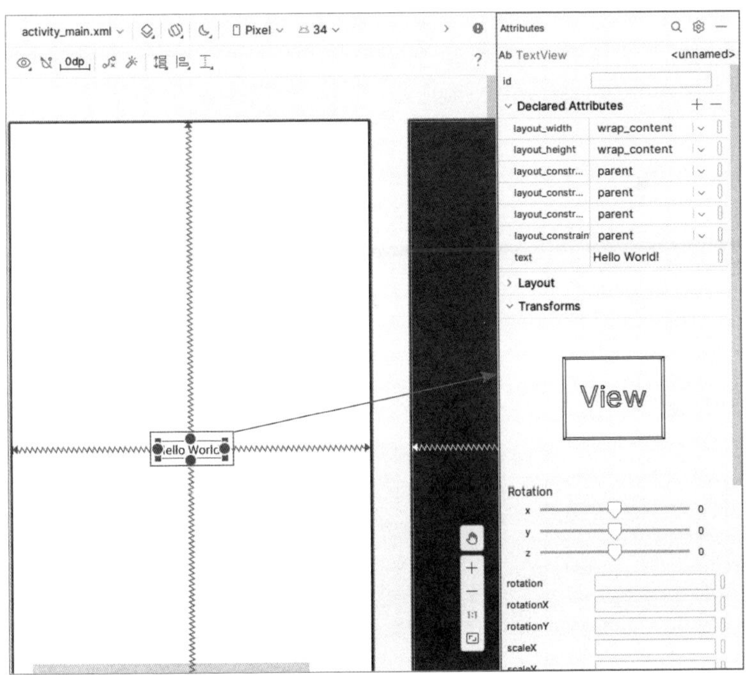

圖 2-3　元件屬性表位於佈局畫面的右上方

左下方會顯示該畫面的元件樹（Component Tree）。元件樹以樹狀的方式來描述元件之間的層級關係，如圖 2-4 所示。

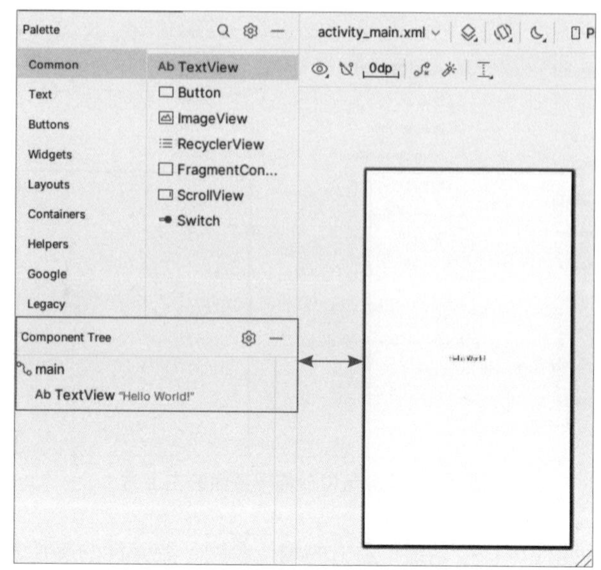

圖 2-4　元件樹位於元件盤的下方

> **說 明**　進行元件擺放時，建議採用拖曳至元件樹的方式，儘量避免拖曳至預覽畫面，因為元件樹能明確表示元件的層級位置，從而避免元件位置擺放錯誤的情形。

Layout 檔是由 XML 語法組成，開發者可以從右上方選擇「Code」或「Split」模式來瀏覽 XML 程式碼，如圖 2-5 所示。

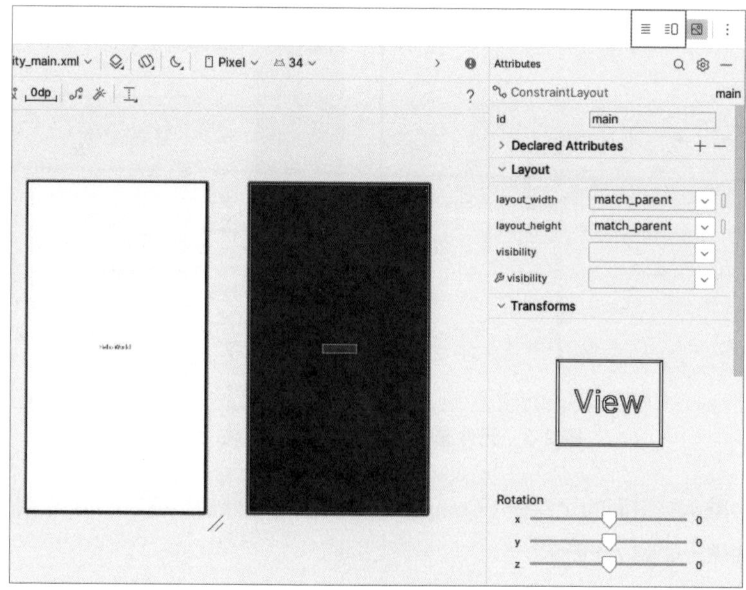

圖 2-5　按鈕切換佈局模式

切換至 Code 模式後，可以看到畫面的 XML 原始碼：

```
<?xml version="1.0" encoding="utf-8"?>
<androidx.constraintlayout.widget.ConstraintLayout
    xmlns:android="http://schemas.android.com/apk/res/android"
    xmlns:app="http://schemas.android.com/apk/res-auto"
    xmlns:tools="http://schemas.android.com/tools"
    android:id="@+id/main"
    android:layout_width="match_parent"
    android:layout_height="match_parent"
    tools:context=".MainActivity">

    <TextView
        android:layout_width="wrap_content"
        android:layout_height="wrap_content"
        android:text="Hello World!"
        app:layout_constraintBottom_toBottomOf="parent"
        app:layout_constraintLeft_toLeftOf="parent"
        app:layout_constraintRight_toRightOf="parent"
        app:layout_constraintTop_toTopOf="parent" />
</androidx.constraintlayout.widget.ConstraintLayout>
```

2.1.2 佈局元件

在編排畫面時，開發者需要使用「佈局元件」（ViewGroup）來管理每一個元件的擺放位置。若要使元件被佈局元件所控制，必須將其放入佈局元件之內，形成父子層級的關係，如圖 2-6 所示。

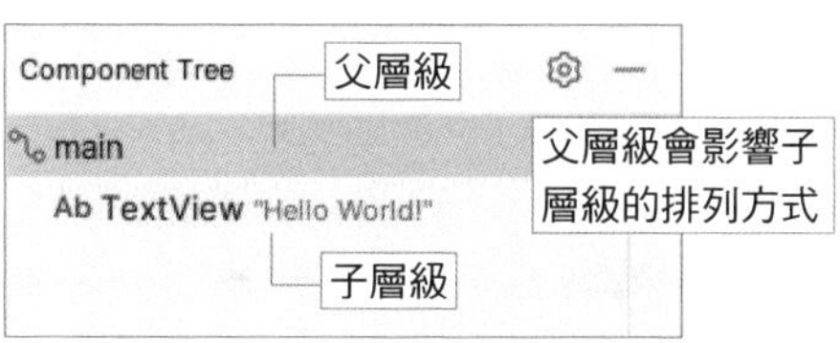

圖 2-6　元件的層級排序

子層級元件的排列方式會被父層級的佈局元件所影響，而子層級也可以擺放新的佈局元件，這樣「孫」層級就會同時受到子層級與父層級影響。以下介紹 Android 中基本的三種佈局元件。

LinearLayout

「線性佈局」會依照擺放順序逐一排列子層級元件，LinearLayout分為「垂直」（Vertical）與「水平」（Horizontal）兩種排列方向（Orientation），開發者可透過orientation屬性指定排列方向，如果沒有設定此屬性，則預設會以水平模式排列，如圖2-7所示。

```
<LinearLayout
    xmlns:android="http://schemas.android.com/apk/res/android"
    android:layout_width="match_parent"
    android:layout_height="match_parent"
    android:orientation="horizontal">
```

圖2-7 垂直佈局（左）與水平佈局（右）

在編排元件的過程中，開發者可使用layout_width與layout_height屬性，以設定元件本身的寬度與高度。

```
android:layout_width="match_parent"
android:layout_height="match_parent"
```

寬度與高度分為match_parent、wrap_content與固定數值等三種輸入參數，由於每台裝置大小不盡相同，所以建議元件要能以裝置尺寸進行動態調整。

❑ match_parent

元件的寬度與高度擴展至與父層級相同，如圖2-8所示。

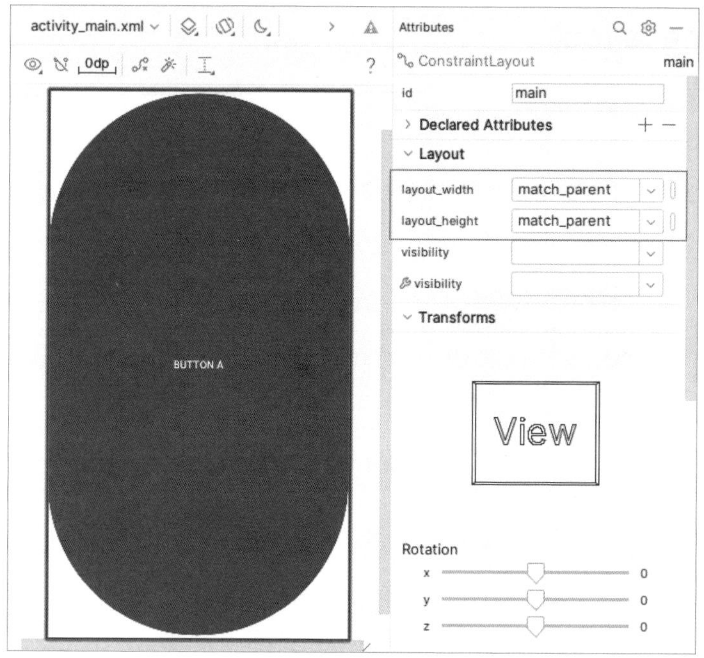

圖 2-8　按鈕最大化

❑ wrap_content

元件的寬度與高度依據內容自動調整，而內容的定義包含文字、圖片或子層級，如圖 2-9 所示。

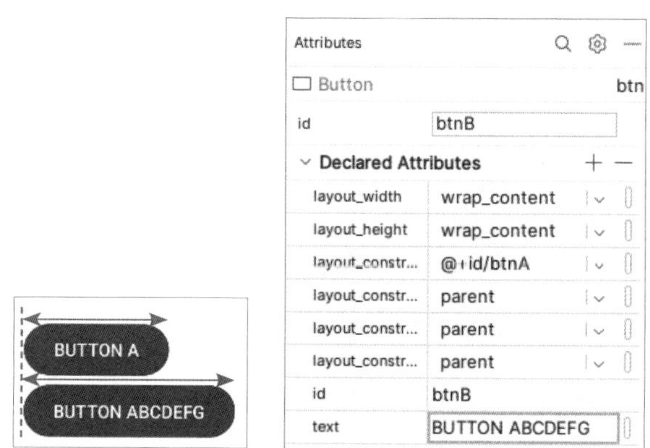

圖 2-9　按鈕最小化

FrameLayout

「框架佈局」會將子層級元件以堆疊方式呈現，堆疊依照元件樹的排列順序，由排列較前面的元件優先放置，並依序一層層覆蓋。如圖2-10所示，在元件樹中，Button ABCDEFG 排在 Button A 的上方，所以在畫面顯示中，Button A 會覆蓋於 Button ABCDEFG 之上。

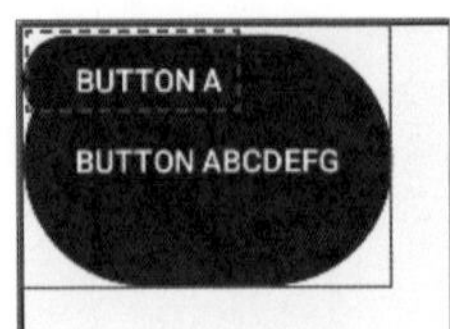

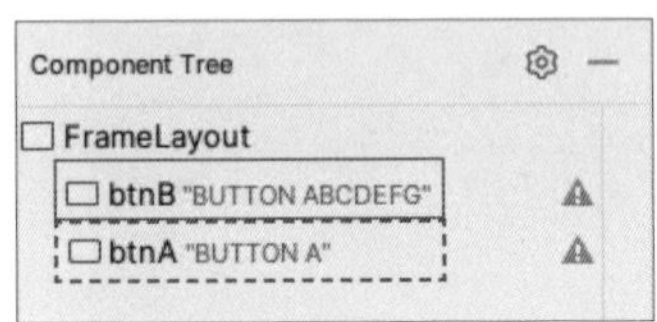

圖 2-10　按鈕 B 覆蓋於按鈕 A 之上

ConstraintLayout

「約束性佈局」是 2016 年 Google I/O 大會發表的新的佈局元件，它結合 FrameLayout 與 RelativeLayout 的特性，能有效解決佈局層級過多的問題，因此易於處理更複雜的佈局結構。ConstraintLayout 採用堆疊的方式呈現元件，子層級的元件需要明確指定參考的對象，這種參考對象的行為稱為「約束條件」。與傳統的佈局元件不同，ConstraintLayout 更適合以圖形化的方式來編輯約束條件，以下介紹 ConstraintLayout 的使用方式。

STEP 01 在 ConstraintLayout 內設定上下左右的內部距離（Padding）為 16dp，如圖 2-11 所示，實線框是 ConstraintLayout 的範圍，藉由設定內部距離產生虛線框的範圍，虛線範圍內為放置元件的區域。

```
android:paddingTop="16dp"
android:paddingBottom="16dp"
android:paddingStart="16dp"
android:paddingEnd="16dp"
```

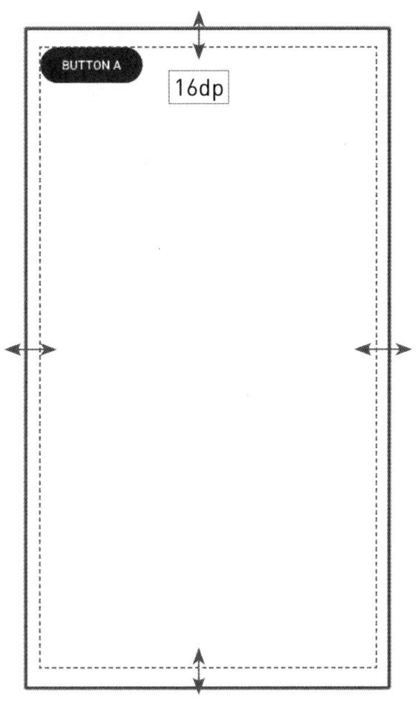

圖 2-11　ConstraintLayout 佈局

STEP 02 點擊 Button A 後，會看見元件周圍的基準點，透過滑鼠拖曳基準點，可讓元件對齊父層級佈局元件的邊緣或其他同層級元件。將 Button A 對齊父層級佈局元件的左側與上緣，如圖 2-12 所示。

```
<Button
    android:id="@+id/btnA"
    android:layout_width="wrap_content"
    android:layout_height="wrap_content"
    android:text="BUTTON A"
    app:layout_constraintStart_toStartOf="parent"
    app:layout_constraintTop_toTopOf="parent" />
```

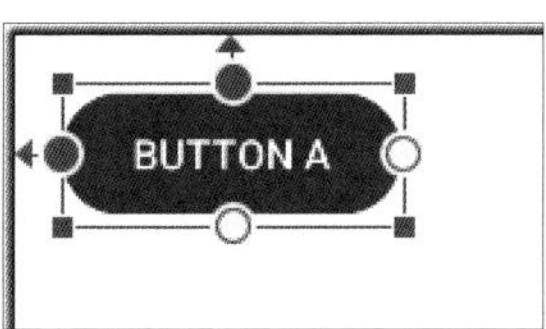

圖 2-12　拖曳按鈕 A 的基準點，使其對齊佈局元件的左側與上緣

STEP 03 將 Button B 左側與上緣的基準點對齊 Button A 的右側與下緣，並設定外部距離（Margin）為 16dp，如圖 2-13 所示，虛線框對應到 Button A 並向右下方延展 16dp 的距離，即為 Button B 的位置。

```
<Button
    android:id="@+id/btnB"
    android:layout_width="wrap_content"
    android:layout_height="wrap_content"
    android:text="BUTTON B"
    android:layout_marginTop="16dp"         距離上緣基準點 16dp
    android:layout_marginStart="16dp"       距離左側基準點 16dp
    android:layout_constraintTop_toBottomOf="@+id/btnA"
                                            以 Button A 的下緣作為 Button B 的上緣基準點
    android:layout_constraintStart_toEndOf="@+id/btnA"/>
                                            以 Button A 的右側作為 Button B 的左側基準點
```

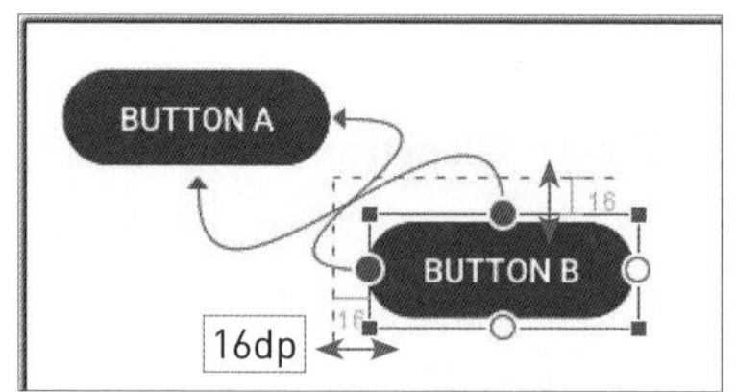

圖 2-13　拖曳按鈕 B 的基準點，使其對齊按鈕 A 的右側與下緣

2.1.3 視窗元件

了解如何使用佈局元件後，下一步要認識「視窗元件」（View）。所有的畫面都是由佈局元件與視窗元件所構成，佈局元件掌管子層級元件的排列方式，視窗元件則是裝置螢幕上會呈現的內容，例如：文字、圖片與按鈕等，而所有的元件皆可在左側的元件盤中選擇，如圖 2-14 所示。

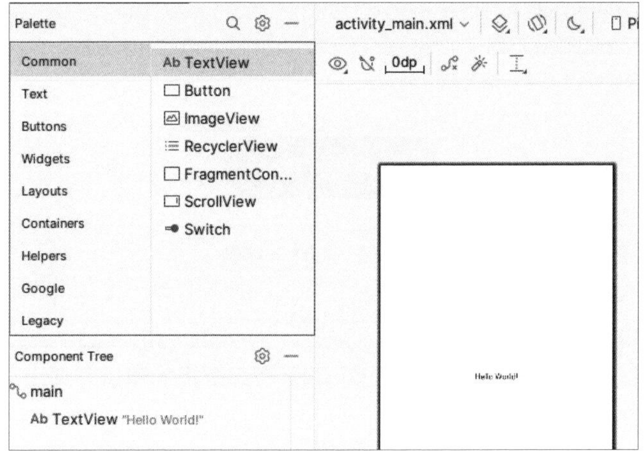

圖 2-14 元件盤

Android 中常見的四種視窗元件

❏ TextView

顯示文字內容的文字元件，如圖 2-15 所示。

```
<TextView
    android:id="@+id/textView" ──────────────── 元件 id
    android:layout_width="wrap_content" ─────── 元件寬度
    android:layout_height="wrap_content" ────── 元件高度
    android:text="Hello World" ──────────────── 顯示的文字內容
    android:textColor="#ff0000" ─────────────── 文字顏色
    android:background="#ffff00" ────────────── 背景顏色
    android:textSize="20dp" /> ──────────────── 文字大小
```

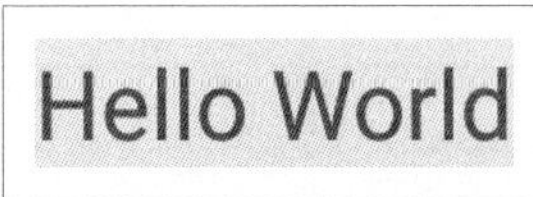

圖 2-15 TextView 範例

❏ Button

可設定點擊觸發事件的按鈕元件，它附帶點擊動畫，如圖 2-16 所示。

```
<Button
    android:id="@+id/button"
    android:layout_width="wrap_content"
```

```
    android:layout_heidht="wrap_content"
    android:text="NEW BUTTON" />  ——— 按鈕上顯示的文字內容
```

圖 2-16　Button 範例

❑ EditText

提供使用者輸入訊息的輸入元件，當 EditText 被點擊後，會自動彈出鍵盤，以讓使用者輸入訊息，如圖 2-17 所示。

```
<EditText
    android:id="@+id/editText"
    android:layout_width="match_parcent"
    android:layout_height="wrap_content"
    android:hint="請輸入電話號碼"  ——— 沒有文字輸入時顯示的提示訊息
    android:inputType="phone" />  ——— 輸入類型（phone 只能輸入 0~9）
```

請輸入電話號碼

圖 2-17　EditText 範例

❑ RadioGroup 與 RadioButton

可管理單選元件的群體元件與單選元件。RadioGroup 用於管理多個 RadioButton，使受管理的 RadioButton 僅有一個被選取。checked 屬性會決定該 RadioButton 是否為選取狀態，當一個 RadioButton 被點選，則它的 checked 屬性會變為 true，表示已選取，而其他 RadioButton 的 checked 屬性會變為 false，表示未選取，如圖 2-18 所示。

```
<RadioGroup
    android:layout_width="wrap_content"
    android:layout_height="wrap_content">

    <RadioButton
        android:id="@+id/radioButton"
        android:layout_width="wrap_content"
        android:layout_height="wrap_content"
        android:text="AAA"
        android:checked="true" />  ——— 預設此 RadioButton 被選取
```

```
    <RadioButton
        android:id="@+id/radioButton2"
        android:layout_width="wrap_content"
        android:layout_height="wrap_content"
        android:text="BBB" />
</RadioGroup>
```

圖 2-18　RadioGroup 範例

2.2 實戰演練：猜拳遊戲介面設計

本範例實作一個猜拳遊戲的使用者介面，藉此了解佈局元件與視窗元件的使用方式及差異性，如圖 2-19 所示。

- 使用 ConstraintLayout 作為佈局元件。
- 使用 EditText 提供使用者輸入玩家姓名。
- 使用 TextView 顯示提示文字與遊戲結果。
- 使用 RadioGroup 與 RadioButton 實現玩家的出拳選擇。
- 使用 Button 作為猜拳的觸發媒介。

Component Tree
main
edName
tvText "請輸入姓名以開始遊戲"
radioGroup (horizontal)
btnScissor "剪刀"
btnStone "石頭"
btnPaper "布"
btnMora "猜拳"
tvName "名字"
tvWinner "勝利者"
tvMyMora "我方出拳"
tvTargetMora "電腦出拳"

圖 2-19　猜拳遊戲使用者介面（左）與元件樹（右）

2.2.1 元件佈局與排版

STEP 01 開啟 activity_main.xml 檔，由於 Layout 預設有一個「Hello World!」文字的 TextView 元件，因此需要使用 Delete 鍵手動移除，如圖 2-20 所示。

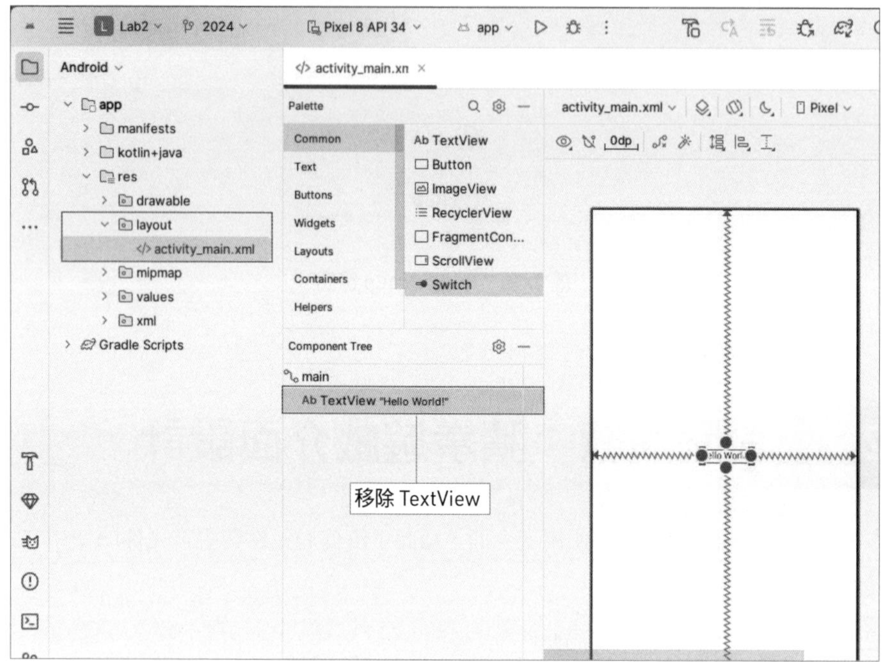

圖 2-20 移除預設的 TextView

STEP 02 在左上方元件盤的搜尋欄輸入「Text」，將 TextView 與 EditText 拖曳至元件樹中，並將 EditText 對齊父層級佈局元件的左側與上緣，而 TextView 則對齊 EditText 的左側與下緣，如圖 2-21 所示。

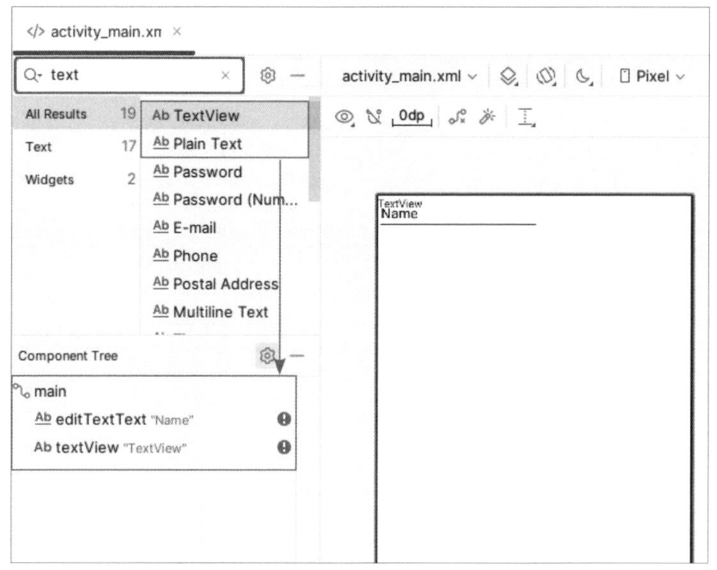

圖 2-21　新增 EditText 與用於提示的 TextView

STEP 03 元件放置完成後，系統會產生對應的 XML 語法，開發者可以切換成 Code 瀏覽模式，並在程式碼中增加其他的屬性，程式碼如下。完成後的畫面預覽，如圖 2-22 所示。

```
<?xml version="1.0" encoding="utf-8"?>
<androidx.constraintlayout.widget.ConstraintLayout
    xmlns:android="http://schemas.android.com/apk/res/android"
    xmlns:app="http://schemas.android.com/apk/res-auto"
    xmlns:tools="http://schemas.android.com/tools"
    android:id="@+id/main"
    android:layout_width="match_parent"
    android:layout_height="match_parent"
    tools:context=".MainActivity">

    <EditText
        android:id="@+id/edName"
        android:layout_width="wrap_content"
        android:layout_height="56dp"
        android:layout_marginStart="24dp"
        android:layout_marginTop="32dp"
        android:ems="10"
        android:hint="請輸入玩家姓名"
        android:inputType="textPersonName"
```

```
        app:layout_constraintStart_toStartOf="parent"
        app:layout_constraintTop_toTopOf="parent" />

    <TextView
        android:id="@+id/tvText"
        android:layout_width="wrap_content"
        android:layout_height="wrap_content"
        android:layout_marginTop="8dp"
        android:text="請輸入姓名以開始遊戲"
        android:textSize="18sp"
        app:layout_constraintStart_toStartOf="@+id/edName"
        app:layout_constraintTop_toBottomOf="@+id/edName" />
</androidx.constraintlayout.widget.ConstraintLayout>
```

圖 2-22 完成 EditText 與 TextView 屬性設定的畫面預覽

STEP 04 在搜尋欄輸入「Radio」將 RadioGroup 拖曳至 TextView 下方，並在 RadioGroup 中新增三個 RadioButton，如圖 2-23 所示，程式碼如下。程式碼完成後的畫面預覽，如圖 2-24 所示。

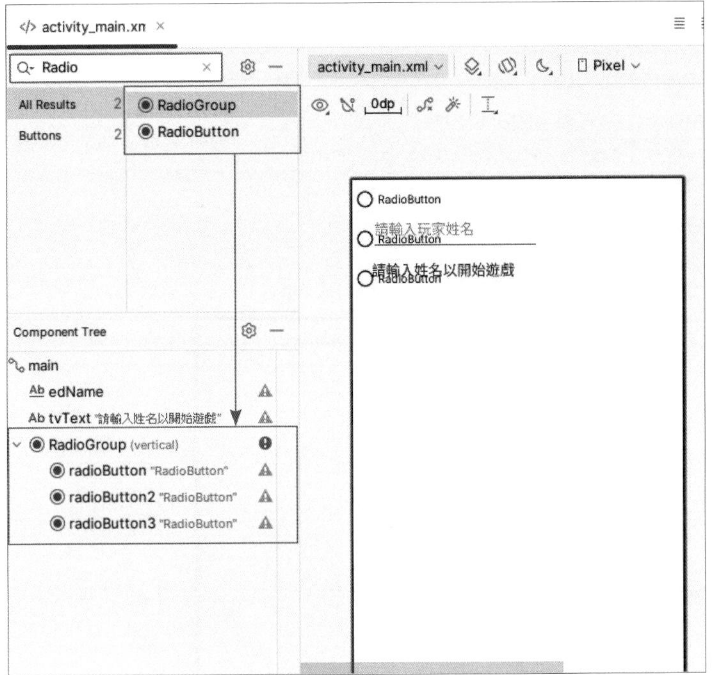

圖 2-23　新增 RadioGroup 與 RadioButton

```
<RadioGroup
    android:id="@+id/radioGroup"
    android:layout_width="wrap_content"
    android:layout_height="wrap_content"
    android:layout_marginTop="16dp"
    android:orientation="horizontal"
    app:layout_constraintStart_toStartOf="@+id/tvText"
    app:layout_constraintTop_toBottomOf="@+id/tvText">

    <RadioButton
        android:id="@+id/btnScissor"
        android:layout_width="wrap_content"
        android:layout_height="wrap_content"
        android:checked="true"
        android:text="剪刀" />

    <RadioButton
        android:id="@+id/btnStone"
        android:layout_width="wrap_content"
        android:layout_height="wrap_content"
```

```
        android:text="石頭" />

    <RadioButton
        android:id="@+id/btnPaper"
        android:layout_width="wrap_content"
        android:layout_height="wrap_content"
        android:text="布" />
</RadioGroup>
```

圖 2-24　完成 RadioGroup 與 RadioButton 屬性設定的畫面預覽

STEP 05 將 Button 與 TextView 拖曳至 RadioGroup 的下方，如圖 2-25 所示，程式碼如下。

```
<Button
    android:id="@+id/btnMora"
    android:layout_width="wrap_content"
    android:layout_height="wrap_content"
    android:text="猜拳"
    app:layout_constraintStart_toStartOf="@+id/radioGroup"
    app:layout_constraintTop_toBottomOf="@+id/radioGroup" />

<TextView
    android:id="@+id/tvName"
    android:layout_width="wrap_content"
```

```
    android:layout_height="wrap_content"
    android:layout_marginTop="32dp"
    android:text="名字"
    app:layout_constraintStart_toStartOf="@+id/btnMora"
    app:layout_constraintTop_toBottomOf="@+id/btnMora" />

<TextView
    android:id="@+id/tvWinner"
    android:layout_width="wrap_content"
    android:layout_height="wrap_content"
    android:layout_marginStart="24dp"
    android:text="勝利者"
    app:layout_constraintStart_toEndOf="@+id/tvName"
    app:layout_constraintTop_toTopOf="@+id/tvName" />

<TextView
    android:id="@+id/tvMyMora"
    android:layout_width="wrap_content"
    android:layout_height="wrap_content"
    android:layout_marginStart="24dp"
    android:text="我方出拳"
    app:layout_constraintStart_toEndOf="@+id/tvWinner"
    app:layout_constraintTop_toTopOf="@+id/tvWinner" />

<TextView
    android:id="@+id/tvTargetMora"
    android:layout_width="wrap_content"
    android:layout_height="wrap_content"
    android:layout_marginStart="24dp"
    android:text="電腦出拳"
    app:layout_constraintStart_toEndOf="@+id/tvMyMora"
    app:layout_constraintTop_toTopOf="@+id/tvMyMora" />
```

說 明 當元件佈局完成後，開發者可能會在元件樹（Component Tree）中，發現元件右方會顯示警告的圖示，這些警告大多是針對開發者的建議，在大部分情況下是可以忽略的。

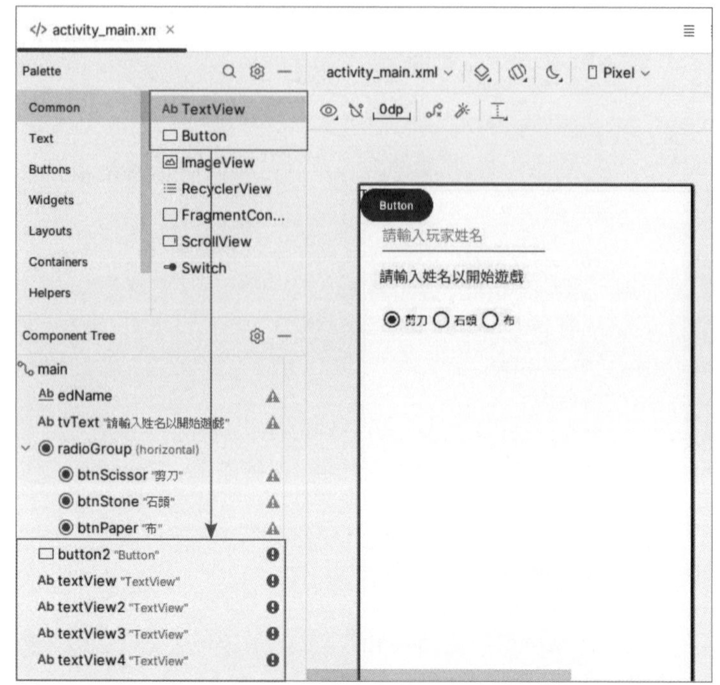

圖 2-25　新增用於猜拳的 Button 與顯示結果的 TextView

STEP 06 完成後的使用者介面，如圖 2-26 所示。

圖 2-26　猜拳遊戲使用者介面

03

物件控制與事件監聽

學習目標

- ❑ 透過 Kotlin 程式碼控制 XML 畫面元件
- ❑ 設定監聽器，以獲取使用者操作並給予回應

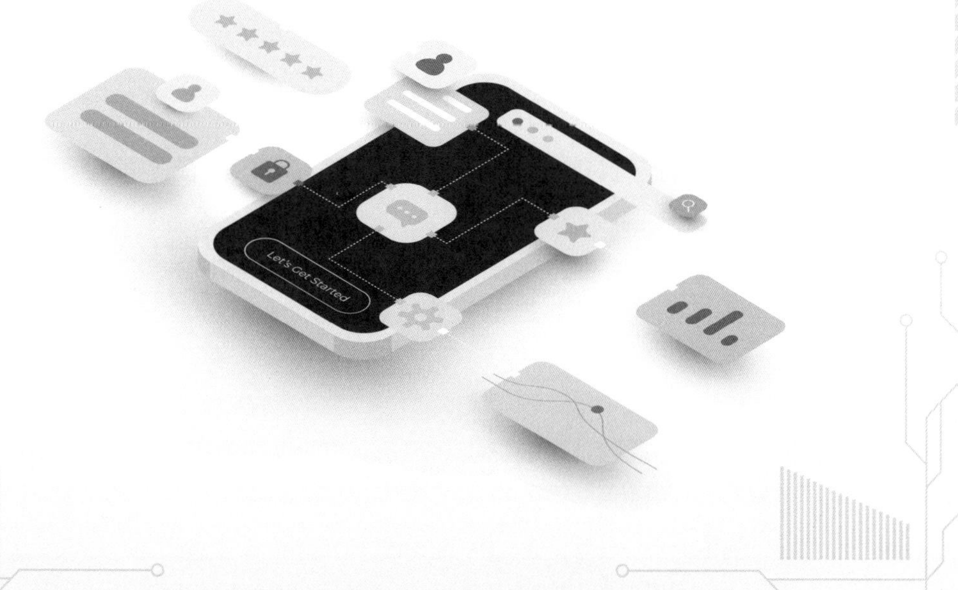

3.1 綁定元件與監聽事件

第 2 章的實戰演練完成猜拳遊戲的介面設計，而在使用畫面上的元件之前，需要將元件與 Kotlin 程式碼連結，這樣的行為稱為「綁定」。被綁定的元件能在程式碼中進行控制，例如：改變顯示的文字內容、轉換顏色或隱藏元件等。此外，開發者也能在程式碼中攔截使用者的操作過程，這樣的行為稱為「監聽事件」。

3.1.1 元件綁定

專案架構中，預設會配置一個程式檔 MainActivity 以及一個佈局配置檔 activity_main.xml，如圖 3-1 所示。

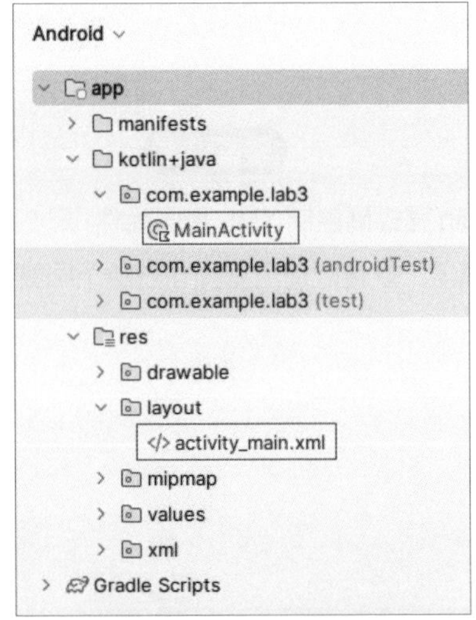

圖 3-1　Android 專案架構

後續以第 2 章的介面設計作為說明，activity_main.xml 檔的配置如圖 3-2 所示。

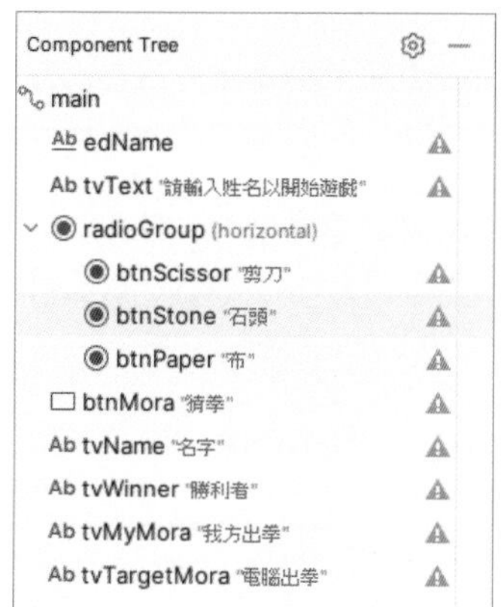

圖 3-2　猜拳遊戲使用者介面（左）與元件樹（右）

開發者可在 XML 語法中設定元件的識別標籤（ID），使系統藉由識別標籤尋找圖 3-2 中的元件，也讓開發者得以在程式碼中，利用識別標籤對特定元件進行控制。

如下方的 XML 語法片段中，透過 id 屬性為元件設定識別標籤，例如：EditText 的識別標籤為 edName、TextView 的識別標籤為 tvText。

```
<EditText
    android:id="@+id/edName"
    android:layout_width="wrap_content"
    android:layout_height="wrap_content" />

<TextView
    android:id="@+id/tvText"
    android:layout_width="wrap_content"
    android:layout_height="wrap_content"
    android:text="請輸入姓名以開始遊戲"
    android:textSize="18sp" />
```

將需要在程式碼中控制的元件設定識別標籤後，便可以在 MainActivity 中綁定 activity_main.xml 的元件，開啟 MainActivity 會看到以下程式碼：

```
package com.example.lab3


import android.os.Bundle
import androidx.activity.enableEdgeToEdge
import androidx.appcompat.app.AppCompatActivity
import androidx.core.view.ViewCompat
import androidx.core.view.WindowInsetsCompat
```

```
class MainActivity : AppCompatActivity() {
    override fun onCreate(savedInstanceState: Bundle?) {
        super.onCreate(savedInstanceState)
        enableEdgeToEdge()
        setContentView(R.layout.activity_main)
        ViewCompat.setOnApplyWindowInsetsListener(findViewById(R.id.main)) { v,
insets ->
            val systemBars = insets.getInsets(WindowInsetsCompat.Type.
systemBars())
            v.setPadding(systemBars.left, systemBars.top, systemBars.right,
systemBars.bottom)
            insets
        }
    }
}
```

由於 Android 主程式與 XML 畫面是各自獨立的程式碼，所以要讓主程式能顯示畫面，就必須明確指定要使用的 Layout 檔，而 setContentView() 方法正是用於指定目前 Activity 所要對應的 Layout 檔，在這段程式碼中，系統已經透過 R 類別指定 activity_main.xml，也就是將 R.layout.activity_main 作為參數傳遞給 setContentView() 方法，以完成 Android 主程式與 XML 畫面的綁定。

在 Kotlin 中，開發者可藉由 findViewById() 方法來連結 XML 內的元件，如下方程式碼所示：

```
class MainActivity : AppCompatActivity() {
    override fun onCreate(savedInstanceState: Bundle?) {
        super.onCreate(savedInstanceState)
        enableEdgeToEdge()
        setContentView(R.layout.activity_main)
        ViewCompat.setOnApplyWindowInsetsListener(findViewById(R.id.main)) { v,
insets ->
            val systemBars = insets.getInsets(WindowInsetsCompat.Type.
systemBars())
            v.setPadding(systemBars.left, systemBars.top, systemBars.right,
systemBars.bottom)
            insets
        }
        val edName = findViewById<EditText>(R.id.edName)
        val tvText = findViewById<TextView>(R.id.tvText)
```

```
    }
}
```

findViewById() 方法會依據傳入參數（R.id.xxx）的識別標籤，從 XML 畫面找到對應的元件，並回傳元件至程式碼中，如下方程式碼所示：

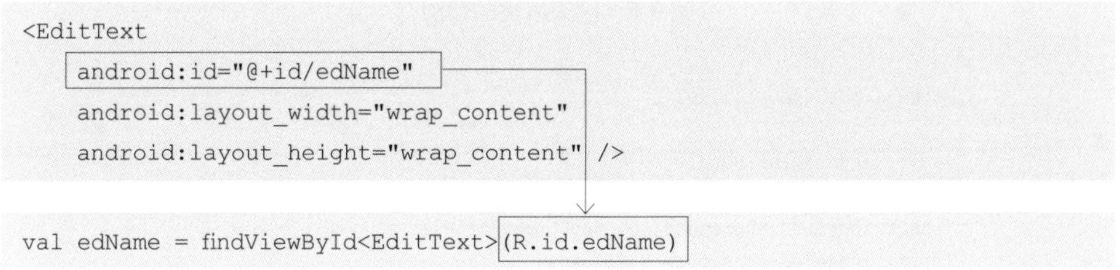

```
<EditText
    android:id="@+id/edName"
    android:layout_width="wrap_content"
    android:layout_height="wrap_content" />

val edName = findViewById<EditText>(R.id.edName)
```

findViewById() 回傳的結果為 View 型態，View 型態是元件的原始類別，所有的元件都屬於 View 型態，例如：EditText、TextView、Button，如圖 3-3 所示。

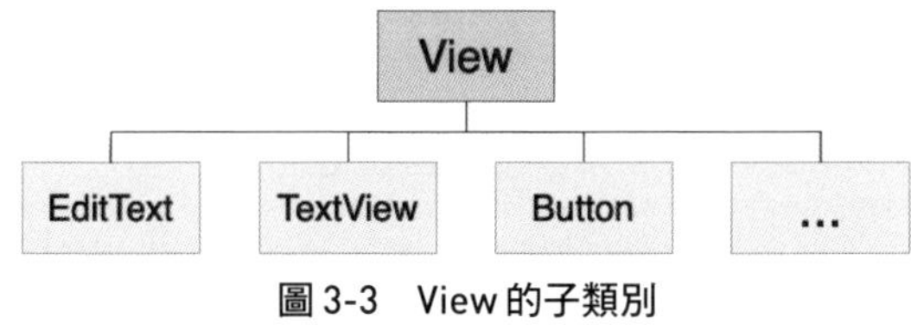

圖 3-3　View 的子類別

由於回傳 View 型態，所以 findViewById() 僅能得知取到的是一個元件，但確切是什麼元件，它並不清楚，因此在程式碼中需要明確告知此元件的類型，例如：上述程式碼的 edName 是一個 EditText 元件，我們可以在 findViewById 後方加上 <EditText>，將 View 型態轉型（Casting）成 EditText 元件。

編寫完 findViewById() 後，會發現 EditText、TextView、RadioGroup 與 Button 顯示「Unresolved reference」，如圖 3-4 所示。因為它們來自其他套件（Package），所以使用時必須在程式碼中匯入（Import）對應的套件名稱。

```
val edName = findViewById<EditText>(R.id.edName)
val tvText = findViewById<Text
val radioGroup = findViewById<
val btnScissor = findViewById<
```

Unresolved reference: EditText
Import class 'EditText' Alt+Shift+Enter　More actions... Alt+Enter

圖 3-4　找不到元件的類別

匯入套件需要使用 import 語法，語法可以手動輸入，或是讓 Android Studio 自動產生。使用自動產生，需要先用游標點選有問題的元件，如圖 3-5 所示；按下 Alt + Enter 鍵後，就會產生匯入的程式碼，如圖 3-6 所示。

```
}                    Import class... android.widget.EditText? Alt+Enter

val edName = findViewById<EditText>(R.id.edName)
val tvText = findViewById<TextView>(R.id.tvText)
val radioGroup = findViewById<RadioGroup>(R.id.radioGroup)
val btnScissor = findViewById<Button>(R.id.btnScissor)
```

圖 3-5 匯入所需的類別

```
package com.example.lab3

import android.os.Bundle
import androidx.activity.enableEdgeToEdge
import androidx.appcompat.app.AppCompatActivity
import androidx.core.view.ViewCompat
import androidx.core.view.WindowInsetsCompat
import android.widget.EditText

class MainActivity : AppCompatActivity() {
    override fun onCreate(savedInstanceState: Bundle?) {
        super.onCreate(savedInstanceState)
        enableEdgeToEdge()
        setContentView(R.layout.activity_main)
        ViewCompat.setOnApplyWindowInsetsListener(findViewById(R.id.m
            val systemBars = insets.getInsets(WindowInsetsCompat.Type
            v.setPadding(systemBars.left, systemBars.top, systemBars.
            insets ^setOnApplyWindowInsetsListener
        }

        val edName = findViewById<EditText>(R.id.edName)
        val tvText = findViewById<TextView>(R.id.tvText)
        val radioGroup = findViewById<RadioGroup>(R.id.radioGroup)
        val btnScissor = findViewById<Button>(R.id.btnScissor)
    }
}
```

圖 3-6 匯入 EditText 後就不再顯示錯誤

3.1.2 事件監聽

使用者使用應用程式時的操作過程稱為「事件」，例如：觸碰、輸入、滑動等，而程式中若要獲取使用者的事件，必須對元件設定監聽器（Listener），並在監聽器內部撰寫事件觸發後的回饋動作，來回應使用者的操作。

例如：介面中有一個會員註冊的按鈕，我們希望點擊按鈕後進行會員的註冊，因此對按鈕設定點擊的監聽器，並在監聽器內部撰寫會員註冊的程式邏輯，當使用者點擊按鈕後，監聽器收到使用者的點擊事件，便會執行會員註冊的流程。

Android 內建許多的監聽器供元件使用，不同元件能使用的監聽器不盡相同。監聽器通常以 On_XXX_Listener 為命名，例如：OnClickListener，而每個監聽器內部會預定幾種方法，當事件觸發時便會執行對應的內部方法。

監聽器的種類繁多，以下介紹 Android 中常見的四種監聽器。

❑ OnClickListener

```
btnMora.setOnClickListener {
}
```

OnClickListener 是最常使用的監聽器，它的觸發事件為短按的點擊（按下元件後立刻放開），開發者可藉由 setOnClickListener() 方法將監聽器與元件做連結。

❑ OnLongClickListener

```
btnMora.setOnLongClickListener {
    false
}
```

OnLongClickListener 是監聽長按的監聽器，它的觸發事件為長按的點擊（持續按住元件超過 1 秒後放開），開發者可藉由 setOnLongClickListener() 方法將監聽器與元件做連結。回傳 false，表示長按事件處理完成後，該元件可以繼續監聽其他類型的事件。

❑ OnTouchListener

```
btnMora.setOnTouchListener { v, event ->
    false
}
```

OnTouchListener 是監聽範圍最廣的監聽器，它的觸發事件為觸摸（手指按下、手指放開、滑動），開發者可藉由 setOnTouchListener() 方法將監聽器與元件做連結。回傳 false，表示觸摸事件處理完成後，該元件可以繼續監聽其他類型的事件。

❑ OnCheckedChangeListener

圖 3-7 對 RadioGroup 設定 OnCheckedChangeListener 監聽器

OnCheckedChangeListener 是監聽改變狀態的監聽器，它的觸發事件為狀態改變，因此只要擁有狀態改變功能的元件都能使用它，例如：RadioButton、CheckBox、Switch 等，開發者可藉由 setOnCheckedChangeListener() 方法將監聽器與元件做連結。

以上述程式碼與圖 3-7 為例，對 RadioGroup 元件設定 OnCheckedChangeListener，當 RadioGroup 子層級的 RadioButton 被點選時，會觸發 onCheckedChanged() 方法，該方法會回傳兩個參數，第一個是 RadioGroup 元件本身，第二個是被點選的 RadioButton 的識別標籤，藉由第二個參數（即上述程式碼的 checkedId）可得知使用者點選的元件，或是對 RadioGroup 使用 getCheckedRadioButtonId() 方法也能得知被點選的元件。

提示 Android Studio 內建「程式碼補全」（Code Completion）功能，所以在撰寫程式碼時，Android Studio 會同時以表單列出可使用的語句，因此在設定監聽器時可以輸入「setOn」，以篩選出可使用的監聽器，如圖 3-8 所示。

圖 3-8　Android Studio 的程式碼補全功能

3.2 實戰演練：猜拳遊戲程式設計

本範例延續第 2 章實戰演練的使用者介面，實作猜拳遊戲的完整功能，藉此了解基礎的程式語法及監聽器的使用方式，如圖 3-9 所示。

使用者必須先輸入玩家姓名，並選擇出拳種類後，按下「猜拳」按鈕，系統會以亂數決定電腦的出拳種類，並進行勝負的比較，最終在下方顯示玩家姓名、勝利者與雙方的出拳結果，如圖 3-10 所示。

- ❍ 使用 OnClickListener 作為按鈕的監聽器。
- ❍ 使用條件式語法及 RadioButton 的 isChecked 屬性判斷出拳種類與勝利者。
- ❍ 以亂數方式決定電腦的出拳結果，並宣告變數儲存其結果。
- ❍ 使用 TextView 的 text 屬性顯示遊戲結果。

圖 3-9　猜拳遊戲使用者介面

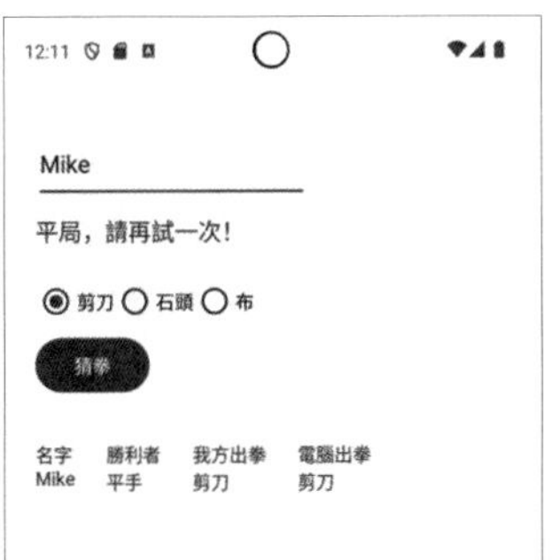

圖 3-10　玩家勝利（左）、平手（中）、電腦勝利（右）

3.2.1 事件監聽與判斷

開啟 MainActivity，對按鈕設定 OnClickListener 監聽器，並在監聽器內部加入玩家姓名的判斷式與猜拳遊戲的邏輯。

```
package com.example.lab3

import android.os.Bundle
import android.widget.Button
import androidx.activity.enableEdgeToEdge
import androidx.appcompat.app.AppCompatActivity
import androidx.core.view.ViewCompat
import androidx.core.view.WindowInsetsCompat
import android.widget.EditText
import android.widget.RadioGroup
import android.widget.TextView

class MainActivity : AppCompatActivity() {
    override fun onCreate(savedInstanceState: Bundle?) {
        super.onCreate(savedInstanceState)
        enableEdgeToEdge()
        setContentView(R.layout.activity_main)
        ViewCompat.setOnApplyWindowInsetsListener(findViewById(R.id.main)) { v,
insets ->
            val systemBars = insets.getInsets(WindowInsetsCompat.Type.
systemBars())
            v.setPadding(systemBars.left, systemBars.top, systemBars.right,
systemBars.bottom)
            insets
        }
        // Step1：定義元件變數，並透過findViewById取得元件
        val edName = findViewById<EditText>(R.id.edName)
        val tvText = findViewById<TextView>(R.id.tvText)
        val radioGroup = findViewById<RadioGroup>(R.id.radioGroup)
        val btnMora = findViewById<Button>(R.id.btnMora)
        val tvName = findViewById<TextView>(R.id.tvName)
        val tvWinner = findViewById<TextView>(R.id.tvWinner)
        val tvMyMora = findViewById<TextView>(R.id.tvMyMora)
        val tvTargetMora = findViewById<TextView>(R.id.tvTargetMora)
        // Step2：設定btnMora的點擊事件
        btnMora.setOnClickListener {
```

```
        // Step3：如果 edName 為空，則顯示提示文字
        if (edName.text.isEmpty()) {
            tvText.text = "請輸入玩家姓名"
            return@setOnClickListener
        }
        // Step4：從 edName 取得玩家姓名
        val playerName = edName.text.toString()
        // Step5：使用 (0..2).random() 會回傳 0~2 的整數，以此作為電腦的出拳
        val targetMora = (0..2).random()
        // Step6：透過 radioGroup.checkedRadioButtonId 取得選取的 RadioButton
        // ID，並透過 when 判斷選取的是哪個 RadioButton ID，並回傳 0~2 作為玩家的出拳
        val myMora = when (radioGroup.checkedRadioButtonId) {
            R.id.btnScissor -> 0
            R.id.btnStone -> 1
            else -> 2
        }
        // Step8：設定玩家姓名、我方出拳、電腦出拳的文字
        tvName.text = "名字\n$playerName"
        tvMyMora.text = "我方出拳\n${getMoraString(myMora)}"
        tvTargetMora.text = "電腦出拳\n${getMoraString(targetMora)}"
        // Step9：判斷玩家和電腦誰獲勝
        when {
            myMora == targetMora -> {
                tvWinner.text = "勝利者\n平手"
                tvText.text = "平局，請再試一次！"
            }
            (myMora == 0 && targetMora == 2) ||
                    (myMora == 1 && targetMora == 0) ||
                    (myMora == 2 && targetMora == 1) -> {
                tvWinner.text = "勝利者\n$playerName"
                tvText.text = "恭喜你獲勝了！！！"
            }
            else -> {
                tvWinner.text = "勝利者\n電腦"
                tvText.text = "可惜，電腦獲勝了！"
            }
        }
    }
}
// Step7：傳入 0、1、2，回傳對應的文字，分別是剪刀、石頭、布
private fun getMoraString(mora: Int): String {
    return when (mora) {
```

```
                0 -> "剪刀"
                1 -> "石頭"
                else -> "布"
            }
        }
}
```

說 明 TextView 和 EditText 可透過 text 屬性修改文字內容。此外，text 屬性還具有許多擴充函數可以使用，如 isEmpty()、isNotEmpty()，讓我們可以判斷 TextView 或 EditText 的文字顯示內容是否為空的。由於從 TextView 與 EditText 取得 text 屬性時，不是回傳字串類型的資料，所以開發者可藉由 toString() 方法，將回傳的資料轉型成字串類型使用。

04

Activity

學習目標

- ❑ 了解 Activity 的用途及使用時機
- ❑ 使用 Activity 管理應用程式介面
- ❑ 使用 Intent 切換 Activity
- ❑ 使用 Bundle 攜帶資料
- ❑ 使用 ActivityResultLauncher 在 Activity 之間傳遞資料

4.1 Activity

Android有四個基本的應用程式元件，包含Activity、Service、BroadcastReceiver與ContentProvider。應用程式元件是應用程式重要的設計模組，它們形同於一個提供Android系統進入應用程式的通道，進而使之執行應用程式。

Activity（活動）是最基本的應用程式元件，每個應用程式至少擁有一個Activity，它如同管理員般，負責管理畫面顯示的相關工作，如圖4-1的iTalkuTalk應用程式所示。

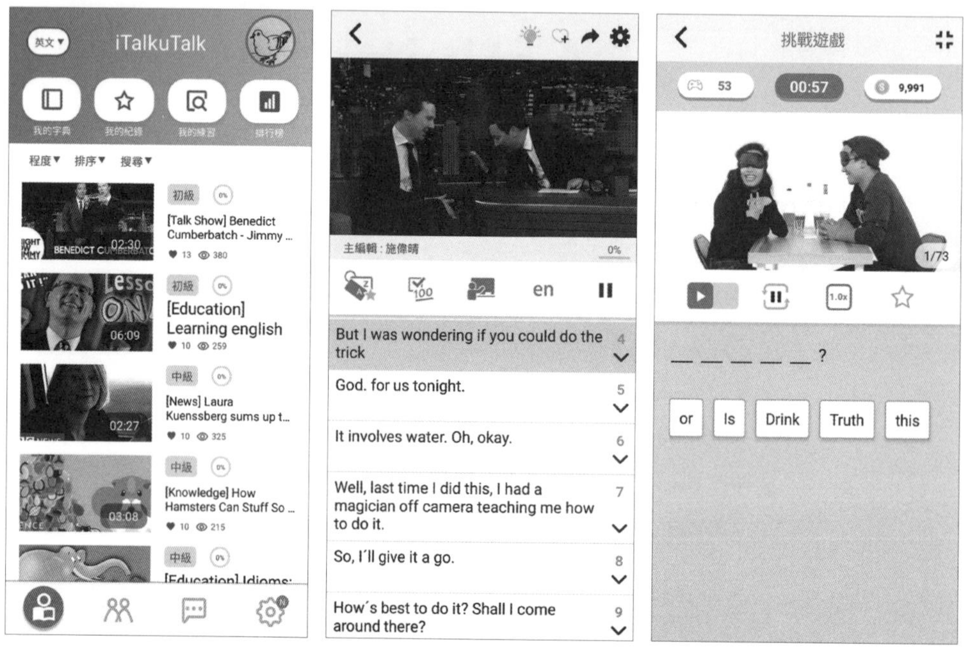

圖4-1 影片清單（左）、影片畫面（中）、遊戲畫面（右）

一個Activity至少有一個畫面配置檔（*.xml）與一個產生控制的程式檔（*.kt）。在畫面配置檔中加入佈局元件及視窗元件，藉由程式檔設定當前所要呈現的畫面配置，並對畫面中的元件進行監聽或控制，達到與使用者互動的效果，這正是Activity的用途，因此Activity在Android應用程式中扮演著重要的角色。

4.1.1 建立Activity

STEP 01 選擇「File → New → Activity → Empty Views Activity」，如圖4-2所示。

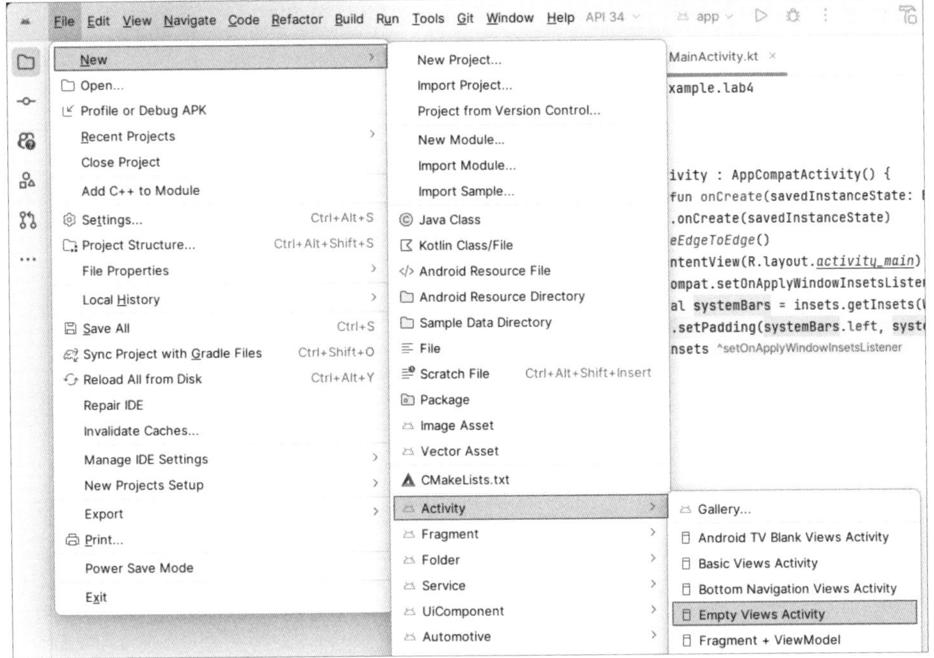

圖 4-2　建立新的 Activity

STEP 02 在配置視窗中，修改 Activity 的名稱，在更改 Activity 名稱的同時，Android Studio 也會自動修改畫面配置檔名稱，完成後點選「Finish」按鈕，如圖 4-3 所示。

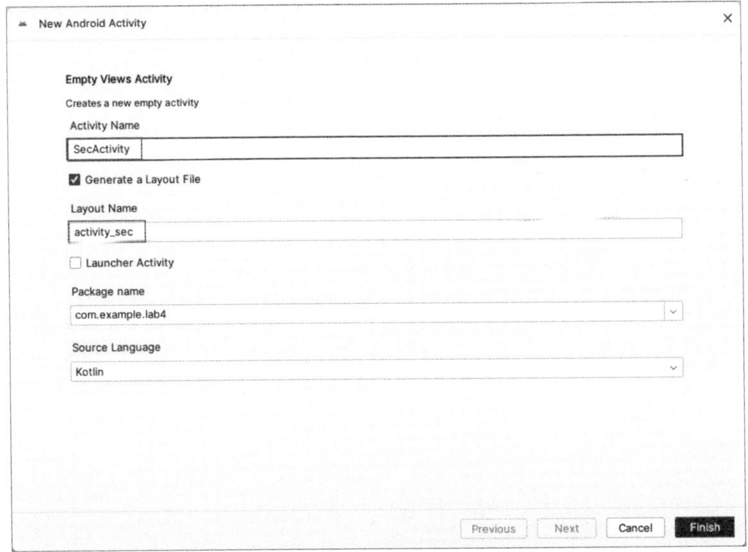

圖 4-3　輸入 Activity 名稱及畫面配置檔名稱，並點選「Finish」按鈕

STEP 03 Android Studio 會自動產生 Activity 所需要的所有檔案，在目錄中會發現多了 SecActivity 程式檔以及 activity_sec.xml 畫面配置檔，如圖 4-4 所示。

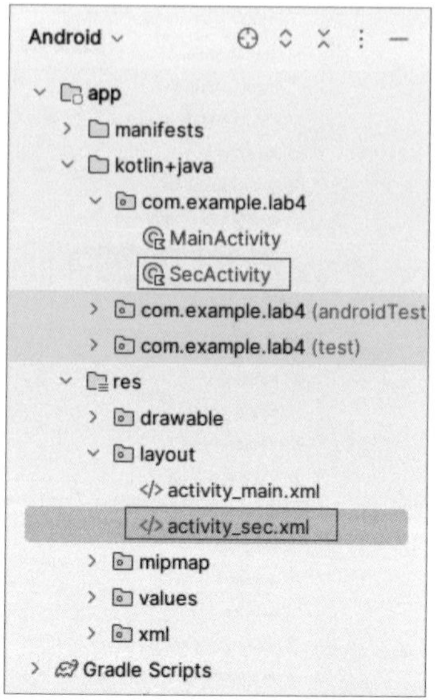

圖 4-4　目錄產生新的檔案

而 AndroidManifest.xml 也會自動增加 Activity 的資訊。

```
<?xml version="1.0" encoding="utf-8"?>
<manifest xmlns:android="http://schemas.android.com/apk/res/android"
    xmlns:tools="http://schemas.android.com/tools">

    <application
        android:allowBackup="true"
        ...
        tools:targetApi="31">
        <activity
            android:name=".SecActivity"
            android:exported="false" />
        ...
    </application>
</manifest>
```

4.1.2 畫面轉換

Intent（意圖）是應用程式元件（Activity、Service、BroadcastReceiver、ContentProvider）之間的溝通橋梁。它是用於傳遞需求的物件，使開發者可將需求從目前的應用程式元件傳遞給另一個應用程式元件。

Intent 最基本的用途是啟動其他的應用程式元件，例如：啟動 Activity、啟動 Service 及發送 BroadcastReceiver，從字義上可解讀成「A 元件意圖啟動 B 元件」。

假設啟動的對象是 Activity，則畫面會顯示一個新的 Activity，這樣的用法讓開發者得以實現多個畫面的轉換。以圖 4-5 為例，MainActivity 為 A 元件，而 SecActivity 為 B 元件，從 MainActivity 透過 Intent 將畫面切換至 SecActivity。

圖 4-5　從 MainActivity（左）透過 Intent 切換至 SecActivity（右）

從目前畫面（MainActivity）切換到 SecActivity 的程式碼如下：

```
startActivity(Intent(this, SecActivity::class.java))
```

Intent 有兩個參數，第一個參數要描述由哪個元件發起這個意圖，因為從 MainActivity 發起，所以填入「this」關鍵字（即 MainActivity 本身），第二個參數則描述要接收意圖的對象是哪個元件，因為要啟動 SecActivity，所以填入「SecActivity::class.java」，最後透過 startActivity() 方法發送 Intent，畫面就會產生 SecActivity，並覆蓋於 MainActivity 之上。

4.1.3 傳遞單筆資料至下一個畫面

Intent 除了可以做到應用程式元件的溝通之外，還能在溝通過程中夾帶資料到接收意圖方，例如：使用者在 MainActivity 填寫表單，而 SecActivity 要呈現表單結果，此時可以利用 Intent 的 putExtra() 方法夾帶資料，putExtra() 方法可以將要傳遞的資料（Value）貼上標籤（Key），而接收意圖方就可藉由標籤取得所需的資料，如圖 4-6 所示。

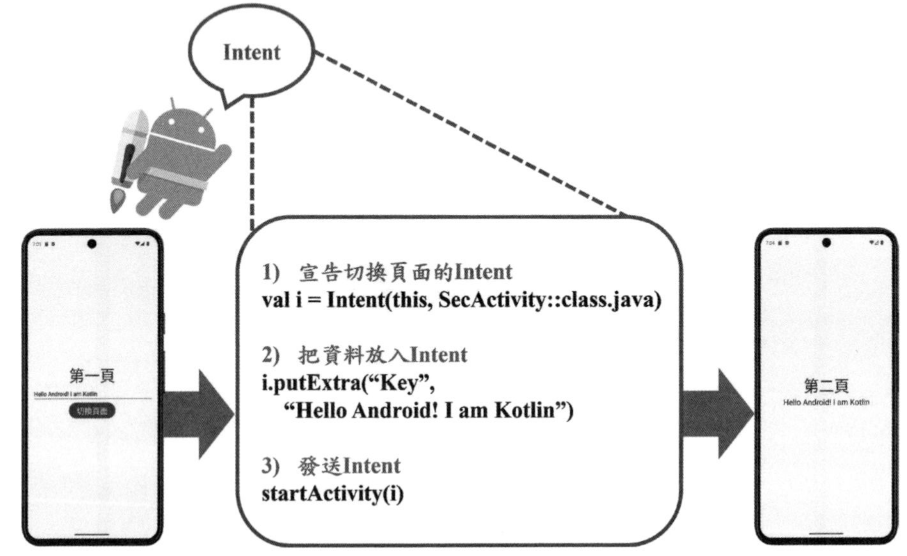

圖 4-6 MainActivity（左）傳遞資料到 SecActivity（右）

以下是資料傳遞的範例程式，在 MainActivity 宣告一個意圖切換至 SecActivity 的 Intent 物件，並藉由 putExtra() 方法，使 Intent 夾帶整數資料 123，最後透過 startActivity() 方法發送意圖。

```
class MainActivity : AppCompatActivity() {
    override fun onCreate(savedInstanceState: Bundle?) {
        super.onCreate(savedInstanceState)
        // 省略…
        // Step1：宣告 Intent，透過 Intent 從 MainActivity 切換到 SecActivity
        val intent = Intent(this, SecActivity::class.java)
        // Step2：將資料放入 Intent 中，Key 為 "Key"，Value 為 123
        // Value 可以是任何型態，這裡使用 Int
```

```
        intent.putExtra("Key", 123)
        // Step3：使用 startActivity 啟動 Intent
        startActivity(intent)
    }
}
```

SecActivity 可藉由 intent 屬性取得從 MainActivity 傳遞的 Intent，並用 getIntExtra 屬性獲得其夾帶的整數資料。如果是 float 型態則用 getFloatExtra()，String 型態則用 getStringExtra()，以此類推。

```
class SecActivity : AppCompatActivity() {
    override fun onCreate(savedInstanceState: Bundle?) {
        super.onCreate(savedInstanceState)
        // 省略…
        // Step4：取得 Intent 中的資料，Key 為 "Key"，預設值為 0
        // 使用 getIntExtra，是因為前一頁放入的是 Int 類型的資料
        val value = intent.getIntExtra("Key", 0)
    }
}
```

4.1.4 傳遞多筆資料至下一個畫面

若資料多，開發者可先用 Bundle 打包資料，再藉由 putExtras() 方法放入 Intent。Bundle 透過不同方法打包資料，例如：字串使用 putString()，如圖 4-7 所示。

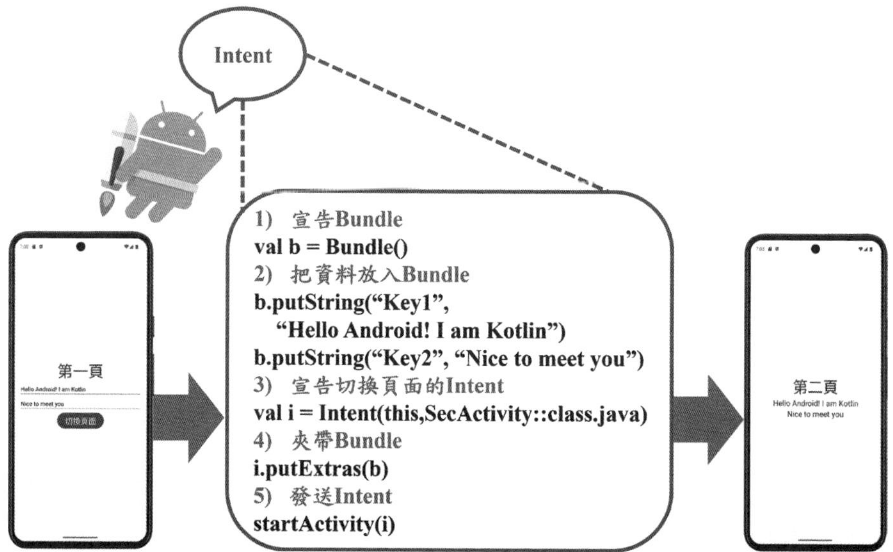

圖 4-7　MainActivity（左）藉由 Bundle 打包資料並傳遞到 SecActivity（右）

以下是使用 Bundle 的範例程式，從 MainActivity 夾帶資料到 SecActivity：

```
// Step1：宣告 Bundle，將資料放入 Bundle 中
val bundle = Bundle()
bundle.putInt("Key1", 123)
bundle.putString("Key2", "ABC")
// Step2：宣告 Intent，透過 Intent 從 MainActivity 切換到 SecActivity
val intent = Intent(this, SecActivity::class.java)
// Step3：將 Bundle 放入 Intent 中
intent.putExtras(bundle)
// Step4：使用 startActivity 啟動 Intent
startActivity(intent)
```

而 SecActivity 也可使用標籤的方式取出 Bundle 資料：

```
// Step5：取得 Intent 中的資料
// Key1 為 "Key1"，預設值為 0
// Key2 為 "Key2"，預設值為 ""(空字串)
val value1 = intent.getIntExtra("Key1", 0)
val value2 = intent.getStringExtra("Key2") ?: ""
```

4.1.5 回傳資料至上一個畫面

透過 Intent 方法啟動的 Activity，除了之前介紹的 startActivity() 方法之外，某些情況下我們希望新的 Activity 在接收到資料後，能再夾帶資料回傳到前一個 Activity，實現兩個 Activity 資料往來的目的，這時我們就會使用到 ActivityResultLauncher 的型別來自定義發送及接收方法，實現流程如圖 4-8 所示。

STEP 01 MainActivity 宣告 ActivityResultLauncher 作為 Activity 啟動器。

STEP 02 MainActivity 使用 ActivityResultLauncher 發送資料，並前往 SecActivity。

STEP 03 SecActivity 使用 setResult() 方法儲存要回傳的資料。

STEP 04 SecActivity 使用 finish() 方法結束 SecActivity，並回傳到 MainActivity。

STEP 05 MainActivity 使用 ActivityResultLauncher 取得回傳的資料。

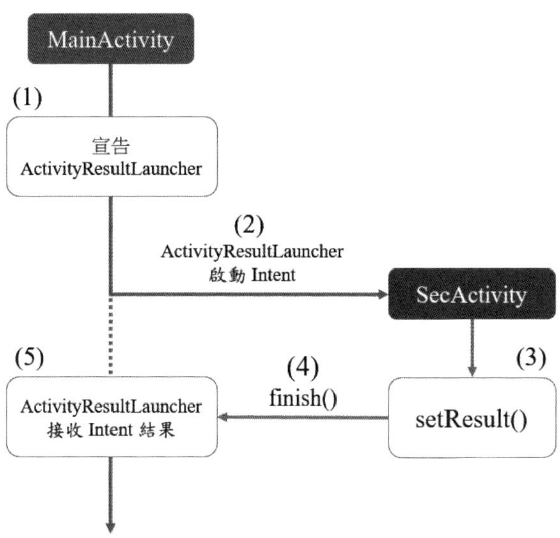

圖 4-8　SecActivity 回傳資料給 MainActivity 的流程

依據上述的流程實作範例，從 MainActivity 傳送整數及字串資料到 SecActivity，並在 MainActivity 接收 SecActivity 回傳的資料。

```
class MainActivity : AppCompatActivity() {
    // Step1：宣告 ActivityResultLauncher
    // 內部負責處理 SecActivity 回傳結果
    private val startForResult = registerForActivityResult(
        ActivityResultContracts.StartActivityForResult()
    ) { result: ActivityResult ->
        // Step5：判斷回傳結果是否為 RESULT_OK，若是則執行以下程式碼
        if (result.resultCode == Activity.RESULT_OK) {
            // 取得回傳的 Intent，並取出 Key 的值
            val intent = result.data
            val value = intent?.getStringExtra("Key")
        }
    }

    override fun onCreate(savedInstanceState: Bundle?) {
        super.onCreate(savedInstanceState)
        // 省略…
        // 宣告 Bundle，將資料放入 Bundle 中
        val bundle = Bundle()
        bundle.putInt("Key1", 123)
        bundle.putString("Key2", "ABC")
```

```
        // 宣告 Intent，透過 Intent 從 MainActivity 切換到 SecActivity
        val intent = Intent(this, SecActivity::class.java)
        // 將 Bundle 放入 Intent 中
        intent.putExtras(bundle)
        // Step2：使用 startForResult 啟動 Intent
        startForResult.launch(intent)
    }
}
```

❍ 使用 ActivityResultLauncher 來啟動 Activity，並接收其回傳的結果。在 MainActivity 中，我們宣告了一個 ActivityResultLauncher 變數來啟動 SecActivity，並處理其回傳的結果。

❍ 使用 result.resultCode 來判斷回傳的結果是否成功。一般情況下，會使用 RESULT_OK 表示回傳的結果是成功的。

```
class SecActivity : AppCompatActivity() {
    override fun onCreate(savedInstanceState: Bundle?) {
        super.onCreate(savedInstanceState)
        // 省略…
        // 取得 Intent 中的資料
        val value1 = intent.getIntExtra("Key1", 0)
        val value2 = intent.getStringExtra("Key2") ?: ""
        // 宣告 Bundle，將資料整合後放入 Bundle 中
        val bundle = bundleOf(
            "Key" to value1.toString() + value2,
        )
        // 將 Bundle 放入 Intent 中，並回傳給 MainActivity
        val i = Intent().putExtras(bundle)
        // Step3：設定回傳結果為 RESULT_OK，並且傳入 Intent
        setResult(RESULT_OK, i)
        // Step4：結束 Activity
        finish()
    }
}
```

❍ 使用 setResult() 在 SecActivity 中設定回傳的結果，回傳的資料由 Intent 類型包裝。

❍ 使用 RESULT_OK 來回報執行結果給 MainActivity，它的型別是 Integer。一般情況下，我們會使用 RESULT_OK 表示回傳的結果，如果 SecActivity 會根據不同的狀況回傳不同的資料，那麼也可以使用任意數值（Integer）來表示回傳結果。

❍ 使用 finish() 來關閉當前的 Activity。

說 明 宣告 Bundle 的方式，除了先定義好 Bundle() 物件再透過 putInt() 或 putString() 等方式實現外，也可以使用 bundleOf() 方法快速實現，如上述的 SecActivity 程式碼所示。

4.2 實戰演練：點餐系統

本範例實作一個點餐系統的應用程式，設計兩個不同佈局的 Activity，並使用 Intent 作為畫面切換的方式，之後運用 Bundle 儲存餐點資訊並返回上一頁，最終顯示餐點資訊於畫面，完成一套點餐流程，如圖 4-9 所示。

- 建立新的 Activity 將其命名為 SecActivity。
- 設計餐點確認畫面及點餐畫面於 MainActivity 與 SecActivity。
- 在 MainActivity 按下「選擇」按鈕後，會切換到 SecActivity。
- 在 SecActivity 點餐後，按下「送出」按鈕，將資訊回傳至 MainActivity。
- MainActivity 接收點餐資訊後，將其顯示於畫面。

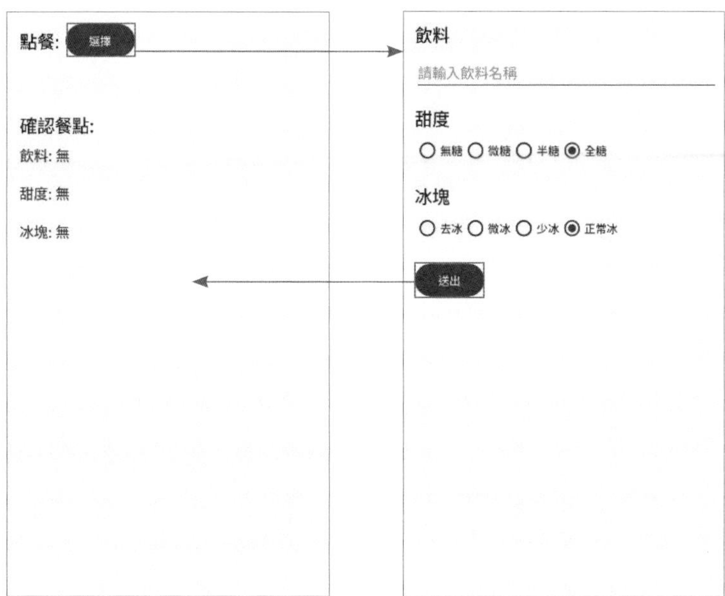

圖 4-9 MainActivity（左）接收 SecActivity（右）回傳的資料

4.2.1 介面設計

STEP 01 建立最低支援版本為「API 24」的新專案，並新增如圖 4-10 所示的檔案。

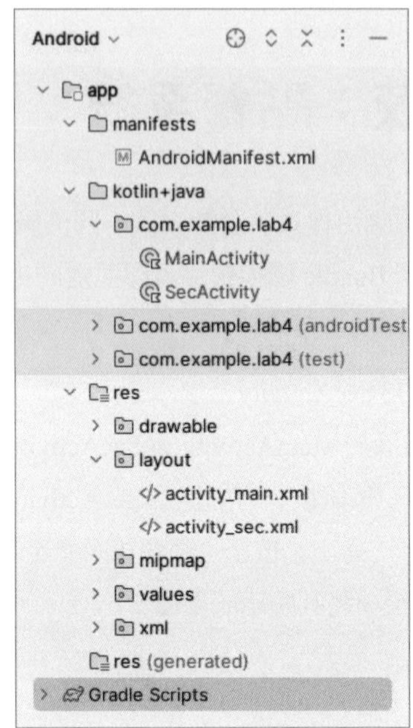

圖 4-10　點餐系統專案架構

STEP 02 繪製 activity_main.xml 檔，如圖 4-11 所示。

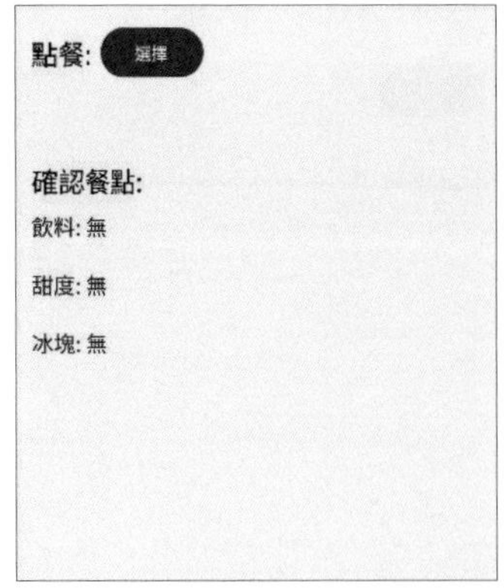

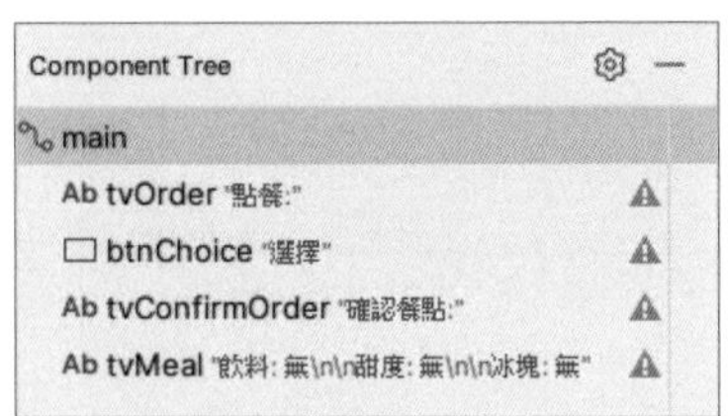

圖 4-11　餐點資訊畫面（左）與元件樹（右）

對應的 XML 如下：

```
<?xml version="1.0" encoding="utf-8"?>
<androidx.constraintlayout.widget.ConstraintLayout
    xmlns:android="http://schemas.android.com/apk/res/android"
    xmlns:app="http://schemas.android.com/apk/res-auto"
    xmlns:tools="http://schemas.android.com/tools"
    android:id="@+id/main"
    android:layout_width="match_parent"
    android:layout_height="match_parent"
    tools:context=".MainActivity">

    <TextView
        android:id="@+id/tvOrder"
        android:layout_width="wrap_content"
        android:layout_height="wrap_content"
        android:layout_marginStart="16dp"
        android:text="點餐："
        android:textSize="22sp"
        app:layout_constraintBottom_toBottomOf="@+id/btnChoice"
        app:layout_constraintStart_toStartOf="parent"
        app:layout_constraintTop_toTopOf="@+id/btnChoice" />

    <Button
        android:id="@+id/btnChoice"
        android:layout_width="wrap_content"
        android:layout_height="wrap_content"
        android:layout_marginStart="8dp"
        android:layout_marginTop="16dp"
        android:text="選擇"
        app:layout_constraintStart_toEndOf="@+id/tvOrder"
        app:layout_constraintTop_toTopOf="parent" />

    <TextView
        android:id="@+id/tvConfirmOrder"
        android:layout_width="wrap_content"
        android:layout_height="wrap_content"
        android:layout_marginTop="64dp"
        android:text="確認餐點："
        android:textSize="22sp"
        app:layout_constraintStart_toStartOf="@+id/tvOrder"
        app:layout_constraintTop_toBottomOf="@+id/btnChoice" />
```

```
    <TextView
        android:id="@+id/tvMeal"
        android:layout_width="wrap_content"
        android:layout_height="wrap_content"
        android:layout_marginTop="8dp"
        android:text="飲料：無\n\n甜度：無\n\n冰塊：無"
        android:textSize="18sp"
        app:layout_constraintStart_toStartOf="@+id/tvConfirmOrder"
        app:layout_constraintTop_toBottomOf="@+id/tvConfirmOrder" />
</androidx.constraintlayout.widget.ConstraintLayout>
```

STEP 03 繪製 activity_sec.xml 檔，如圖 4-12 所示。

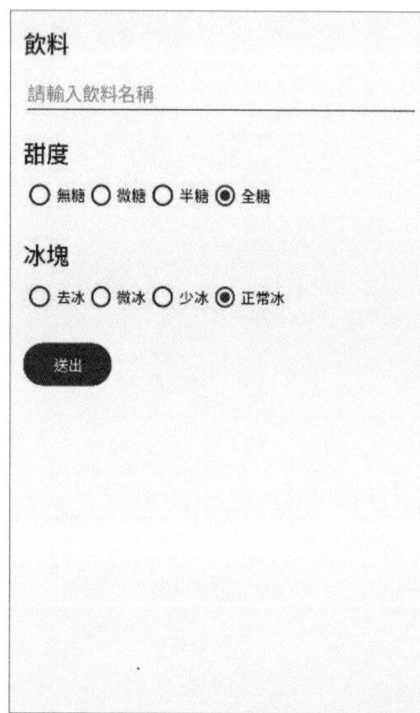

圖 4-12　點餐畫面（左）與元件樹（右）

對應的 XML 如下：

```
<?xml version="1.0" encoding="utf-8"?>
<androidx.constraintlayout.widget.ConstraintLayout
    xmlns:android="http://schemas.android.com/apk/res/android"
    xmlns:app="http://schemas.android.com/apk/res-auto"
    xmlns:tools="http://schemas.android.com/tools"
    android:id="@+id/main"
    android:layout_width="match_parent"
    android:layout_height="match_parent"
    tools:context=".SecActivity">
```

```
<TextView
    android:id="@+id/tvDrink"
    android:layout_width="wrap_content"
    android:layout_height="wrap_content"
    android:layout_marginStart="16dp"
    android:layout_marginTop="16dp"
    android:text="飲料"
    android:textSize="22sp"
    app:layout_constraintStart_toStartOf="parent"
    app:layout_constraintTop_toTopOf="parent" />

<EditText
    android:id="@+id/edDrink"
    android:layout_width="0dp"
    android:layout_height="56dp"
    android:layout_marginTop="8dp"
    android:layout_marginEnd="8dp"
    android:ems="10"
    android:hint="請輸入飲料名稱"
    android:inputType="textPersonName"
    app:layout_constraintEnd_toEndOf="parent"
    app:layout_constraintStart_toStartOf="@+id/tvDrink"
    app:layout_constraintTop_toBottomOf="@+id/tvDrink" />

<TextView
    android:id="@+id/tvSugar"
    android:layout_width="wrap_content"
    android:layout_height="wrap_content"
    android:layout_marginTop="16dp"
    android:text="甜度"
    android:textSize="22sp"
    app:layout_constraintStart_toStartOf="@+id/tvDrink"
    app:layout_constraintTop_toBottomOf="@+id/edDrink" />

<RadioGroup
    android:id="@+id/rgSugar"
    android:layout_width="wrap_content"
    android:layout_height="wrap_content"
    android:orientation="horizontal"
    app:layout_constraintStart_toStartOf="@+id/tvDrink"
    app:layout_constraintTop_toBottomOf="@+id/tvSugar">
```

```
        <RadioButton
            android:id="@+id/radioButton1"
            android:layout_width="wrap_content"
            android:layout_height="wrap_content"
            android:text="無糖" />

        <RadioButton
            android:id="@+id/radioButton2"
            android:layout_width="wrap_content"
            android:layout_height="wrap_content"
            android:text="微糖" />

        <RadioButton
            android:id="@+id/radioButton3"
            android:layout_width="wrap_content"
            android:layout_height="wrap_content"
            android:text="半糖" />

        <RadioButton
            android:id="@+id/radioButton4"
            android:layout_width="wrap_content"
            android:layout_height="wrap_content"
            android:checked="true"
            android:text="全糖" />
    </RadioGroup>

    <TextView
        android:id="@+id/tvIce"
        android:layout_width="wrap_content"
        android:layout_height="wrap_content"
        android:layout_marginTop="16dp"
        android:text="冰塊"
        android:textSize="22sp"
        app:layout_constraintStart_toStartOf="@+id/tvDrink"
        app:layout_constraintTop_toBottomOf="@+id/rgSugar" />

    <RadioGroup
        android:id="@+id/rgIce"
        android:layout_width="wrap_content"
        android:layout_height="wrap_content"
        android:orientation="horizontal"
        app:layout_constraintStart_toStartOf="@+id/tvDrink"
```

```
        app:layout_constraintTop_toBottomOf="@+id/tvIce">

        <RadioButton
            android:id="@+id/radioButton5"
            android:layout_width="wrap_content"
            android:layout_height="wrap_content"
            android:text="去冰" />

        <RadioButton
            android:id="@+id/radioButton6"
            android:layout_width="wrap_content"
            android:layout_height="wrap_content"
            android:text="微冰" />

        <RadioButton
            android:id="@+id/radioButton7"
            android:layout_width="wrap_content"
            android:layout_height="wrap_content"
            android:text="少冰" />

        <RadioButton
            android:id="@+id/radioButton8"
            android:layout_width="wrap_content"
            android:layout_height="wrap_content"
            android:checked="true"
            android:text="正常冰" />
    </RadioGroup>

    <Button
        android:id="@+id/btnSend"
        android:layout_width="wrap_content"
        android:layout_height="wrap_content"
        android:layout_marginTop="16dp"
        android:text="送出"
        app:layout_constraintStart_toStartOf="@+id/tvDrink"
        app:layout_constraintTop_toBottomOf="@+id/rgIce" />
</androidx.constraintlayout.widget.ConstraintLayout>
```

4.2.2 程式設計

STEP 01 建立 startForResult 變數作為啟動 SecActivity 以及接收 SecActivity 回傳結果的啟動器。

```
class MainActivity : AppCompatActivity() {
    // Step1：宣告 ActivityResultLauncher，內部負責處理 SecActivity 回傳結果
    private val startForResult = registerForActivityResult(
        ActivityResultContracts.StartActivityForResult()
    ) { result: ActivityResult ->
        // Step12：判斷回傳結果是否為 RESULT_OK，若是則執行以下程式碼
        if (result.resultCode == Activity.RESULT_OK) {
            // Step13：取得回傳的 Intent，並從 Intent 中取得飲料名稱、甜度、冰塊的值
            val intent = result.data
            val drink = intent?.getStringExtra("drink")
            val sugar = intent?.getStringExtra("sugar")
            val ice = intent?.getStringExtra("ice")
            // Step14：設定 tvMeal 的文字
            val tvMeal = findViewById<TextView>(R.id.tvMeal)
            tvMeal.text = "飲料：$drink\n\n 甜度：$sugar\n\n 冰塊：$ice"
        }
    }

    override fun onCreate(savedInstanceState: Bundle?) {
        super.onCreate(savedInstanceState)
        // …
    }
}
```

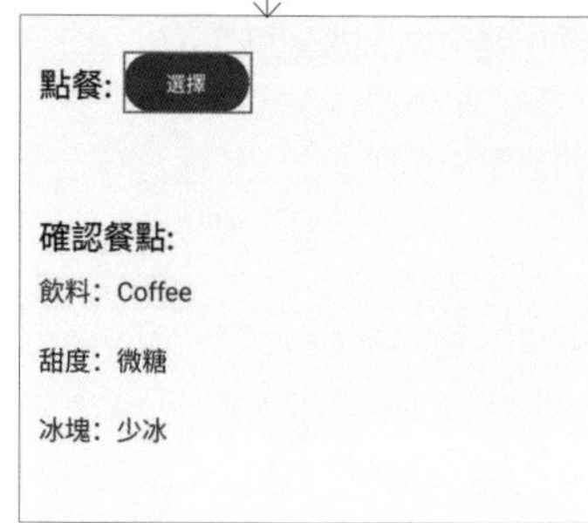

STEP 02 在 MainActivity 的 onCreate 中撰寫以下程式，點選按鈕後，透過 startForResult 啟動 SecActivity。

```
override fun onCreate(savedInstanceState: Bundle?) {
    super.onCreate(savedInstanceState)
    enableEdgeToEdge()
    setContentView(R.layout.activity_main)
    ViewCompat.setOnApplyWindowInsetsListener(findViewById(R.id.main)) { v,
insets ->
        val systemBars = insets.getInsets(WindowInsetsCompat.Type.systemBars())
        v.setPadding(systemBars.left, systemBars.top, systemBars.right,
systemBars.bottom)
        insets
    }
    // Step2：定義元件變數，並透過 findViewById 取得元件
    val btnChoice = findViewById<Button>(R.id.btnChoice)
    // Step3：設定 btnChoice 的點擊事件
    btnChoice.setOnClickListener {
        // Step4：宣告 Intent，透過 Intent 從 MainActivity 切換到 SecActivity
        val intent = Intent(this, SecActivity::class.java)
        // Step5：使用 startForResult 啟動 Intent
        startForResult.launch(intent)
    }
}
```

點餐: 選擇

確認餐點:

飲料: 無

甜度: 無

冰塊: 無

STEP 03 開啟 SecActivity 撰寫以下程式，對按鈕設定監聽器，在監聽器內部判斷是否輸入飲料名稱，並且取得 RadioGroup 資訊，最後回傳到 MainActivity。

```
class SecActivity : AppCompatActivity() {
    override fun onCreate(savedInstanceState: Bundle?) {
        super.onCreate(savedInstanceState)
        enableEdgeToEdge()
```

```
        setContentView(R.layout.activity_sec)
        ViewCompat.setOnApplyWindowInsetsListener(findViewById(R.id.main)) { v,
insets ->
            val systemBars = insets.getInsets(WindowInsetsCompat.Type.
systemBars())
            v.setPadding(systemBars.left, systemBars.top, systemBars.right,
systemBars.bottom)
            insets
        }
        // Step6：定義元件變數，並透過findViewById取得元件
        val edDrink = findViewById<TextView>(R.id.edDrink)
        val rgSugar = findViewById<RadioGroup>(R.id.rgSugar)
        val rgIce = findViewById<RadioGroup>(R.id.rgIce)
        val btnSend = findViewById<Button>(R.id.btnSend)
        // Step7：設定btnSend的點擊事件
        btnSend.setOnClickListener {
            // Step8：如果edDrink為空，則顯示提示文字
            if (edDrink.text.isEmpty()) {
                Toast.makeText(this, "請輸入飲料名稱", Toast.LENGTH_SHORT).show()
            } else {
                // Step9：宣告Bundle，並將飲料名稱、甜度、冰塊的值放入Bundle中
                val b = bundleOf(
                    "drink" to edDrink.text.toString(),
                    "sugar" to rgSugar.findViewById<RadioButton>(
                        rgSugar.checkedRadioButtonId
                    ).text.toString(),
                    "ice" to rgIce.findViewById<RadioButton>(
                        rgIce.checkedRadioButtonId
                    ).text.toString()
                )
                // Step10：宣告Intent，並將Bundle放入Intent中
                val i = Intent().putExtras(b)
                // Step11：設定Activity的結果，並關閉Activity
                setResult(RESULT_OK, i)
                finish()
            }
        }
    }
}
```

05

Fragment

學習目標

- ❏ 了解 Fragment 以及 Fragment 與 Activity 的關係
- ❏ 認識 Activity 與 Fragment 的生命週期
- ❏ 使用 Log 工具進行程式偵錯與追蹤
- ❏ 使用 ViewPager2 製作滑動頁面

5.1 Fragment

Fragment（片段）是 Activity 中可重複利用的使用者介面，使用時必須嵌入在 Activity 中，Fragment 擁有模組化、重複使用性與可適配性等三個優點，善用它可以讓應用程式易於管理、效能提升。一個 Activity 可以擁有數個 Fragment，一個 Fragment 也能被多個 Activity 使用，Fragment 如同父子層級般依附於 Activity，類似於不同 Activity 中重複使用的子 Activity，開發者可藉由 Activity 新增或移除 Fragment。

Activity 與 Fragment 皆擁有自己的生命週期（Lifecycle），但 Fragment 必須依附於 Activity，因此 Activity 的生命週期會直接影響到 Fragment 的生命週期，例如：Activity 結束生命週期，那依附於它的所有 Fragment 也會隨之消失。

如圖 5-1 的 iTalkuTalk 應用程式的排行榜頁面所示，總排行榜、週排行榜與朋友排行榜都是一個獨立的 Fragment，並各自擁有佈局與程式邏輯，但它們共享排行榜頁面的 Activity。

圖 5-1　總排行榜 Fragment（左）、週排行榜 Fragment（中）、朋友排行榜 Fragment（右）

5.1.1 生命週期

現今使用者大多習慣同時使用多個應用程式，例如：邊聽音樂邊傳訊息，然而執行越多的應用程式，手機就需要耗費越多的記憶體。而在有限的記憶體中，同時執行過多的程式，或程式沒有正確地釋放資源，系統就會變得緩慢而不穩定。

為了解決上述問題，Android系統引入生命週期（Lifecycle）機制，如同賦予應用程式生命，並提供幾種對應生命週期的回傳（Callback）方法，例如：onCreate()、onDestroy()，這些方法會在特定情況下被執行，例如：畫面建立、銷毀，善用系統的生命週期可以簡化開發流程，因此熟悉與活用生命週期是開發者必備的能力。

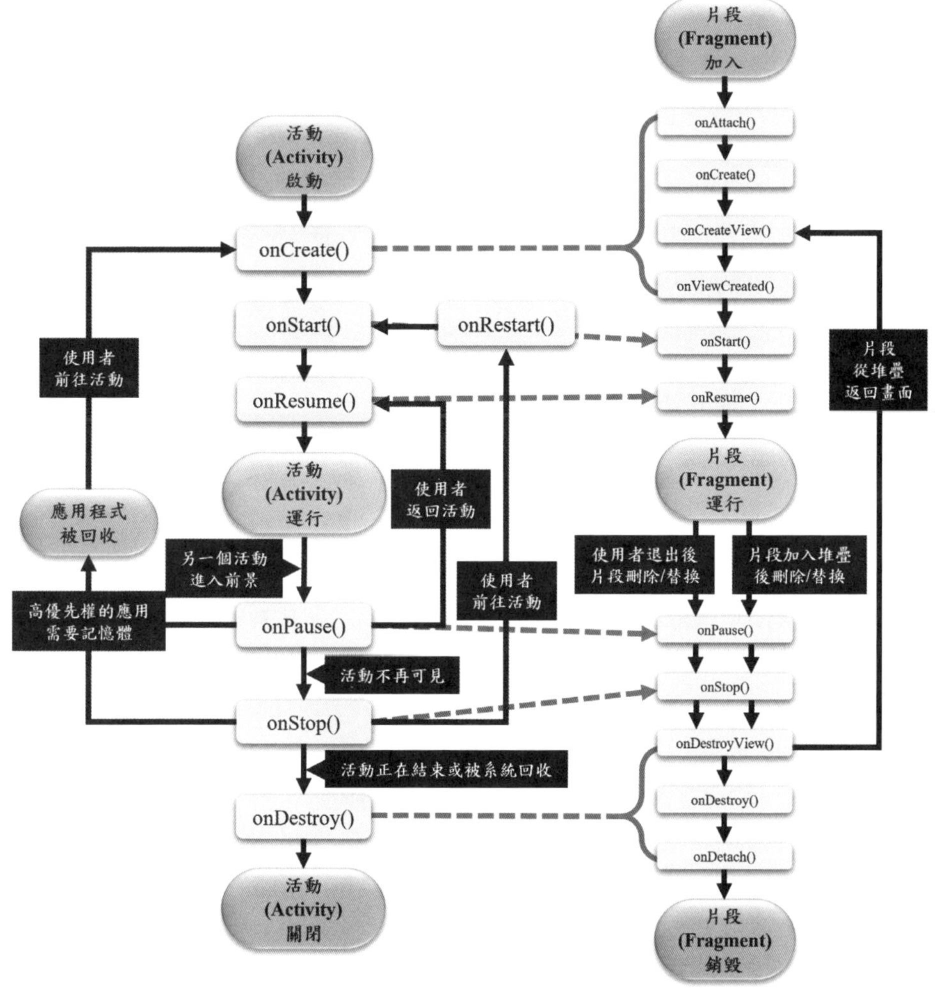

圖 5-2　Activity 與 Fragment 生命週期對照

圖 5-2 左側為 Activity 的生命週期，右側為 Fragment 的生命週期，生命週期定義了 Android 元件（Activity、Fragment、Service 等）的工作狀態。例如：當 Activity 切換到另一個 Activity 時，會進入暫停（onPause），並在畫面不可見後進入停止（onStop）；當 Fragment 被移除或被其他 Fragment 取代時，會依序進入暫停（onPause）、停止（onStop）與銷毀畫面（onDestroyView）。

從圖 5-2 中會發現 Activity 與 Fragment 擁有類似的生命週期，如建立（onCreate）、開始（onStart）與銷毀（onDestroy）等，不同點在於 Fragment 是 Activity 一部分的使用者介面，所以多了建立畫面（onCreateView）、銷毀畫面（onDestroyView）等處理畫面的週期。

以下是 Activity 生命週期介紹：

- onCreate()：產生新的 Activity 時呼叫，此階段用於初始化元件和定義佈局。
- onRestart()：在 Activity 從 onStop() 變成 onStart() 前呼叫，例如：使用者返回頁面時。
- onStart()：在 onCreate() 或 onRestart() 後呼叫，此時畫面已可見。
- onResume()：畫面可與使用者互動時呼叫。
- onPause()：畫面暫停時呼叫，例如：使用者準備離開頁面，此階段用於保存畫面資料，以便返回畫面後繼續使用。
- onStop()：畫面停止時呼叫，例如：使用者離開頁面，此時畫面已不可見。
- onDestroy()：在頁面銷毀時呼叫，此階段用於釋放占用的資源。

以下是 Fragment 生命週期介紹：

- onAttach()：當 Fragment 與 Activity 相關聯時被呼叫。
- onCreate()：產生新的 Fragment 時呼叫，此階段用於初始化參數，但此時 Fragment 畫面還未建立，所以不能在此初始化與 View 相關的元件。
- onCreateView()：產生 Fragment 的畫面時呼叫，此階段用於定義佈局。
- onViewCreated()：在 onCreateView() 後呼叫，此時 Fragment 的畫面已建立完成。
- onStart()：當 Fragment 畫面變得可見時呼叫。
- onResume()：當 Fragment 畫面可與使用者互動時呼叫。
- onPause()：當 Fragment 畫面暫停與使用者的互動時呼叫。
- onStop()：當 Fragment 畫面不再可見時呼叫。
- onDestroyView()：當畫面移除與 Fragment 相關聯的佈局時呼叫。
- onDestroy()：當 Fragment 被銷毀時呼叫。
- onDetach()：當 Fragment 與 Activity 解除關聯時呼叫。

> 說明 Fragment 依附於 Activity，因此必須等待 Activity 建立後才能建立，而當 Activity 進入建立（onCreate）、暫停（onPause）、停止（onStop）與銷毀（onDestroy）階段時，Fragment 也會觸發圖 5-2 中對應的生命週期。

5.1.2 日誌

從圖 5-2 的說明可發現不同的生命週期階段會執行對應的方法，若只看流程圖其實不容易明白，但開發者可藉由實作 Log（日誌），了解每個生命週期方法執行的時機。

Log 是 Android 系統提供的程式偵錯與追蹤工具，開發者可將它加入到特定的程式碼區塊中，當程式執行到此處，系統便會將 Log 記錄起來，以便開發者了解程式執行的過程與結果是否符合預期。

Log 有六個等級，依訊息等級由低至高排列後，為 Verbose、Debug、Info、Warn、Error、Assert。Verbose 為最詳細的等級，用於記錄最詳細的訊息，它可看到所有等級的訊息，通常用於開發階段的詳細訊息。開發者可運用不同的 Log 方法，以記錄各種等級的訊息，如表 5-1 所示。

表 5-1　記錄不同 Log 等級的方法

等級	方法	說明
Verbose	Log.v()	最詳細的訊息，用於記錄所有層級的訊息。
Debug	Log.d()	用於記錄偵錯相關的訊息。
Info	Log.i()	用於記錄一般提示訊息。
Warn	Log.w()	用於記錄可能的問題或風險。
Error	Log.e()	用於記錄錯誤訊息。
Assert	Log.wtf()	用於記錄應該永遠不會發生的致命錯誤。

Log 方法有兩個參數，分別是標籤（Tag）與訊息（Message），標籤用於歸納訊息的類型，而訊息則用於描述記錄的內容，以下是使用 Log 的程式碼範例。

```
class MainActivity : AppCompatActivity() {
    override fun onCreate(savedInstanceState: Bundle?) {
        super.onCreate(savedInstanceState)
        // 省略…
        // 建立Error等級的Log，其標籤為MainActivity訊息為onCreate
        Log.e("MainActivity", "onCreate")
```

```
        }
}
```

若要查看已記錄的 Log，可開啟位於 Android Studio 左下方的開發者工具「Logcat」，開發者可以設定需要追蹤的裝置，並透過輸入框查詢應用程式 ID 和篩選 Log 等級、標籤或訊息，如圖 5-3 所示。

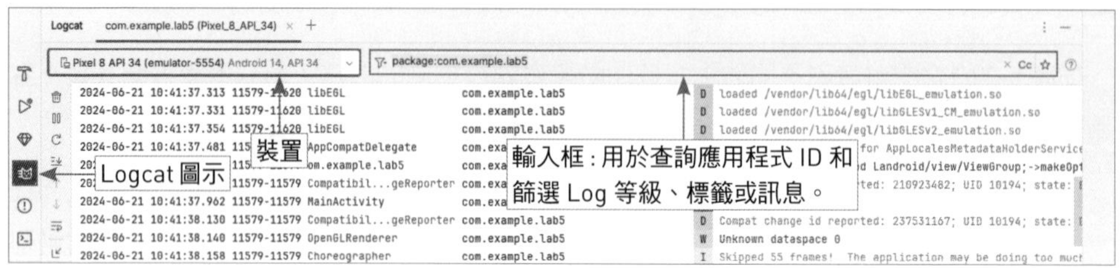

圖 5-3　開發者工具 Logcat

若要篩選 Log 等級，可以輸入 level 關鍵字，Logcat 就會以表單列出可篩選的 Log 等級，如圖 5-4 所示。

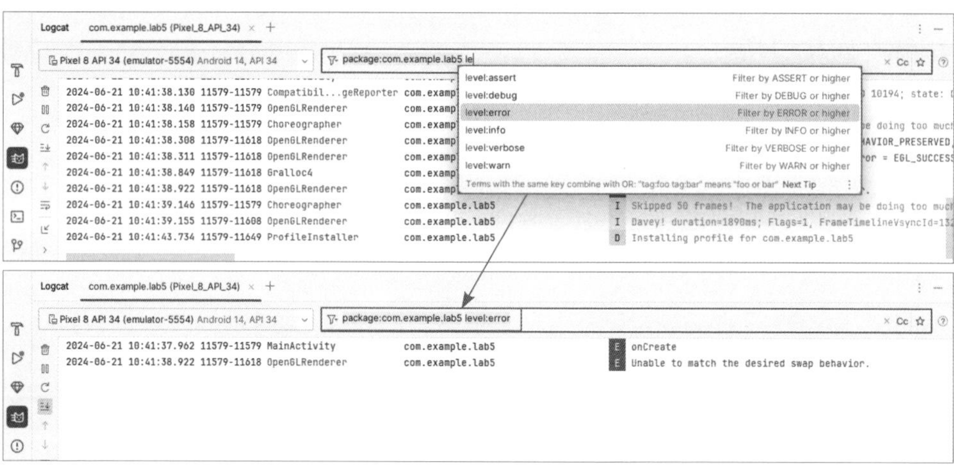

圖 5-4　篩選 Log 等級

篩選 Log 訊息的方式，如圖 5-5 所示。

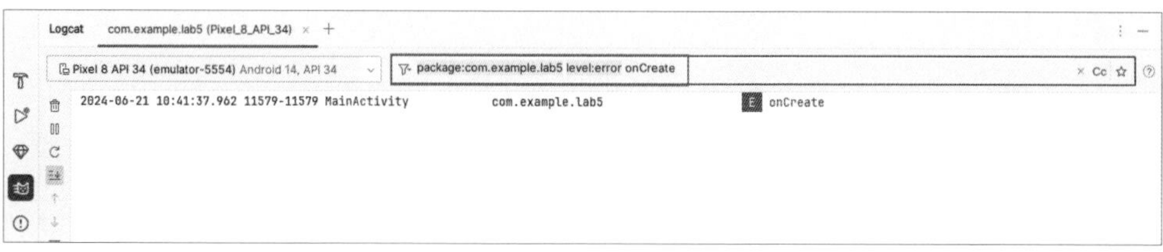

圖 5-5　篩選 Log 訊息

5.1.3 建立 Fragment

STEP 01 選擇「File → New → Fragment → Fragment (Blank)」，如圖 5-6 所示。

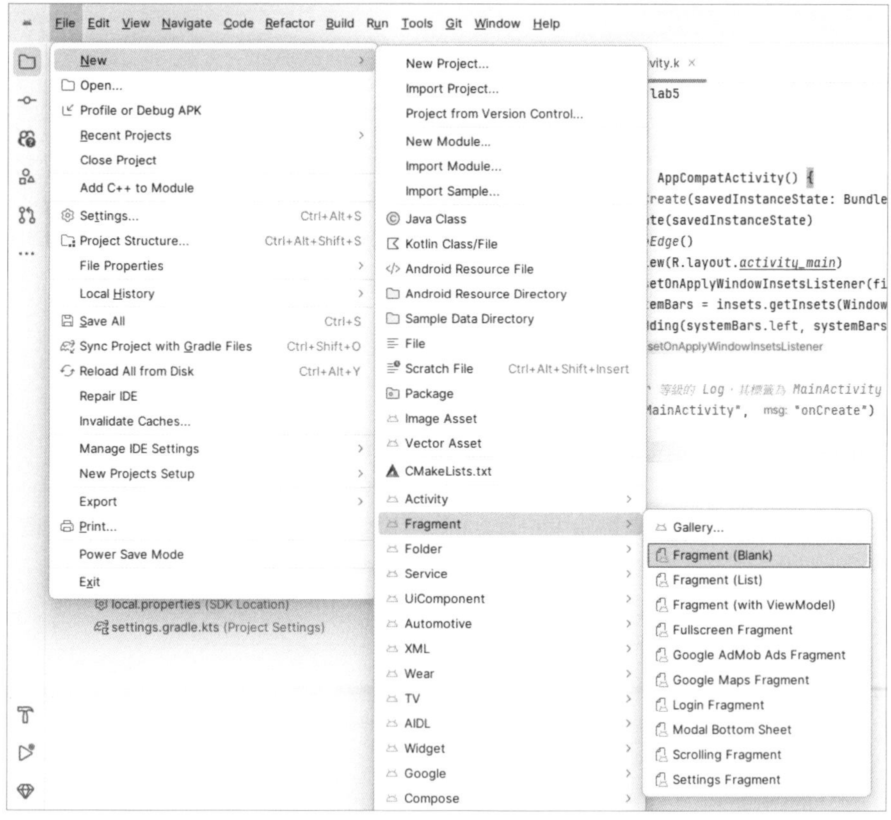

圖 5-6　建立新的 Fragment

STEP 02 在配置視窗中，修改 Fragment 的名稱，在更改 Fragment 名稱的同時，Android Studio 也會自動修改畫面配置檔名稱，完成後點選「Finish」按鈕，如圖 5-7 所示。

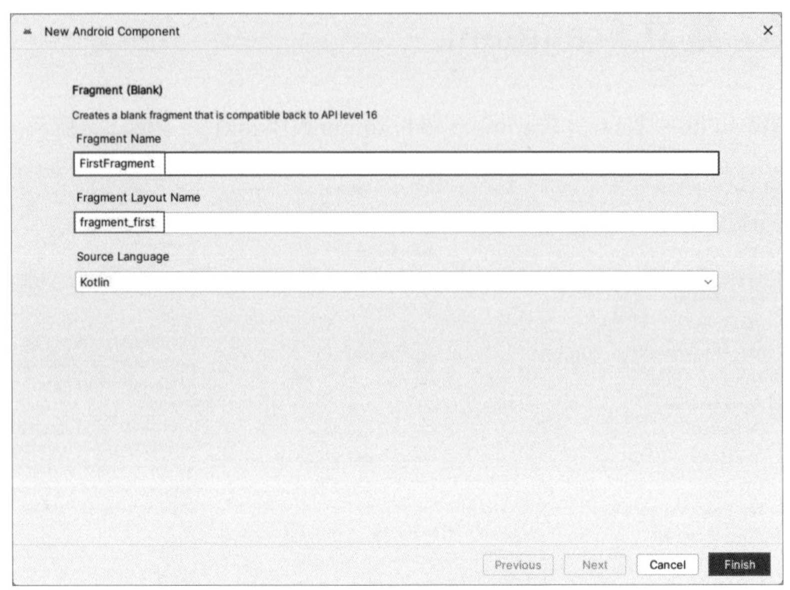

圖 5-7 設定 Fragment 名稱與畫面配置檔名稱

STEP 03 Android Studio 會自動產生 Fragment 所需要的所有檔案，在目錄中會發現多了 FirstFragment 程式檔以及 fragment_first.xml 畫面配置檔，如圖 5-8 所示。

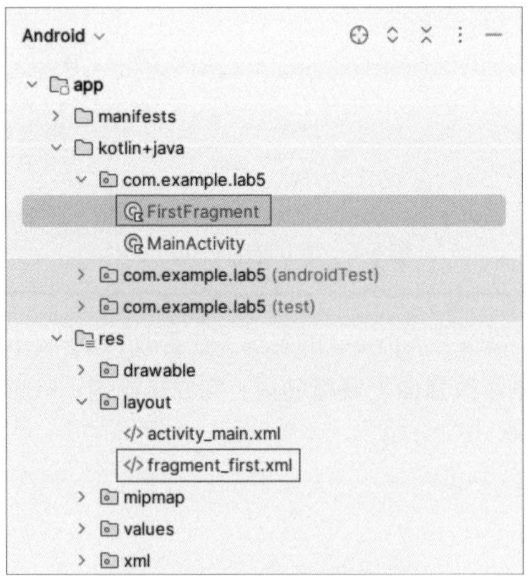

圖 5-8 目錄產生新的檔案

> **說 明** 由於 Fragment 依賴於 Activity，並非應用程式元件，所以不需要在 AndroidManifest.xml 中額外增加 Fragment 的資訊。

STEP 04 在 FirstFragment 的程式檔中，可以看到 Android Studio 預設產生的程式碼如下：

```
// TODO: 重新命名參數，選擇匹配的名稱
// 初始化 Fragment 參數，例如 ARG_ITEM_NUMBER
private const val ARG_PARAM1 = "param1"
private const val ARG_PARAM2 = "param2"

/**
 * 一個簡單的 [Fragment] 子類
 *
 * 使用 [FirstFragment.newInstance] 工廠方法來創建此 Fragment 的實例
 */
class FirstFragment : Fragment() {
    // TODO: 重新命名並更改參數類型。
    private var param1: String? = null
    private var param2: String? = null

    override fun onCreate(savedInstanceState: Bundle?) {
        super.onCreate(savedInstanceState)
        // 接收從其他 Fragment 或 Activity 傳遞過來的參數
        arguments?.let {
            param1 = it.getString(ARG_PARAM1)
            param2 = it.getString(ARG_PARAM2)
        }
    }

    override fun onCreateView(
        inflater: LayoutInflater, container: ViewGroup?,
        savedInstanceState: Bundle?
    ): View? {
        // 填滿 Layout 佈局，回傳 View 物件
        return inflater.inflate(R.layout.fragment_first, container, false)
    }

    companion object {
        /**
         * 使用此工廠方法，使用提供的參數建立此 Fragment 的新實例
         *
         * @param param1 參數 1
         * @param param2 參數 2
         * @return 一個新的 FirstFragment 實例
         */
```

```
        // TODO: 重新命名並更改參數的類型和數量
        @JvmStatic
        fun newInstance(param1: String, param2: String) =
            FirstFragment().apply {
                arguments = Bundle().apply {
                    putString(ARG_PARAM1, param1)
                    putString(ARG_PARAM2, param2)
                }
            }
    }
}
```

STEP 05 我們可以刪除 FirstFragment 程式檔中不必要的程式碼，並新增 onViewCreated 來實作該 Fragment 的主程式，如下所示。

```
class FirstFragment : Fragment() {

    override fun onCreateView(
        inflater: LayoutInflater, container: ViewGroup?,
        savedInstanceState: Bundle?
    ): View? {
        // 填滿 Layout 佈局，回傳 View 物件
        return inflater.inflate(R.layout.fragment_first, container, false)
    }

    override fun onViewCreated(view: View, savedInstanceState: Bundle?) {
        super.onViewCreated(view, savedInstanceState)
        // 撰寫主程式
    }
}
```

> 說明　Fragment 定義畫面是在 onCreateView() 中進行，因此建議將主程式寫在 onViewCreated()，確保畫面已經與 Fragment 連接。

5.1.4 滑動頁面：ViewPager2

ViewPager2（滑動頁面）是 Android 應用程式中的一種佈局元件，使用者可透過左右滑動的手勢來切換頁面，如圖 5-1 就是一個 ViewPager2 的應用。

ViewPager2 必須搭配對應的 FragmentStateAdapter 類別來實現滑動頁面功能，本小節使用 FragmentStateAdapter 實作滑動頁面，步驟如下：

STEP 01 首先需要產生新的 Kotlin 檔案。對程式檔目錄按右鍵，選擇「New→Kotlin Class/File」，如圖 5-9 所示。

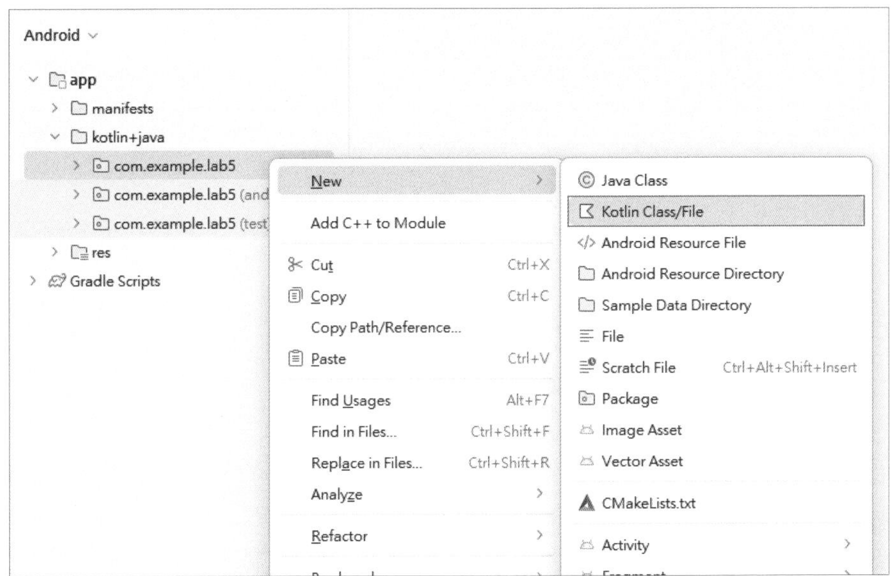

圖 5-9　點選 File 建立 Kotlin 類別

STEP 02 在視窗中輸入檔案的名稱與類型，建立一個名為「ViewPagerAdapter」的類別檔案，並按下 Enter 鍵，如圖 5-10 所示。

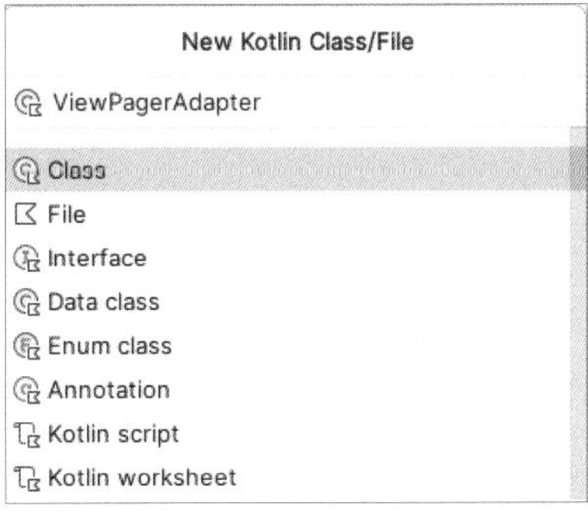

圖 5-10　建立新的類別檔

STEP 03 在左邊的專案目錄中，會發現系統產生出ViewPagerAdapter，右邊則是一個空白的ViewPagerAdapter類別，如圖5-11所示。

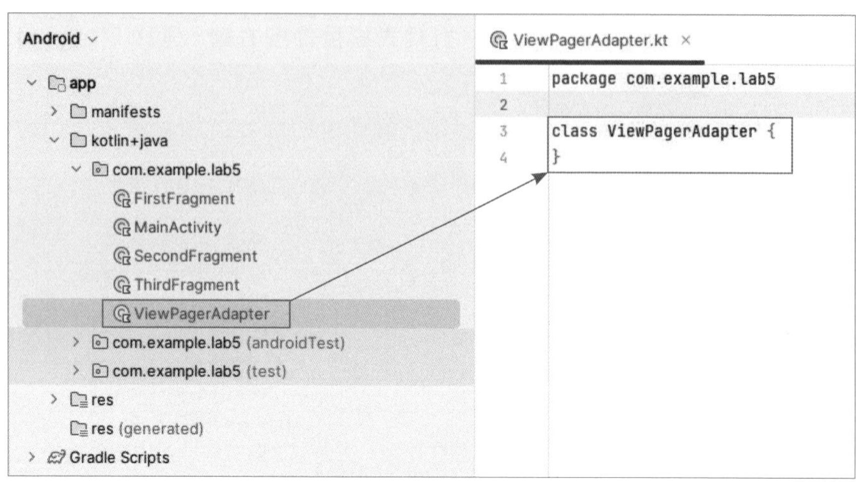

圖5-11　產生新的類別

STEP 04 撰寫ViewPagerAdapter，使其繼承FragmentStateAdapter類別，程式碼如下：

```
// ViewPagerAdapter 繼承 FragmentStateAdapter 類別
// 傳遞 FragmentManager 和 Lifecycle 物件
class ViewPagerAdapter(
    fm: FragmentManager,
    lifecycle: Lifecycle
) : FragmentStateAdapter(fm, lifecycle) {

    // 回傳 Fragment 的數量
    override fun getItemCount(): Int = 3

    // 根據 position 位置回傳對應的 Fragment
    override fun createFragment(position: Int): Fragment {
        return when (position) {
            // 第一頁 Fragment
            0 -> FirstFragment()
            // 第二頁 Fragment
            1 -> SecondFragment()
            // 第三頁 Fragment
            else -> ThirdFragment()
        }
    }
}
```

STEP 05 撰寫 MainActivity，使其使用 ViewPagerAdapter 實現畫面滑動功能，程式碼如下：

```
class MainActivity : AppCompatActivity() {
    override fun onCreate(savedInstanceState: Bundle?) {
        super.onCreate(savedInstanceState)
        // 省略…
        // 取得 ViewPager2 元件
        val viewPager2 = findViewById<ViewPager2>(R.id.viewPager2)
        // 建立 ViewPagerAdapter 並設定給 ViewPager2
        val adapter = ViewPagerAdapter(supportFragmentManager, this.lifecycle)
        viewPager2.adapter = adapter
        // 預先載入鄰近的頁面
        viewPager2.offscreenPageLimit = 1
    }
}
```

ViewPager2 不僅提供快速切換頁面的功能，還能預先載入前後的頁面，讓使用者在滑動的過程更加平順。如圖 5-12 所示，向左滑動畫面切換到第二頁。

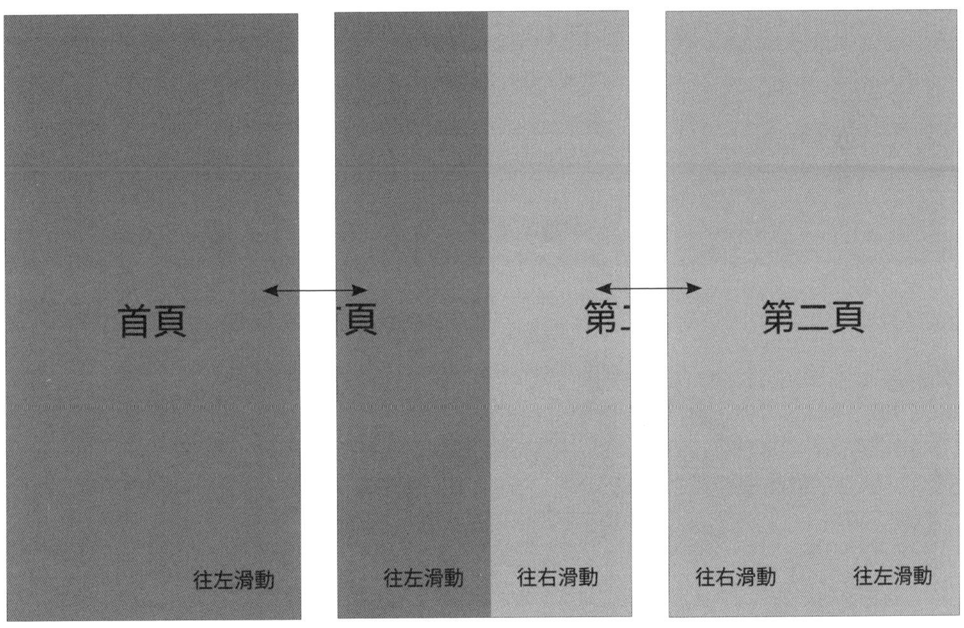

圖 5-12　從首頁（左）向左滑動切換到第二頁（右）

5.2 實戰演練：生命週期觀測

本範例實作一個帶有滑動頁面功能的應用程式，它擁有三個不同佈局的 Fragment（首頁 FirstFragment、第二頁 SecondFragment、第三頁 ThirdFragment），並透過 Log 觀察應用程式的生命週期變化，如圖 5-13 所示。

- 建立三個不同佈局的 Fragment。
- 使用 ViewPager2 及 FragmentStateAdapter 實現左右滑動切換頁面。
- 使用 Log 觀察 Activity 與三個 Fragment 在 ViewPager2 中的生命週期變動。

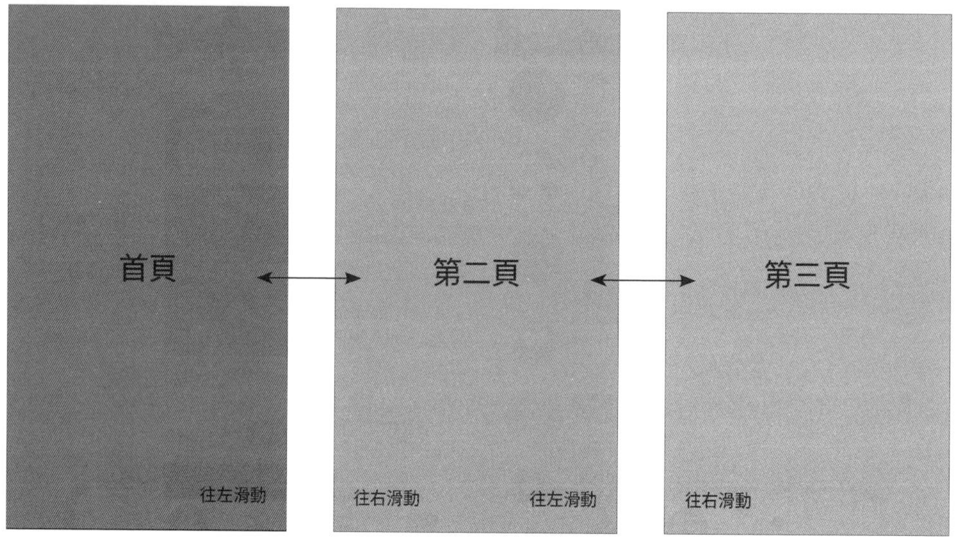

圖 5-13　FirstFragment（左）、SecondFragment（中）、ThirdFragment（右）

5.2.1　介面設計

STEP 01　建立最低支援版本為「API 24」的新專案，並新增如圖 5-14 所示的檔案。

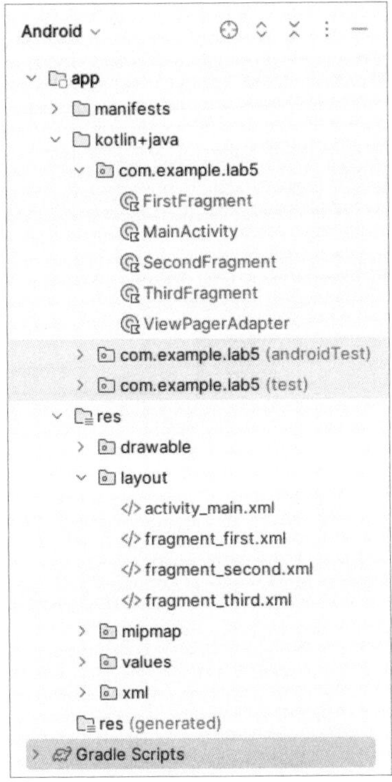

圖 5-14　滑動頁面專案架構

STEP 02 繪製 activity_main.xml 檔，如圖 5-15 所示。

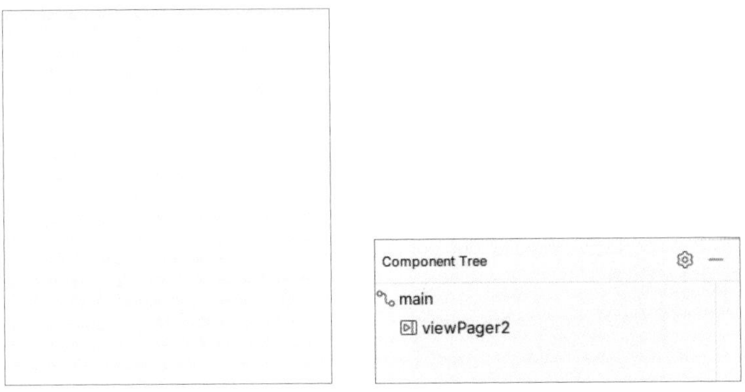

圖 5-15　MainActivity 畫面（左）與元件樹（右）

對應的 XML 如下：

```
<?xml version="1.0" encoding="utf-8"?>
<androidx.constraintlayout.widget.ConstraintLayout
    xmlns:android="http://schemas.android.com/apk/res/android"
    xmlns:app="http://schemas.android.com/apk/res-auto"
    xmlns:tools="http://schemas.android.com/tools"
    android:id="@+id/main"
    android:layout_width="match_parent"
    android:layout_height="match_parent"
    tools:context=".MainActivity">

    <androidx.viewpager2.widget.ViewPager2
        android:id="@+id/viewPager2"
        android:layout_width="match_parent"
        android:layout_height="match_parent"
        app:layout_constraintBottom_toBottomOf="parent"
        app:layout_constraintEnd_toEndOf="parent"
        app:layout_constraintStart_toStartOf="parent"
        app:layout_constraintTop_toTopOf="parent" />
</androidx.constraintlayout.widget.ConstraintLayout>
```

STEP 03 繪製 fragment_first.xml 檔，如圖 5-16 所示。

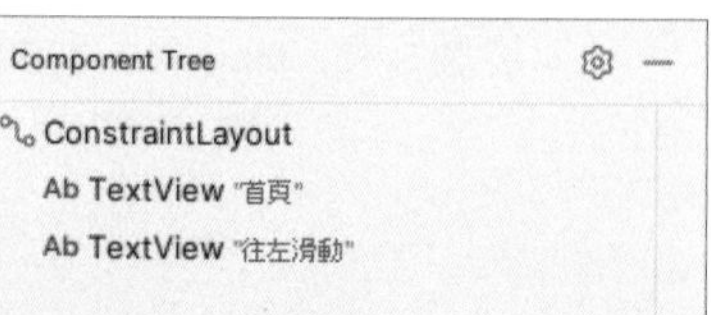

圖 5-16　首頁畫面（左）與元件樹（右）

對應的 XML 如下：

```
<?xml version="1.0" encoding="utf-8"?>
<androidx.constraintlayout.widget.ConstraintLayout
    xmlns:android="http://schemas.android.com/apk/res/android"
    xmlns:app="http://schemas.android.com/apk/res-auto"
    xmlns:tools="http://schemas.android.com/tools"
    android:layout_width="match_parent"
    android:layout_height="match_parent"
    android:background="@android:color/holo_red_light"
    tools:context=".FirstFragment">

    <TextView
        android:layout_width="wrap_content"
        android:layout_height="wrap_content"
        android:text=" 首頁 "
        android:textColor="@android:color/black"
        android:textSize="42sp"
        app:layout_constraintBottom_toBottomOf="parent"
        app:layout_constraintEnd_toEndOf="parent"
        app:layout_constraintStart_toStartOf="parent"
        app:layout_constraintTop_toTopOf="parent" />

    <TextView
        android:layout_width="wrap_content"
        android:layout_height="wrap_content"
        android:layout_marginEnd="32dp"
        android:layout_marginBottom="32dp"
        android:text=" 往左滑動 "
        android:textColor="@android:color/black"
        android:textSize="24sp"
        app:layout_constraintBottom_toBottomOf="parent"
        app:layout_constraintEnd_toEndOf="parent" />
</androidx.constraintlayout.widget.ConstraintLayout>
```

STEP 04 繪製 fragment_second.xml 檔，如圖 5-17 所示。

圖 5-17　第二頁畫面（左）與元件樹（右）

對應的 XML 如下：

```
<?xml version="1.0" encoding="utf-8"?>
<androidx.constraintlayout.widget.ConstraintLayout
    xmlns:android="http://schemas.android.com/apk/res/android"
    xmlns:app="http://schemas.android.com/apk/res-auto"
    xmlns:tools="http://schemas.android.com/tools"
    android:layout_width="match_parent"
    android:layout_height="match_parent"
    android:background="@android:color/holo_green_light"
    tools:context=".SecondFragment">

    <TextView
        android:layout_width="wrap_content"
        android:layout_height="wrap_content"
        android:text="第二頁"
        android:textColor="@android:color/black"
        android:textSize="42sp"
        app:layout_constraintBottom_toBottomOf="parent"
        app:layout_constraintEnd_toEndOf="parent"
        app:layout_constraintStart_toStartOf="parent"
        app:layout_constraintTop_toTopOf="parent" />

    <TextView
```

```
        android:layout_width="wrap_content"
        android:layout_height="wrap_content"
        android:layout_marginStart="32dp"
        android:layout_marginBottom="32dp"
        android:text="往右滑動"
        android:textColor="@android:color/black"
        android:textSize="24sp"
        app:layout_constraintBottom_toBottomOf="parent"
        app:layout_constraintStart_toStartOf="parent" />

    <TextView
        android:id="@+id/textView"
        android:layout_width="wrap_content"
        android:layout_height="wrap_content"
        android:layout_marginEnd="32dp"
        android:layout_marginBottom="32dp"
        android:text="往左滑動"
        android:textColor="@android:color/black"
        android:textSize="24sp"
        app:layout_constraintBottom_toBottomOf="parent"
        app:layout_constraintEnd_toEndOf="parent" />
</androidx.constraintlayout.widget.ConstraintLayout>
```

STEP 05 繪製 fragment_third.xml 檔，如圖 5-18 所示。

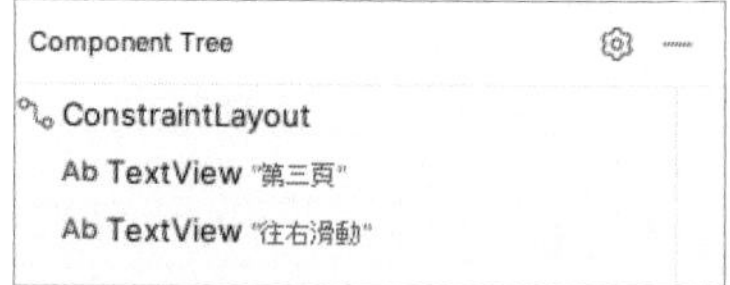

圖 5-18　第三頁畫面（左）與元件樹（右）

對應的 XML 如下：

```
<?xml version="1.0" encoding="utf-8"?>
<androidx.constraintlayout.widget.ConstraintLayout
    xmlns:android="http://schemas.android.com/apk/res/android"
    xmlns:app="http://schemas.android.com/apk/res-auto"
    xmlns:tools="http://schemas.android.com/tools"
    android:layout_width="match_parent"
    android:layout_height="match_parent"
    android:background="@android:color/holo_orange_light"
    tools:context=".ThirdFragment">

    <TextView
        android:layout_width="wrap_content"
        android:layout_height="wrap_content"
        android:text="第三頁"
        android:textColor="@android:color/black"
        android:textSize="42sp"
        app:layout_constraintBottom_toBottomOf="parent"
        app:layout_constraintEnd_toEndOf="parent"
        app:layout_constraintStart_toStartOf="parent"
        app:layout_constraintTop_toTopOf="parent" />

    <TextView
        android:layout_width="wrap_content"
        android:layout_height="wrap_content"
        android:layout_marginStart="32dp"
        android:layout_marginBottom="32dp"
        android:text="往右滑動"
        android:textColor="@android:color/black"
        android:textSize="24sp"
        app:layout_constraintBottom_toBottomOf="parent"
        app:layout_constraintStart_toStartOf="parent" />
</androidx.constraintlayout.widget.ConstraintLayout>
```

5.2.2 程式設計

STEP 01 撰寫 ViewPagerAdapter 程式。

```
// ViewPagerAdapter 繼承 FragmentStateAdapter 類別
// 傳遞 FragmentManager 和 Lifecycle 物件
```

```
class ViewPagerAdapter(
    fm: FragmentManager,
    lifecycle: Lifecycle
) : FragmentStateAdapter(fm, lifecycle) {

    // 回傳 Fragment 的數量
    override fun getItemCount(): Int = 3

    // 根據 position 位置回傳對應的 Fragment
    override fun createFragment(position: Int): Fragment {
        return when (position) {
            // 第一頁 Fragment
            0 -> FirstFragment()
            // 第二頁 Fragment
            1 -> SecondFragment()
            // 第三頁 Fragment
            else -> ThirdFragment()
        }
    }
}
```

STEP 02 撰寫 MainActivity 程式，並且加入 Log，以便觀察生命週期變化。

```
package com.example.lab5

import android.os.Bundle
import android.util.Log
import androidx.activity.enableEdgeToEdge
import androidx.appcompat.app.AppCompatActivity
import androidx.core.view.ViewCompat
import androidx.core.view.WindowInsetsCompat
import androidx.viewpager2.widget.ViewPager2

class MainActivity : AppCompatActivity() {
    override fun onCreate(savedInstanceState: Bundle?) {
        super.onCreate(savedInstanceState)
        enableEdgeToEdge()
        setContentView(R.layout.activity_main)
        ViewCompat.setOnApplyWindowInsetsListener(findViewById(R.id.main)) { v,
insets ->
            val systemBars = insets.getInsets(WindowInsetsCompat.Type.
systemBars())
```

```
            v.setPadding(systemBars.left, systemBars.top, systemBars.right,
systemBars.bottom)
            insets
        }
        Log.e("MainActivity","onCreate")
        // 取得ViewPager2元件
        val viewPager2 = findViewById<ViewPager2>(R.id.viewPager2)
        // 建立ViewPagerAdapter並設定給ViewPager2
        val adapter = ViewPagerAdapter(supportFragmentManager, this.lifecycle)
        viewPager2.adapter = adapter
        // 預先載入鄰近的頁面
        viewPager2.offscreenPageLimit = 1
    }

    override fun onRestart() {
        super.onRestart()
        Log.e("MainActivity", "onRestart")
    }

    override fun onStart() {
        super.onStart()
        Log.e("MainActivity", "onStart")
    }

    override fun onResume() {
        super.onResume()
        Log.e("MainActivity", "onResume")
    }

    override fun onPause() {
        super.onPause()
        Log.e("MainActivity", "onPause")
    }

    override fun onStop() {
        super.onStop()
        Log.e("MainActivity","onStop")
    }

    override fun onDestroy() {
        super.onDestroy()
        Log.e("MainActivity","onDestroy")
```

```
    }
}
```

說 明 使用Log時，要注意部分的手機廠牌不提供低層級的Log，造成無法顯示於Logcat的情況，因此建議使用較高層級的Log.e()進行程式偵錯與追蹤。

STEP 03 撰寫FirstFragment程式，並且加入Log，以便觀察生命週期變化。

```
package com.example.lab5

import android.content.Context
import android.os.Bundle
import android.util.Log
import androidx.fragment.app.Fragment
import android.view.LayoutInflater
import android.view.View
import android.view.ViewGroup

class FirstFragment : Fragment() {

    override fun onAttach(context: Context) {
        super.onAttach(context)
        Log.e("FirstFragment","onAttach")
    }

    override fun onCreate(savedInstanceState: Bundle?) {
        super.onCreate(savedInstanceState)
        Log.e("FirstFragment","onCreate")
    }

    override fun onCreateView(
        inflater: LayoutInflater, container: ViewGroup?,
        savedInstanceState: Bundle?
    ): View? {
        Log.e("FirstFragment","onCreateView")
        // 填滿Layout佈局，回傳View物件
        return inflater.inflate(R.layout.fragment_first, container, false)
    }

    override fun onViewCreated(view: View, savedInstanceState: Bundle?) {
        super.onViewCreated(view, savedInstanceState)
```

```
        Log.e("FirstFragment","onViewCreated")
    }

    override fun onStart() {
        super.onStart()
        Log.e("FirstFragment","onStart")
    }

    override fun onResume() {
        super.onResume()
        Log.e("FirstFragment","onResume")
    }

    override fun onPause() {
        super.onPause()
        Log.e("FirstFragment","onPause")
    }

    override fun onStop() {
        super.onStop()
        Log.e("FirstFragment","onStop")
    }

    override fun onDestroyView() {
        super.onDestroyView()
        Log.e("FirstFragment","onDestroyView")
    }

    override fun onDestroy() {
        super.onDestroy()
        Log.e("FirstFragment","onDestroy")
    }

    override fun onDetach() {
        super.onDetach()
        Log.e("FirstFragment","onDetach")
    }
}
```

STEP 04 撰寫 SecondFragment 程式，參考 FirstFragment 加入 Log。

```
package com.example.lab5

import android.content.Context
import android.os.Bundle
import android.util.Log
import androidx.fragment.app.Fragment
import android.view.LayoutInflater
import android.view.View
import android.view.ViewGroup

class SecondFragment : Fragment() {

    override fun onAttach(context: Context) {
        super.onAttach(context)
        Log.e("SecondFragment","onAttach")
    }

    override fun onCreate(savedInstanceState: Bundle?) {
        super.onCreate(savedInstanceState)
        Log.e("SecondFragment","onCreate")
    }

    override fun onCreateView(
        inflater: LayoutInflater, container: ViewGroup?,
        savedInstanceState: Bundle?
    ): View? {
        Log.e("SecondFragment","onCreateView")
        // 填滿 Layout 佈局，回傳 View 物件
        return inflater.inflate(R.layout.fragment_second, container, false)
    }

    override fun onViewCreated(view: View, savedInstanceState: Bundle?) {
        super.onViewCreated(view, savedInstanceState)
        Log.e("SecondFragment","onViewCreated")
    }

    override fun onStart() {
        super.onStart()
        Log.e("SecondFragment","onStart")
    }
```

```
    override fun onResume() {
        super.onResume()
        Log.e("SecondFragment","onResume")
    }

    override fun onPause() {
        super.onPause()
        Log.e("SecondFragment","onPause")
    }

    override fun onStop() {
        super.onStop()
        Log.e("SecondFragment","onStop")
    }

    override fun onDestroyView() {
        super.onDestroyView()
        Log.e("SecondFragment","onDestroyView")
    }

    override fun onDestroy() {
        super.onDestroy()
        Log.e("SecondFragment","onDestroy")
    }

    override fun onDetach() {
        super.onDetach()
        Log.e("SecondFragment","onDetach")
    }
}
```

STEP 05 撰寫 ThirdFragment 程式，參考 FirstFragment 加入 Log。

```
package com.example.lab5

import android.content.Context
import android.os.Bundle
import android.util.Log
import androidx.fragment.app.Fragment
import android.view.LayoutInflater
import android.view.View
```

```
import android.view.ViewGroup

class ThirdFragment : Fragment() {

    override fun onAttach(context: Context) {
        super.onAttach(context)
        Log.e("ThirdFragment","onAttach")
    }

    override fun onCreate(savedInstanceState: Bundle?) {
        super.onCreate(savedInstanceState)
        Log.e("ThirdFragment","onCreate")
    }

    override fun onCreateView(
        inflater: LayoutInflater, container: ViewGroup?,
        savedInstanceState: Bundle?
    ): View? {
        Log.e("ThirdFragment","onCreateView")
        // 填滿Layout佈局，回傳View物件
        return inflater.inflate(R.layout.fragment_third, container, false)
    }

    override fun onViewCreated(view: View, savedInstanceState: Bundle?) {
        super.onViewCreated(view, savedInstanceState)
        Log.e("ThirdFragment","onViewCreated")
    }

    override fun onStart() {
        super.onStart()
        Log.e("ThirdFragment","onStart")
    }

    override fun onResume() {
        super.onResume()
        Log.e("ThirdFragment","onResume")
    }

    override fun onPause() {
        super.onPause()
        Log.e("ThirdFragment","onPause")
    }
```

```
    override fun onStop() {
        super.onStop()
        Log.e("ThirdFragment","onStop")
    }

    override fun onDestroyView() {
        super.onDestroyView()
        Log.e("ThirdFragment","onDestroyView")
    }

    override fun onDestroy() {
        super.onDestroy()
        Log.e("ThirdFragment","onDestroy")
    }

    override fun onDetach() {
        super.onDetach()
        Log.e("ThirdFragment","onDetach")
    }
}
```

STEP 06 開啟位於 Android Studio 左下方的開發者工具「Logcat」，設定執行的裝置與 Lab5 應用程式，選擇 Error 等級的 Log，並觀察應用程式剛開啟時的生命週期。可以發現 MainActivity 先建立完成，接著 FirstFragment 建立完成，最後因為我們設定 ViewPager2 的 offscreenPageLimit 屬性為「1」，所以會預先載入 SecondFragment 頁面，如圖 5-19 所示。

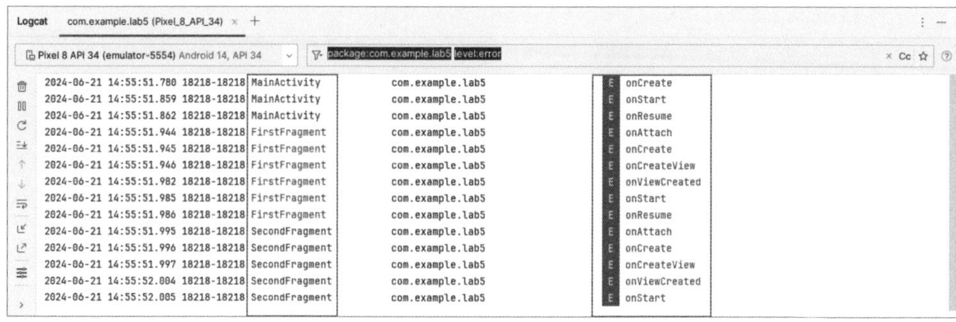

圖 5-19　應用程式剛開啟時的生命週期

STEP 07 滑動至第二頁，ThirdFragment 開始建立畫面，FirstFragment 進入 onPause 階段，SecondFragment 進入 onResume，如圖 5-20 所示。

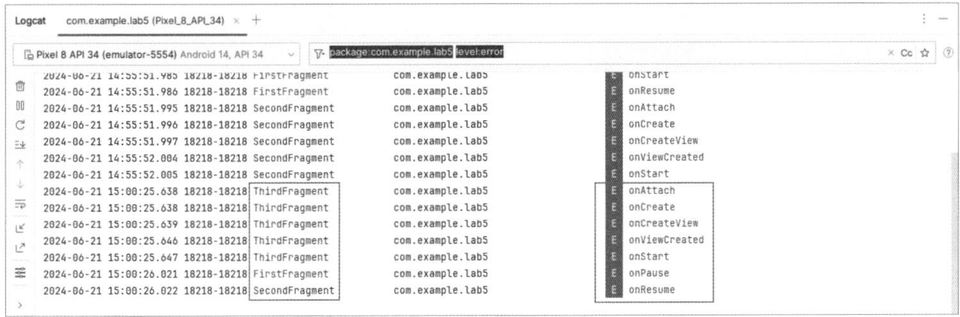

圖 5-20　滑動至第二頁後的生命週期變化

STEP 08 滑動至第三頁，SecondFragment 進入 onPause 階段，ThirdFragment 進入 onResume，如圖 5-21 所示。

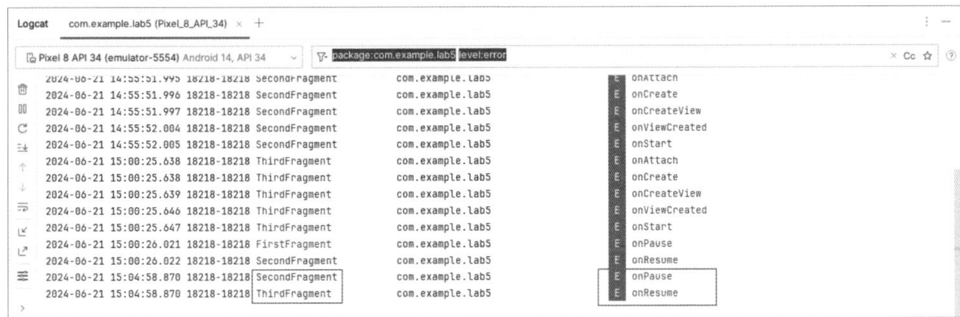

圖 5-21　滑動至第三頁後的生命週期變化

> **延伸學習**　試試看退出 Lab5 的應用程式，Activity 與 Fragment 的生命週期會發生什麼變化？建立另一個 Activity，並使用 startActivity() 切換，又會產生什麼變化？調整 offscreenPageLimit 屬性後，Fragment 的生命週期會發生什麼變化？

06

訊息提示元件

學習目標

- ❏ 使用 Toast 顯示文字訊息
- ❏ 使用 Snackbar 顯示文字訊息與回應使用者操作
- ❏ 使用 AlertDialog 顯示文字訊息與陣列資料

6.1 提示訊息

當使用者點選特定按鈕，系統會顯示相對應的訊息框或對話視窗，我們稱之為「訊息提示元件」，善用這類型的元件，能讓使用者有更友善的體驗感受與互動，本章節會介紹 Android 常見的訊息提示元件以及它們的差異。

6.1.1 Toast

Toast 是最基本的訊息元件，它的特性是訊息顯示後會於數秒內消失，常用於使用者在操作時的簡易回饋，例如：使用者設定是否成功、申請帳號的資料是否缺少等，由於方便易用，所以也常被開發者作為除錯的手段，如圖 6-1 所示。

圖 6-1　Toast 出現幾秒後會自動消失

Toast 使用 makeText() 方法產生文字訊息，程式碼如下：

```
Toast.makeText(this, "文字訊息", Toast.LENGTH_SHORT).show()
```

makeText() 第一個參數為使用 Toast 的對象，通常填入 this 關鍵字（即本身的 Activity 實體），第二個參數為顯示的訊息字串，第三個參數為持續時間，開發者須使用 Toast 提供的常數「LENGTH_SHORT」（短時間）和「LENGTH_LONG」（長時間），參數設定完成後，藉由 show() 方法將 Toast 顯示於手機螢幕。

6.1.2 Snackbar

Snackbar 是因應 Material Design（Google 發布的設計準則）所設計的訊息元件，它的出現解決了許多使用 Toast 時會產生的問題，例如：畫面消失而 Toast 仍繼續顯示。Snackbar 相較於 Toast 有更多的功能，像是它在顯示時，一次只顯示一個訊息，而且除了文字訊息外，還附帶一個回應的按鈕，讓使用者可以對這則訊息進行回應，如圖 6-2 所示。

圖 6-2　按鈕式 Snackbar

Snackbar 的使用方式跟 Toast 相似，程式碼如下：

```
Snackbar.make(view, "文字訊息", Snackbar.LENGTH_INDEFINITE)
    .setAction("按鈕") {
        //此處撰寫按鈕觸發後的程式碼
    }.show()
```

Snackbar 使用 make() 方法產生文字訊息，make() 第一個參數為元件對象，當此元件對象被銷毀，Snackbar 也會隨之消失，通常填入被觸發的元件，第二個參數為顯示的訊息字串，第三個參數為持續時間，除了跟 Toast 一樣提供「LENGTH_SHORT」(短時間)和「LENGTH_LONG」(長時間)之外，還有「LENGTH_INDEFINITE」(無限制)常數，若要顯示回應按鈕，可以使用 setAction() 方法設定按鈕的文字及監聽器，參數設定完成後，藉由 show() 方法將 Snackbar 顯示於手機螢幕。

6.1.3　AlertDialog

AlertDialog 是一種視窗形式的訊息元件，它如同縮小版的畫面，在視窗內不僅能顯示文字，還可以設定許多不同類型的元件，當開發者需要顯示一則訊息，並希望使用者能與其互動，就會選擇使用 AlertDialog，如圖 6-3 所示。

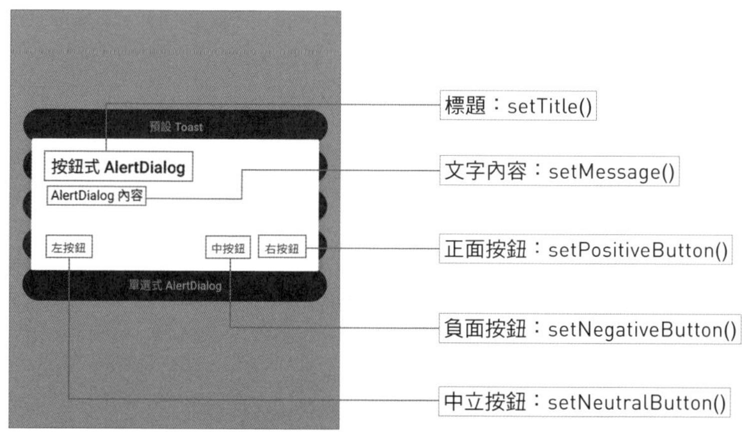

圖 6-3　按鈕式 AlertDialog

與 Toast 跟 Snackbar 相比，AlertDialog 的功能複雜許多，因此先從提供的方法進行說明，再依序介紹三種不同類型的 AlertDialog。

- setTitle()：AlertDialog 的標題。
- setMessage()：AlertDialog 的文字內容。
- setItems()：在 AlertDialog 設定清單內容。
- setSingleChoiceItems()：在 AlertDialog 設定單選清單。
- setPositiveButton()：在 AlertDialog 中加入正面的按鈕。
- setNegativeButton()：在 AlertDialog 中加入負面的按鈕。
- setNeutralButton()：在 AlertDialog 中加入中立的按鈕。
- show()：顯示 AlertDialog 於螢幕。

含中立、負面與正面按鈕的 AlertDialog

按鈕式 AlertDialog

AlertDialog 內容

左按鈕 中按鈕 右按鈕

圖 6-4　按鈕式 AlertDialog

```
// 建立AlertDialog物件
AlertDialog.Builder(this)
    // 設定標題
    .setTitle("按鈕式AlertDialog")
    // 設定內容
    .setMessage("AlertDialog內容")
    .setNeutralButton("左按鈕") { dialogInterface, which ->
        // 按鈕被點擊後，顯示訊息為左按鈕的Toast
        Toast.makeText(this,"左按鈕", Toast.LENGTH_SHORT).show()
    }.setNegativeButton("中按鈕") { dialogInterface, which ->
        // 按鈕被點擊後，顯示訊息為中按鈕的Toast
        Toast.makeText(this,"中按鈕", Toast.LENGTH_SHORT).show()
    }.setPositiveButton("右按鈕") { dialogInterface, which ->
        // 按鈕被點擊後，顯示訊息為右按鈕的Toast
        Toast.makeText(this,"右按鈕", Toast.LENGTH_SHORT).show()
    }.show()
```

按鈕使用 setPositiveButton()、setNegativeButton()、setNeutralButton() 等方法建立，每個方法皆有兩個參數，第一個為按鈕顯示的文字，第二個則是 DialogInterface 類別中的 OnClickListener 監聽器，開發者可在此撰寫事件觸發後的程式邏輯。由於三個方法的差別是按鈕位置的不同，因此使用時可自行調整按鈕文字與監聽事件，不必侷限於方法名稱。

 含清單的 AlertDialog

列表式 AlertDialog

選項 1

選項 2

選項 3

選項 4

選項 5

圖 6-5　列表式 AlertDialog

```
// 建立要顯示於清單上的文字
val item = arrayOf("選項1", "選項2", "選項3", "選項4", "選項5")
// 建立 AlertDialog 物件
AlertDialog.Builder(this)
    .setTitle("列表式AlertDialog")
    // 設定選項陣列，然後設定點擊監聽器
    .setItems(item) { dialogInterface, i ->
        // 顯示被點擊的項目
        Toast.makeText(this, "你選的是${item[i]}",
            Toast.LENGTH_SHORT).show()
    }.show()
```

清單使用 setItems() 方法來顯示清單項目，第一個參數為字串陣列，第二個參數為 DialogInterface 類別中的 OnClickListener 監聽器，監聽器的第二個參數會回傳被點擊的項目編號（編號依照陣列的順序）。

單選式的 AlertDialog

單選式 AlertDialog

◉ 選項 1

○ 選項 2

○ 選項 3

○ 選項 4

○ 選項 5

確定

圖 6-6　單選式 AlertDialog

```
// 建立要顯示於清單上的文字
val item = arrayOf("選項1", "選項2", "選項3", "選項4", "選項5")
// 宣告變數position,用來記錄選擇的項目
var position = 0
// 建立AlertDialog物件
AlertDialog.Builder(this)
    .setTitle("單選式AlertDialog")
    // 設定選項陣列與預設選擇的位置,然後設定點擊監聽器
    .setSingleChoiceItems(item, 0) { dialogInterface, i ->
        // 記錄被按下的位置
        position = i
    }.setPositiveButton("確定") { dialog, which ->
        // 顯示被點擊的項目
        Toast.makeText(this, "你選的是${item[position]}",
            Toast.LENGTH_SHORT).show()
    }.show()
```

單選清單使用 setSingleChoiceItems() 方法來顯示單選清單項目，第一個參數為字串陣列，第二個參數為預設選取的選項，第三個參數為 DialogInterface 類別中的 OnClick Listener 監聽器，監聽器的第二個參數會回傳被點擊的項目編號（編號依照陣列的順序）。

6.2 實戰演練：訊息提示與互動

本範例實作一個能顯示各種訊息的應用程式，其中包含 Toast、按鈕式 Snackbar、按鈕式 AlertDialog、列表式 AlertDialog 及單選式 AlertDialog，如圖 6-7、6-8、6-9 所示。

- 點選 Toast 按鈕，顯示預設 Toast 訊息。
- 點選 Snackbar 按鈕，顯示按鈕式 Snackbar 訊息。
- 點選 AlertDialog 按鈕，顯示按鈕式、列表式或單選式 AlertDialog。

圖 6-7　提示訊息使用者介面

圖 6-8　預設 Toast（左）及按鈕式 Snackbar（右）

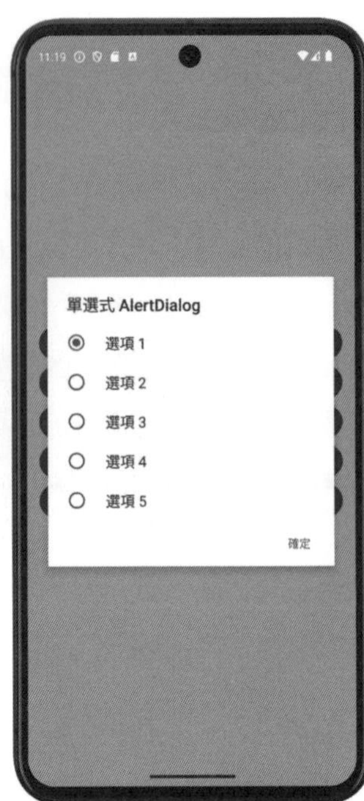

圖 6-9　按鈕式 AlertDialog（左）、列表式 AlertDialog（中）及單選式 AlertDialog（右）

6.2.1　介面設計

STEP 01 建立最低支援版本為「API 24」的新專案，專案架構如圖 6-10 所示。

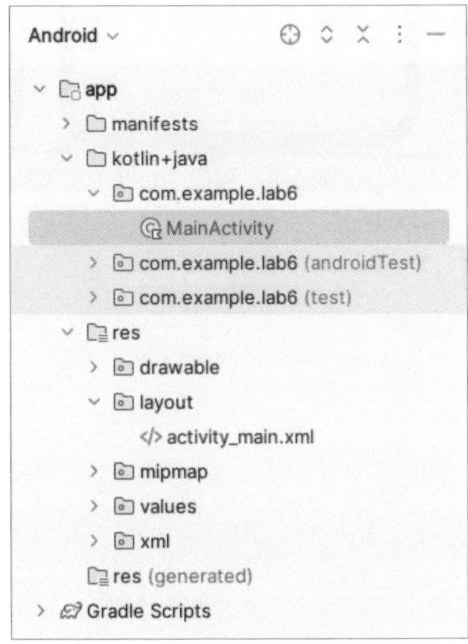

圖 6-10　提示訊息專案架構

STEP 02 繪製 activity_main.xml，如圖 6-11 所示。

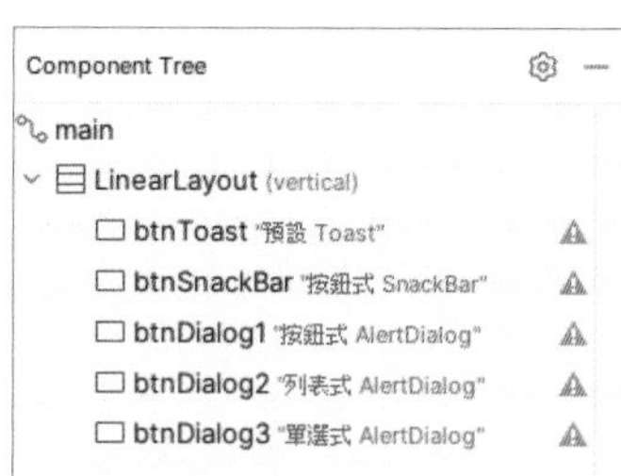

圖 6-11　MainActivity 畫面（左）與元件樹（右）

對應的 XML 如下：

```
<?xml version="1.0" encoding="utf-8"?>
<androidx.constraintlayout.widget.ConstraintLayout
    xmlns:android="http://schemas.android.com/apk/res/android"
    xmlns:app="http://schemas.android.com/apk/res-auto"
    xmlns:tools="http://schemas.android.com/tools"
    android:id="@+id/main"
    android:layout_width="match_parent"
    android:layout_height="match_parent"
    tools:context=".MainActivity">

    <LinearLayout
        android:layout_width="match_parent"
        android:layout_height="wrap_content"
        android:layout_marginHorizontal="16dp"
        android:orientation="vertical"
        app:layout_constraintBottom_toBottomOf="parent"
        app:layout_constraintEnd_toEndOf="parent"
        app:layout_constraintStart_toStartOf="parent"
        app:layout_constraintTop_toTopOf="parent">
```

```
        <Button
            android:id="@+id/btnToast"
            android:layout_width="match_parent"
            android:layout_height="wrap_content"
            android:text="預設 Toast" />

        <Button
            android:id="@+id/btnSnackBar"
            android:layout_width="match_parent"
            android:layout_height="wrap_content"
            android:text="按鈕式 SnackBar" />

        <Button
            android:id="@+id/btnDialog1"
            android:layout_width="match_parent"
            android:layout_height="wrap_content"
            android:text="按鈕式 AlertDialog" />

        <Button
            android:id="@+id/btnDialog2"
            android:layout_width="match_parent"
            android:layout_height="wrap_content"
            android:text="列表式 AlertDialog" />

        <Button
            android:id="@+id/btnDialog3"
            android:layout_width="match_parent"
            android:layout_height="wrap_content"
            android:text="單選式 AlertDialog" />
    </LinearLayout>
</androidx.constraintlayout.widget.ConstraintLayout>
```

6.2.2 程式設計

STEP 01 撰寫 MainActivity 程式，對所有按鈕設定 OnClickListener 監聽器，並建立一個可傳入字串參數的 showToast() 方法，該方法內執行 Toast 的顯示。

```
class MainActivity : AppCompatActivity() {
    override fun onCreate(savedInstanceState: Bundle?) {
        super.onCreate(savedInstanceState)
        enableEdgeToEdge()
```

```
        setContentView(R.layout.activity_main)
        ViewCompat.setOnApplyWindowInsetsListener(findViewById(R.id.main)) { v,
insets ->
            val systemBars = insets.getInsets(WindowInsetsCompat.Type.
systemBars())
            v.setPadding(systemBars.left, systemBars.top, systemBars.right,
systemBars.bottom)
            insets
        }
        // 定義元件變數，並透過 findViewById 取得元件
        val btnToast = findViewById<Button>(R.id.btnToast)
        val btnSnackBar = findViewById<Button>(R.id.btnSnackBar)
        val btnDialog1 = findViewById<Button>(R.id.btnDialog1)
        val btnDialog2 = findViewById<Button>(R.id.btnDialog2)
        val btnDialog3 = findViewById<Button>(R.id.btnDialog3)
        // 建立要顯示在清單上的字串陣列
        val item = arrayOf("選項 1", "選項 2", "選項 3", "選項 4", "選項 5")
        // 設定按鈕的點擊事件
        btnToast.setOnClickListener {
        }
        btnSnackBar.setOnClickListener {
        }
        btnDialog1.setOnClickListener {
        }
        btnDialog2.setOnClickListener {
        }
        btnDialog3.setOnClickListener {
        }
    }
    // 建立 showToast 方法，顯示 Toast 訊息
    private fun showToast(msg: String) {
        Toast.makeText(this, msg, Toast.LENGTH_SHORT).show()
    }
}
```

STEP 02 傳入字串參數給 showToast()，使其顯示 Toast 於螢幕。

```
btnToast.setOnClickListener {
    // 呼叫 showToast 方法，顯示 Toast 訊息
    showToast("預設 Toast")
}
```

預設 Toast

STEP 03 撰寫按鈕式 Snackbar，使用 setAction() 加入回應按鈕。

```
btnSnackBar.setOnClickListener {
    // 建立 Snackbar 物件，並顯示 Snackbar 訊息
    Snackbar.make(it, "按鈕式 Snackbar", Snackbar.LENGTH_SHORT)
        // 設定 Snackbar 按鈕的文字與點擊事件
        .setAction("按鈕") {
            showToast("已回應")
        }.show()
}
```

按鈕式 Snackbar　　按鈕

STEP 04 撰寫按鈕式 AlertDialog，並使用 setNeutralButton()、setNegativeButton()、setPositiveButton() 加入按鈕。

```
btnDialog1.setOnClickListener {
    // 建立 AlertDialog 物件
    AlertDialog.Builder(this)
        // 設定標題
        .setTitle("按鈕式 AlertDialog")
        // 設定內容
        .setMessage("AlertDialog 內容")
        // 設定按鈕文字與點擊事件
        .setNeutralButton("左按鈕") { dialogInterface, which ->
            showToast("左按鈕")
        }.setNegativeButton("中按鈕") { dialogInterface, which ->
            showToast("中按鈕")
        }.setPositiveButton("右按鈕") { dialogInterface, which ->
            showToast("右按鈕")
        }.show()
}
```

按鈕式 AlertDialog

AlertDialog 內容

左按鈕　　中按鈕　右按鈕

STEP 05 撰寫列表式 AlertDialog，使用 setItems() 加入清單列表。

```
btnDialog2.setOnClickListener {
    // 建立AlertDialog物件
    AlertDialog.Builder(this)
        // 設定標題
        .setTitle("列表式 AlertDialog")
        // 設定清單項目及點擊事件
        .setItems(item) { dialogInterface, i ->
            // 顯示Toast訊息
            showToast("你選的是${item[i]}")
        }.show()
}
```

列表式 AlertDialog

選項 1

選項 2

選項 3

選項 4

選項 5

STEP 06 撰寫單選式 AlertDialog，使用 setSingleChoiceItems() 加入單選清單。

```
btnDialog3.setOnClickListener {
    // 宣告變數position用來記錄選擇的項目
    var position = 0
    // 建立AlertDialog物件
    AlertDialog.Builder(this)
        // 設定標題
        .setTitle("單選式 AlertDialog")
        // 設定清單項目及點擊事件，預設選擇第一個項目
        .setSingleChoiceItems(item, 0) { dialogInterface, i ->
            // 更新變數position的值
            position = i
        }.setPositiveButton("確定") { dialog, which ->
            // 顯示Toast訊息
            showToast("你選的是${item[position]}")
```

```
        }.show()
}
```

單選式 AlertDialog

◉ 選項 1

○ 選項 2

○ 選項 3

○ 選項 4

○ 選項 5

確定

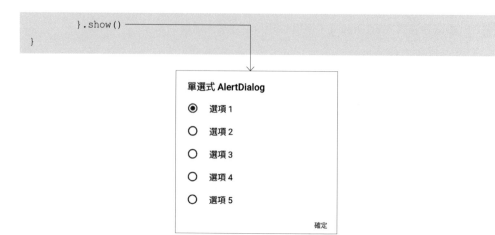

07

清單元件

學習目標

- ❑ 認識 Adapter 與清單元件，以及了解它們之間的關係
- ❑ 使用 ArrayAdapter 及客製化 Adapter
- ❑ 使用 ListView、GridView 及 Spinner 等清單元件

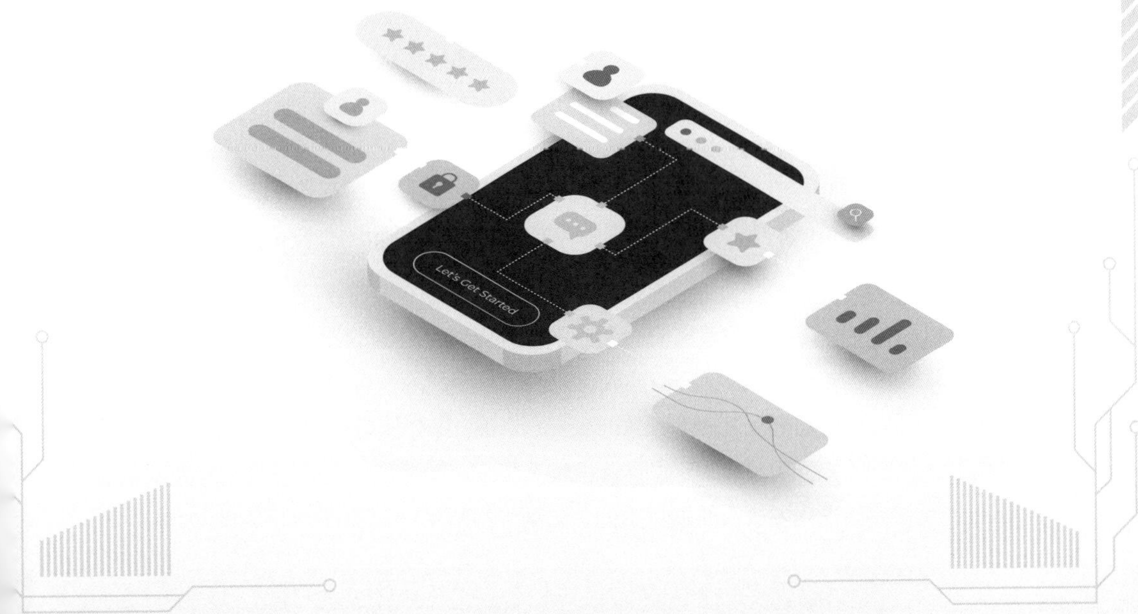

7.1 清單

應用程式經常需要呈現資訊給使用者，若必須顯示大量的資訊時，手機螢幕通常無法完整地顯示所有的內容，此時開發者可以使用「清單元件」處理這樣的情況。

ListView、GridView 及 Spinner 都屬於清單元件，它們藉由收納與滾動的方式，讓使用者查看更多的資訊，例如：影片清單、聊天清單，如圖 7-1 的 iTalkuTalk 應用程式所示。

圖 7-1　影片清單（左）與聊天選單（右）

7.1.1 Adapter 介紹

清單元件使用前，必須給予需要顯示的資料（Data），資料的來源可以由應用程式內部定義，或是從外部獲取，例如：透過網路取得資料。

在應用程式中，資料的處理與清單元件顯示的資訊是分開的操作，只有在清單元件需要顯示資訊的時候，才會將資料轉換成資訊。一筆資訊的內容稱為「項目」（Item），而負責進行轉換動作的調配者就是「Adapter」，Adapter 介於資料與畫面之間，它會為資料產生一個項目畫面（View），並將資訊放入其中。螢幕畫面中的清單元件如同容器，Adapter 會決定容器內要放入的項目畫面，如圖 7-2 所示。

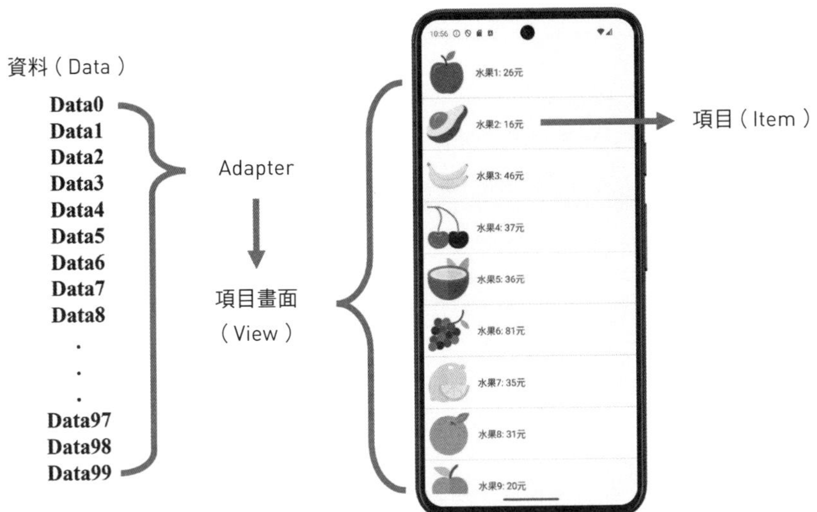

圖 7-2　Adapter 作為資料與清單元件之間的溝通橋梁

以生活化的例子作為比喻，將清單元件視為飯店，項目畫面（View）是飯店房間，資料（Data）是入住飯店的客人，而 Adapter 是飯店的接待人員，當客人要入住前需要先詢問接待人員，而接待人員會安排客人要入住的飯店房間。

7.1.2 Adapter 使用

使用 Adapter 時，必須定義每一筆項目的版面配置（Layout），而 Android SDK（軟體開發工具）本身有提供現成的 Layout 資源，運用這些資源可以實現純文字的清單效果。如圖 7-3 所示，以下使用 ListView 元件以及現成的 Layout 資源來說明如何使用 ArrayAdapter。

圖 7-3　使用現成的 Layout 資源實作純文字的清單效果

```
// Step1：建立資料（Data）集合
val item = arrayListOf("項目1","項目2","項目3","項目4")
// Step2：建立ArrayAdapter物件，並放入項目（Item）的版面配置檔與資料來源
val arrayAdapter = ArrayAdapter(this,
    android.R.layout.simple_list_item_1, item)
// Step3：將ListView的adapter連結ArrayAdapter
listView.adapter = arrayAdapter
// Step4：為ListView設定監聽器，建立項目畫面（View）的點擊事件
listView.setOnItemClickListener { parent, view, position, id ->
    // 顯示被點選的項目
    Toast.makeText(this, "你選的是${item[position]}",
        Toast.LENGTH_SHORT).show()
}
```

STEP 01 建立清單元件所需的文字資料。由於ArrayAdapter需要的資料類別是Array或List類別的集合，所以先定義一個ArrayList類別的字串集合。

STEP 02 建立ArrayAdapter的實體。第一個參數為呼叫對象（通常為this，即Activity本身），第二個參數為項目的Layout，這裡使用Android SDK提供的現成Layout「android.R.layout.simple_list_item_1」，第三個參數為資料。

STEP 03 將ArrayAdapter指派給清單元件。這裡需要把ListView元件的adapter屬性與ArrayAdapter連結。

STEP 04 如果清單元件只用於顯示資訊，而不做其他動作，那只要完成Step3即可，但若要讓清單元件中的資訊能被點選，就需要為它設定監聽器。由於需要被點選的是ListView元件中的項目畫面，而不是ListView元件本身，因此使用OnItemClickListener監聽器，它的觸發事件為清單元件中的項目被點選，OnItemClickListener內的onItemClick()方法的第三個參數（即position）會回傳被點選的項目編號，開發者可根據該編號從資料集合中取出對應的資料。

7.1.3 Adapter客製化

若希望在清單元件中呈現圖文並茂的畫面，那Android SDK所提供的Layout資源就無法滿足開發者的需求，此時開發者必須客製化Adapter，才能實現更多元的畫面，如圖7-4所示，而實作Adapter的客製化有以下三個步驟。

圖 7-4　使用客製化的 Adapter 實作圖文並茂的清單效果

STEP 01 建立清單元件所需的圖片與文字資料。因為一筆資料中有兩種不同類型的資料內容，所以開發者需要設計一個新的類別來定義資料結構，並建立一個 ArrayList 類別的集合，存放用迴圈產生的資料。

```
data class Item(
    // 圖片
    val photo: Int,
    // 名稱
    val name: String
)

// 宣告一個ArrayList，其內部為自行設計的Item類別
val item = ArrayList<Item>()
// 用迴圈產生資料，並放入ArrayList中
for(i in 0 until 10) {
    item.add(Item(i, "水果 ${i+1}"))
}
```

STEP 02 對 layout 目錄按滑鼠右鍵，選擇「New→ Layout Resource File」，建立 Layout 檔並設計承接資料內容的元件。例如：圖片使用 ImageView、文字使用 TextView，如圖 7-5 所示。

圖 7-5　設計一個帶有圖片與文字的 Layout

STEP 03 建立客製化的 Adapter。由於資料結構與 Layout 是自行定義的，所以也需要定義一個新的 Adapter，讓它知道資料該如何分配到 Layout 中，因此建立一個名為 MyAdapter 的類別，並透過物件導向的繼承（Inheritance），使 MyAdapter 繼承 ArrayAdapter，並覆寫（Override）ArrayAdapter 中的 getView() 方法。ArrayAdapter 的方法大多數都已在內部實作，所以開發者可不必覆寫所有的方法，以下會簡述幾個基本的方法，其中最重要的是 getView() 方法。

```
class MyAdapter(
    context: Context,
    private val data: ArrayList<Item>
) : ArrayAdapter<Item>(context, R.layout.adapter_horizontal, data) {
    // 回傳資料集合的數量
    override fun getCount() = data.size
    // 回傳指定位置的資料
    override fun getItem(position: Int) = data[position]
    // 回傳指定位置的資料識別標籤
    override fun getItemId(position: Int) = 0L
    // 回傳指定位置的項目畫面
    override fun getView(
        position: Int,
        convertView: View?,
        parent: ViewGroup
    ): View {
        // 依據傳入的 Layout 建立畫面，若是已經存在則直接使用
        val view = convertView ?: View.inflate(parent.context,
            R.layout.adapter_horizontal, null)
        // 依據 position 取得對應的資料內容
        val item = getItem(position) ?: return view
        // 將圖片指派給 ImageView 呈現
        val imgPhoto = view.findViewById<ImageView>(R.id.imgPhoto)
        imgPhoto.setImageResource(item.photo)
```

```
        // 將訊息指派給 TextView 呈現
        val tvMsg = view.findViewById<TextView>(R.id.tvMsg)
        tvMsg.text = item.name
        // 回傳此項目的畫面
        return view
    }
}
```

- getCount() 會回傳資料數量，通常放入資料集合的總數量。
- getItem(position: Int) 傳入特定位置，回傳此位置的資料內容。
- getItemId(position: Int) 傳入特定位置，回傳此位置資料的識別標籤，識別標籤應具有唯一性，一般情況不需要使用，故此處不修改。
- getView(position: Int, convertView: View?, parent: ViewGroup) 會回傳特定位置的項目畫面，因此在客製化 Adapter 時是最為重要的方法。在這個方法中，開發者要先初始化畫面（即 view），然後將項目編號（即 position）傳入 getItem() 方法，從資料集合中取得此項目編號的資料，並把資料指派給元件呈現，最後回傳此項目的畫面給清單元件顯示，如圖 7-6 所示。

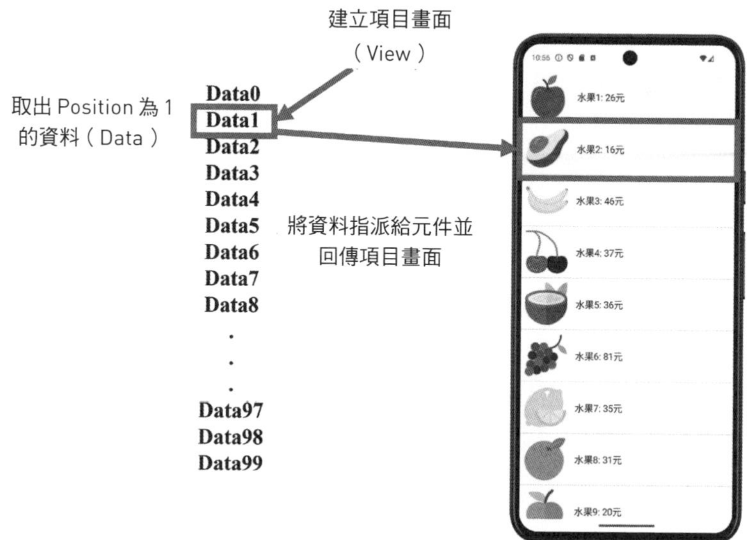

圖 7-6　getView() 方法內所執行的流程

7.1.4 清單元件類型

Android 提供許多清單元件讓開發者選擇，清單元件扮演著容器的角色，它會影響內部項目的排列及呈現方式，而 Adapter 會決定每個項目中資料內容的分配，因此只需要替換不同的清單元件，就可以實現不同的顯示模式。以下介紹 Android 中基本的三種清單元件：

ListView（縱向清單）

ListView 是最基本的清單元件，它可將項目垂直排列。由於大部分的行動裝置都是長比寬高，因此 ListView 能清楚地顯示資訊，如圖 7-7 所示。

圖 7-7 ListView 範例

GridView（格狀清單）

GridView 能將項目以格子狀呈現，並由左至右、由上而下排列。GridView 可使用 numColumns 屬性設定橫向要顯示的欄數，如果未設定則只會顯示一欄，如圖 7-8 所示。

```
// 橫向顯示三欄
gridView.numColumns = 3
```

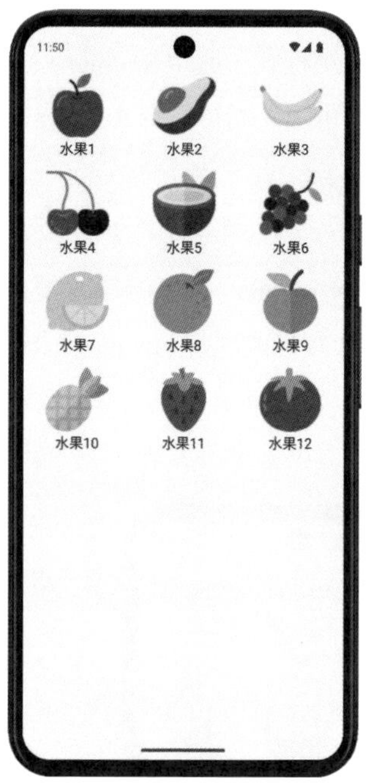

圖 7-8　GridView 範例

Spinner（下拉式選單）

Spinner 一般狀態下僅顯示一個項目的大小，但被點選後會展開縱向的清單讓使用者挑選，如圖 7-9 所示。

圖 7-9　一般狀態下的 Spinner（左）與被點選後展開的縱向清單（右）

7.2 實戰演練：購物清單

本範例實作一個購物清單的應用程式，運用 Spinner、GridView 及 ListView 呈現水果種類及價格資訊，藉此了解各個清單元件的特性及 Adapter 的客製化方式，如圖 7-10 所示。

- ❍ 匯入水果圖片作為清單顯示的素材。
- ❍ 建立兩個新的 Layout 檔，來實作水平與垂直的清單項目畫面。
- ❍ 建立一個新的類別並繼承 ArrayAdapter，來實作客製化 Adapter。
- ❍ 使用 Spinner 搭配 Android SDK 提供的現成 Layout 檔來顯示水果數量。
- ❍ 使用 GridView 搭配垂直排列的 Layout 檔來顯示水果資訊。
- ❍ 使用 ListView 搭配水平排列的 Layout 檔來顯示水果資訊及價格。

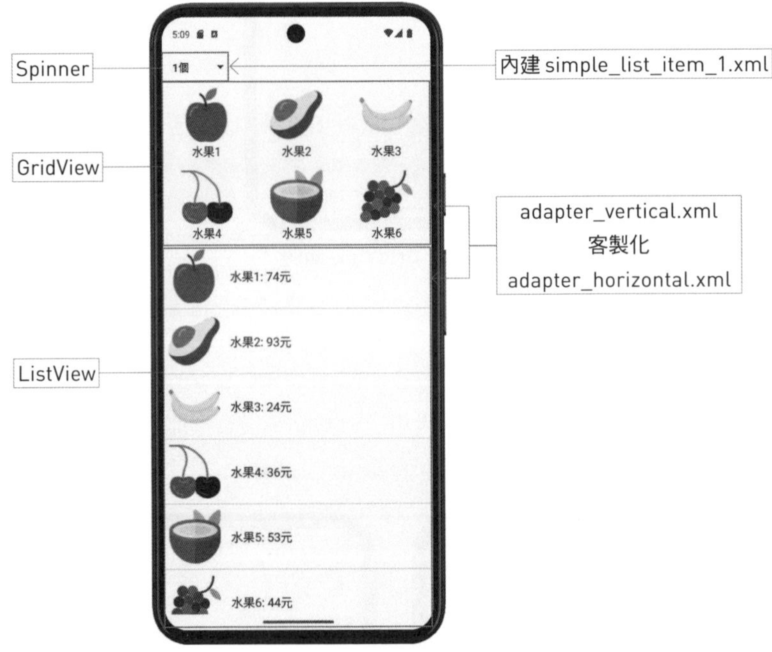

圖 7-10　購物清單使用者介面

7.2.1 介面設計

STEP 01 建立最低支援版本為「API 24」的新專案，並新增如圖 7-11 所示的檔案。圖片可從書附範例專案連結下載，之後將附件的檔案拖曳至 drawable 資料夾中。

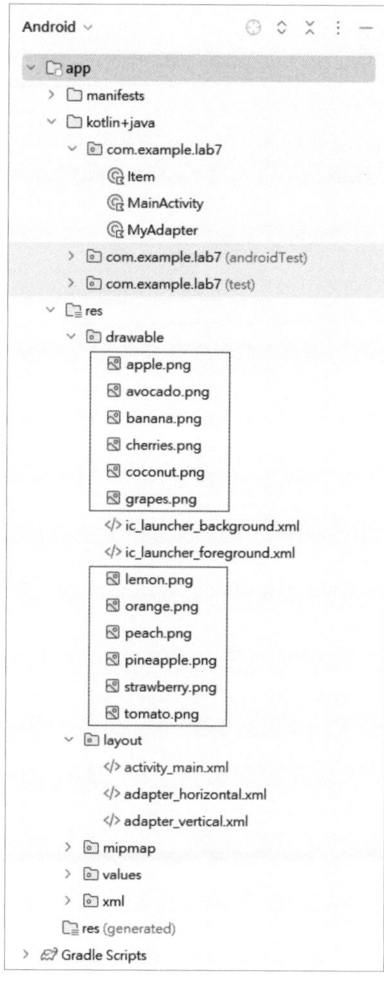

圖 7-11　購物清單專案架構

STEP 02 繪製 adapter_horizontal.xml，顯示客製化的畫面，如圖 7-12 所示。

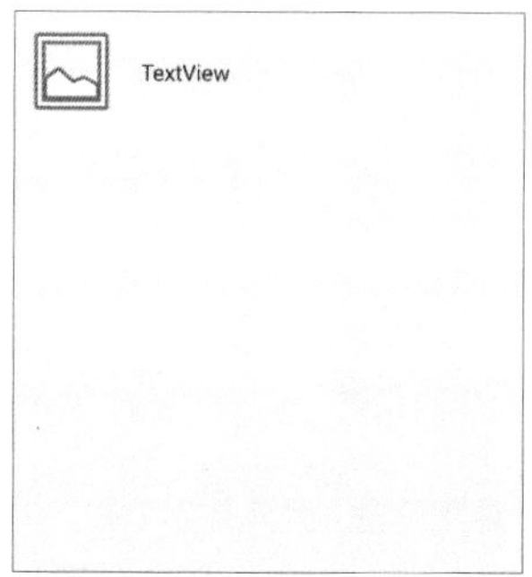

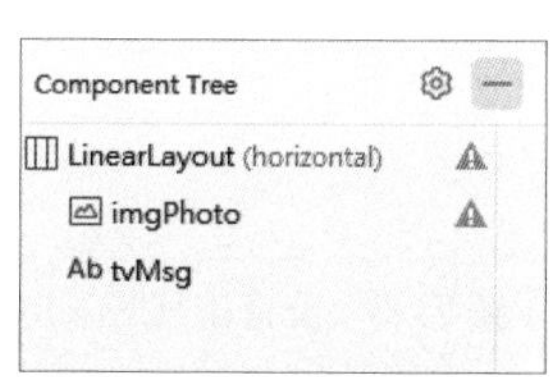

圖 7-12　水平排列的 Adapter 畫面（左）與元件樹（右）

對應的 XML 如下：

```
<?xml version="1.0" encoding="utf-8"?>
<LinearLayout
    xmlns:android="http://schemas.android.com/apk/res/android"
    xmlns:app="http://schemas.android.com/apk/res-auto"
    xmlns:tools="http://schemas.android.com/tools"
    android:layout_width="wrap_content"
    android:layout_height="wrap_content"
    android:orientation="horizontal"
    android:padding="8dp">

    <ImageView
        android:id="@+id/imgPhoto"
        android:layout_width="wrap_content"
        android:layout_height="80dp"
        android:adjustViewBounds="true"
        app:srcCompat="@android:drawable/ic_menu_gallery" />

    <TextView
        android:id="@+id/tvMsg"
        android:layout_width="wrap_content"
        android:layout_height="wrap_content"
        android:layout_gravity="center"
        android:layout_marginStart="16dp"
        android:textSize="18sp"
        tools:text="TextView" />
</LinearLayout>
```

STEP 03 繪製 adapter_vertical.xml，顯示客製化的畫面，如圖 7-13 所示。

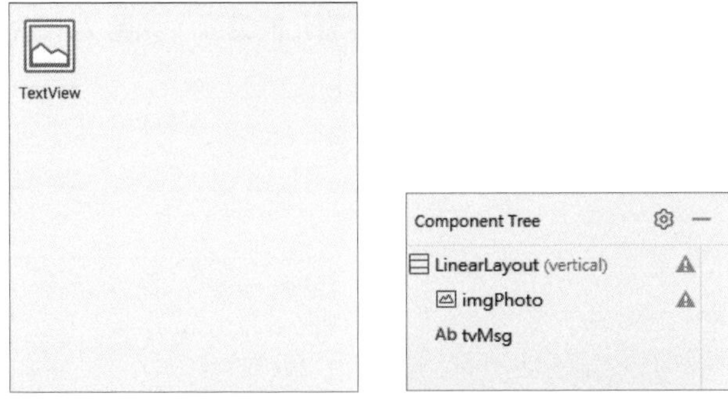

圖 7-13　垂直排列的 Adapter 畫面（左）與元件樹（右）

對應的 XML 如下：

```
<?xml version="1.0" encoding="utf-8"?>
<LinearLayout
    xmlns:android="http://schemas.android.com/apk/res/android"
    xmlns:app="http://schemas.android.com/apk/res-auto"
    xmlns:tools="http://schemas.android.com/tools"
    android:layout_width="wrap_content"
    android:layout_height="wrap_content"
    android:orientation="vertical"
    android:padding="8dp">

    <ImageView
        android:id="@+id/imgPhoto"
        android:layout_width="wrap_content"
        android:layout_height="80dp"
        android:layout_gravity="center"
        android:adjustViewBounds="true"
        app:srcCompat="@android:drawable/ic_menu_gallery" />

    <TextView
        android:id="@+id/tvMsg"
        android:layout_width="wrap_content"
        android:layout_height="wrap_content"
        android:layout_gravity="center"
        android:textSize="18sp"
        tools:text="TextView" />
</LinearLayout>
```

STEP 04 繪製 activity_main.xml，如圖 7-14 所示。

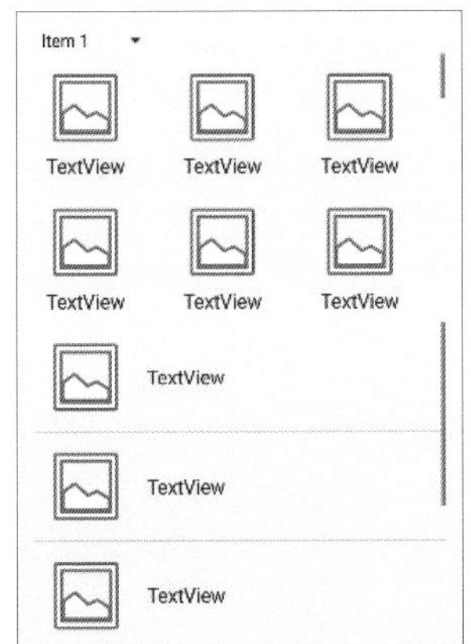

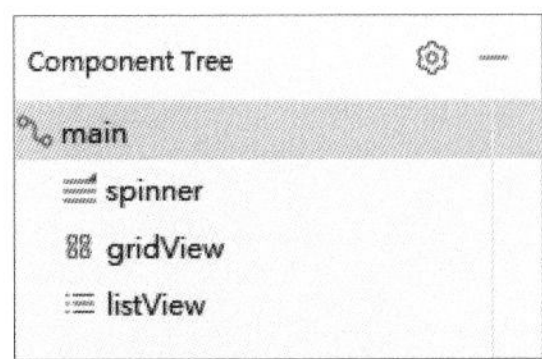

圖 7-14　MainActivity 畫面（左）與元件樹（右）

對應的 XML 如下：

```
<?xml version="1.0" encoding="utf-8"?>
<androidx.constraintlayout.widget.ConstraintLayout
    xmlns:android="http://schemas.android.com/apk/res/android"
    xmlns:app="http://schemas.android.com/apk/res-auto"
    xmlns:tools="http://schemas.android.com/tools"
    android:id="@+id/main"
    android:layout_width="match_parent"
    android:layout_height="match_parent"
    android:padding="16dp"
    tools:context=".MainActivity">

    <Spinner
        android:id="@+id/spinner"
        android:layout_width="wrap_content"
        android:layout_height="48dp"
        app:layout_constraintStart_toStartOf="parent"
        app:layout_constraintTop_toTopOf="parent" />

    <GridView
        android:id="@+id/gridView"
        android:layout_width="match_parent"
        android:layout_height="240dp"
        android:numColumns="3"
        app:layout_constraintTop_toBottomOf="@+id/spinner"
        tools:listitem="@layout/adapter_vertical" />

    <ListView
        android:id="@+id/listView"
        android:layout_width="match_parent"
        android:layout_height="0dp"
        app:layout_constraintBottom_toBottomOf="parent"
        app:layout_constraintTop_toBottomOf="@+id/gridView"
        tools:listitem="@layout/adapter_horizontal" />
</androidx.constraintlayout.widget.ConstraintLayout>
```

7.2.2 程式設計

STEP 01 首先需要產生新的 Kotlin 檔案作為資料類別。對程式檔目錄按滑鼠右鍵，選擇「New → Kotlin Class/File」，如圖 7-15 所示。

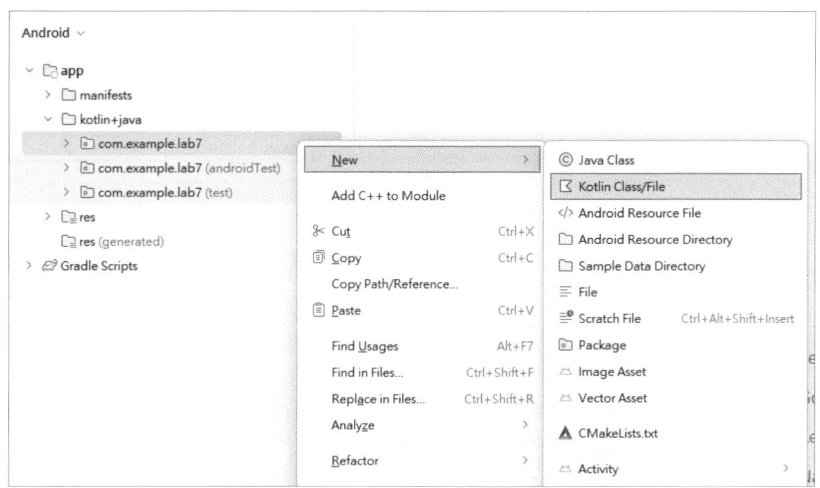

圖 7-15 建立 Kotlin 類別

STEP 02 在視窗中輸入檔案的名稱與類型，建立一個名為「Item」的資料類別檔案，並按下 Enter 鍵，如圖 7-16 所示。

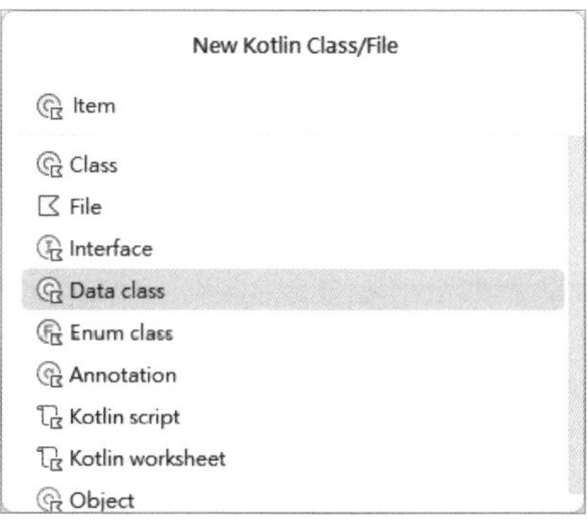

圖 7-16 建立新的資料類別檔

STEP 03 開啟 Item 檔，並建立一個新的資料類別，裡面包含圖片、名稱及價格。

```
// 設計新的類別定義水果的資料結構
data class Item(
```

```
    // 圖片
    val photo: Int,
    // 名稱
    val name: String,
    // 價格
    val price: Int)
```

說 明 在 Kotlin 中，data class 是用於建立資料型態的類別，它會自動生成一些有用的方法，如 equals()、hashCode()、toString() 及 copy() 等，讓開發者能夠更簡單地定義和使用資料類別。

STEP 04 建立 MyAdapter 檔，使其繼承 ArrayAdapter，並撰寫客製化程式碼。

```
class MyAdapter(
    context: Context,
    data: List<Item>,
    private val layout: Int) : ArrayAdapter<Item>(context, layout, data) {
    override fun getView(
        position: Int,
        convertView: View?,
        parent: ViewGroup
    ): View {
        // 依據傳入的 Layout 建立畫面，若是已經存在則直接使用
        val view = convertView ?: View.inflate(parent.context, layout, null)
        // 依據 position 取得對應的資料內容
        val item = getItem(position) ?: return view
        // 將圖片指派給 ImageView 呈現
        val imgPhoto = view.findViewById<ImageView>(R.id.imgPhoto)
        imgPhoto.setImageResource(item.photo)
        // 將訊息指派給 TextView 呈現，若是垂直排列則為名稱，否則為名稱及價格
        val tvMsg = view.findViewById<TextView>(R.id.tvMsg)
        tvMsg.text = if (layout == R.layout.adapter_vertical) {
            item.name
        } else {
            "${item.name}: ${item.price}元"
        }
        // 回傳此項目的畫面
        return view
    }
}
```

水果1

水果1: 32元

STEP 05 開啟 values 的 strings.xml 檔，建立一個名為「image_list」的整數陣列，將 drawable 裡的水果圖檔加入陣列中，如圖 7-17 所示。

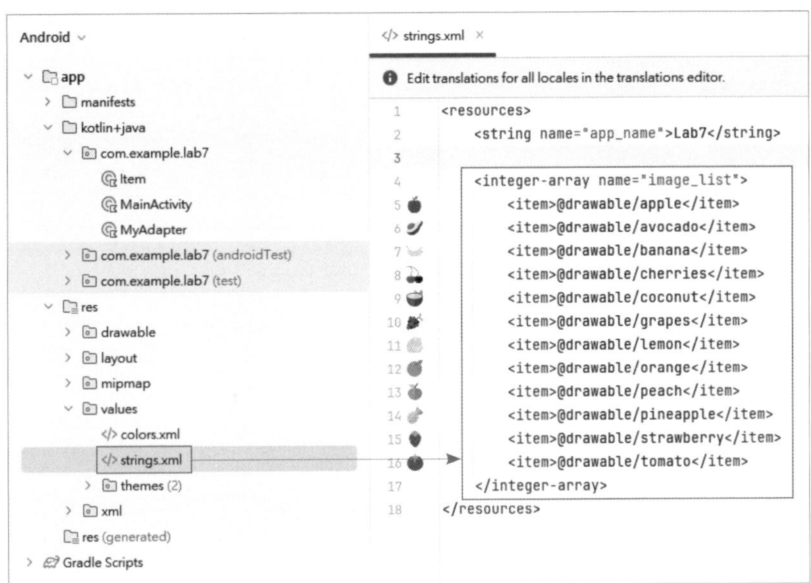

圖 7-17　建立圖檔資源陣列

STEP 06 撰寫 MainActivity 程式，建立購買數量資訊、水果資訊及價格範圍，並透過 ArrayAdapter 與 Android SDK 提供的 simple_list_item_1，將購買數量顯示於 Spinner，而水果資訊與價格則使用 MyAdapter 與自定義的 Layout，顯示於 GridView 與 ListView。

```
class MainActivity : AppCompatActivity() {
    override fun onCreate(savedInstanceState: Bundle?) {
        super.onCreate(savedInstanceState)
        enableEdgeToEdge()
        setContentView(R.layout.activity_main)
        ViewCompat.setOnApplyWindowInsetsListener(findViewById(R.id.main)) { v,
insets ->
            val systemBars = insets.getInsets(WindowInsetsCompat.Type.
systemBars())
            v.setPadding(systemBars.left, systemBars.top, systemBars.right,
systemBars.bottom)
            insets
        }
        // 宣告元件
```

```
        val spinner = findViewById<Spinner>(R.id.spinner)
        val listView = findViewById<ListView>(R.id.listView)
        val gridView = findViewById<GridView>(R.id.gridView)
        // 儲存購買數量資訊
        val count = ArrayList<String>()
        // 儲存水果資訊
        val item = ArrayList<Item>()
        // 建立價格範圍
        val priceRange = IntRange(10, 100)
        // 從R類別讀取圖檔
        val array = resources.obtainTypedArray(R.array.image_list)
        for(index in 0 until array.length()) {
            // 水果圖片Id
            val photo = array.getResourceId(index,0)
            // 水果名稱
            val name = "水果${index+1}"
            // 亂數產生價格
            val price = priceRange.random()
            // 新增可購買數量資訊
            count.add("${index+1}個")
            // 新增水果資訊
            item.add(Item(photo, name, price))
        }
        // 釋放圖檔資源
        array.recycle()
        // 建立ArrayAdapter物件，並傳入字串與simple_list_item_1.xml
        spinner.adapter = ArrayAdapter(this,
            android.R.layout.simple_list_item_1, count)
        // 設定橫向顯示列數
        gridView.numColumns = 3
        // 建立MyAdapter物件，並傳入adapter_vertical作為畫面
        gridView.adapter = MyAdapter(this, item, R.layout.adapter_vertical)
        // 建立MyAdapter物件，並傳入adapter_horizontal作為畫面
        listView.adapter = MyAdapter(this, item, R.layout.adapter_horizontal)
    }
}
```

08

進階清單元件

學習目標

- ❏ 認識 ViewHolder
- ❏ 了解 Adapter 與 ViewHolder 之間的關係
- ❏ 使用 RecyclerView 清單元件與 RecyclerView.ViewHolder

8.1 View的重複利用

第7章學會了如何使用Android中的清單元件，清單元件透過Adapter為每個項目建立項目畫面（View），並以收納與滾動的方式呈現大量的資訊，如圖8-1所示，但也正因每個項目都有一個新的View，所以項目越多，產生的View也會越多，而裝置的內部儲存空間會被這些View占據，進而影響整體效能，最終導致應用程式使用時不流暢，而開發者可以使用「ViewHolder」，重複利用View來解決此問題。

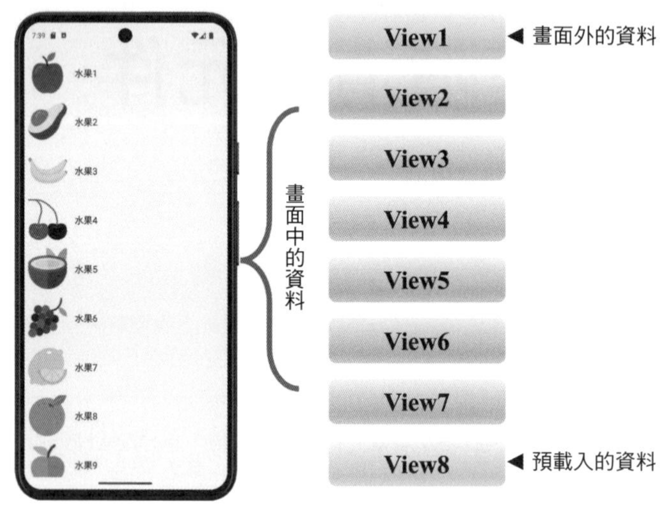

圖8-1　清單元件中的View實體

8.1.1 ViewHolder介紹

ViewHolder是一種設計方法，透過設計一個新的類別來儲存View中的所有元件，並僅生成畫面中可呈現的數量的View實體，將資訊進行替換，以實現重複利用，使得Adapter在更新畫面時，不必建立新的View實體。

由於清單元件中的項目View是由Adapter生成，所以ViewHolder的設計會在Adapter內進行，我們在說明ViewHolder的原理之前，先了解Adapter生成View的流程非常重要。當螢幕需要呈現清單元件時，系統會計算清單元件可容納的項目數量，並自動呼叫getView()方法，來取得每個項目位置的View，最後顯示於清單元件中。當使用者進行滾動操作時，下一個即將進入清單元件的項目會再次呼叫getView()方法來生成新的View，然而這樣的流程容易導致效能不佳。

ViewHolder 的設計邏輯是將滾動後生成的新 View 視為冗餘，清單元件顯示於螢幕的項目數量等於 View 的數量，因此只需要把即將離開清單元件的 View，作為下一個即將進入清單元件的 View 的容器，並將其內容替換成下一筆項目的資料，從而避免生成新的 View，這樣的設計被稱為「畫面複用」。

如圖 8-2 所示，當 View1 離開畫面後，將 View1 的內容替換成原本 View8 要顯示的內容，使其作為下一個項目呈現於清單元件。

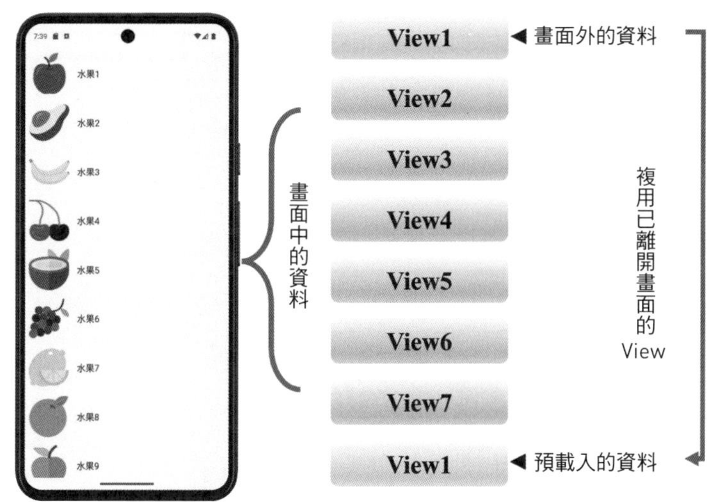

圖 8-2　ViewHolder 運作示意圖

以生活化的例子作為比喻，飯店有 1 萬組客人要入住，但礙於成本考量，不太可能準備 1 萬間房間，而是提供現有的房間讓客人入住，並等待客人退房後，再安排新客人入住。

8.1.2　使用 ViewHolder

以下使用第 7 章的實戰演練為例，在 MyAdapter 類別加入 ViewHolder。

STEP 01 建立一個 ViewHolder 類別，裡面存放項目畫面的元件。

```
class ViewHolder(v: View) {
    // 連結畫面中的元件
    val imgPhoto: ImageView = v.findViewById(R.id.imgPhoto)
    val tvMsg: TextView = v.findViewById(R.id.tvMsg)
}
```

STEP 02 改寫 getView() 方法，實現畫面複用的機制。

```
override fun getView(
    position: Int,
    convertView: View?,
    parent: ViewGroup
): View {
    // 宣告變數view及holder
    val view: View
    val holder: ViewHolder
    // 如果convertView為null，則需要重新建立畫面
    if (convertView == null) {
        view = View.inflate(context, layout, null)
        holder = ViewHolder(view)
        // 將新holder指派給view的標籤
        view.tag = holder
    } else {
        // 將舊的convertView指派給目前的view
        view = convertView
        // 接著直接從標籤取得holder
        holder = view.tag as ViewHolder
    }
    // 依據position取得對應的資料內容
    val item = getItem(position) ?: return view
    // 將圖片指派給ImageView呈現
    holder.imgPhoto.setImageResource(item.photo)
    // 將訊息指派給TextView呈現，若是垂直排列則為名稱，否則為名稱及價格
    holder.tvMsg.text = if (layout == R.layout.adapter_vertical) {
        item.name
    } else {
        "${item.name}: ${item.price}元"
    }
    // 回傳此項目的畫面
    return view
}
```

8.1.3 RecyclerView

RecyclerView 是進階版的清單元件，它的出現取代了基本的 ListView 與 GridView，不只是因為 RecyclerView 擁有多元的呈現樣貌，而是它強制開發者實作 ViewHolder 類別，以實現畫面複用的機制。

指派給 RecyclerView 的 Adapter 必須繼承自 RecyclerView.Adapter 類別，並且 Adapter 中的 ViewHolder 必須繼承自 RecyclerView.ViewHolder 類別。Adapter 內需要實作 onCreateViewHolder() 和 onBindViewHolder() 等方法，以執行畫面複用機制，以下說明如何使用 RecyclerView。

STEP 01 客製化 Adapter 與 ViewHolder。MyAdapter 須繼承 RecyclerView.Adapter 類別，並建立 ViewHolder 繼承自 RecyclerView.ViewHolder 類別。

```
class MyAdapter(
    private val data: List<Item>,
    private val layout: Int
) : RecyclerView.Adapter<MyAdapter.MyViewHolder>() {
    // 實作 RecyclerView.ViewHolder 來儲存 View
    class MyViewHolder(
        v: View
    ) : RecyclerView.ViewHolder(v) {
        // 儲存 View 元件
        private val imgPhoto: ImageView = v.findViewById(R.id.imgPhoto)
        private val tvMsg: TextView = v.findViewById(R.id.tvMsg)
        // 連結資料與 View
        fun bind(item: Item) {
            imgPhoto.setImageResource(item.photo)
            tvMsg.text = item.name
        }
    }
    // 建立 ViewHolder 與 Layout 並連結彼此
    override fun onCreateViewHolder(parent: ViewGroup, viewType: Int):
MyViewHolder {
        val view = LayoutInflater.from(parent.context)
            .inflate(layout, parent, false)
        return MyViewHolder(view)
    }
    // 回傳資料數量
    override fun getItemCount(): Int = data.size
    // 將資料指派給 ViewHolder 顯示
    override fun onBindViewHolder(holder: MyViewHolder, position: Int) {
        holder.bind(data[position])
    }
}
```

STEP 02 設定排列方式與方向。RecyclerView 的排列方式由 LayoutManager 決定，最常見的是使用 LinearLayoutManager 與 GridLayoutManager 呈現 ListView 與 GridView 的效果，並用 LayoutManager 的 orientation 屬性決定方向。

```
// 建立 LinearLayoutManager 物件
val linearLayoutManager = LinearLayoutManager(this)
// 設定清單的排列方向
linearLayoutManager.orientation = LinearLayoutManager.VERTICAL
// 連結 LinearLayoutManager
recyclerView.layoutManager = linearLayoutManager
// 連結 Adapter
recyclerView.adapter = MyAdapter(item, R.layout.adapter_horizontal)
// 建立 GridLayoutManager 物件，並設定每欄的數量
val gridLayoutManager = GridLayoutManager(this, 3)
// 設定清單的排列方向
gridLayoutManager.orientation = GridLayoutManager.VERTICAL
// 連結 GridLayoutManager
recyclerView.layoutManager = gridLayoutManager
// 連結 Adapter
recyclerView.adapter = MyAdapter(item, R.layout.adapter_vertical)
```

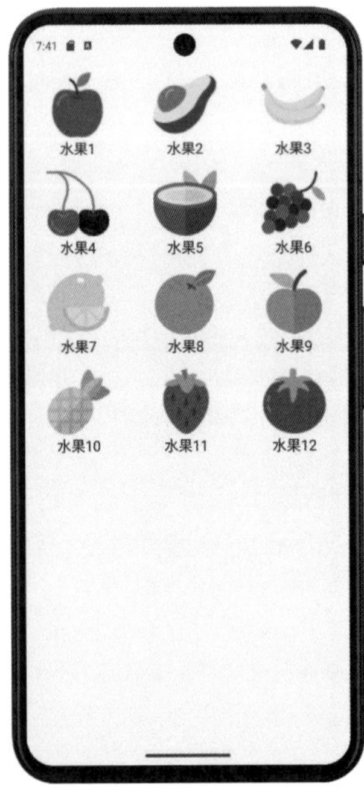

圖 8-3　LinearLayoutManager（左）與 GridLayoutManager（右）

8.2 實戰演練：通訊錄

本範例實作一個通訊錄的應用程式，運用 RecyclerView 呈現通訊錄資訊，藉此了解 RecyclerView 的使用方式及畫面複用的機制，如圖 8-4 所示。

- ❍ 使用 Android SDK 提供的圖片作為清單顯示的素材。
- ❍ 建立一個新的 Layout 檔實作聯絡人的清單項目畫面。
- ❍ 建立一個新的類別並繼承 RecyclerView.Adapter，來實作客製化 Adapter。
- ❍ 使用 RecyclerView 搭配聯絡人的 Layout 檔，來顯示聯絡人資訊。
- ❍ 運用第 4 章所學的 Bundle 與 setResult() 傳遞聯絡人資料。
- ❍ 點選「×」按鈕可移除聯絡人，點選「新增聯絡人」按鈕進行資料輸入。

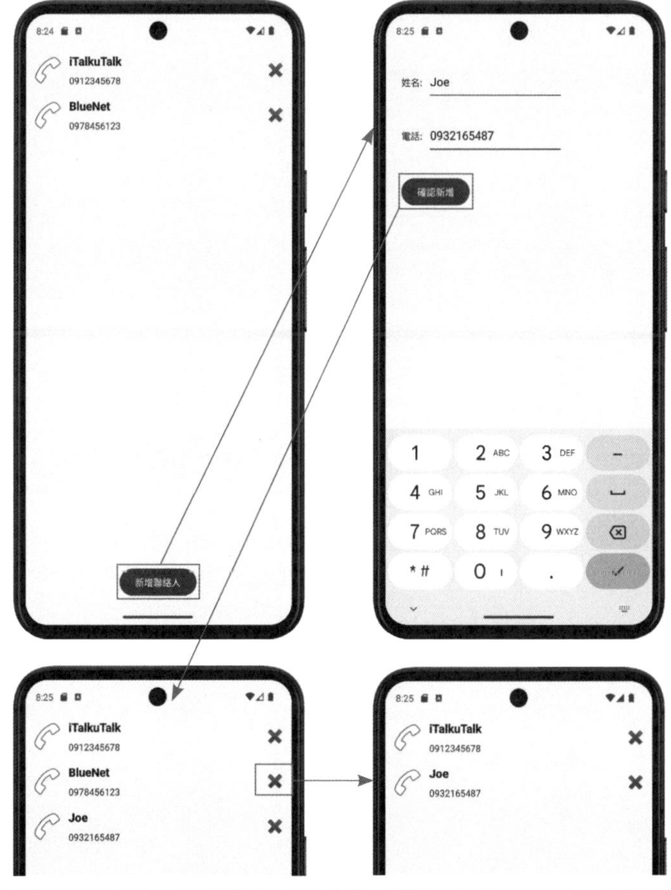

圖 8-4　聯絡人清單（左上）、新增聯絡人（右上）、聯絡人清單（左下）、刪除聯絡人（右下）

8.2.1 介面設計

STEP 01 建立最低支援版本為「API 24」的新專案，並新增如圖 8-5 所示的檔案。其中，Contact 為資料類別。

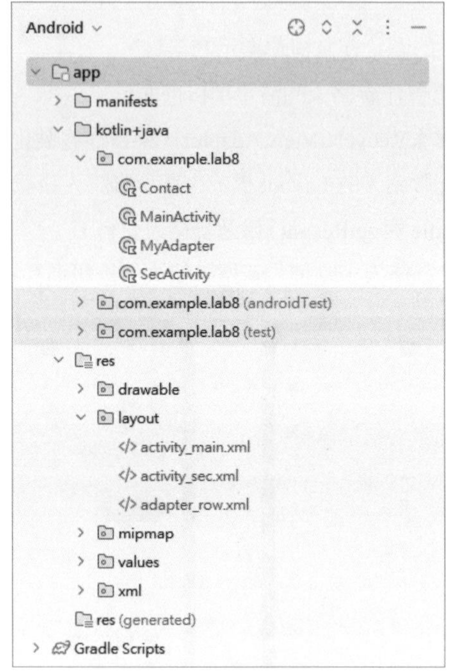

圖 8-5　通訊錄專案架構

STEP 02 繪製 adapter_row.xml，客製化聯絡人清單項目，如圖 8-6 所示。

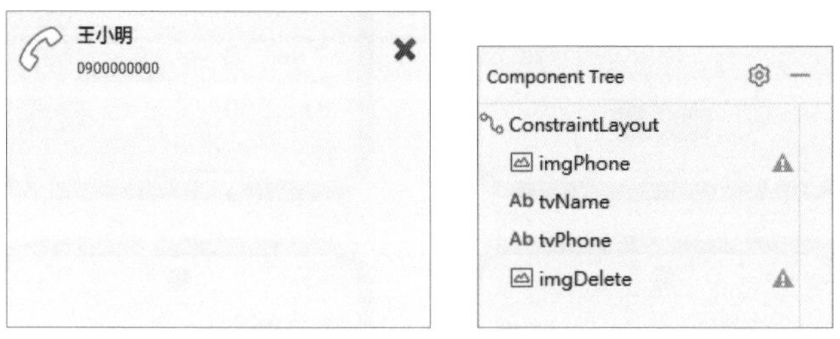

圖 8-6　聯絡人清單項目畫面（左）與元件樹（右）

對應的 XML 如下：

```
<?xml version="1.0" encoding="utf-8"?>
<androidx.constraintlayout.widget.ConstraintLayout
```

```
xmlns:android="http://schemas.android.com/apk/res/android"
xmlns:app="http://schemas.android.com/apk/res-auto"
xmlns:tools="http://schemas.android.com/tools"
android:layout_width="match_parent"
android:layout_height="wrap_content">

<ImageView
    android:id="@+id/imgPhone"
    android:layout_width="0dp"
    android:layout_height="0dp"
    android:layout_marginStart="8dp"
    app:layout_constraintBottom_toBottomOf="@+id/tvPhone"
    app:layout_constraintDimensionRatio="1:1"
    app:layout_constraintStart_toStartOf="parent"
    app:layout_constraintTop_toTopOf="@+id/tvName"
    app:srcCompat="@android:drawable/ic_menu_call" />

<TextView
    android:id="@+id/tvName"
    android:layout_width="0dp"
    android:layout_height="wrap_content"
    android:layout_marginStart="8dp"
    android:layout_marginTop="8dp"
    android:textSize="18sp"
    android:textStyle="bold"
    app:layout_constraintStart_toEndOf="@+id/imgPhone"
    app:layout_constraintTop_toTopOf="parent"
    tools:text="王小明" />

<TextView
    android:id="@+id/tvPhone"
    android:layout_width="0dp"
    android:layout_height="wrap_content"
    android:layout_marginVertical="8dp"
    android:layout_marginStart="8dp"
    app:layout_constraintBottom_toBottomOf="parent"
    app:layout_constraintStart_toEndOf="@+id/imgPhone"
    app:layout_constraintTop_toBottomOf="@+id/tvName"
    tools:text="0900000000" />

<ImageView
    android:id="@+id/imgDelete"
```

```
        android:layout_width="35dp"
        android:layout_height="35dp"
        android:layout_marginVertical="8dp"
        android:layout_marginEnd="8dp"
        app:layout_constraintBottom_toBottomOf="@+id/tvPhone"
        app:layout_constraintEnd_toEndOf="parent"
        app:layout_constraintTop_toTopOf="@+id/tvName"
        app:srcCompat="@android:drawable/ic_delete" />
</androidx.constraintlayout.widget.ConstraintLayout>
```

STEP 03 繪製 activity_main.xml，如圖 8-7 所示。

圖 8-7　聯絡人清單畫面（左）與元件樹（右）

對應的 XML 如下：

```
<?xml version="1.0" encoding="utf-8"?>
<androidx.constraintlayout.widget.ConstraintLayout
    xmlns:android="http://schemas.android.com/apk/res/android"
    xmlns:app="http://schemas.android.com/apk/res-auto"
    xmlns:tools="http://schemas.android.com/tools"
    android:id="@+id/main"
    android:layout_width="match_parent"
    android:layout_height="match_parent"
    tools:context=".MainActivity">
```

```
    <androidx.recyclerview.widget.RecyclerView
        android:id="@+id/recyclerView"
        android:layout_width="match_parent"
        android:layout_height="0dp"
        app:layout_constraintBottom_toTopOf="@+id/btnAdd"
        app:layout_constraintTop_toTopOf="parent"
        tools:listitem="@layout/adapter_row" />

    <Button
        android:id="@+id/btnAdd"
        android:layout_width="wrap_content"
        android:layout_height="wrap_content"
        android:layout_margin="16dp"
        android:text="新增聯絡人"
        app:layout_constraintBottom_toBottomOf="parent"
        app:layout_constraintEnd_toEndOf="parent"
        app:layout_constraintStart_toStartOf="parent" />
</androidx.constraintlayout.widget.ConstraintLayout>
```

STEP 04 繪製 activity_sec.xml，製作新增聯絡人頁面，如圖 8-8 所示。

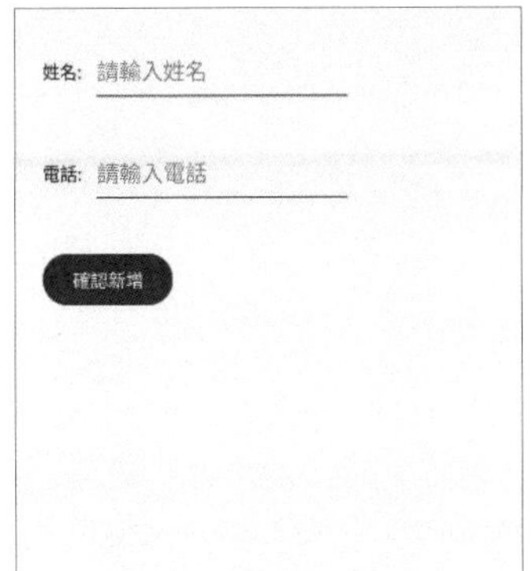

圖 8-8　新增聯絡人畫面（左）與元件樹（右）

對應的 XML 如下：

```
<?xml version="1.0" encoding="utf-8"?>
<androidx.constraintlayout.widget.ConstraintLayout
    xmlns:android="http://schemas.android.com/apk/res/android"
    xmlns:app="http://schemas.android.com/apk/res-auto"
    xmlns:tools="http://schemas.android.com/tools"
    android:id="@+id/main"
```

```
android:layout_width="match_parent"
android:layout_height="match_parent"
tools:context=".SecActivity">

<TextView
    android:id="@+id/tvName"
    android:layout_width="wrap_content"
    android:layout_height="wrap_content"
    android:layout_marginStart="24dp"
    android:text="姓名："
    app:layout_constraintBottom_toBottomOf="@+id/edName"
    app:layout_constraintStart_toStartOf="parent"
    app:layout_constraintTop_toTopOf="@+id/edName" />

<EditText
    android:id="@+id/edName"
    android:layout_width="wrap_content"
    android:layout_height="56dp"
    android:layout_marginStart="8dp"
    android:layout_marginTop="24dp"
    android:ems="10"
    android:hint="請輸入姓名"
    android:inputType="textPersonName"
    app:layout_constraintStart_toEndOf="@+id/tvName"
    app:layout_constraintTop_toTopOf="parent" />

<TextView
    android:id="@+id/tvPhone"
    android:layout_width="wrap_content"
    android:layout_height="wrap_content"
    android:text="電話："
    app:layout_constraintBottom_toBottomOf="@+id/edPhone"
    app:layout_constraintStart_toStartOf="@+id/tvName"
    app:layout_constraintTop_toTopOf="@+id/edPhone" />

<EditText
    android:id="@+id/edPhone"
    android:layout_width="wrap_content"
    android:layout_height="56dp"
    android:layout_marginStart="8dp"
    android:layout_marginTop="24dp"
    android:ems="10"
```

```
        android:hint=" 請輸入電話 "
        android:inputType="phone"
        app:layout_constraintStart_toEndOf="@+id/tvPhone"
        app:layout_constraintTop_toBottomOf="@+id/edName" />

    <Button
        android:id="@+id/btnSend"
        android:layout_width="wrap_content"
        android:layout_height="wrap_content"
        android:layout_marginTop="32dp"
        android:text=" 確認新增 "
        app:layout_constraintStart_toStartOf="@+id/tvPhone"
        app:layout_constraintTop_toBottomOf="@+id/edPhone" />
</androidx.constraintlayout.widget.ConstraintLayout>
```

8.2.2 程式設計

STEP 01 開啟 Contact 檔，建立一個新的資料類別，裡面包含姓名及電話。

```
// 設計新的類別來定義聯絡人的資料結構
data class Contact (
    // 姓名
    val name: String,
    // 電話
    val phone: String
)
```

STEP 02 開啟 MyAdapter 檔，使其繼承 RecyclerView.Adapter，並建立 ViewHolder 類別，使其繼承 RecyclerView.ViewHolder，並撰寫客製化程式碼。

```
class MyAdapter(
    private val data: ArrayList<Contact>
) : RecyclerView.Adapter<MyAdapter.ViewHolder>() {
    // 實作 RecyclerView.ViewHolder 來儲存 View
    class ViewHolder(v: View): RecyclerView.ViewHolder(v) {
        // 儲存 View 元件
        private val tvName: TextView = v.findViewById(R.id.tvName)
        private val tvPhone: TextView = v.findViewById(R.id.tvPhone)
        private val imgDelete: ImageView = v.findViewById(R.id.imgDelete)
        // 連結資料與 View
        fun bind(item: Contact, clickListener: (Contact) -> Unit) {
```

```
            tvName.text = item.name
            tvPhone.text = item.phone
            // 設定監聽器
            imgDelete.setOnClickListener {
                // 呼叫 clickListener 回傳刪除的資料
                clickListener.invoke(item)
            }
        }
    }
    // 建立 ViewHolder 與 Layout 並連結彼此
    override fun onCreateViewHolder(viewGroup: ViewGroup, position: Int):
ViewHolder {
        val v = LayoutInflater.from(viewGroup.context)
            .inflate(R.layout.adapter_row, viewGroup, false)
        return ViewHolder(v)
    }
    // 回傳資料數量
    override fun getItemCount() = data.size
    // 將資料指派給 ViewHolder 顯示
    override fun onBindViewHolder(holder: ViewHolder, position: Int) {
        holder.bind(data[position]) { item ->
            // 使用 remove() 刪除指定的資料
            data.remove(item)
            notifyDataSetChanged()
        }
    }
}
```


STEP 03 撰寫 MainActivity 程式，初始化聯絡人清單，並宣告 ActivityResultLauncher 來啟動 SecActivity 與接收新的聯絡人資料。

```
class MainActivity : AppCompatActivity() {
    // 宣告 MyAdapter 物件，使用 lateinit 關鍵字來延遲初始化
    private lateinit var myAdapter: MyAdapter
    // 宣告 contacts 陣列，表示聯絡人資料
    private val contacts = ArrayList<Contact>()

    // 宣告 ActivityResultLauncher。
    // 內部負責處理 SecActivity 回傳結果
    private val startForResult = registerForActivityResult(
        ActivityResultContracts.StartActivityForResult()
    ) { result: ActivityResult ->
```

```
        if (result.resultCode == Activity.RESULT_OK) {
            // 取得回傳的 Intent，並從 Intent 中取得聯絡人資訊
            val intent = result.data
            val name = intent?.getStringExtra("name") ?: ""
            val phone = intent?.getStringExtra("phone") ?: ""
            // 新增聯絡人資料
            contacts.add(Contact(name, phone))
            // 更新清單
            myAdapter.notifyDataSetChanged()
        }
    }

    override fun onCreate(savedInstanceState: Bundle?) {
        super.onCreate(savedInstanceState)
        enableEdgeToEdge()
        setContentView(R.layout.activity_main)
        ViewCompat.setOnApplyWindowInsetsListener(findViewById(R.id.main)) { v,
insets ->
            val systemBars = insets.getInsets(WindowInsetsCompat.Type.
systemBars())
            v.setPadding(systemBars.left, systemBars.top, systemBars.right,
systemBars.bottom)
            insets
        }
        // 宣告元件變數並使用 findViewByID 方法取得元件
        val recyclerView = findViewById<RecyclerView>(R.id.recyclerView)
        val btnAdd = findViewById<Button>(R.id.btnAdd)
        // 建立 LinearLayoutManager 物件，設定垂直排列
        val linearLayoutManager = LinearLayoutManager(this)
        linearLayoutManager.orientation = LinearLayoutManager.VERTICAL
        recyclerView.layoutManager = linearLayoutManager
        // 建立 MyAdapter 並連結 recyclerView
        myAdapter = MyAdapter(contacts)
        recyclerView.adapter = myAdapter
        // 設定按鈕監聽器，使用 startForResult 前往 SecActivity
        btnAdd.setOnClickListener {
            val i = Intent(this, SecActivity::class.java)
            startForResult.launch(i)
        }
    }
}
```

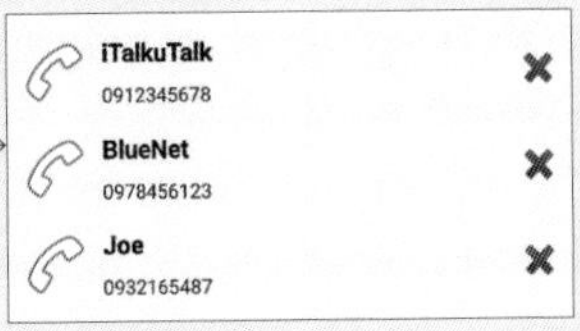

STEP 04 撰寫 SecActivity 程式，加入按鈕監聽器，並判斷使用者是否輸入資料。

```
class SecActivity : AppCompatActivity() {
    override fun onCreate(savedInstanceState: Bundle?) {
        super.onCreate(savedInstanceState)
        enableEdgeToEdge()
        setContentView(R.layout.activity_sec)
        ViewCompat.setOnApplyWindowInsetsListener(findViewById(R.id.main)) { v,
insets ->
            val systemBars = insets.getInsets(WindowInsetsCompat.Type.
systemBars())
            v.setPadding(systemBars.left, systemBars.top, systemBars.right,
systemBars.bottom)
            insets
        }
        // 宣告元件變數並使用 findViewByID 方法取得元件
        val edName = findViewById<EditText>(R.id.edName)
        val edPhone = findViewById<EditText>(R.id.edPhone)
        val btnSend = findViewById<Button>(R.id.btnSend)

        // 設定按鈕監聽器，取得輸入的姓名與電話
        btnSend.setOnClickListener {
            // 判斷是否輸入資料
            when {
                edName.text.isEmpty() -> showToast("請輸入姓名")
                edPhone.text.isEmpty() -> showToast("請輸入電話")
                else -> {
                    val b = Bundle()
                    b.putString("name", edName.text.toString())
                    b.putString("phone", edPhone.text.toString())
                    // 使用 setResult() 回傳聯絡人資料
                    setResult(Activity.RESULT_OK, Intent().putExtras(b))
                    finish()
                }
            }
        }
    }

    // 建立 showToast 方法顯示 Toast 訊息
    private fun showToast(msg: String) {
        Toast.makeText(this, msg, Toast.LENGTH_SHORT).show()
    }
}
```

09

同步與非同步執行

學習目標

- ❏ 了解執行緒、同步與非同步執行的觀念
- ❏ 使用 Thread 執行非同步操作
- ❏ 使用 Handler 與 runOnUiThread 切換到主執行緒更新畫面

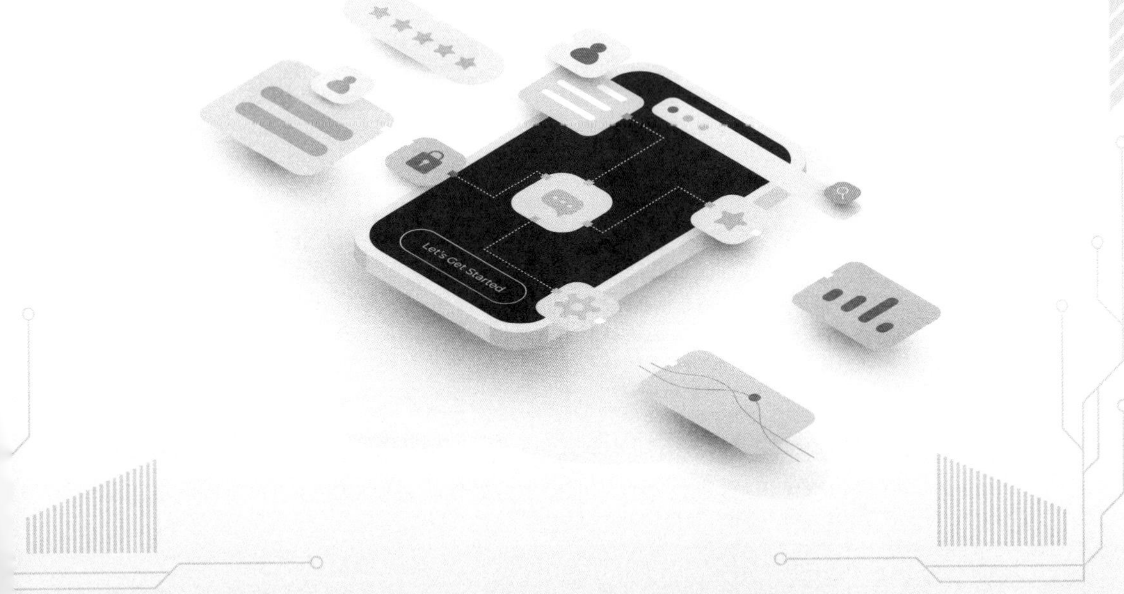

9.1 非同步執行

在前面的章節中，我們介紹了應用程式是基於 Activity 類別執行，而 Activity 的執行狀況會直接影響使用者的體驗。例如：讀取空指標（Null Pointer）物件中的屬性時，會發生崩潰（Crash），或者程式在執行任務時，由於處理時間過久，就會導致應用程式無回應（ANR），如圖 9-1 所示。這些程式設計上的問題都會影響 Activity 的執行，進而造成使用者體驗不佳。

ANR 的問題常發生在應用程式處理耗時任務時，當應用程式因執行耗時任務，而無法及時處理畫面更新或使用者操作時，就會產生 ANR。為了解決 ANR 問題，應將這類耗時任務安排在背景執行緒（Background Thread）中，以避免影響主執行緒（Main Thread）的執行。

圖 9-1　ANR 應用程式無回應

9.1.1 執行緒

行動裝置與電腦的架構相似，內部會有 CPU（中央處理器）控管裝置的運作，而 Thread（執行緒）是 CPU 裡執行指令的部分，也是作業系統中進行運算排程的最小單位。

在沒有經過特別的設計下，所有的 Task（任務）都會在 Main Thread（主執行緒）上執行，這種以單一 Thread 執行 Task 的方式稱為「同步」（Synchronous），如圖 9-2 所示。

圖 9-2　Main Thread 的 Task 排程

Main Thread 主要處理畫面更新的任務，如果 Main Thread 中有一個 Task 非常耗時或完成時間不可預期，例如：取得網路資料、資料庫操作、檔案操作或複雜的計算，使得 Main Thread 無法進行畫面更新的任務，就會造成畫面停頓，停頓時間一長就會產生 ANR，如圖 9-3 所示。

圖 9-3　Task1 無法在預期時間完成，導致後續的 Task2 與 Task3 無法執行

因為 Task 過於耗時，如果讓它繼續待在 Main Thread 上執行，那後續的 Task 就只能等它完成才能繼續執行，所以這種耗時的 Task 應該要安排在其他的 Thread 中進行，使它不要影響到更新畫面的 Task，這種非 Main Thread 的 Thread 稱為「背景執行緒」（Background Thread），而運用多個 Thread 執行 Task 的方式稱為「非同步」（Asynchronous），如圖 9-4 所示。

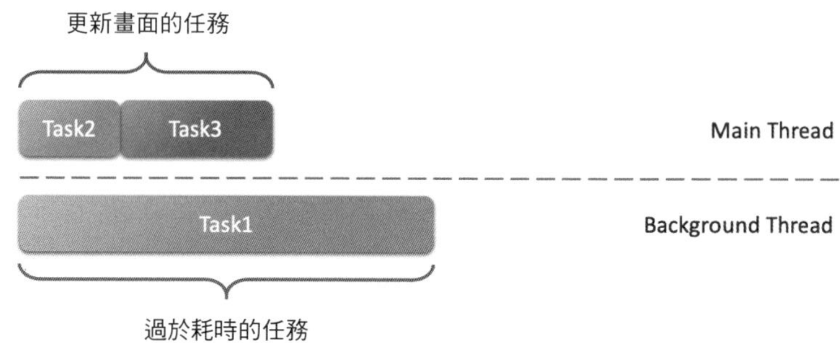

圖 9-4　將 Task1 安排到 Background Thread，讓其他 Task 可以正常執行

以生活化的例子作為比喻，將應用程式視為便利商店，「執行緒」（Thread）是結帳時的排隊隊伍，「主執行緒」（Main Thread）是主要收銀員，「背景執行緒」（Background Thread）是補貨員工，「任務」（Task）是客人，當客人要結帳時會進行排隊，主要收銀員會負責結帳，而補貨員工則負責補貨與叫貨，但結帳的客人一多時，排隊的隊伍會

變長，而客人等候的時間也越久，此時補貨員工會開啟第二排結帳隊伍來支援主要收銀員，讓客人得以快速結帳，這樣多人多工的方式，正是多執行緒的表現。

9.1.2 非同步執行方法：Thread

Thread 類別是 Java 中提供的原生工具。當我們需要處理耗時任務時，可以使用 Thread 類別建立一個 Background Thread 來處理這些任務。以下是範例程式碼：

❍ 方法一：Java 語言提供的語法

```
Thread(Runnable {
    // 要在Background Thread中執行的程式碼
}).start()
```

❍ 方法二：經過 Kotlin 語言簡化的語法

```
Thread {
    // 要在Background Thread中執行的程式碼
}.start()
```

Thread 類別會產生 Background Thread 來執行耗時任務，但在 Background Thread 中，是不能進行畫面更新或操作的，因此當 Background Thread 中的任務完成且需要更新畫面時，必須與 Main Thread 溝通，並將更新內容交由 Main Thread 處理，此時開發者可以使用 runOnUiThread() 方法或 Handler 類別來完成這項工作。

方法一：runOnUiThread()

runOnUiThread() 是 Android SDK 提供的工具，可以快速實現 Background Thread 與 Main Thread 之間的溝通。以下是範例程式碼：

```
Thread {
    // 要在Background Thread中執行的程式碼
    // 普遍為耗時操作
    runOnUiThread {
        // 要在Main Thread中執行的程式碼
        // 例如更新UI
    }
}.start()
```

方法二：Handler 類別

Handler 類別是 Java 提供的原生工具，用於不同 Thread 之間的溝通。開發者可以將需要傳遞的資料放入 Message 類別，並發送到 Handler 中，而另一個 Thread 則可以從 Handler 中取得 Message。

如圖 9-5 所示，Background Thread 將 Message 發送到 Handler 的訊息佇列（Message Queue）中，接著 Handler 透過 Looper 從訊息佇列中提取消息，並傳遞給 Main Thread 執行。

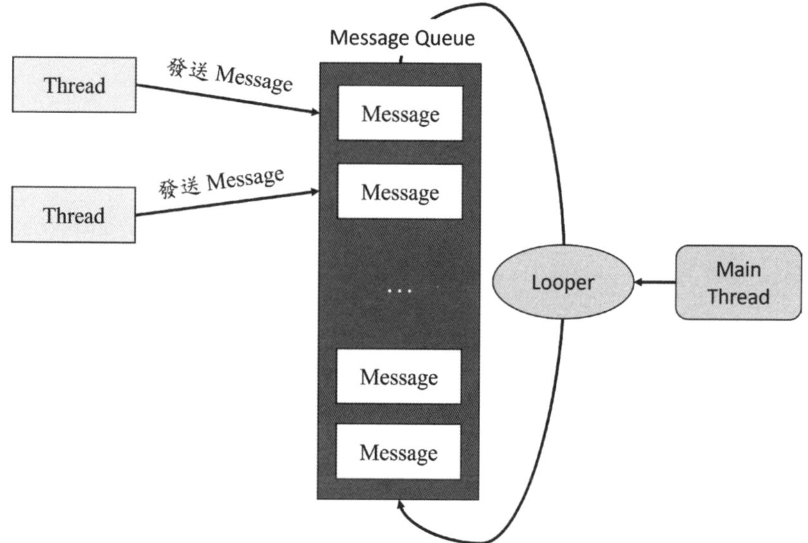

圖 9-5　Android 中的跨執行緒溝通方式

範例程式碼如下：

```
class MainActivity : AppCompatActivity() {
    // Step1：建立 Handler 物件等待接收訊息
    private val handler = Handler(Looper.getMainLooper()) { msg ->
        // 判斷 msg 編號
        when (msg.what) {
            1 -> {
                // 執行於 Main Thread
            }
        }
        return@Handler true
    }
```

```
    override fun onCreate(savedInstanceState: Bundle?) {
        super.onCreate(savedInstanceState)
        // 省略…
        // Step2：建立Thread物件
        Thread {
            // Step3：建立Message物件並加入編號
            val msg = Message()
            msg.what = 1
            //Step4：透過sendMessage傳送訊息
            handler.sendMessage(msg)
        }.start()
    }
}
```

STEP 01 建立一個Handler物件，第一個參數為要溝通的執行緒，這裡使用Looper.getMainLooper()方法取得Main Thread，第二個參數為實作Handler.Callback介面中的handleMessage()方法，在方法內接收Thread傳送的Message（即msg變數），並在Main Thread執行對應的操作。

STEP 02 建立Thread物件，讓耗時的任務執行在Background Thread中。

STEP 03 建立一個Message物件，對其what屬性加入編號，讓執行緒收到Message後，可以依據編號進行對應的操作。

STEP 04 使用Handler.sendMessage()方法傳送訊息給指定的執行緒。

9.2 實戰演練：龜兔賽跑

本範例實作一個龜兔賽跑的應用程式，運用Thread、Handler模擬賽跑過程，藉此了解非同步執行的使用方式及使用時機，如圖9-6所示。

- 使用兩個SeekBar顯示兔子與烏龜的跑步路線。
- 點選「開始」按鈕後，將先前的比賽資料初始化，再進行龜兔賽跑。
- 使用Thread搭配Handler模擬移動，使用Thread.sleep()模擬偷懶。
- 使用Thread.sleep()方法延遲賽況的更新。
- 烏龜每次移動一步，兔子每次移動三步，最先達成一百步者獲勝。
- 使用Toast顯示龜兔賽跑的贏家。

圖 9-6　初始畫面（左）、開始賽跑（中）、兔子勝利（右）

9.2.1　介面設計

STEP 01 建立最低支援版本為「API 24」的新專案，並新增如圖 9-7 所示的檔案。

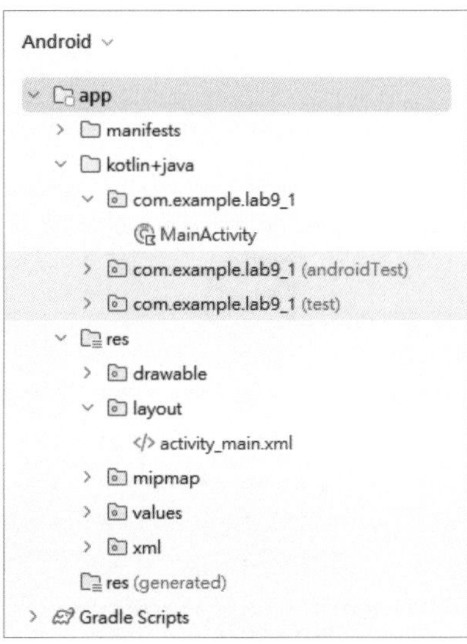

圖 9-7　龜兔賽跑專案架構

STEP 02 繪製 activity_main.xml 檔，如圖 9-8 所示。

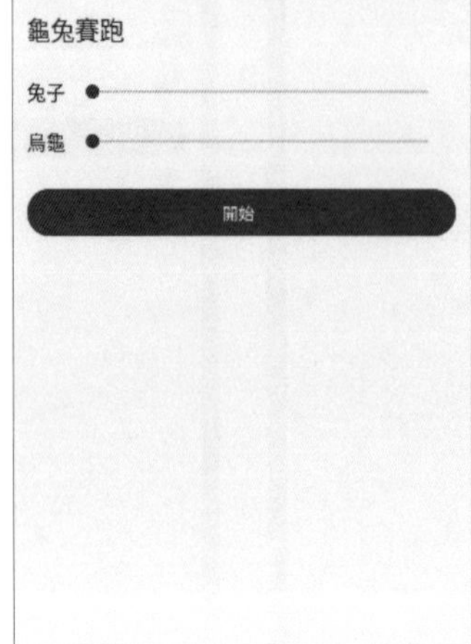

圖 9-8　龜兔賽跑畫面（左）與元件樹（右）

對應的 XML 如下：

```
<?xml version="1.0" encoding="utf-8"?>
<androidx.constraintlayout.widget.ConstraintLayout
    xmlns:android="http://schemas.android.com/apk/res/android"
    xmlns:app="http://schemas.android.com/apk/res-auto"
    xmlns:tools="http://schemas.android.com/tools"
    android:id="@+id/main"
    android:layout_width="match_parent"
    android:layout_height="match_parent"
    android:layout_margin="16dp"
    tools:context=".MainActivity">

    <TextView
        android:id="@+id/tvTitle"
        android:layout_width="wrap_content"
        android:layout_height="wrap_content"
        android:text="龜兔賽跑"
        android:textSize="22sp"
        app:layout_constraintStart_toStartOf="parent"
        app:layout_constraintTop_toTopOf="parent" />

    <TextView
        android:id="@+id/tvRabbit"
        android:layout_width="wrap_content"
```

```
        android:layout_height="wrap_content"
        android:layout_marginTop="24dp"
        android:text="兔子"
        android:textSize="18sp"
        app:layout_constraintStart_toStartOf="@+id/tvTitle"
        app:layout_constraintTop_toBottomOf="@+id/tvTitle" />

    <SeekBar
        android:id="@+id/sbRabbit"
        android:layout_width="0dp"
        android:layout_height="wrap_content"
        android:layout_marginStart="8dp"
        android:layout_marginEnd="8dp"
        app:layout_constraintBottom_toBottomOf="@+id/tvRabbit"
        app:layout_constraintEnd_toEndOf="parent"
        app:layout_constraintStart_toEndOf="@+id/tvRabbit"
        app:layout_constraintTop_toTopOf="@+id/tvRabbit" />

    <TextView
        android:id="@+id/tvTurtle"
        android:layout_width="wrap_content"
        android:layout_height="wrap_content"
        android:layout_marginTop="16dp"
        android:text="烏龜"
        android:textSize="18sp"
        app:layout_constraintStart_toStartOf="@+id/tvTitle"
        app:layout_constraintTop_toBottomOf="@+id/tvRabbit" />

    <SeekBar
        android:id="@+id/sbTurtle"
        android:layout_width="0dp"
        android:layout_height="wrap_content"
        android:layout_marginStart="8dp"
        android:layout_marginEnd="8dp"
        app:layout_constraintBottom_toBottomOf="@+id/tvTurtle"
        app:layout_constraintEnd_toEndOf="parent"
        app:layout_constraintStart_toEndOf="@+id/tvTurtle"
        app:layout_constraintTop_toTopOf="@+id/tvTurtle" />

    <Button
        android:id="@+id/btnStart"
        android:layout_width="0dp"
```

```
        android:layout_height="wrap_content"
        android:layout_marginTop="24dp"
        android:text=" 開始 "
        app:layout_constraintEnd_toEndOf="parent"
        app:layout_constraintStart_toStartOf="parent"
        app:layout_constraintTop_toBottomOf="@+id/tvTurtle" />
</androidx.constraintlayout.widget.ConstraintLayout>
```

9.2.2 程式設計

STEP 01 撰寫 MainActivity，為按鈕建立監聽器，內部進行參數初始化以及 runRabbit() 與 runTurtle() 兩個方法，並建立 showToast() 方法顯示獲勝訊息。

```
class MainActivity : AppCompatActivity() {
    // 建立兩個數值，用於計算兔子與烏龜的進度
    private var progressRabbit = 0
    private var progressTurtle = 0
    // 建立變數以利後續綁定元件
    private lateinit var btnStart: Button
    private lateinit var sbRabbit: SeekBar
    private lateinit var sbTurtle: SeekBar

    override fun onCreate(savedInstanceState: Bundle?) {
        super.onCreate(savedInstanceState)
        enableEdgeToEdge()
        setContentView(R.layout.activity_main)
        ViewCompat.setOnApplyWindowInsetsListener(findViewById(R.id.main)) { v,
insets ->
            val systemBars = insets.getInsets(WindowInsetsCompat.Type.
systemBars())
            v.setPadding(systemBars.left, systemBars.top, systemBars.right,
systemBars.bottom)
            insets
        }
        // 將變數與 XML 元件綁定
        btnStart = findViewById(R.id.btnStart)
        sbRabbit = findViewById(R.id.sbRabbit)
        sbTurtle = findViewById(R.id.sbTurtle)
        // 對開始按鈕設定監聽器
        btnStart.setOnClickListener {
            // 進行賽跑後按鈕不可被操作
```

```
        btnStart.isEnabled = false
        // 初始化兔子的賽跑進度
        progressRabbit = 0
        // 初始化烏龜的賽跑進度
        progressTurtle = 0
        // 初始化兔子的 SeekBar 進度
        sbRabbit.progress = 0
        // 初始化烏龜的 SeekBar 進度
        sbTurtle.progress = 0
        // 兔子起跑
        runRabbit()
        // 烏龜起跑
        runTurtle()
      }
    }

    // 建立 showToast 方法顯示 Toast 訊息
    private fun showToast(msg: String) =
        Toast.makeText(this, msg, Toast.LENGTH_SHORT).show()

    // 建立 Handler 變數接收訊息
    private val handler = Handler(Looper.getMainLooper()) { msg ->
        true
    }

    // 用 Thread 模擬兔子移動
    private fun runRabbit() {
    }

    // 用 Thread 模擬烏龜移動
    private fun runTurtle() {
    }
}
```

兔子
烏龜

STEP 02 建立一個 Handler 變數接收訊息，並更新兔子及烏龜的賽跑進度。

```
// 建立 Handler 物件接收訊息
private val handler = Handler(Looper.getMainLooper()) { msg ->
    // 判斷編號，並更新兔子的進度
    if (msg.what == 1) {
        // 更新兔子的進度
        sbRabbit.progress = progressRabbit
```

兔子

```
        // 若兔子抵達，則顯示兔子勝利
        if (progressRabbit >= 100 && progressTurtle < 100) {
            showToast("兔子勝利")        // 顯示兔子勝利
            btnStart.isEnabled = true // 按鈕可操作
        }
    } else if (msg.what == 2) {
        // 更新烏龜的進度
        sbTurtle.progress = progressTurtle
        // 若烏龜抵達，則顯示烏龜勝利
        if (progressTurtle >= 100 && progressRabbit < 100) {
            showToast("烏龜勝利")        // 顯示烏龜勝利
            btnStart.isEnabled = true // 按鈕可操作
        }
    }
    true
}
```


STEP 03 在 runRabbit() 方法中使用 Thread 模擬兔子移動，兔子每次跑三步，但有三分之二的機率會偷懶，每次偷懶都會花 0.3 秒的時間，而賽況會每 0.1 秒更新一次。

```
// 用Thread模擬兔子移動
private fun runRabbit() {
    Thread {
        // 兔子有三分之二的機率會偷懶
        val sleepProbability = arrayOf(true, true, false)
        while (progressRabbit < 100 && progressTurtle < 100) {
            try {
                Thread.sleep(100)        // 延遲0.1秒更新賽況
                if (sleepProbability.random())
                    Thread.sleep(300)  // 兔子偷懶0.3秒
            } catch (e: InterruptedException) {
                e.printStackTrace()
            }
            progressRabbit += 3        // 每次跑三步

            val msg = Message()        // 建立Message物件
            msg.what = 1               // 加入編號
            handler.sendMessage(msg) // 傳送兔子的賽況訊息
        }
    }.start()                          // 啟動Thread
}
```

STEP 04 在 runTurtle() 方法中使用 Thread 模擬烏龜移動，烏龜每次跑一步，而賽況會每 0.1 秒更新一次。

```
// 用 Thread 模擬烏龜移動
private fun runTurtle() {
    Thread {
        while (progressTurtle < 100 && progressRabbit < 100) {
            try {
                Thread.sleep(100)                 // 延遲 0.1 秒更新賽況
            } catch (e: InterruptedException) {
                e.printStackTrace()
            }
            progressTurtle += 1                   // 每次跑一步

            val msg = Message()                   // 建立 Message 物件
            msg.what = 2                          // 加入編號
            handler.sendMessage(msg)              // 傳送烏龜的賽況訊息
        }
    }.start()                                     // 啟動 Thread
}
```

9.3 實戰演練：體位檢測機

本範例實作一個體位檢測的應用程式，運用 Thread 模擬耗時的檢測過程，藉此了解非同步執行的使用方式及使用時機，如圖 9-9 所示。

- 使用三個 EditText 作為身高、體重及年齡的資料輸入元件。
- 使用 RadioGroup 及 RadioButton 作為性別的選擇。
- 使用 Toast 提示資料尚未輸入完整。
- 使用兩個 ProgressBar 顯示體位檢測的進度。
- 點選「計算」按鈕後，將先前的檢測結果初始化，再進行體位檢測。
- 使用 Thread 模擬耗時的檢測過程。
- 使用 Thread.sleep() 方法延遲檢測進度的更新。
- 經過 5 秒後，使用 TextView 顯示標準體重、體脂肪及 BMI 結果。

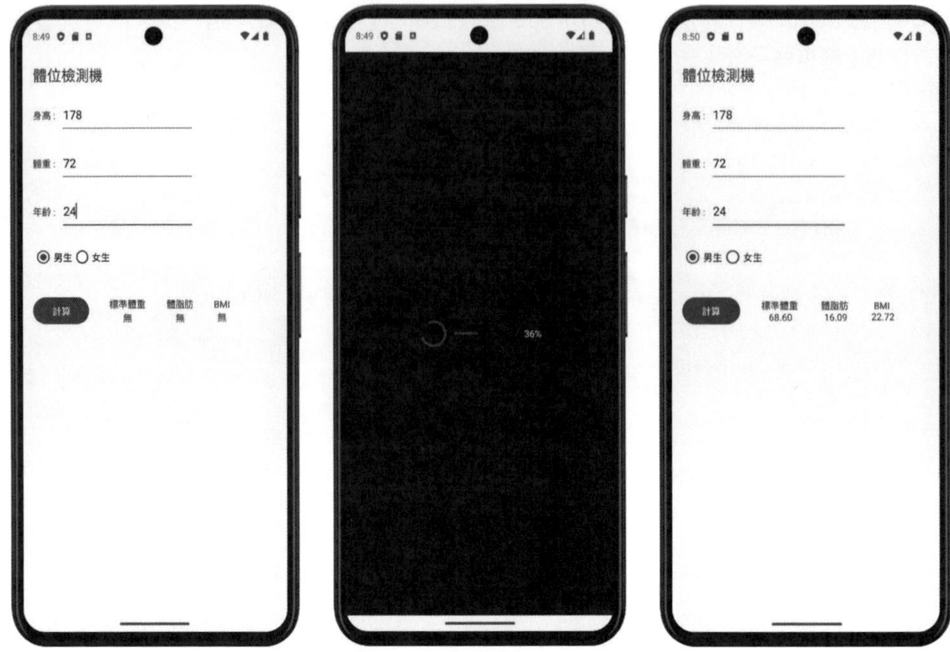

圖 9-9　輸入身高體重（左）、等待 5 秒（中）、顯示計算結果（右）

9.3.1　介面設計

STEP 01 建立最低支援版本為「API 24」的新專案，並新增如圖 9-10 所示的檔案。

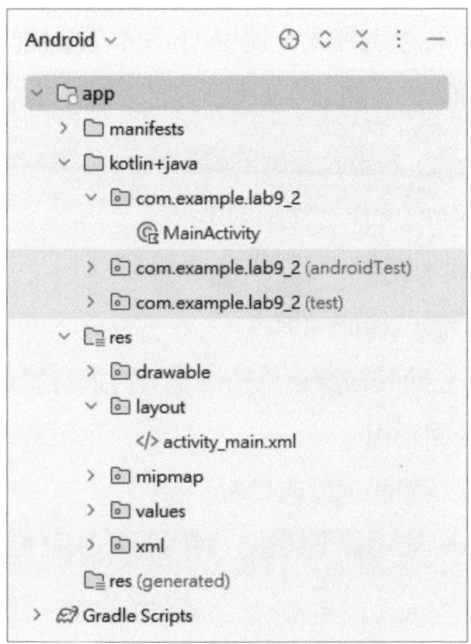

圖 9-10　體位檢測機專案架構

STEP 02 繪製 activity_main.xml 檔，如圖 9-11 所示。

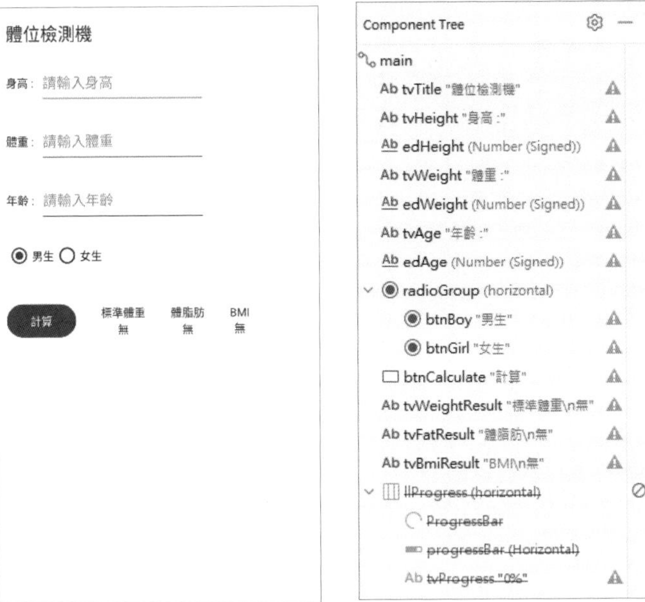

圖 9-11　體位檢測機畫面（左）與元件樹（右）

對應的 XML 如下：

```
<?xml version="1.0" encoding="utf-8"?>
<androidx.constraintlayout.widget.ConstraintLayout
    xmlns:android="http://schemas.android.com/apk/res/android"
    xmlns:app="http://schemas.android.com/apk/res-auto"
    xmlns:tools="http://schemas.android.com/tools"
    android:id="@+id/main"
    android:layout_width="match_parent"
    android:layout_height="match_parent"
    tools:context=".MainActivity">

    <TextView
        android:id="@+id/tvTitle"
        android:layout_width="wrap_content"
        android:layout_height="wrap_content"
        android:layout_marginStart="16dp"
        android:layout_marginTop="16dp"
        android:text=" 體位檢測機 "
        android:textSize="22sp"
        app:layout_constraintLeft_toLeftOf="parent"
```

```
        app:layout_constraintTop_toTopOf="parent" />

    <TextView
        android:id="@+id/tvHeight"
        android:layout_width="wrap_content"
        android:layout_height="wrap_content"
        android:text="身高 :"
        app:layout_constraintBottom_toBottomOf="@+id/edHeight"
        app:layout_constraintStart_toStartOf="@+id/tvTitle"
        app:layout_constraintTop_toTopOf="@+id/edHeight" />

    <EditText
        android:id="@+id/edHeight"
        android:layout_width="wrap_content"
        android:layout_height="56dp"
        android:layout_marginStart="8dp"
        android:layout_marginTop="16dp"
        android:ems="10"
        android:hint="請輸入身高"
        android:inputType="numberSigned"
        app:layout_constraintStart_toEndOf="@+id/tvHeight"
        app:layout_constraintTop_toBottomOf="@+id/tvTitle" />

    <TextView
        android:id="@+id/tvWeight"
        android:layout_width="wrap_content"
        android:layout_height="wrap_content"
        android:text="體重 :"
        app:layout_constraintBottom_toBottomOf="@+id/edWeight"
        app:layout_constraintStart_toStartOf="@+id/tvTitle"
        app:layout_constraintTop_toTopOf="@+id/edWeight" />

    <EditText
        android:id="@+id/edWeight"
        android:layout_width="wrap_content"
        android:layout_height="56dp"
        android:layout_marginStart="8dp"
        android:layout_marginTop="16dp"
        android:ems="10"
        android:hint="請輸入體重"
        android:inputType="numberSigned"
        app:layout_constraintStart_toEndOf="@+id/tvWeight"
```

```
        app:layout_constraintTop_toBottomOf="@+id/edHeight" />

    <TextView
        android:id="@+id/tvAge"
        android:layout_width="wrap_content"
        android:layout_height="wrap_content"
        android:text="年齡 :"
        app:layout_constraintBottom_toBottomOf="@+id/edAge"
        app:layout_constraintStart_toStartOf="@+id/tvTitle"
        app:layout_constraintTop_toTopOf="@+id/edAge" />

    <EditText
        android:id="@+id/edAge"
        android:layout_width="wrap_content"
        android:layout_height="56dp"
        android:layout_marginStart="8dp"
        android:layout_marginTop="16dp"
        android:ems="10"
        android:hint="請輸入年齡"
        android:inputType="numberSigned"
        app:layout_constraintStart_toEndOf="@+id/tvAge"
        app:layout_constraintTop_toBottomOf="@+id/edWeight" />

    <RadioGroup
        android:id="@+id/radioGroup"
        android:layout_width="wrap_content"
        android:layout_height="wrap_content"
        android:layout_marginTop="16dp"
        android:orientation="horizontal"
        app:layout_constraintStart_toStartOf="@+id/tvAge"
        app:layout_constraintTop_toBottomOf="@+id/edAge">

        <RadioButton
            android:id="@+id/btnBoy"
            android:layout_width="wrap_content"
            android:layout_height="wrap_content"
            android:layout_weight="1"
            android:checked="true"
            android:text="男生" />

        <RadioButton
            android:id="@+id/btnGirl"
```

```
        android:layout_width="wrap_content"
        android:layout_height="wrap_content"
        android:layout_weight="1"
        android:text="女生" />
</RadioGroup>

<Button
    android:id="@+id/btnCalculate"
    android:layout_width="wrap_content"
    android:layout_height="wrap_content"
    android:layout_marginTop="32dp"
    android:text="計算"
    app:layout_constraintStart_toStartOf="@+id/tvHeight"
    app:layout_constraintTop_toBottomOf="@+id/radioGroup" />

<TextView
    android:id="@+id/tvWeightResult"
    android:layout_width="wrap_content"
    android:layout_height="wrap_content"
    android:layout_marginStart="32dp"
    android:gravity="center"
    android:text="標準體重\n無"
    app:layout_constraintBottom_toBottomOf="@+id/btnCalculate"
    app:layout_constraintStart_toEndOf="@+id/btnCalculate"
    app:layout_constraintTop_toTopOf="@+id/btnCalculate" />

<TextView
    android:id="@+id/tvFatResult"
    android:layout_width="wrap_content"
    android:layout_height="wrap_content"
    android:layout_marginStart="32dp"
    android:gravity="center"
    android:text="體脂肪\n無"
    app:layout_constraintBottom_toBottomOf="@+id/tvWeightResult"
    app:layout_constraintStart_toEndOf="@+id/tvWeightResult"
    app:layout_constraintTop_toTopOf="@+id/tvWeightResult" />

<TextView
    android:id="@+id/tvBmiResult"
    android:layout_width="wrap_content"
    android:layout_height="wrap_content"
    android:layout_marginStart="32dp"
```

```
        android:gravity="center"
        android:text="BMI\n無"
        app:layout_constraintBottom_toBottomOf="@+id/tvFatResult"
        app:layout_constraintStart_toEndOf="@+id/tvFatResult"
        app:layout_constraintTop_toTopOf="@+id/tvFatResult" />

    <LinearLayout
        android:id="@+id/llProgress"
        android:layout_width="match_parent"
        android:layout_height="match_parent"
        android:background="#cc000000"
        android:clickable="true"
        android:elevation="3dp"
        android:focusable="true"
        android:gravity="center"
        android:orientation="horizontal"
        android:visibility="gone">

        <ProgressBar
            style="?android:attr/progressBarStyle"
            android:layout_width="wrap_content"
            android:layout_height="wrap_content" />

        <ProgressBar
            android:id="@+id/progressBar"
            style="?android:attr/progressBarStyleHorizontal"
            android:layout_width="100dp"
            android:layout_height="wrap_content"
            android:layout_marginStart="8dp"
            android:progress="0" />

        <TextView
            android:id="@+id/tvProgress"
            android:layout_width="wrap_content"
            android:layout_height="wrap_content"
            android:layout_marginStart="8dp"
            android:text="0%"
            android:textColor="@android:color/white" />
    </LinearLayout>
</androidx.constraintlayout.widget.ConstraintLayout>
```

9.3.2 程式設計

STEP 01 撰寫 MainActivity，為按鈕建立監聽器，內部進行輸入資料的檢查以及 runThread() 方法，並建立 showToast() 方法顯示資料未輸入完整的訊息。

```
class MainActivity : AppCompatActivity() {
    // 建立變數以利後續綁定元件
    private lateinit var btnCalculate: Button
    private lateinit var edHeight: EditText
    private lateinit var edWeight: EditText
    private lateinit var edAge: EditText
    private lateinit var tvWeightResult: TextView
    private lateinit var tvFatResult: TextView
    private lateinit var tvBmiResult: TextView
    private lateinit var tvProgress: TextView
    private lateinit var progressBar: ProgressBar
    private lateinit var llProgress: LinearLayout
    private lateinit var btnBoy: RadioButton

    override fun onCreate(savedInstanceState: Bundle?) {
        super.onCreate(savedInstanceState)
        enableEdgeToEdge()
        setContentView(R.layout.activity_main)
        ViewCompat.setOnApplyWindowInsetsListener(findViewById(R.id.main)) { v,
insets ->
            val systemBars = insets.getInsets(WindowInsetsCompat.Type.
systemBars())
            v.setPadding(systemBars.left, systemBars.top, systemBars.right,
systemBars.bottom)
            insets
        }
        // 將變數與 XML 元件綁定
        btnCalculate = findViewById(R.id.btnCalculate)
        edHeight = findViewById(R.id.edHeight)
        edWeight = findViewById(R.id.edWeight)
        edAge = findViewById(R.id.edAge)
        tvWeightResult = findViewById(R.id.tvWeightResult)
        tvFatResult = findViewById(R.id.tvFatResult)
        tvBmiResult = findViewById(R.id.tvBmiResult)
        tvProgress = findViewById(R.id.tvProgress)
        progressBar = findViewById(R.id.progressBar)
```

```
        llProgress = findViewById(R.id.llProgress)
        btnBoy = findViewById(R.id.btnBoy)

        // 對計算按鈕設定監聽器
        btnCalculate.setOnClickListener {
            when {
                edHeight.text.isEmpty() -> showToast("請輸入身高")
                edWeight.text.isEmpty() -> showToast("請輸入體重")
                edAge.text.isEmpty() -> showToast("請輸入年齡")
                 else -> runThread() // 執行 runThread 方法
            }
        }
    }

    // 建立 showToast 方法顯示 Toast 訊息
    private fun showToast(msg: String) =
        Toast.makeText(this, msg, Toast.LENGTH_SHORT).show()

    // 用 Thread 模擬檢測過程
    private fun runThread() {
    }
}
```

STEP 02 在 runThread() 方法中，使用 Thread 模擬耗時的檢測過程，檢測進度每 0.05 秒更新一次，一共執行 100 次，檢測完成需耗時 5 秒，之後用公式計算出標準體重、體脂肪及 BMI，標準體重與體脂肪計算完後，用 Pair 類別儲存，並用解構宣告的語法建立兩個變數，最後將結果顯示於畫面。

```
// 用 Thread 模擬檢測過程
private fun runThread() {
    tvWeightResult.text = "標準體重\n無"
    tvFatResult.text = "體脂肪\n無"
    tvBmiResult.text = "BMI\n無"
    // 初始化進度條
    progressBar.progress = 0
    tvProgress.text = "0%"
    // 顯示進度條
    llProgress.visibility = View.VISIBLE

    Thread {
        var progress = 0
```

```
        // 建立迴圈執行100次，共延長5秒
        while (progress < 100) {
            // 執行緒延遲50ms後執行
            try {
                Thread.sleep(50)
            } catch (ignored: InterruptedException) {
            }
            // 計數加一
            progress++
            // 切換到Main Thread執行進度更新
            runOnUiThread {
                progressBar.progress = progress
                tvProgress.text = "$progress%"
            }
        }

        val height = edHeight.text.toString().toDouble() // 身高
        val weight = edWeight.text.toString().toDouble() // 體重
        val age = edAge.text.toString().toDouble()       // 年齡
        val bmi = weight / ((height / 100).pow(2))       // BMI
        // 計算男女的體脂率並使用Pair類別進行解構宣告
        val (standWeight, bodyFat) = if (btnBoy.isChecked) {
            Pair((height - 80) * 0.7, 1.39 * bmi + 0.16 * age - 19.34)
        } else {
            Pair((height - 70) * 0.6, 1.39 * bmi + 0.16 * age - 9)
        }
        // 切換到Main Thread更新畫面
        runOnUiThread {
            llProgress.visibility = View.GONE
            tvWeightResult.text = "標準體重 \n${String.format("%.2f",
standWeight)}"
            tvFatResult.text = "體脂肪 \n${String.format("%.2f", bodyFat)}"
            tvBmiResult.text = "BMI \n${String.format("%.2f", bmi)}"
        }
    }.start()
}
```

36%

標準體重	體脂肪	BMI
68.60	16.09	22.72

10

動畫製作

學習目標

- ❏ 了解動畫的用途及其使用的時機
- ❏ 認識逐格動畫與補間動畫以及它們之間的差異
- ❏ 製作透明度、縮放、位移、旋轉及載入動畫

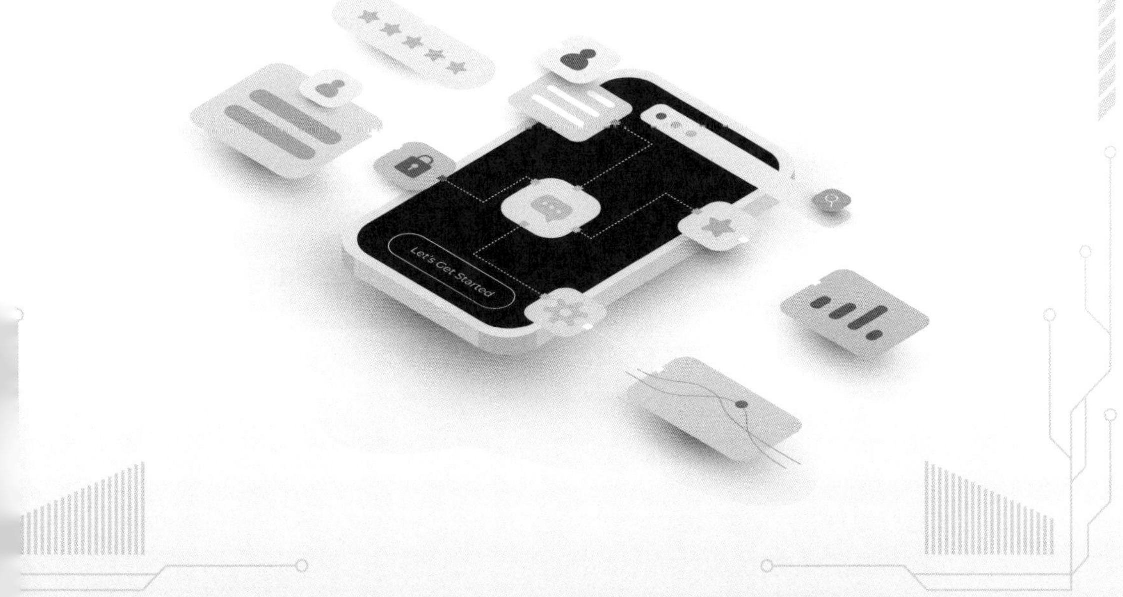

10.1 動畫

「動畫」是將一系列圖片以特定頻率依序顯示，從而使肉眼產生圖片活動的錯覺。動畫不僅出現在影視作品中，也經常用於應用程式開發，適當的動畫效果可以增加趣味性和互動性，進而提升使用者的體驗。

開發者可以在使用者等待的過程中使用動畫效果，例如：在網路資料載入和畫面切換時，讓使用者了解目前的操作過程或應用程式的執行狀態。此外，當使用者按下按鈕時，提供回饋動畫，可以讓使用者明確感受到操作已被接受並處理。

適當使用動畫效果，能夠提升應用程式的質感，提供良好的使用者體驗，例如：圖10-1所示的iTalkuTalk應用程式，在讀取影片資料或分析發音正確率時，使用進度條動畫，可以讓使用者了解目前的進度。本章將介紹逐格動畫（Frame Animation）與補間動畫（Tween Animation）這兩種基本的動畫呈現方式。

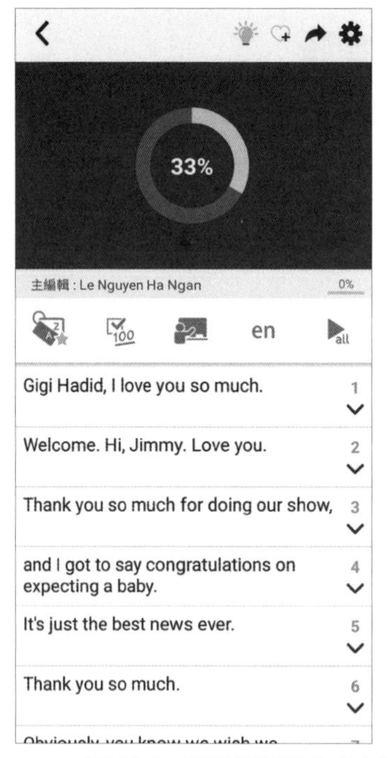

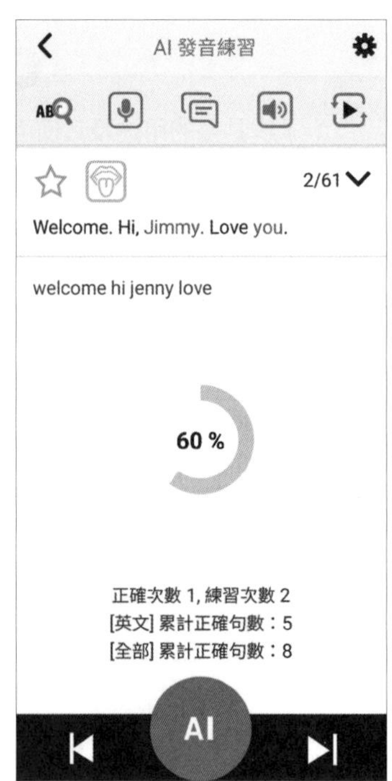

圖 10-1　影片資料載入（左）與 AI 發音練習正確率（右）

10.1.1 逐格動畫

「逐格動畫」(Frame Animation) 是一種將每張不同的圖片連續播放的動畫形式，也是最早的動畫製作方式之一；在日常生活中，早期的電影和手翻書就是基於這種原理；在 Android 應用程式中，逐格動畫經常被應用於資料載入動畫。如圖 10-2 所示，該動畫由八張連續的圖片組成，透過逐格動畫，可以呈現出方塊移動的效果。

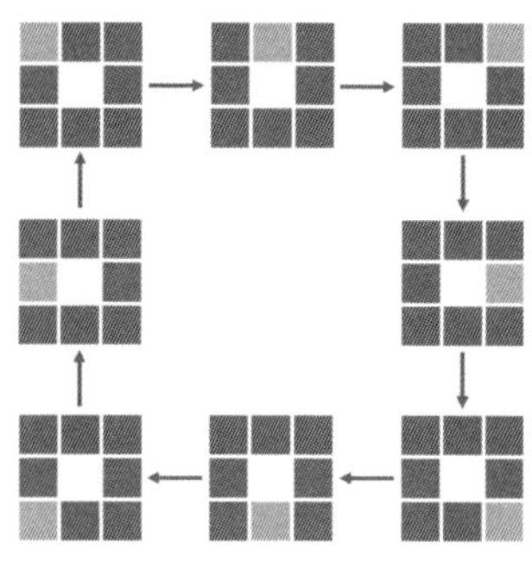

圖 10-2　逐格動畫由左至右

要實作逐格動畫，有以下兩個步驟：

STEP 01 定義動畫的圖片集合。

先將所有與動畫相關的圖片增加到專案中，並將它們放在 drawable 資料夾下，然後在 drawable 資料夾中建立一個 XML 檔，並在檔案中定義動畫的圖片集合，按照呈現順序將圖片放置於集合中。

```
<?xml version="1.0" encoding="utf-8"?>
<animation-list
    xmlns:android="http://schemas.android.com/apk/res/android"
    android:oneshot="false">
    <item
        android:drawable="@drawable/loading1"
        android:duration="200" />
    <item
        android:drawable="@drawable/loading2"
        android:duration="200" />
    <item
        android:drawable="@drawable/loading3"
        android:duration="200" />
    <item
        android:drawable="@drawable/loading4"
```

```
        android:duration="200" />
    <item
        android:drawable="@drawable/loading5"
        android:duration="200" />
    <item
        android:drawable="@drawable/loading6"
        android:duration="200" />
    <item
        android:drawable="@drawable/loading7"
        android:duration="200" />
    <item
        android:drawable="@drawable/loading8"
        android:duration="200" />
</animation-list>
```

- android:oneshot 屬性的參數類型為 Boolean，控制動畫是否不要循環播放，若為 false 則連續執行動畫。
- android:duration 屬性的參數類型為 Integer，以毫秒為單位控制該圖片持續的時間。

STEP 02 啟用動畫。

先將產生動畫效果的 drawable 檔案設定為 ImageView 的背景資源，然後將其轉換為 AnimationDrawable 類別，最後使用 start() 方法來執行動畫；若需要停止動畫，則使用 stop() 方法。

```
class MainActivity : AppCompatActivity() {
    override fun onCreate(savedInstanceState: Bundle?) {
        super.onCreate(savedInstanceState)
        // 省略…
        // 宣告 imgFrame 變數，並與 XML 元件綁定
        val imgFrame = findViewById<ImageView>(R.id.imgFrame)
        // 將動畫的 drawable 檔案指定為 imgFrame 的背景資源
        imgFrame.setBackgroundResource(R.drawable.loading_animation)
        // 將圖片背景轉為 AnimationDrawable，讓背景動畫可以被控制
        val animation = imgFrame.background as AnimationDrawable
        // 建立一個 Thread 物件，控制動畫的開始與停止
        Thread {
            // 動畫開始
            animation.start()
            // 延遲 1 秒
            try {
                Thread.sleep(1000)
```

```
            } catch (ignored: InterruptedException) {
            }
            // 動畫停止
            animation.stop()
        }.start()
    }
}
```

10.1.2 補間動畫

「補間動畫」(Tween Animation)不同於逐格動畫，不需要設定多張連續播放的圖片。我們只需定義一張固定的圖片，然後運用 Android SDK 提供的補間動畫工具，就可以輕鬆實現動畫效果，例如：透明化、放大縮小、位移或旋轉。

在 Android SDK 中，主要提供四種補間動畫，這些動畫可以幫助開發者簡易且快速地製作動畫效果。以下將分別介紹這四種補間動畫：

透明度動畫

圖 10-3 從不透明(左)變為透明(右)

```
val anim = AlphaAnimation(
    1.0f, // 起始透明度
    0.0f  // 結束透明度
)
anim.duration = 1000            // 動畫持續1秒
imgTween.startAnimation(anim)   // 執行動畫
```

建立一個 AlphaAnimation 物件，傳入兩個透明度參數，1.0f 為不透明，0.0f 為透明，將 duration 屬性設定為「1000」(單位為毫秒)，把物件傳入 ImageView.startAnimation() 方法，程式會自動產生漸變的動畫。

縮放動畫

圖 10-4　從原始大小(左)放大 1.5 倍(右)

```
val anim = ScaleAnimation(
    1.0f,   // X起始比例
    1.5f,   // X結束比例
    1.0f,   // Y起始比例
    1.5f    // Y結束比例
)
```

```
anim.duration = 1000              // 動畫持續1秒
imgTween.startAnimation(anim)    // 執行動畫
```

建立一個 ScaleAnimation 物件，傳入四個比例參數，1.0f 為正常比例，大於 1.0f 為放大，小於 1.0f 為縮小，第一個參數為 X 的起始比例，第二個參數為 X 的結束比例，第三個參數為 Y 的起始比例，第四個參數為 Y 的結束比例，將 duration 屬性設定為「1000」(單位為毫秒)，把物件傳入 ImageView.startAnimation() 方法，程式會自動產生漸變的動畫。

位移動畫

圖 10-5　從原始位置（左）移動至左上方（右）

```
val anim = TranslateAnimation(
    0f,      // X起點
    100f,    // X終點
    0f,      // Y起點
    -100f    // Y終點
)
anim.duration = 1000              // 動畫持續1秒
imgTween.startAnimation(anim)    // 執行動畫
```

建立一個 TranslateAnimation 物件，傳入四個位移參數，0f 為原始位置，大於 0f 為向右或向上移動，小於 0f 為向左或向下移動，第一個參數為 X 的起點，第二個參數為 X 的終點，第三個參數為 Y 的起點，第四個參數為 Y 的終點，將 duration 屬性設定為「1000」(單位為毫秒)，把物件傳入 ImageView.startAnimation() 方法，程式會自動產生漸變的動畫。

旋轉動畫

圖 10-6　從原始角度（左）旋轉一圈（右）

```
val anim = RotateAnimation(
    0f,      // 起始角度
    360f,    // 結束角度
    RotateAnimation.RELATIVE_TO_SELF, // X以自身位置旋轉
    0.5f,    // X旋轉中心點
    RotateAnimation.RELATIVE_TO_SELF, // Y以自身位置旋轉
    0.5f     // Y旋轉中心點
)
anim.duration = 1000                  // 動畫持續1秒
imgTween.startAnimation(anim)         // 執行動畫
```

建立一個 RotateAnimation 物件，傳入六個參數，第一個參數為起始角度，第二個參數為結束角度，第三個參數為 X 的參考點，第四個參數 X 旋轉的中心點，第五個參數為 Y

的參考點，第六個參數為 Y 旋轉的中心點，參考點皆使用 RotateAnimation.RELATIVE_TO_SELF 設定為元件自身，將 duration 屬性設定為「1000」（單位為毫秒），把物件傳入 ImageView.startAnimation() 方法，程式會自動產生漸變的動畫。

10.2 實戰演練：動畫製作

本範例實作一個能顯示各種動畫的應用程式，其中包含逐格動畫與補間動畫中的透明度、縮放、位移及旋轉，如圖 10-7 所示。

- ❍ 匯入載入圖片作為逐格動畫的素材。
- ❍ 建立一個新的 Drawable 檔定義動畫的圖片集合。
- ❍ 使用兩個 ImageView 呈現逐格動畫與補間動畫。
- ❍ 點選「開始」按鈕，執行逐格動畫；點選「停止」按鈕，結束逐格動畫。
- ❍ 點選「透明」按鈕，使用 AlphaAnimation 類別執行透明度動畫。
- ❍ 點選「縮放」按鈕，使用 ScaleAnimation 類別執行放大動畫。
- ❍ 點選「位移」按鈕，使用 TranslateAnimation 類別執行移動動畫。
- ❍ 點選「旋轉」按鈕，使用 RotateAnimation 類別執行旋轉動畫。

圖 10-7　動畫使用者介面

10.2.1 介面設計

STEP 01 建立最低支援版本為「API 24」的新專案，並新增如圖 10-8 所示的檔案。圖片可從書附範例專案連結下載，之後將附件的檔案拖曳至 drawable 資料夾中。

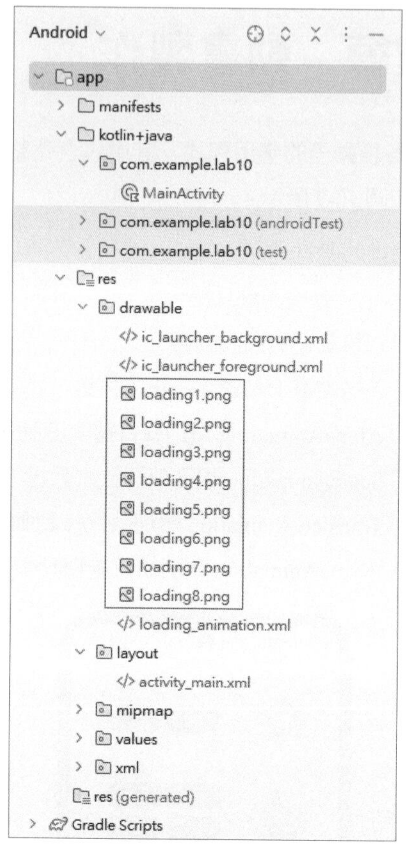

圖 10-8　動畫專案架構

STEP 02 開啟 drawable 的 loading_animation.xml 檔，建立一個動畫的圖片集合，將 drawable 裡的載入圖檔加入集合中。

```
<?xml version="1.0" encoding="utf-8"?>
<animation-list
    xmlns:android="http://schemas.android.com/apk/res/android"
    android:oneshot="false">
    <item
        android:drawable="@drawable/loading1"
        android:duration="200" />
```

```
    <item
        android:drawable="@drawable/loading2"
        android:duration="200" />
    <item
        android:drawable="@drawable/loading3"
        android:duration="200" />
    <item
        android:drawable="@drawable/loading4"
        android:duration="200" />
    <item
        android:drawable="@drawable/loading5"
        android:duration="200" />
    <item
        android:drawable="@drawable/loading6"
        android:duration="200" />
    <item
        android:drawable="@drawable/loading7"
        android:duration="200" />
    <item
        android:drawable="@drawable/loading8"
        android:duration="200" />
</animation-list>
```

STEP 03 繪製 activity_main.xml，如圖 10-9 所示。

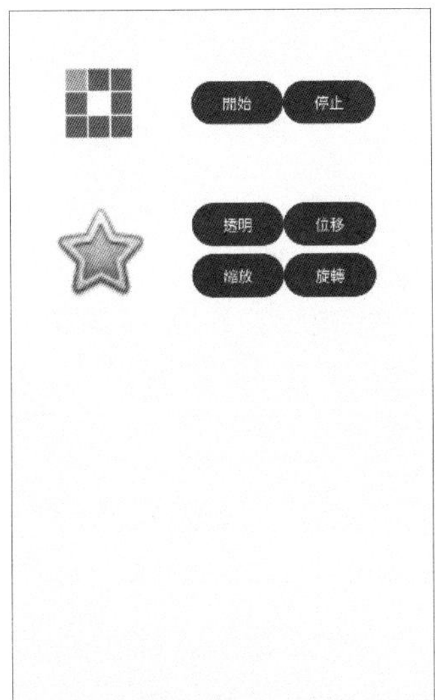

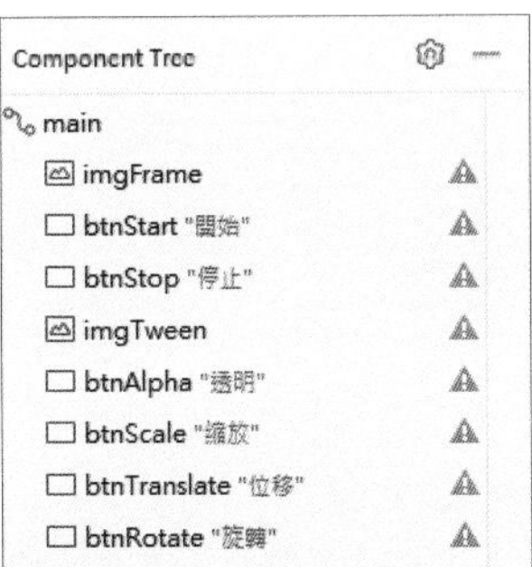

圖 10-9　MainActivity 畫面（左）與元件樹（右）

對應的XML如下：

```
<?xml version="1.0" encoding="utf-8"?>
<androidx.constraintlayout.widget.ConstraintLayout
    xmlns:android="http://schemas.android.com/apk/res/android"
    xmlns:app="http://schemas.android.com/apk/res-auto"
    xmlns:tools="http://schemas.android.com/tools"
    android:id="@+id/main"
    android:layout_width="match_parent"
    android:layout_height="match_parent"
    tools:context=".MainActivity">

    <ImageView
        android:id="@+id/imgFrame"
        android:layout_width="100dp"
        android:layout_height="100dp"
        android:layout_marginStart="40dp"
        android:layout_marginTop="40dp"
        android:background="@drawable/loading_animation"
        app:layout_constraintStart_toStartOf="parent"
        app:layout_constraintTop_toTopOf="parent" />

    <Button
        android:id="@+id/btnStart"
        android:layout_width="wrap_content"
        android:layout_height="wrap_content"
        android:text="開始"
        app:layout_constraintBottom_toBottomOf="@+id/imgFrame"
        app:layout_constraintStart_toStartOf="@+id/btnScale"
        app:layout_constraintTop_toTopOf="@+id/imgFrame" />

    <Button
        android:id="@+id/btnStop"
        android:layout_width="wrap_content"
        android:layout_height="wrap_content"
        android:text="停止"
        app:layout_constraintStart_toEndOf="@+id/btnStart"
        app:layout_constraintTop_toTopOf="@+id/btnStart" />

    <ImageView
        android:id="@+id/imgTween"
        android:layout_width="100dp"
```

```
        android:layout_height="100dp"
        app:layout_constraintBottom_toBottomOf="@+id/btnScale"
        app:layout_constraintStart_toStartOf="@+id/imgFrame"
        app:layout_constraintTop_toTopOf="@+id/btnAlpha"
        app:srcCompat="@android:drawable/btn_star_big_on" />

    <Button
        android:id="@+id/btnAlpha"
        android:layout_width="wrap_content"
        android:layout_height="0dp"
        android:layout_marginStart="40dp"
        android:layout_marginTop="40dp"
        android:text="透明"
        app:layout_constraintStart_toEndOf="@+id/imgTween"
        app:layout_constraintTop_toBottomOf="@+id/imgFrame" />

    <Button
        android:id="@+id/btnScale"
        android:layout_width="wrap_content"
        android:layout_height="0dp"
        android:text="縮放"
        app:layout_constraintStart_toStartOf="@+id/btnAlpha"
        app:layout_constraintTop_toBottomOf="@+id/btnAlpha" />

    <Button
        android:id="@+id/btnTranslate"
        android:layout_width="wrap_content"
        android:layout_height="0dp"
        android:text="位移"
        app:layout_constraintStart_toEndOf="@+id/btnAlpha"
        app:layout_constraintTop_toTopOf="@+id/btnAlpha" />

    <Button
        android:id="@+id/btnRotate"
        android:layout_width="wrap_content"
        android:layout_height="0dp"
        android:text="旋轉"
        app:layout_constraintStart_toStartOf="@+id/btnTranslate"
        app:layout_constraintTop_toBottomOf="@+id/btnTranslate" />
</androidx.constraintlayout.widget.ConstraintLayout>
```

10.2.2 程式設計

STEP 01 撰寫 MainActivity 程式，建立按鈕監聽器，內部執行各種動畫。

```
class MainActivity : AppCompatActivity() {
    override fun onCreate(savedInstanceState: Bundle?) {
        super.onCreate(savedInstanceState)
        enableEdgeToEdge()
        setContentView(R.layout.activity_main)
        ViewCompat.setOnApplyWindowInsetsListener(findViewById(R.id.main)) { v,
insets ->
            val systemBars = insets.getInsets(WindowInsetsCompat.Type.
systemBars())
            v.setPadding(systemBars.left, systemBars.top, systemBars.right,
systemBars.bottom)
            insets
        }

        // 將變數與 XML 元件綁定
        val imgFrame = findViewById<ImageView>(R.id.imgFrame)
        val imgTween = findViewById<ImageView>(R.id.imgTween)
        val btnStart = findViewById<Button>(R.id.btnStart)
        val btnStop = findViewById<Button>(R.id.btnStop)
        val btnAlpha = findViewById<Button>(R.id.btnAlpha)
        val btnScale = findViewById<Button>(R.id.btnScale)
        val btnTranslate = findViewById<Button>(R.id.btnTranslate)
        val btnRotate = findViewById<Button>(R.id.btnRotate)

        // 將圖片背景轉為 AnimationDrawable
        val frameAnim = imgFrame.background as AnimationDrawable

        btnStart.setOnClickListener {
            frameAnim.start()  // 開始動畫
        }

        btnStop.setOnClickListener {
            frameAnim.stop()  // 停止動畫
        }

        btnAlpha.setOnClickListener {
            val anim = AlphaAnimation(
                1.0f,          // 起始透明度
```

```
            0.2f            // 結束透明度
        )
        anim.duration = 1000                    // 動畫持續 1 秒
        imgTween.startAnimation(anim)       // 執行動畫
    }

    btnScale.setOnClickListener {
        val anim = ScaleAnimation(
            1.0f, // X 起始比例
            1.5f, // X 結束比例
            1.0f, // Y 起始比例
            1.5f  // Y 結束比例
        )
        anim.duration = 1000                    // 動畫持續 1 秒
        imgTween.startAnimation(anim)       // 執行動畫
    }

    btnTranslate.setOnClickListener {
        val anim = TranslateAnimation(
            0f,   // X 起點
            100f, // X 終點
            0f,   // Y 起點
            -100f // Y 終點
        )
        anim.duration = 1000                    // 動畫持續 1 秒
        imgTween.startAnimation(anim)       // 執行動畫
    }

    btnRotate.setOnClickListener {
        val anim = RotateAnimation(
            0f,   // 起始角度
            360f, // 結束角度
            RotateAnimation.RELATIVE_TO_SELF, // X 以自身位置旋轉
            0.5f, // X 旋轉中心點
            RotateAnimation.RELATIVE_TO_SELF, // Y 以自身位置旋轉
            0.5f  // Y 旋轉中心點
        )
        anim.duration = 1000                    // 動畫持續 1 秒
        imgTween.startAnimation(anim)       // 執行動畫
    }
  }
}
```

11

多媒體應用

學習目標

- ❏ 學習多媒體資訊的產生與使用
- ❏ 認識 MediaRecorder、MediaPlayer 的生命週期與使用方式
- ❏ 學習權限的觀念、權限檢查以及向使用者請求權限
- ❏ 使用麥克風錄製音訊、揚聲器播放音訊及相機擷取圖片

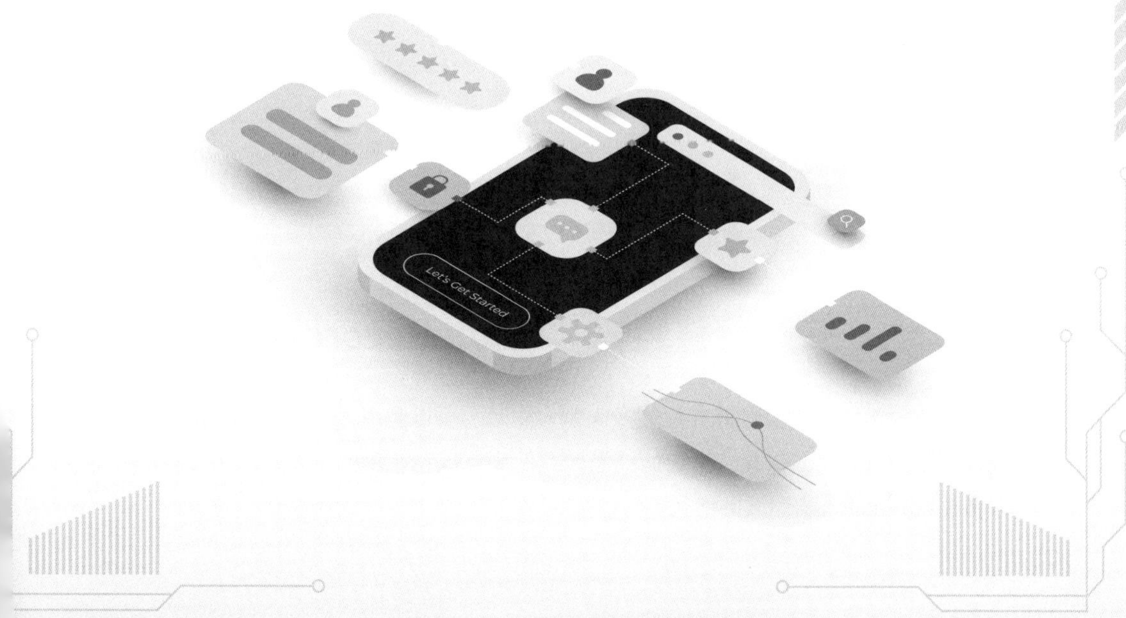

11.1 多媒體

「多媒體」是一種結合文字、圖片和音訊等多種資訊形式的技術，用於增強人機互動的體驗。這些多媒體資訊通常來自手機的儲存空間或網路雲端服務，因此如何有效的在應用程式中運用多媒體資訊，已成為開發者應具備的基本能力。

多媒體資訊的控制分為「產生」與「使用」，例如：使用手機裝置的麥克風錄製聲音來產生音訊檔案，再利用播放器將音訊輸出，或者使用相機鏡頭拍攝照片，再從相簿中將照片上傳。如圖 11-1 所示的 iTalkuTalk 應用程式，在錄製麥克風聲音後，可以播放錄製完成的音訊，讓使用者進行口說練習。

圖 11-1　錄製聲音（左）與播放聲音（右）

11.1.1 多媒體錄製器：MediaRecorder

當開發者需要產生聲音或影片的多媒體資訊時，可以使用 Android SDK 提供的多媒體取樣框架「MediaRecorder」。它能透過裝置的麥克風和相機鏡頭獲取音訊及視訊，並以各種常見的音訊及視訊編碼格式進行儲存。

MediaRecorder 擁有自己的生命週期，如圖 11-2 所示，因此在使用時需要依照具體的流程執行，不同階段所需進行的操作也各不相同。如果要將 MediaRecorder 用於錄影，只需將圖 11-2 中的 Audio 方法替換為 Video 方法，例如：將 setAudioSource() 方法替換為 setVideoSource() 方法。

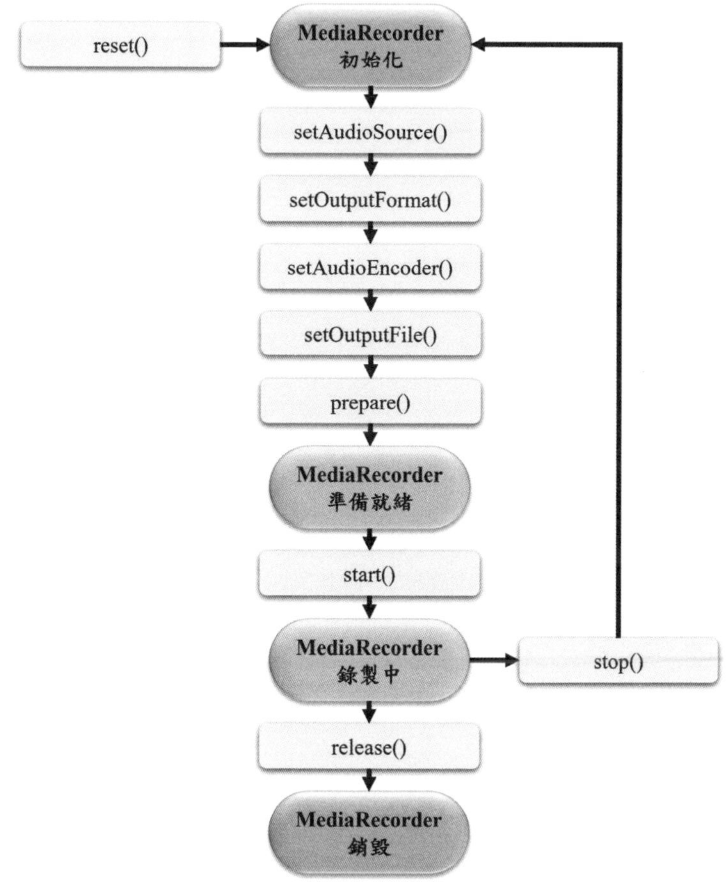

圖 11-2　MediaRecorder 生命週期

以下介紹各狀態下所執行的函式的功用：

- setAudioSource()：設定聲音的來源，例如：麥克風。
- setOutputFormat()：設定檔案輸出的格式，例如：MPEG4、3GPP。
- setAudioEncoder()：設定聲音的編碼器，例如：AAC、AMR。
- setOutputFile()：設定檔案輸出的路徑。
- prepare()：使 MediaRecorder 進入錄製與編碼的準備階段。
- start()：進入準備階段後，呼叫此方法開始錄製。

❍ stop()：錄製過程中，呼叫此方法停止錄製。

❍ release()：釋放 MediaRecorder 占用的資源。

❍ reset()：重置 MediaRecorder，此時會讓 MediaRecorder 回到初始狀態。

以下為將 MediaRecorder 作為錄音器的範例程式碼：

```
// Step1：建立MediaRecorder物件
// 如果SDK版本大於等於31，則使用MediaRecorder(Context)
@Suppress("DEPRECATION")
val recorder = if (Build.VERSION.SDK_INT >= Build.VERSION_CODES.S) {
    MediaRecorder(this)
} else {
    MediaRecorder()
}
// Step2：設定聲音來源為麥克風
recorder.setAudioSource(MediaRecorder.AudioSource.MIC)
// Step3：設定輸出格式為MP4
recorder.setOutputFormat(MediaRecorder.OutputFormat.MPEG_4)
// Step4：設定編碼器為AMR_NB
recorder.setAudioEncoder(MediaRecorder.AudioEncoder.AMR_NB)
// Step5：設定輸出路徑
recorder.setOutputFile(File(dir, fileName).absolutePath)
// Step6 讓MediaRecorder進入錄製與編碼的準備階段
recorder.prepare()
// Step7：開始錄製
recorder.start()
// Step8：停止錄製
recorder.stop()
// Step9：釋放MediaRecorder占用的資源，此時recorder無法再使用
recorder.release()
```

11.1.2 多媒體播放器：MediaPlayer

當開發者需要播放聲音或影片的多媒體資訊時，可以使用 Android SDK 提供的多媒體播放框架「MediaPlayer」。它能透過裝置的螢幕和揚聲器輸出各種常見格式的音訊及視訊。與 MediaRecorder 一樣，MediaPlayer 也擁有自己的生命週期，如圖 11-3 所示。

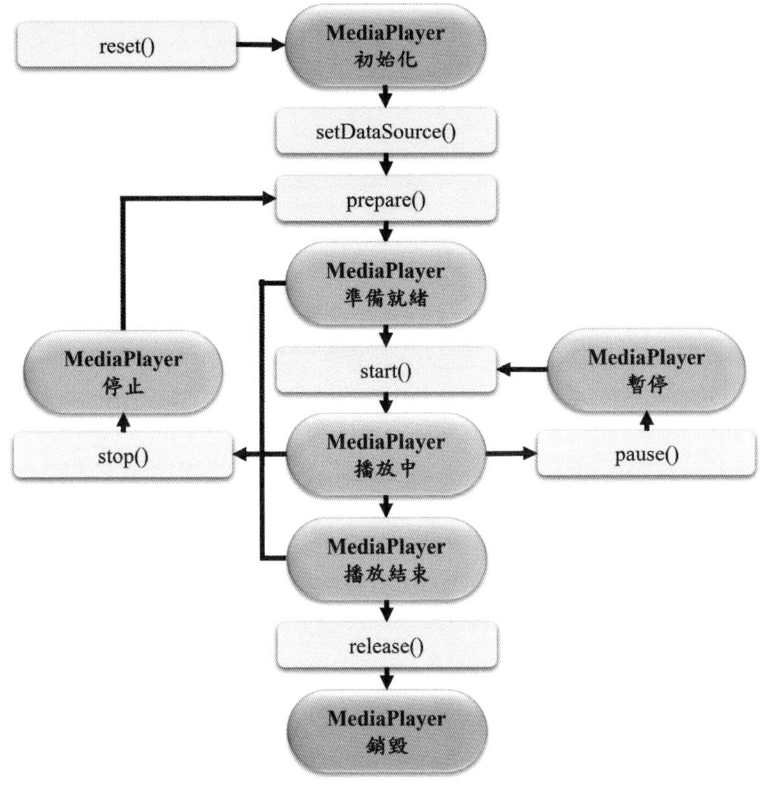

圖 11-3　MediaPlayer 生命週期

以下介紹各狀態下所執行的函式的功用：

- reset()：重置 MediaPlayer，此時會讓 MediaPlayer 回到初始狀態。
- setDataSource()：設定資料的來源，例如：專案內、裝置儲存空間或網路。
- prepare()：使 MediaPlayer 進入播放的準備階段，此時會載入檔案來源。
- start()：進入準備階段後，呼叫此方法開始播放。
- pause()：播放過程中，呼叫此方法暫停播放。
- stop()：在準備階段到播放結束階段，呼叫此方法停止播放器。
- release()：釋放 MediaPlayer 占用的資源。

以下為 MediaPlayer 的範例程式碼：

```
// Step1：建立MediaPlayer物件
val player = MediaPlayer()
// Step2：設定資料來源為裝置儲存空間
val dir = File(filesDir.absolutePath+"/record")
```

```
val file = File(dir, "file")
player.setDataSource(applicationContext, Uri.fromFile(file))
// Step3：讓MediaPlayer進入播放的準備階段
player.prepare()
// Step4：開始播放
player.start()
// Step5：暫停播放
player.pause()
// Step6：繼續播放
player.start()
// Step7：播放結束後，釋放MediaPlayer占用的資源，此時player無法再使用
player.release()
```

11.1.3 相機

當開發者需要產生圖片的多媒體資訊時，可以利用 Android SDK 提供的操作框架來控制硬體裝置上的相機鏡頭，以取得圖片。

雖然 Android SDK 提供了許多相機控制的函式庫，但大部分的函式庫都需要繁瑣的程序設計，因此本章將教導讀者如何使用 ActivityResultLauncher 來開啟裝置上的相機應用程式，以取得圖片，並將圖片回傳到自己設計的應用程式中。

STEP 01 建立 ActivityResultLauncher 變數，並將合約(Contracts)參數設定為 ActivityResultContracts.TakePicturePreview()。TakePicturePreview() 用於拍攝照片後回傳 Bitmap 格式的縮圖，最後將拍攝完成的圖片設定到 ImageView 上顯示。

```
// 宣告ActivityResultLauncher，取得回傳的照片
private val startForResult = registerForActivityResult(
    ActivityResultContracts.TakePicturePreview()
) { bitmap: Bitmap? ->
    if (bitmap != null) {
        findViewById<ImageView>(R.id.imgPhoto).setImageBitmap(bitmap)
    }
}
```

STEP 02 使用 startForResult 啟動相機並進行拍攝時，需要注意部分手機裝置可能沒有相機功能，因此需要使用 try-catch 來避免例外錯誤的產生。

```
// 用 try-catch 避免例外錯誤產生，若產生錯誤則使用 Toast 顯示
try {
    // 使用 startForResult 來拍攝照片
    startForResult.launch(null)
} catch (e: ActivityNotFoundException) {
    Toast.makeText(this, "無相機應用程式", Toast.LENGTH_SHORT).show()
}
```

11.1.4 權限請求

「權限」是用於保護 Android 使用者的隱私。當應用程式需要取得系統資料或操作裝置的硬體設備時，必須在專案中設定相關權限，系統會根據權限的重要性，來決定是否自動允許或詢問使用者是否授予權限。

以錄音的應用程式為例，開發者需要先在 AndroidManifest.xml 檔中加入錄音的相關權限，如圖 11-4 所示。

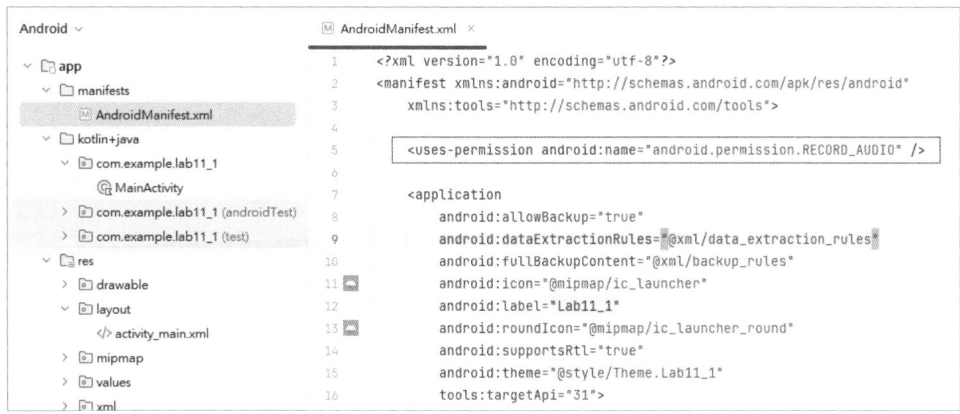

圖 11-4 在 AndroidManifest.xml 加入權限

接下來，因為錄音屬於重要的權限，所以要在程式碼中確認使用者是否給予權限，若未經過使用者同意就使用錄音相關功能，會造成應用程式崩潰。

```
// Step1：宣告錄音權限
val permission = android.Manifest.permission.RECORD_AUDIO
// Step2：判斷使用者是否已允許錄音權限
if (ActivityCompat.checkSelfPermission(this, permission)
    != PackageManager.PERMISSION_GRANTED
) {
    // Step3：向使用者要求權限
```

```
    ActivityCompat.requestPermissions(this, arrayOf(permission), 0)
} else {
    // 已允許錄音權限，所以執行後續錄音流程
}
```

STEP 01 宣告錄音權限 android.Manifest.permission.RECORD_AUDIO。

STEP 02 使用 ActivityCompat.checkSelfPermission() 方法確認權限是否已經被授予。第一個參數為使用的對象（這裡使用 this，即 Activity 本身），第二個參數為確認的權限內容，該方法會回傳整數類型的參數，因此可以使用 PackageManager.PERMISSION_GRANTED 來判斷是否已經授予權限，如果已經授予權限，則執行後續的錄音流程；否則，向使用者請求權限。

STEP 03 使用 ActivityCompat.requestPermissions() 方法要求權限，第一個參數為使用的對象（這裡使用 this，即 Activity 本身），第二個參數為要求的權限內容（需要傳入 Array 類型），第三個參數為識別標籤。要求權限後，使用者會選擇是否允許權限，而結果會回傳至 onRequestPermissionsResult() 方法，第一個參數為識別標籤，第二個參數為權限內容，第三個參數為是否允許的結果（順序與 permissions 相同）。

```
override fun onRequestPermissionsResult(
    requestCode: Int,
    permissions: Array<out String>,
    grantResults: IntArray
) {
    super.onRequestPermissionsResult(requestCode, permissions, grantResults)
    // Step4：判斷是否有結果且識別標籤相同
    if (grantResults.isNotEmpty() && requestCode == 0) {
        // Step5：取出結果並判斷是否允許權限
        val result = grantResults[0]
        if (result == PackageManager.PERMISSION_DENIED) {
            // 拒絕給予錄音權限，做其他的處理
        } else {
            // 允許錄音權限，執行後續錄音流程
        }
    }
}
```

STEP 04 判斷是否有結果，且識別標籤相同於發送要求的標籤。

STEP 05 取出結果並判斷是否允許權限，若允許權限則執行後續的錄音流程，否則做其他的處理。

11.2 實戰演練：錄音播放器

本範例實作一個可錄音並播放的應用程式，藉此了解各種錄音與播放的狀態及方法，如圖 11-5、11-6、11-7 所示。另外，由於模擬器易受電腦狀況影響，造成錄音或播放失敗，且本範例需要麥克風及揚聲器，因此建議使用實體手機執行程式。

- ❍ 向使用者請求錄音權限。
- ❍ 建立一個 TextView 顯示提示訊息。
- ❍ 建立四個 Button 並實作錄音、停止錄音、播放、停止播放等功能。
- ❍ 使用 isEnabled 屬性控制 Button，以達成錄音與播放狀態的操作。

圖 11-5　錄音播放器使用者介面

圖 11-6　錄音中（左）與錄音結束（右）

圖 11-7　播放中（左）與播放結束（右）

11.2.1 介面設計

STEP 01 建立最低支援版本為「API 24」的新專案，並新增如圖 11-8 所示的檔案。

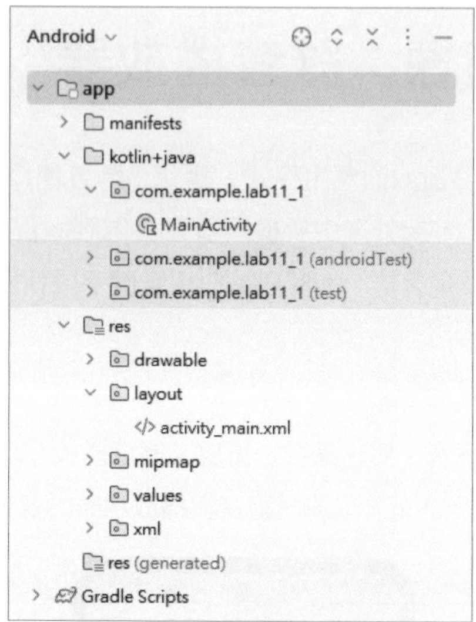

圖 11-8 錄音播放器專案架構

STEP 02 繪製 activity_main.xml，如圖 11-9 所示。

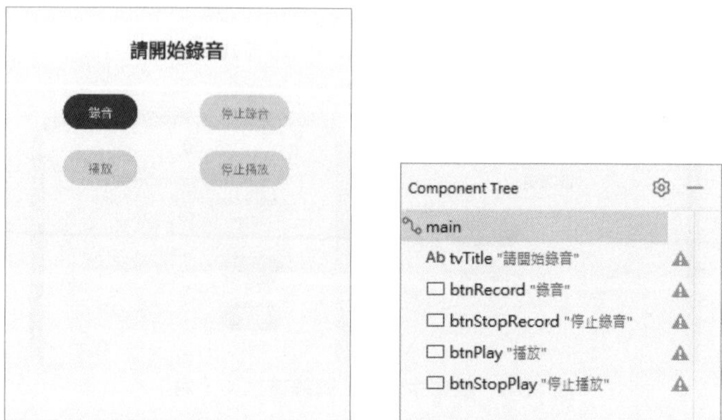

圖 11-9 MainActivity 畫面（左）與元件樹（右）

對應的 XML 如下：

```
<?xml version="1.0" encoding="utf-8"?>
<androidx.constraintlayout.widget.ConstraintLayout
    xmlns:android="http://schemas.android.com/apk/res/android"
```

```
    xmlns:app="http://schemas.android.com/apk/res-auto"
    xmlns:tools="http://schemas.android.com/tools"
    android:id="@+id/main"
    android:layout_width="match_parent"
    android:layout_height="match_parent"
    tools:context=".MainActivity">

    <TextView
        android:id="@+id/tvTitle"
        android:layout_width="0dp"
        android:layout_height="wrap_content"
        android:layout_margin="32dp"
        android:gravity="center"
        android:text="請開始錄音"
        android:textSize="22sp"
        android:textStyle="bold"
        app:layout_constraintEnd_toEndOf="parent"
        app:layout_constraintStart_toStartOf="parent"
        app:layout_constraintTop_toTopOf="parent" />

    <Button
        android:id="@+id/btnRecord"
        android:layout_width="wrap_content"
        android:layout_height="wrap_content"
        android:layout_marginTop="32dp"
        android:text="錄音"
        app:layout_constraintEnd_toStartOf="@+id/btnStopRecord"
        app:layout_constraintStart_toStartOf="parent"
        app:layout_constraintTop_toBottomOf="@+id/tvTitle" />

    <Button
        android:id="@+id/btnStopRecord"
        android:layout_width="wrap_content"
        android:layout_height="wrap_content"
        android:enabled="false"
        android:text="停止錄音"
        app:layout_constraintEnd_toEndOf="parent"
        app:layout_constraintStart_toEndOf="@+id/btnRecord"
        app:layout_constraintTop_toTopOf="@+id/btnRecord" />

    <Button
        android:id="@+id/btnPlay"
```

```
        android:layout_width="wrap_content"
        android:layout_height="wrap_content"
        android:layout_marginTop="16dp"
        android:enabled="false"
        android:text="播放"
        app:layout_constraintEnd_toStartOf="@+id/btnStopPlay"
        app:layout_constraintStart_toStartOf="parent"
        app:layout_constraintTop_toBottomOf="@+id/btnRecord" />

    <Button
        android:id="@+id/btnStopPlay"
        android:layout_width="wrap_content"
        android:layout_height="wrap_content"
        android:enabled="false"
        android:text="停止播放"
        app:layout_constraintEnd_toEndOf="parent"
        app:layout_constraintStart_toEndOf="@+id/btnPlay"
        app:layout_constraintTop_toTopOf="@+id/btnPlay" />
</androidx.constraintlayout.widget.ConstraintLayout>
```

11.2.2 程式設計

STEP 01 開啟 manifests 的 AndroidManifest.xml 檔，加入錄音權限。

```
<uses-permission android:name="android.permission.RECORD_AUDIO" />
```

STEP 02 撰寫 MainActivity 程式，確認及要求權限。

```
class MainActivity : AppCompatActivity() {
    // 定義MediaRecorder與MediaPlayer變數
    private lateinit var recorder: MediaRecorder
    private lateinit var player: MediaPlayer
    // 定義錄音檔案資料夾與檔案名稱
    private lateinit var folder: File
    private var fileName = ""

    // 回傳權限要求後的結果
    override fun onRequestPermissionsResult(
        requestCode: Int,
        permissions: Array<out String>,
        grantResults: IntArray
```

```
    ) {
        super.onRequestPermissionsResult(requestCode, permissions, grantResults)
        // 判斷是否有結果且識別標籤相同
        if (grantResults.isNotEmpty() && requestCode == 0) {
            // 取出結果並判斷是否允許權限
            if (grantResults[0] == PackageManager.PERMISSION_DENIED) {
                finish() //若拒絕給予錄音權限，則關閉應用程式
            } else {
                // 允許錄音權限，所以正常執行應用程式
                doInitialize()
                setListener()
            }
        }
    }

    override fun onCreate(savedInstanceState: Bundle?) {
        super.onCreate(savedInstanceState)
        enableEdgeToEdge()
        setContentView(R.layout.activity_main)
        ViewCompat.setOnApplyWindowInsetsListener(findViewById(R.id.main)) { v,
insets ->
            val systemBars = insets.getInsets(WindowInsetsCompat.Type.
systemBars())
            v.setPadding(systemBars.left, systemBars.top, systemBars.right,
systemBars.bottom)
            insets
        }

        // 宣告錄音權限
        val permission = android.Manifest.permission.RECORD_AUDIO
        // 判斷使用者是否已允許錄音權限
        if (ActivityCompat.checkSelfPermission(this, permission)
            != PackageManager.PERMISSION_GRANTED
        ) {
            // 向使用者要求權限
            ActivityCompat.requestPermissions(
                this, arrayOf(permission), 0
            )
        } else {
            // 由於已允許錄音權限，所以正常執行應用程式
            doInitialize()
            setListener()
```

```
        }
    }

    override fun onDestroy() {
        super.onDestroy()
        // 如果recorder已經初始化過，則釋放錄音器占用資源
        if (::recorder.isInitialized) recorder.release()
        // 如果player已經初始化過，則釋放播放器占用資源
        if (::player.isInitialized) player.release()
    }

    // 執行初始化
    private fun doInitialize() {
    }

    // 設定監聽器
    private fun setListener() {
    }
}
```

STEP 03 撰寫 doInitialize() 方法，初始化參數並建立資料夾。

```
// 執行初始化
private fun doInitialize() {
    // 初始化recorder
    // 如果SDK版本大於等於31，則使用MediaRecorder(Context)
    @Suppress("DEPRECATION")
    recorder = if (Build.VERSION.SDK_INT >= Build.VERSION_CODES.S) {
        MediaRecorder(this)
    } else {
        MediaRecorder()
    }
    // 初始化player
    player = MediaPlayer()

    // 定義資料夾名稱
    folder = File(filesDir.absolutePath + "/record")

    // 如果不存在資料夾，則建立存放錄音檔的資料夾
    if (!folder.exists()) {
        folder.mkdirs()
    }
}
```

STEP 04 撰寫 setListener() 方法，設定按鈕與播放結束的監聽器。

```
// 設定監聽器
private fun setListener() {
    // 將變數與 XML 元件綁定
    val btnRecord = findViewById<Button>(R.id.btnRecord)
    val btnStopRecord = findViewById<Button>(R.id.btnStopRecord)
    val btnPlay = findViewById<Button>(R.id.btnPlay)
    val btnStopPlay = findViewById<Button>(R.id.btnStopPlay)
    val tvTitle = findViewById<TextView>(R.id.tvTitle)
    // 設定開始錄音的監聽器
    btnRecord.setOnClickListener {
        fileName = "${Calendar.getInstance().time.time}" // 定義檔案名稱為目前時間
        recorder.setAudioSource(MediaRecorder.AudioSource.MIC)// 聲音來源為麥克風
        recorder.setOutputFormat(MediaRecorder.OutputFormat.MPEG_4)//設定輸出格式
        recorder.setAudioEncoder(MediaRecorder.AudioEncoder.AMR_NB)// 設定編碼器
        recorder.setOutputFile(File(folder, fileName).absolutePath)//設定輸出路徑
        recorder.prepare() // 準備錄音
        recorder.start()   // 開始錄音
        tvTitle.text = "錄音中..."
        btnRecord.isEnabled = false     // 關閉錄音按鈕
        btnStopRecord.isEnabled = true // 開啟停止錄音按鈕
        btnPlay.isEnabled = false       // 關閉播放按鈕
        btnStopPlay.isEnabled = false  // 關閉停止播放按鈕
    }
    // 設定停止錄音的監聽器
    btnStopRecord.setOnClickListener {
        // 若使用模擬器停止錄音容易產生例外，所以使用 try-catch 處理
        try {
            val file = File(folder, fileName) // 定義錄音檔案
            recorder.stop()                    // 結束錄音
            tvTitle.text = "已儲存至${file.absolutePath}"
            btnRecord.isEnabled = true         // 開啟錄音按鈕
            btnStopRecord.isEnabled = false // 關閉停止錄音按鈕
            btnPlay.isEnabled = true           // 開啟播放按鈕
            btnStopPlay.isEnabled = false     // 關閉停止播放按鈕
        } catch (e: Exception) {
            e.printStackTrace()
            recorder.reset() // 重置錄音器
            tvTitle.text = "錄音失敗"
```

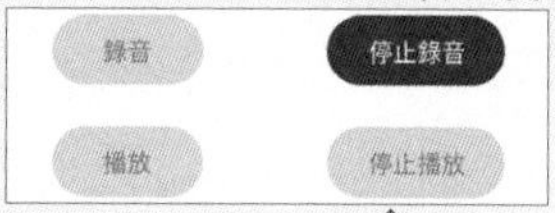

錄音 停止錄音 播放 停止播放

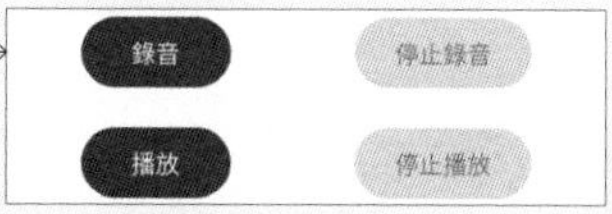

錄音 停止錄音 播放 停止播放

```
            btnRecord.isEnabled = true         // 開啟錄音按鈕
            btnStopRecord.isEnabled = false // 關閉停止錄音按鈕
            btnPlay.isEnabled = false          // 關閉播放按鈕
            btnStopPlay.isEnabled = false    // 關閉停止播放按鈕
        }
    }
    // 設定開始播放的監聽器
    btnPlay.setOnClickListener {
        val file = File(folder, fileName)   // 定義播放檔案
        player.setDataSource(applicationContext, Uri.fromFile(file))// 設定音訊來源
        player.setVolume(1f, 1f)            // 設定左右聲道音量
        player.prepare() // 準備播放
        player.start()   // 開始播放
        tvTitle.text = "播放中..."
        btnRecord.isEnabled = false         // 關閉錄音按鈕
        btnStopRecord.isEnabled = false  // 關閉停止錄音按鈕
        btnPlay.isEnabled = false           // 關閉播放按鈕
        btnStopPlay.isEnabled = true       // 開啟停止播放按鈕
    }
    // 設定停止播放的監聽器
    btnStopPlay.setOnClickListener {
        player.stop()  // 停止播放
        player.reset() // 重置播放器
        tvTitle.text = "播放結束"
        btnRecord.isEnabled = true        // 開啟錄音按鈕
        btnStopRecord.isEnabled = false // 關閉停止錄音按鈕
        btnPlay.isEnabled = true          // 開啟播放按鈕
        btnStopPlay.isEnabled = false    // 關閉停止播放按鈕
    }
    // 設定播放器播放完畢的監聽器
    player.setOnCompletionListener {
        it.reset()      // 重置播放器
        tvTitle.text = "播放結束"
        btnRecord.isEnabled = true        // 開啟錄音按鈕
        btnStopRecord.isEnabled = false // 關閉停止錄音按鈕
        btnPlay.isEnabled = true          // 開啟播放按鈕
        btnStopPlay.isEnabled = false    // 關閉停止播放按鈕
    }
}
```

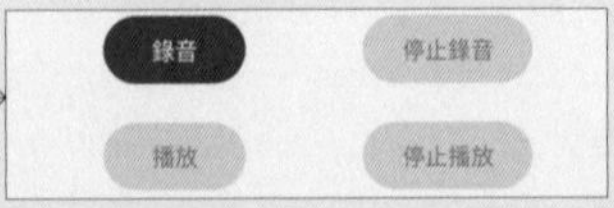

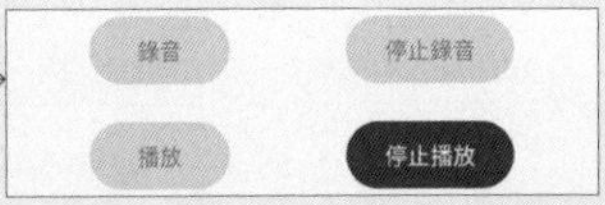

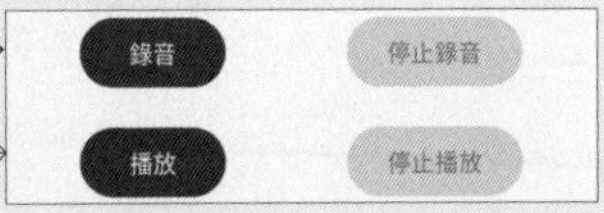

錄音 停止錄音
播放 停止播放

錄音 停止錄音
播放 停止播放

錄音 停止錄音
播放 停止播放

11.3 實戰演練：影像擷取器

本範例實作一個可拍攝照片的應用程式，藉此了解使用 ActivityResultLauncher 操作相機的流程，如圖 11-10 所示。若使用模擬器執行程式並拍照，會顯示虛擬的景象，讀者可以長按 Shift 鍵，並搭配滑鼠移動鏡頭，選擇好景象後將鍵盤放開，即可固定鏡頭。

- 建立一個 ImageView 顯示拍照後的影像。
- 建立兩個 Button 並實作拍照及旋轉照片的功能。

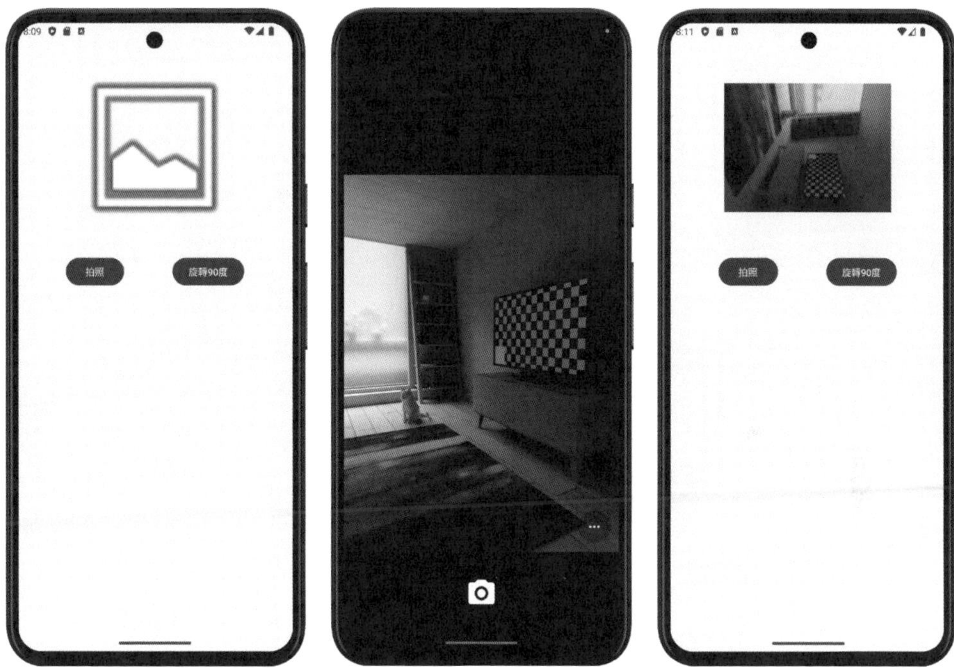

圖 11-10　影像擷取器使用者介面（左）、啟動相機（中）與旋轉照片（右）

11.3.1　介面設計

STEP 01　建立最低支援版本為「API 24」的新專案，並新增如圖 11-11 所示的檔案。

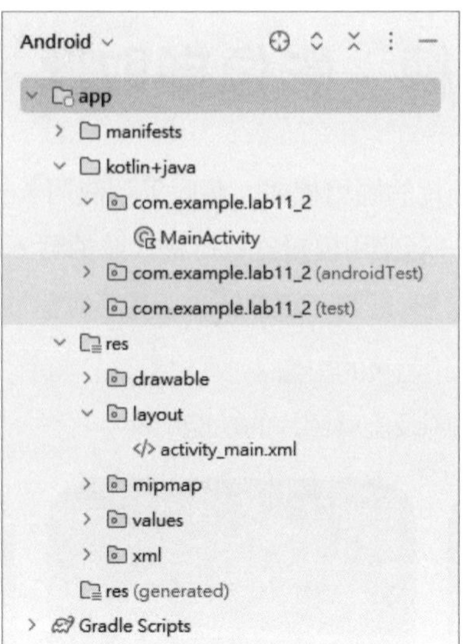

圖 11-11　影像擷取器專案架構

STEP 02 繪製 activity_main.xml，如圖 11-12 所示。

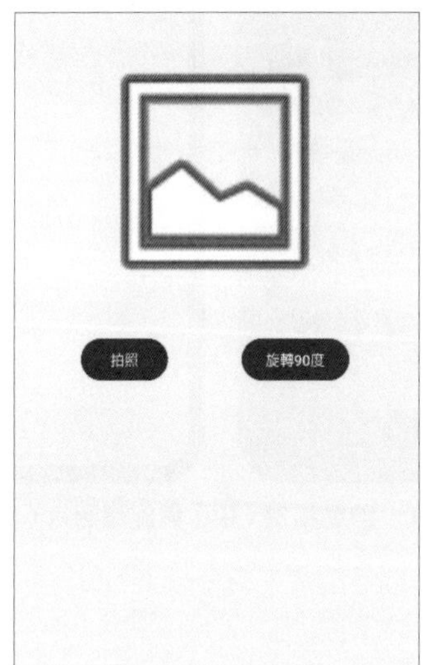

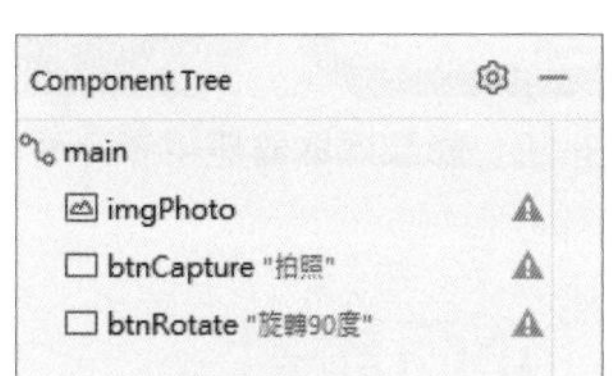

圖 11-12　MainActivity 畫面（左）與元件樹（右）

對應的 XML 如下：

```
<?xml version="1.0" encoding="utf-8"?>
<androidx.constraintlayout.widget.ConstraintLayout
    xmlns:android="http://schemas.android.com/apk/res/android"
    xmlns:app="http://schemas.android.com/apk/res-auto"
```

```
    xmlns:tools="http://schemas.android.com/tools"
    android:id="@+id/main"
    android:layout_width="match_parent"
    android:layout_height="match_parent"
    tools:context=".MainActivity">

    <ImageView
        android:id="@+id/imgPhoto"
        android:layout_width="250dp"
        android:layout_height="250dp"
        android:layout_marginTop="32dp"
        app:layout_constraintEnd_toEndOf="parent"
        app:layout_constraintStart_toStartOf="parent"
        app:layout_constraintTop_toTopOf="parent"
        app:srcCompat="@android:drawable/ic_menu_gallery" />

    <Button
        android:id="@+id/btnCapture"
        android:layout_width="wrap_content"
        android:layout_height="wrap_content"
        android:layout_marginTop="32dp"
        android:text="拍照"
        app:layout_constraintEnd_toStartOf="@+id/btnRotate"
        app:layout_constraintStart_toStartOf="parent"
        app:layout_constraintTop_toBottomOf="@+id/imgPhoto" />

    <Button
        android:id="@+id/btnRotate"
        android:layout_width="wrap_content"
        android:layout_height="wrap_content"
        android:text="旋轉90度"
        app:layout_constraintEnd_toEndOf="parent"
        app:layout_constraintStart_toEndOf="@+id/btnCapture"
        app:layout_constraintTop_toTopOf="@+id/btnCapture" />
</androidx.constraintlayout.widget.ConstraintLayout>
```

11.3.2 程式設計

STEP 01 撰寫 MainActivity 程式，建立 ActivityResultLauncher 變數來啟動相機，並取得回傳的縮圖，最後由 ImageView 顯示。

```
class MainActivity : AppCompatActivity() {
    // 目前的圖片旋轉角度
    private var angle = 0f

    // 宣告 ActivityResultLauncher，取得回傳的照片
    private val startForResult = registerForActivityResult(
        ActivityResultContracts.TakePicturePreview()
    ) { bitmap: Bitmap? ->
        if (bitmap != null) {
            findViewById<ImageView>(R.id.imgPhoto).setImageBitmap(bitmap)
        }
    }

    override fun onCreate(savedInstanceState: Bundle?) {
        super.onCreate(savedInstanceState)
        enableEdgeToEdge()
        setContentView(R.layout.activity_main)
        ViewCompat.setOnApplyWindowInsetsListener(findViewById(R.id.main)) { v,
insets ->
            val systemBars = insets.getInsets(WindowInsetsCompat.Type.
systemBars())
            v.setPadding(systemBars.left, systemBars.top, systemBars.right,
systemBars.bottom)
            insets
        }

        findViewById<Button>(R.id.btnCapture).setOnClickListener {
            // 用 try-catch 避免例外錯誤產生，若產生錯誤則使用 Toast 顯示
            try {
                // 使用 startForResult 來拍攝照片
                startForResult.launch(null)
            } catch (e: ActivityNotFoundException) {
                Toast.makeText(this, "無相機應用程式", Toast.LENGTH_SHORT).show()
            }
        }

        findViewById<Button>(R.id.btnRotate).setOnClickListener {
            // 原本角度再加上 90 度
            angle += 90f
            // 使 ImageView 旋轉
            findViewById<ImageView>(R.id.imgPhoto).rotation = angle
        }
    }
}
```

12

Service

學習目標

- ❏ 了解 Service 的用途及使用時機
- ❏ 使用 Service 執行背景工作

12.1 Service

當Activity離開畫面後，會進入停止狀態，即生命週期進入onStop()，此時Activity無法被控制，除非透過執行緒處理相關操作，然而當應用程式完全關閉後，執行緒也會被銷毀，因此造成任務停止執行。為了解決這個問題，開發者需要使用「Service」來處理應用程式關閉後仍需繼續執行的特定任務。

Service（服務）是Android應用程式的一種元件，用於在背景中處理與使用者介面無關的長時間任務，即使切換到其他應用程式，Service仍會繼續執行，因此它常用於應用程式關閉後執行特定任務，例如：訊息通知、資料下載或音樂播放等。圖12-1所示的iTalkuTalk應用程式，即使在未開啟應用程式的狀態，也能夠接收到來電通知。

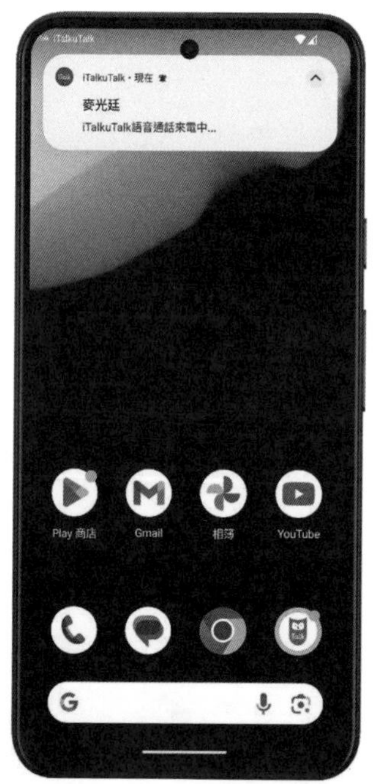

圖12-1　使用Service啟動來電通知

12.1.1　建立Service

STEP 01 選擇「File → New → Service → Service」，如圖12-2所示。

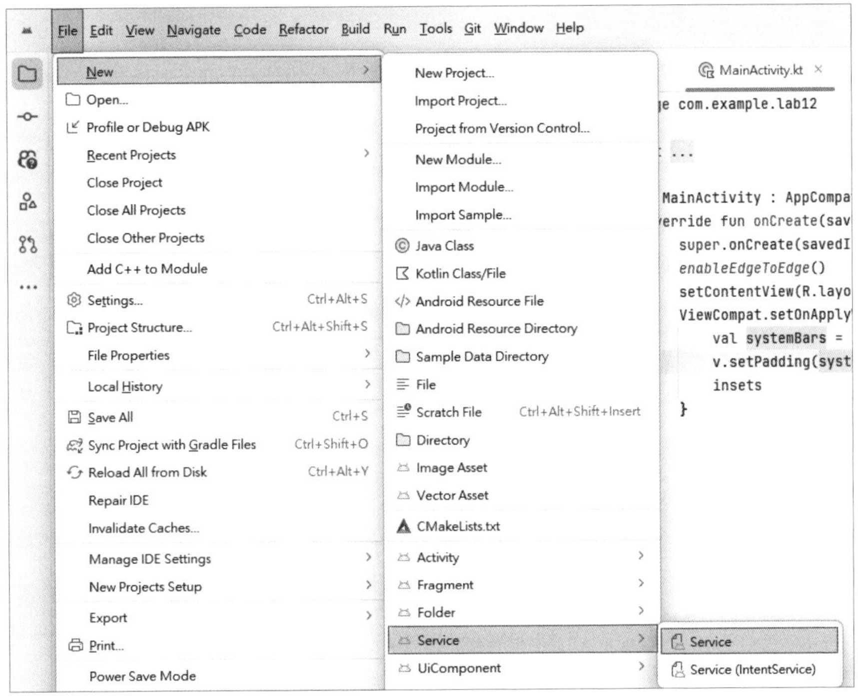

圖 12-2　建立新的 Service

STEP 02 在配置視窗中，修改 Service 的名稱後點選「Finish」按鈕，如圖 12-3 所示。

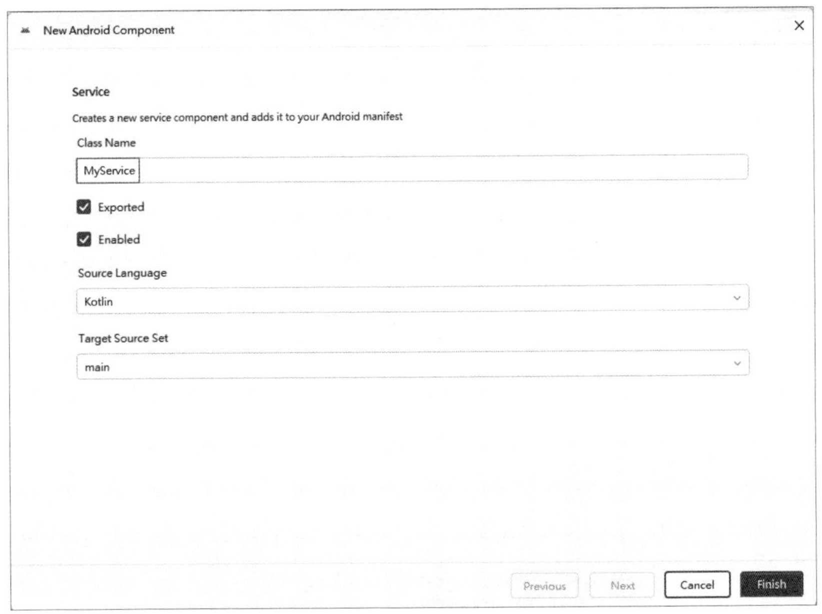

圖 12-3　輸入 Service 名稱並點選「Finish」按鈕

STEP 03 Android Studio 會自動產生 Service 所需要的檔案，在目錄中會發現多了 MyService 程式檔，如圖 12-4 所示。

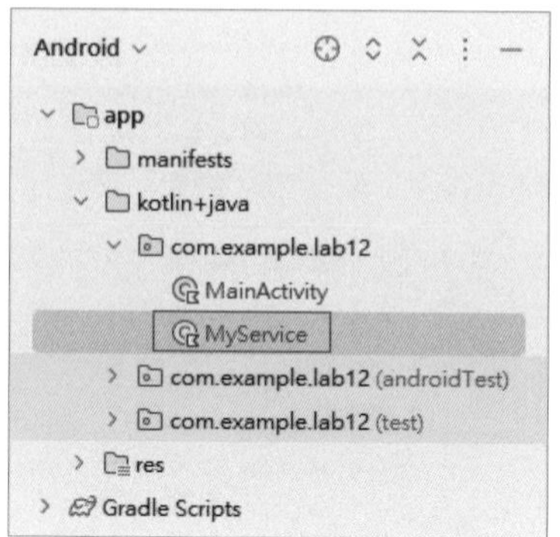

圖 12-4　目錄產生新的檔案

而 AndroidManifest.xml 也會自動增加 Service 的資訊。

```
<?xml version="1.0" encoding="utf-8"?>
<manifest xmlns:android="http://schemas.android.com/apk/res/android"
    xmlns:tools="http://schemas.android.com/tools">

    <application
        android:allowBackup="true"
        ...
        tools:targetApi="31">
        <service
            android:name=".MyService"
            android:enabled="true"
            android:exported="true" />

        <activity
            ...
        </activity>
    </application>
</manifest>
```

12.1.2 啟動 Service

在 Activity 中使用 startService() 方法，並透過 Intent 的方式啟動，內部傳入啟動與被啟動者，即目前 Activity（this）與 Service（MyService::class.java）。

```
startService(Intent(this, MyService::class.java))
```

若要在 Activity 中關閉 Service，可使用 stopService() 方法，並透過 Intent 的方式停止，內部傳入停止與被停止者，即目前 Activity（this）與 Service（MyService::class.java）。

```
stopService(Intent(this, MyService::class.java))
```

Service 被啟動後會執行 onCreate() 方法，並自動呼叫 onStartCommand() 方法，我們可以將要執行的程式撰寫於 onStartCommand() 方法中，而當 Service 需要結束時，呼叫 stopSelf() 方法讓它結束程序，此時會進入 onDestroy() 的環節。

```
class MyService : Service() {
    // 只在建立Service實例時執行一次
    override fun onCreate() {
        super.onCreate()
    }
    // 每次啟動Service都會呼叫
    override fun onStartCommand(intent: Intent?, flags: Int, startId: Int): Int {
        // 終止Service
        stopSelf()
        return super.onStartCommand(intent, flags, startId)
    }
    // 終止Service後呼叫
    override fun onDestroy() {
        super.onDestroy()
    }
    // 綁定Service時呼叫，用於與Activity進行溝通
    // 這裡不需要，所以回傳null
    override fun onBind(intent: Intent): IBinder? = null
}
```

onStartCommand() 方法是 Service 最重要的執行階段，它會告訴系統如何在異常終止後重啟 Service。執行中的 Service 如果再次接收到 Activity 發出的 startService() 請求，會執行 onStartCommand()，而不會再次執行 onCreate()。換言之，onStartCommand() 扮演著接收外部請求並操作 Service 的角色。

onStartCommand() 的第一個參數 intent 可接收由 Activity 啟動時攜帶的資訊，第二個參數 flags 表示啟動服務的方式，第三個參數為啟動的識別標籤。onStartCommand() 需要回傳一個整數，且必須是以下三種常數之一：

❍ START_NOT_STICKY：若 Service 被終止時，便結束服務不再建立。

❍ START_STICKY：若 Service 被終止時，系統會嘗試重啟，並再次執行 onStartCommand()，但不會重傳 Intent 的資料。

❍ START_REDELIVER_INTENT：若 Service 被終止時，系統會嘗試重啟並再次執行 onStartCommand()，且 Intent 的資料會被重傳。

```
override fun onStartCommand(intent: Intent?, flags: Int, startId: Int): Int {
    // Service 被終止時會重啟且不會重傳 Intent 的資料
    return START_STICKY
}
```

12.2 實戰演練：背景彈出應用

本範例實作一個從背景彈出畫面的應用程式，藉此了解 Service 的用途及使用方法，如圖 12-5 所示。另外，本範例建議使用模擬器執行，因為不同品牌的手機對背景管理的機制不同，需要先開啟手機的自啟動與背景彈出畫面的權限，才能正常執行本範例。

❍ 建立新的 Activity，將其命名為「SecActivity」。

❍ 設計啟動前（MainActivity）及啟動後（SecActivity）畫面。

❍ 在 MainActivity 按下「啟動 Service」按鈕後，會啟動 MyService 並結束 MainActivity。

❍ 啟動 MyService 後，使用執行緒延遲 3 秒再啟動 SecActivity。

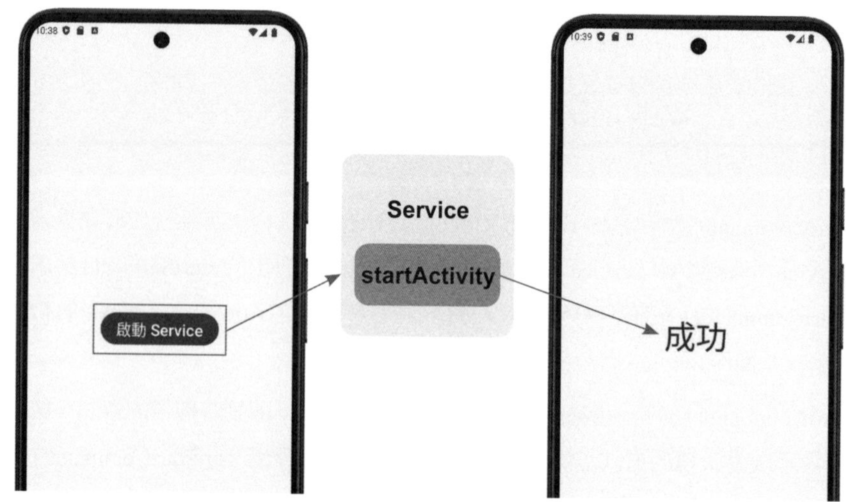

圖 12-5　MainActivity（左）與 SecActivity（右）

12.2.1 介面設計

STEP 01 建立最低支援版本為「API 24」的新專案，並新增如圖 12-6 所示的檔案。

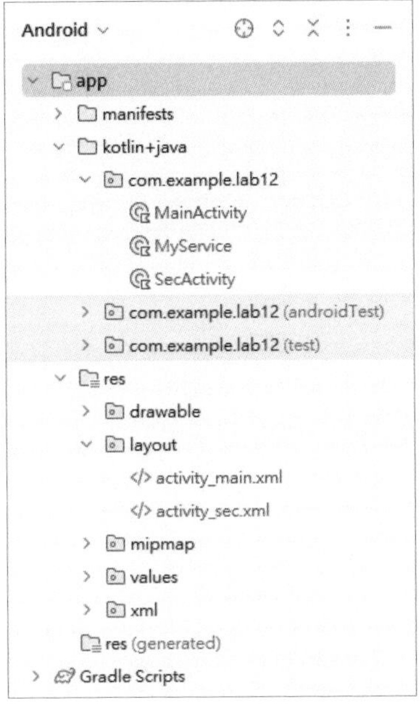

圖 12-6　背景彈出畫面專案架構

STEP 02 繪製 activity_main.xml 檔，如圖 12-7 所示。

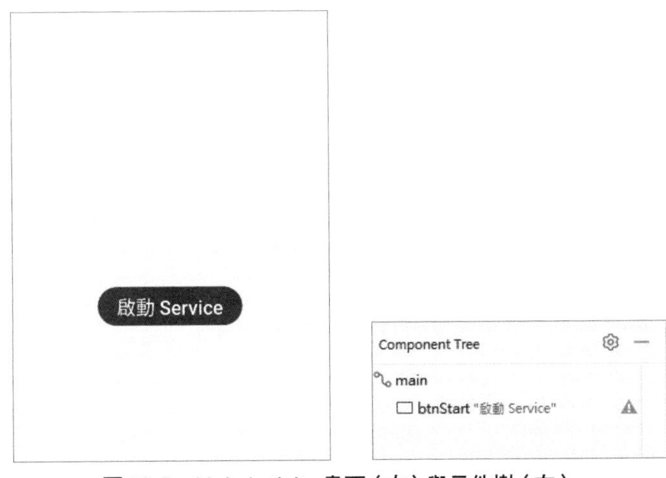

圖 12-7　MainActivity 畫面（左）與元件樹（右）

對應的 XML 如下：

```
<?xml version="1.0" encoding="utf-8"?>
<androidx.constraintlayout.widget.ConstraintLayout
    xmlns:android="http://schemas.android.com/apk/res/android"
    xmlns:app="http://schemas.android.com/apk/res-auto"
    xmlns:tools="http://schemas.android.com/tools"
    android:id="@+id/main"
    android:layout_width="match_parent"
    android:layout_height="match_parent"
    tools:context=".MainActivity">

    <Button
        android:id="@+id/btnStart"
        android:layout_width="wrap_content"
        android:layout_height="wrap_content"
        android:text="啟動 Service"
        android:textSize="24sp"
        app:layout_constraintBottom_toBottomOf="parent"
        app:layout_constraintLeft_toLeftOf="parent"
        app:layout_constraintRight_toRightOf="parent"
        app:layout_constraintTop_toTopOf="parent" />
</androidx.constraintlayout.widget.ConstraintLayout>
```

STEP 03 繪製 activity_sec.xml 檔，如圖 12-8 所示。

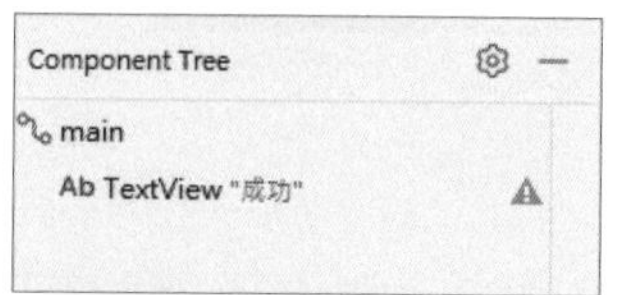

圖 12-8　SecActivity 畫面（左）與元件樹（右）

對應的 XML 如下：

```
<?xml version="1.0" encoding="utf-8"?>
<androidx.constraintlayout.widget.ConstraintLayout
    xmlns:android="http://schemas.android.com/apk/res/android"
    xmlns:app="http://schemas.android.com/apk/res-auto"
    xmlns:tools="http://schemas.android.com/tools"
    android:id="@+id/main"
    android:layout_width="match_parent"
    android:layout_height="match_parent"
    tools:context=".SecActivity">

    <TextView
        android:layout_width="wrap_content"
        android:layout_height="wrap_content"
        android:text="成功"
        android:textSize="48sp"
        app:layout_constraintBottom_toBottomOf="parent"
        app:layout_constraintEnd_toEndOf="parent"
        app:layout_constraintStart_toStartOf="parent"
        app:layout_constraintTop_toTopOf="parent" />
</androidx.constraintlayout.widget.ConstraintLayout>
```

12.2.2 程式設計

STEP 01 撰寫 MainActivity 程式，點選按鈕後，啟動 MyService 並結束 MainActivity，將後續工作交給 MyService。

```
class MainActivity : AppCompatActivity() {
    override fun onCreate(savedInstanceState: Bundle?) {
        super.onCreate(savedInstanceState)
        enableEdgeToEdge()
        setContentView(R.layout.activity_main)
        ViewCompat.setOnApplyWindowInsetsListener(findViewById(R.id.main)) { v,
insets ->
            val systemBars = insets.getInsets(WindowInsetsCompat.Type.
systemBars())
            v.setPadding(systemBars.left, systemBars.top, systemBars.right,
systemBars.bottom)
            insets
        }
```

```
        // 為按鈕設定監聽器
        findViewById<Button>(R.id.btnStart).setOnClickListener {
            // 使用 startService() 方法啟動 Service
            startService(Intent(this, MyService::class.java))
            // 顯示 Toast 訊息
            Toast.makeText(
                this, "啟動 Service", Toast.LENGTH_SHORT
            ).show()
            // 關閉 Activity
            finish()
        }
    }
}
```

STEP 02 撰寫 MyService 程式，使用執行緒延遲 3 秒後啟動 SecActivity。

```
class MyService : Service() {

    override fun onCreate() {
        super.onCreate()
        // 使用 Thread 執行耗時任務
        Thread {
            try {
                Thread.sleep(3000) // 延遲 3 秒
                // 宣告 Intent，從 MyService 啟動 SecActivity
                val intent = Intent(this, SecActivity::class.java)
                // 加入 Flag 表示要產生一個新的 Activity 實例
                intent.flags = Intent.FLAG_ACTIVITY_NEW_TASK
                startActivity(intent)
            } catch (e: InterruptedException) {
                e.printStackTrace()
            }
        }.start()
    }

    override fun onStartCommand(intent: Intent?, flags: Int, startId: Int): Int {
        // 回傳 START_NOT_STICKY，表示 Service 結束後不會重啟
        return START_NOT_STICKY
    }

    // 綁定 Service 時呼叫，用於與 Activity 進行溝通
    // 這裡不需要，所以回傳 null
    override fun onBind(intent: Intent): IBinder? = null
}
```

13

BroadcastReceiver

學習目標

- ❏ 了解 BroadcastReceiver 的用途及使用時機
- ❏ 使用 BroadcastReceiver 發送與接收廣播訊息

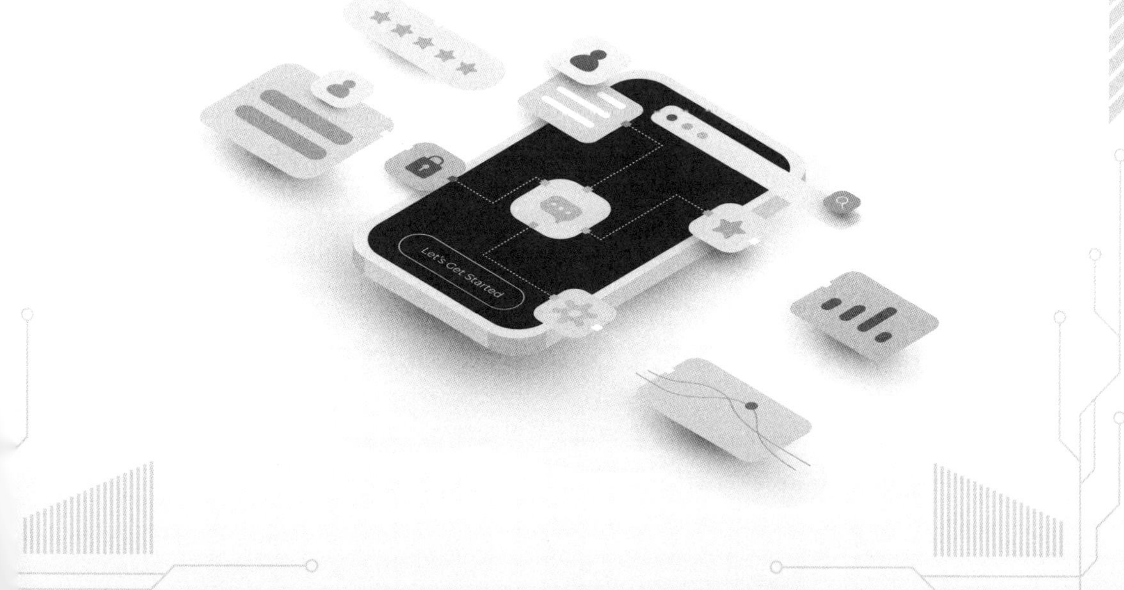

13.1 BroadcastReceiver

當使用者操作手機時，若手機電量不足，螢幕會顯示訊息提醒使用者裝置需要充電，或者當連接上 WiFi 時顯示相應的通知，這些系統層級的訊息都是使用 BroadcastReceiver 達成的。如圖 13-1 所示，使用 BroadcastReceiver 監聽手機目前的電量，並發送推播通知給使用者。

BroadcastReceiver（廣播接收器）是 Android 應用程式的一種元件，用於發送或接收來自其他應用程式或系統的訊息，類似於訂閱與發布的設計模式。BroadcastReceiver 分為 Broadcaster（廣播器）與 Receiver（接收器）等兩種角色，Broadcaster 可發送自行定義或系統預設的廣播事件，讓 Receiver 取得訊息，而 Receiver 則註冊特定的頻道，等待 Broadcaster 發送訊息並執行對應的處理。

圖 13-1　顯示目前手機電量

13.1.1　Listener 與 BroadcastReceiver

在第 3 章提到，使用 Listener（監聽器）可以攔截使用者對佈局元件的操作事件，而這個特性與 BroadcastReceiver 有些相似，以下比較它們的差異。

❍ Listener 必須綁定在特定的 View 元件上。

❍ 影響範圍被綁定對象所約束，例如：對按鈕設定 Listener，但按鈕消失於螢幕時，Listener 就無法攔截使用者的操作事件。

❍ Listener 只能接收綁定對象的事件。

❍ 適用於單一 View 元件且需處理特定事件的情況。

 BroadcastReceiver

❍ 無須綁定特定對象，而是透過註冊與註銷來決定是否接收訊息。

❍ 影響範圍不受限，例如：註冊後若不註銷，能夠持續接收系統或自訂的訊息。

❍ BroadcastReceiver 可以同時接收來自多個來源的訊息。

❍ 適用於需要監聽多個對象，或需要處理系統事件或自訂事件的情況。

表 13-1　Listener 與 BroadcastReceiver 的差異比較

差異比較	Listener	BroadcastReceiver
接收訊息類型	特定事件（點選、長按等）。	系統事件或自訂事件（Intent）。
發送對象及數量	對象明確且單一。	對象較不明確且多數。
影響範圍	受限於綁定的元件對象。	註冊後若不註銷就不受限。
使用時機	單一元件對象且訊息為特定事件。	多數對象且訊息為系統事件或自訂事件。

13.1.2　靜態註冊 BroadcastReceiver

使用 BroadcastReceiver 的方式有兩種，分別為「靜態註冊」與「動態註冊」。「靜態註冊」是指在 AndroidManifest.xml 檔案中定義 Receiver 的資訊，以便應用程式在未啟動時，也能接收到特定的廣播事件。這種方式適合需要長期監聽特定系統事件的情況，例如：手機開機完成、網絡連接變更等。

接著以監聽手機開機的功能為範例，步驟如下：

STEP 01　選擇「File → New → Other → Broadcast Receiver」，如圖 13-2 所示。

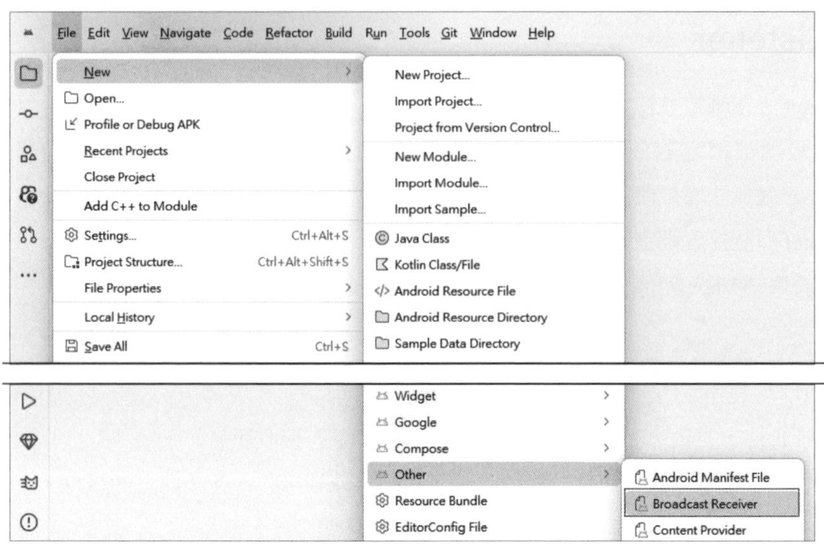

圖 13-2　建立新的 Broadcast Receiver

STEP 02 在配置視窗中，修改 Receiver 的名稱後點選「Finish」按鈕，如圖 13-3 所示。

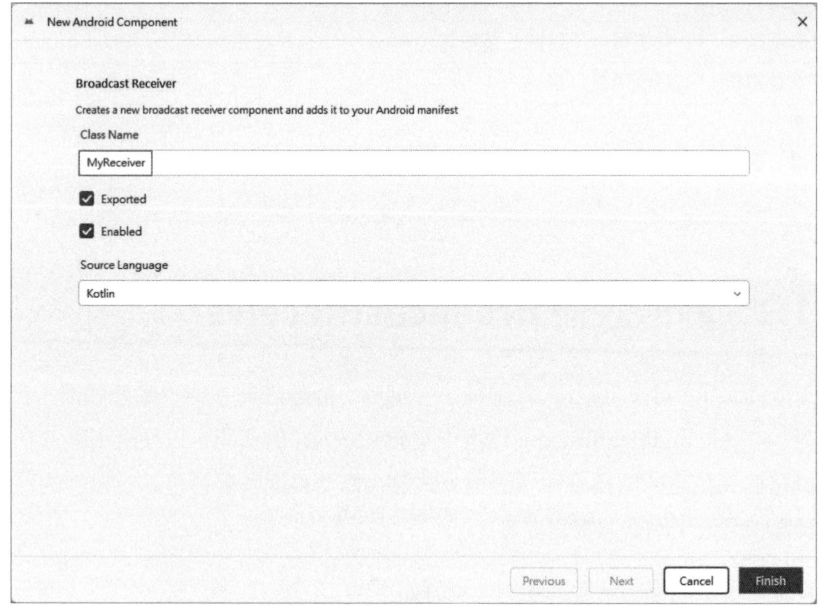

圖 13-3　輸入 Receiver 名稱並點選「Finish」按鈕

STEP 03 Android Studio 會自動產生 BroadcastReceiver 所需要的檔案，在目錄中會發現多了 MyReceiver 程式檔，如圖 13-4 所示。

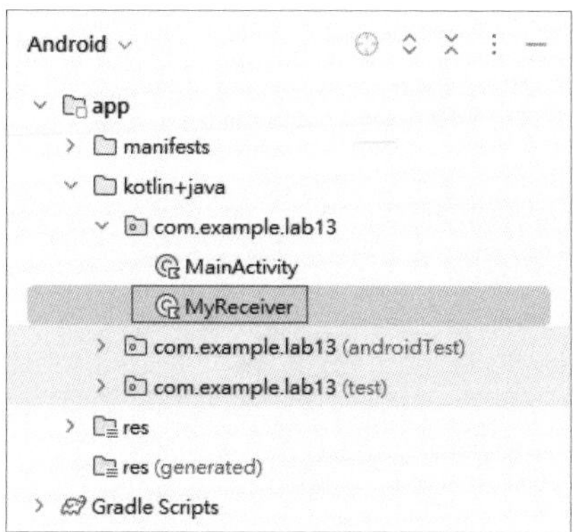

圖 13-4　目錄產生新的檔案

而 AndroidManifest.xml 也會自動增加 Receiver 的資訊。

```
<?xml version="1.0" encoding="utf-8"?>
<manifest xmlns:android="http://schemas.android.com/apk/res/android"
    xmlns:tools="http://schemas.android.com/tools">

    <application
        android:allowBackup="true"
        ...
        tools:targetApi="31">
        <receiver
            android:name=".MyReceiver"
            android:enabled="true"
            android:exported="true" />

        <activity
            ...
        </activity>
    </application>
</manifest>
```

STEP 04 我們需要在 AndroidManifest.xml 新增開機權限以及 Receiver 的意圖篩選器（Intent filter），意圖篩選器可以讓這個 Receiver 只接收到特定的廣播事件。

```
<?xml version="1.0" encoding="utf-8"?>
<manifest xmlns:android="http://schemas.android.com/apk/res/android"
    xmlns:tools="http://schemas.android.com/tools">

  <uses-permission android:name="android.permission.RECEIVE_BOOT_COMPLETED" />
```

```
    <application
        android:allowBackup="true"
        ...
        android:theme="@style/Theme.Lab13"
        tools:targetApi="31">
        <receiver
            android:name=".MyReceiver"
            android:enabled="true"
            android:exported="true">
            <intent-filter>
                <action android:name="android.intent.action.BOOT_COMPLETED" />
            </intent-filter>
        </receiver>

        <activity
            ...
        </activity>
    </application>
</manifest>
```

STEP 05 撰寫 MyReceiver 內部的程式碼，並透過模擬器執行應用程式。

```
class MyReceiver : BroadcastReceiver() {

    override fun onReceive(context: Context, intent: Intent) {
        Log.d("MyReceiver", "onReceive: ${intent.action}")
    }
}
```

STEP 06 將模擬器重新開機，並觀察 Logcat 是否有開機廣播事件產生，如圖 13-5 所示。

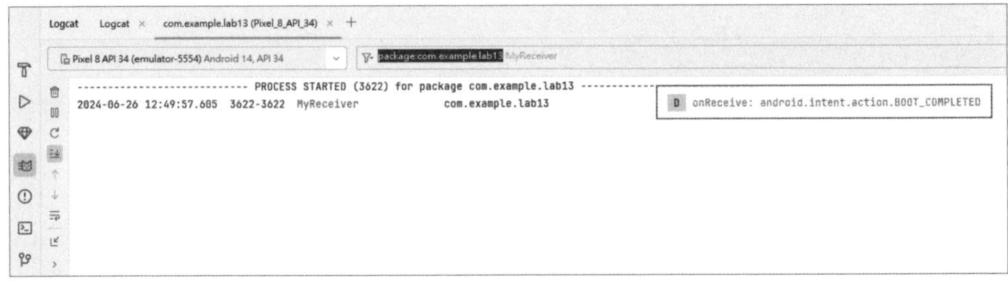

圖 13-5　在 Logcat 查看開機廣播事件

13.1.3 動態註冊 BroadcastReceiver

「動態註冊」是指在程式碼中進行註冊，這種方式更靈活，適合在應用程式執行期間動態監聽特定的廣播事件。動態註冊通常在 Activity 或 Service 中進行，並且在相應的生命週期中註冊和解除註冊。範例程式碼如下：

STEP 01 建立廣播接收器，並在 onCreate() 進行註冊，然後在 onDestroy() 解除註冊。

```
class MainActivity : AppCompatActivity() {
    // 建立廣播接收器
    private val receiver =
        object : BroadcastReceiver() {
            override fun onReceive(context: Context, intent: Intent) {
                // 取得廣播訊息
            }
        }

    override fun onCreate(savedInstanceState: Bundle?) {
        super.onCreate(savedInstanceState)
        // 省略…
        // 建立 IntentFilter 物件
        val intentFilter = IntentFilter("MyBroadcast")
        // 註冊廣播接收器
        // 如果是 Android 12 以上的版本，則需要加上 RECEIVER_EXPORTED
        if (Build.VERSION.SDK_INT >= Build.VERSION_CODES.TIRAMISU) {
            registerReceiver(receiver, intentFilter, RECEIVER_EXPORTED)
        }else {
            registerReceiver(receiver, intentFilter)
        }
    }

    override fun onDestroy() {
        super.onDestroy()
        // 解除註冊廣播接收器
        unregisterReceiver(receiver)
    }
}
```

STEP 02 撰寫 onReceive() 內部的程式碼，此次的範例使用 Toast 顯示廣播事件及訊息。

```
// 建立廣播接收器
private val receiver =
```

```
    object : BroadcastReceiver() {
        override fun onReceive(context: Context, intent: Intent) {
            // 取得廣播訊息
            val action = intent.action
            val msg = intent.extras?.getString("msg")
            Toast.makeText(context, "Received: $action, $msg",
                Toast.LENGTH_SHORT).show()
        }
    }
```

STEP 03 發送廣播事件。

```
// 建立Intent物件，識別標籤為"MyBroadcast"
val intent = Intent("MyBroadcast")
// 加入訊息，Key為"msg"，Value為"Hello, World!"
intent.putExtra("msg", "Hello, World!")
// 發送廣播
sendBroadcast(intent)
```

燒入到模擬器後，就能看到 Receiver 發送的 Toast 訊息，如圖 13-6 所示。

圖 13-6　顯示接收到的廣播事件及訊息

在上一小節有使用到意圖篩選器（Intent Filter）來取得開機廣播事件，除了開機事件外，系統預設的廣播事件包含低電量、螢幕開啟、耳機插入等，這些預設的事件有固定的識別標籤（Action），當系統發生對應的行為時會自動發送廣播，而表 13-2 列出常見廣播事件的識別標籤。

表 13-2　Android 系統預設廣播事件的識別標籤

識別標籤	說明
ACTION_BATTERY_LOW	低電量通知。
ACTION_HEADSET_PLUG	耳機插入或拔除。
ACTION_SCREEN_ON	螢幕開啟。
ACTION_TIMEZONE_CHANGED	時區改變。

接著我們可以修改上述的程式碼來監聽螢幕開啟的廣播事件。範例程式碼如下：

```
class MainActivity : AppCompatActivity() {
    // 建立廣播接收器
    private val receiver =
        object : BroadcastReceiver() {
            override fun onReceive(context: Context, intent: Intent) {
                // 顯示訊息
                Toast.makeText(context, "螢幕開啟",
                    Toast.LENGTH_SHORT).show()
            }
        }

    override fun onCreate(savedInstanceState: Bundle?) {
        super.onCreate(savedInstanceState)
        // 省略…
        // 建立 IntentFilter 物件
        val intentFilter = IntentFilter(Intent.ACTION_SCREEN_ON)
        // 註冊廣播接收器
        // 如果是 Android 12 以上的版本，則需要加上 RECEIVER_EXPORTED
        if (Build.VERSION.SDK_INT >= Build.VERSION_CODES.TIRAMISU) {
            registerReceiver(receiver, intentFilter, RECEIVER_EXPORTED)
        }else {
            registerReceiver(receiver, intentFilter)
        }
    }

    override fun onDestroy() {
        super.onDestroy()
        // 解除註冊廣播接收器
        unregisterReceiver(receiver)
    }
}
```

燒入到模擬器後，先將螢幕關閉再重新開啟，就能看到 Receiver 發送的 Toast 訊息，如圖 13-7 所示。

圖 13-7　顯示螢幕開啟訊息

13.2 實戰演練：廣播電台

本範例實作一個廣播電台的應用程式，藉此了解BroadcastReceiver的用途及使用方法，如圖13-8所示。

- 建立三個Button供使用者切換收聽頻道。
- 建立一個TextView顯示廣播的訊息。
- 啟動Service並依據頻道發送廣播訊息。
- 使用Thread延遲3秒後，發送頻道的播報訊息。
- MainActivity的Receiver接收廣播訊息後，將其呈現於TextView。

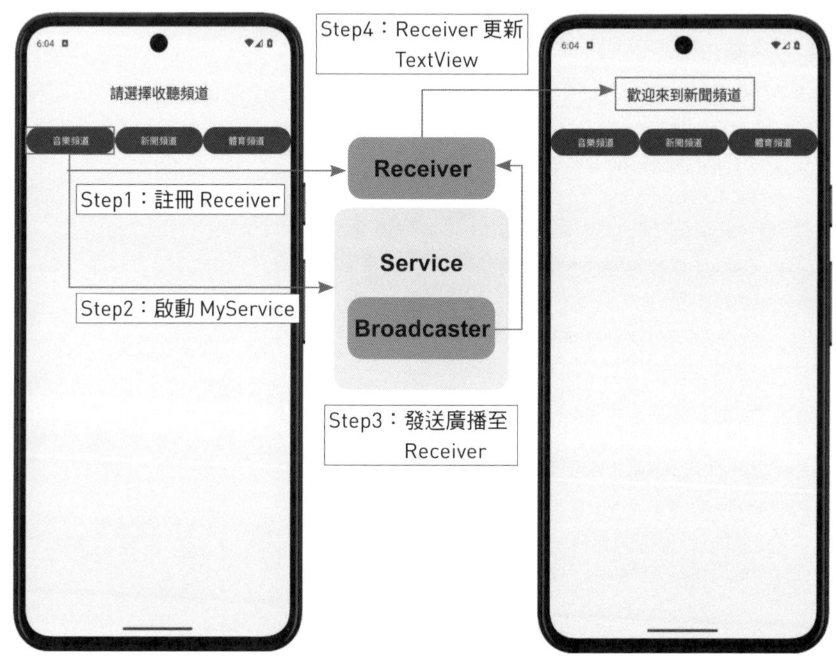

圖13-8　廣播電台流程

13.2.1　介面設計

STEP 01 建立最低支援版本為「API 24」的新專案，並新增如圖13-9所示的檔案。

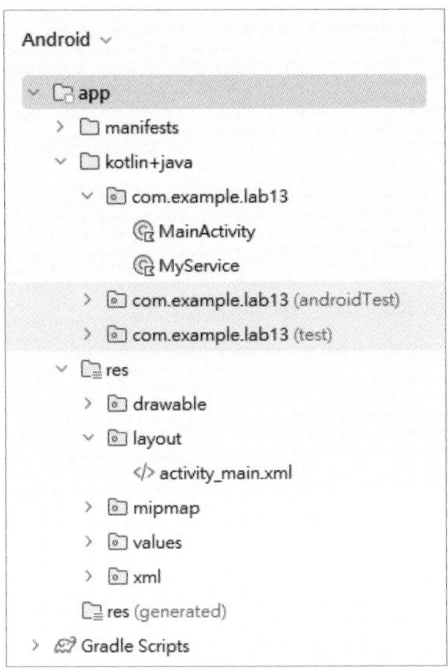

圖 13-9　廣播電台專案架構

STEP 02 繪製 activity_main.xml，如圖 13-10 所示。

圖 13-10　廣播電台畫面（左）與元件樹（右）

對應的 XML 如下：

```
<?xml version="1.0" encoding="utf-8"?>
<androidx.constraintlayout.widget.ConstraintLayout
    xmlns:android="http://schemas.android.com/apk/res/android"
    xmlns:app="http://schemas.android.com/apk/res-auto"
    xmlns:tools="http://schemas.android.com/tools"
    android:id="@+id/main"
```

```
    android:layout_width="match_parent"
    android:layout_height="match_parent"
    tools:context=".MainActivity">

    <TextView
        android:id="@+id/tvMsg"
        android:layout_width="match_parent"
        android:layout_height="wrap_content"
        android:layout_marginTop="32dp"
        android:gravity="center"
        android:text="請選擇收聽頻道"
        android:textSize="22sp"
        app:layout_constraintTop_toTopOf="parent" />

    <LinearLayout
        android:layout_width="match_parent"
        android:layout_height="wrap_content"
        android:layout_marginTop="32dp"
        app:layout_constraintTop_toBottomOf="@+id/tvMsg">

        <Button
            android:id="@+id/btnMusic"
            android:layout_width="0dp"
            android:layout_height="wrap_content"
            android:layout_weight="1"
            android:text="音樂頻道" />

        <Button
            android:id="@+id/btnNew"
            android:layout_width="0dp"
            android:layout_height="wrap_content"
            android:layout_weight="1"
            android:text="新聞頻道" />

        <Button
            android:id="@+id/btnSport"
            android:layout_width="0dp"
            android:layout_height="wrap_content"
            android:layout_weight="1"
            android:text="體育頻道" />
    </LinearLayout>
</androidx.constraintlayout.widget.ConstraintLayout>
```

13.2.2 程式設計

STEP 01 撰寫 MainActivity，將三個按鈕設置監聽器。在監聽器內部，將頻道名稱傳入 register() 方法並執行。register() 方法內註冊頻道後，啟動 Service 並使用 Intent 傳遞使用者切換的頻道資訊。當 receiver 收到廣播後，將訊息顯示於 TextView。

```
class MainActivity : AppCompatActivity() {
    // 建立 BroadcastReceiver 物件
    private val receiver =
        object : BroadcastReceiver() {
            override fun onReceive(context: Context, intent: Intent) {
                // 接收廣播後，解析 Intent 取得字串訊息
                intent.extras?.let {
                    val tvMsg = findViewById<TextView>(R.id.tvMsg)
                    tvMsg.text = "${it.getString("msg")}"
                }
            }
        }

    override fun onCreate(savedInstanceState: Bundle?) {
        super.onCreate(savedInstanceState)
        enableEdgeToEdge()
        setContentView(R.layout.activity_main)
        ViewCompat.setOnApplyWindowInsetsListener(findViewById(R.id.main)) { v,
insets ->
            val systemBars = insets.getInsets(WindowInsetsCompat.Type.
systemBars())
            v.setPadding(systemBars.left, systemBars.top, systemBars.right,
systemBars.bottom)
            insets
        }

        findViewById<Button>(R.id.btnMusic).setOnClickListener {
            register("music")
        }

        findViewById<Button>(R.id.btnNew).setOnClickListener {
            register("new")
        }
```

```
        findViewById<Button>(R.id.btnSport).setOnClickListener {
            register("sport")
        }
    }

    override fun onDestroy() {
        super.onDestroy()
        // 解除註冊廣播接收器
        unregisterReceiver(receiver)
    }

    private fun register(channel: String) {
        // 建立IntentFilter物件來指定接收的頻道
        val intentFilter = IntentFilter(channel)
        // 註冊廣播接收器
        // 如果是Android 12以上的版本，則需要加上RECEIVER_EXPORTED
        if (Build.VERSION.SDK_INT >= Build.VERSION_CODES.TIRAMISU) {
            registerReceiver(receiver, intentFilter, RECEIVER_EXPORTED)
        } else {
            registerReceiver(receiver, intentFilter)
        }
        // 建立Intent物件，使其夾帶頻道資料，並啟動MyService服務
        val i = Intent(this, MyService::class.java)
        startService(i.putExtra("channel", channel))
    }
}
```

STEP 02 撰寫 MyService，取出 Intent 的頻道資訊，依據頻道發送對應的歡迎訊息，並建立執行緒在 3 秒後發送頻道的播報訊息，若執行緒被建立且活動中，表示使用者切換過頻道，則將上次頻道的執行緒中斷。

```
class MyService : Service() {
    private var channel = ""
    private lateinit var thread: Thread

    override fun onStartCommand(intent: Intent?, flags: Int, startId: Int): Int {
        // 解析Intent取得字串訊息
        intent?.extras?.let {
            channel = it.getString("channel", "")
        }
```

```
        sendBroadcast(
            when(channel) {
                "music" -> "歡迎來到音樂頻道"
                "new" -> "歡迎來到新聞頻道"
                "sport" -> "歡迎來到體育頻道"
                else -> "頻道錯誤"
            }
        )
        // 若thread被初始化過且正在執行，則中斷它
        if (::thread.isInitialized && thread.isAlive)
            thread.interrupt()

        thread = Thread {
            try {
                Thread.sleep(3000) // 延遲3秒
                sendBroadcast(
                    when(channel) {
                        "music" -> "即將播放本月TOP10音樂"
                        "new" -> "即將為您提供獨家新聞"
                        "sport" -> "即將播報本週NBA賽事"
                        else -> "頻道錯誤"
                    }
                )
            } catch (e: InterruptedException) {
                e.printStackTrace()
            }
        }

        thread.start() // 啟動執行緒
        return START_STICKY
    }

    override fun onBind(intent: Intent): IBinder? = null

    // 發送廣播訊息
    private fun sendBroadcast(msg: String) =
        sendBroadcast(Intent(channel).putExtra("msg", msg))
}
```

14

Google Maps

學習目標

- ❏ 申請 Google Maps API 金鑰
- ❏ 複習權限的觀念、權限檢查以及向使用者請求權限
- ❏ 使用 Google Maps API 移動鏡頭、設定地標、設定我的位置、畫線

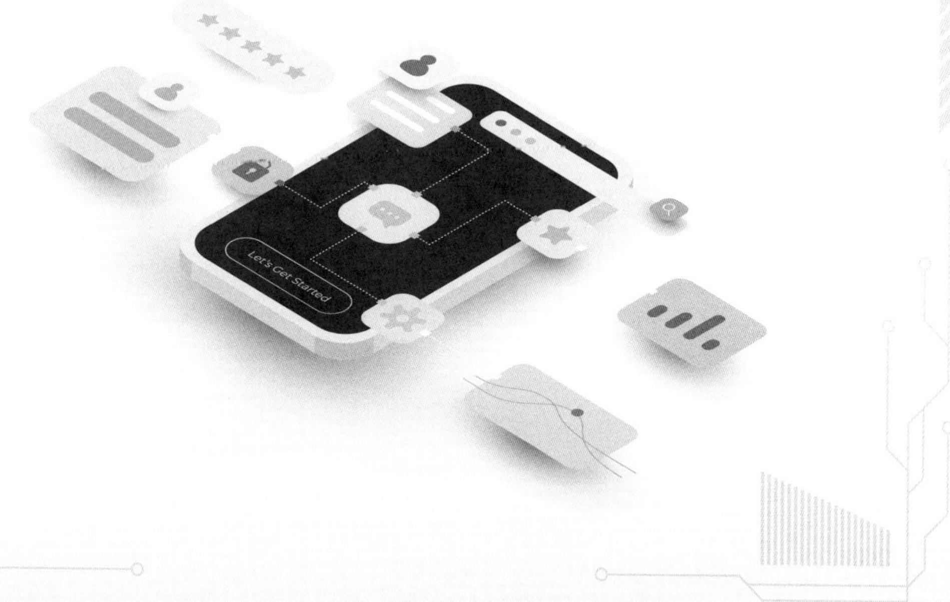

14.1 Google Maps

Google Maps 是 Google 公司提供的全球電子地圖服務，整合了道路地圖、地形圖、3D 立體圖、室內樓層平面圖、衛星影像圖、街景、導航等多項功能，開發者可以使用 Maps SDK，將 Google 地圖的資料與功能新增至 Android 應用程式中。

Maps SDK 能自動處理對 Google 地圖伺服器的存取、資料下載、地圖顯示以及地圖手勢的回應，並提供工具來新增標記或線段到地圖上，也能夠移動地圖的顯示位置供使用者觀看。如圖 14-1 所示，iTalkuTalk 應用程式使用地圖，呈現了線上使用者人數及合作店家的位置。

使用 Maps SDK，需要先到 Google Cloud Platform（GCP）申請 API 金鑰，申請方法會在本章的實戰演練中說明，以下先介紹 Maps SDK 提供的基本功能。

圖 14-1　人口地圖（左）與商店地圖（右）

14.1.1 建立地圖

在 activity_main.xml 中加入 <fragment> 標籤，並定義為 SupportMapFragment 類別，將其作為地圖畫面的容器，當地圖載入後就能呈現於此，如圖 14-2 所示。

```
<?xml version="1.0" encoding="utf-8"?>
<androidx.constraintlayout.widget.ConstraintLayout
    xmlns:android="http://schemas.android.com/apk/res/android"
    xmlns:tools="http://schemas.android.com/tools"
    android:id="@+id/main"
    android:layout_width="match_parent"
    android:layout_height="match_parent"
    tools:context=".MainActivity">

    <fragment
        android:id="@+id/mapFragment"
        android:name="com.google.android.gms.maps.SupportMapFragment"
        android:layout_width="match_parent"
        android:layout_height="match_parent" />
</androidx.constraintlayout.widget.ConstraintLayout>
```

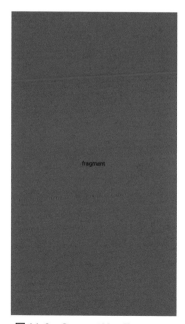

圖 14-2　SupportMapFragment

首先，在 MainActivity 中繼承 OnMapReadyCallback 介面，接著使用 supportFragment Manager.findFragmentById() 方法綁定 XML 中的 fragment 元件，並將其轉型為 SupportMap Fragment 類別，然後使用 getMapAsync() 方法載入 Google 地圖，並覆寫 onMapReady() 方法，則地圖載入完成後，系統會呼叫 onMapReady() 方法，並執行其內部的方法。

```
// Step1：繼承 OnMapReadyCallback
class MainActivity : AppCompatActivity(), OnMapReadyCallback {
    override fun onCreate(savedInstanceState: Bundle?) {
        super.onCreate(savedInstanceState)
        // 省略…
        // Step2：取得 SupportMapFragment
        val mapFragment = supportFragmentManager
            .findFragmentById(R.id.mapFragment) as SupportMapFragment
        // Step3：使用非同步的方式載入地圖
        mapFragment.getMapAsync(this)
    }

    // Step4：當地圖準備好時會呼叫此方法
    override fun onMapReady(map: GoogleMap) {
    }
}
```

14.1.2 顯示目前位置

Google Maps 提供前往目前位置的按鈕，要顯示此按鈕，須將 isMyLocationEnabled 設定為 true。

```
override fun onMapReady(map: GoogleMap) {
    // 顯示目前位置與定位按鈕
    map.isMyLocationEnabled = true
}
```

不過這段程式碼會被標記紅色錯誤，因為此功能需要搭配定位相關的權限（不熟悉權限的讀者可以複習第 11 章的內容），因此在 AndroidManifest.xml 中加入網路與定位權限。下方的 API 金鑰申請方式會在實戰演練中說明。

```
<?xml version="1.0" encoding="utf-8"?>
<manifest xmlns:android="http://schemas.android.com/apk/res/android"
    xmlns:tools="http://schemas.android.com/tools">
```

```
<!--  允許程式使用網路權限  -->
<uses-permission android:name="android.permission.INTERNET" />
<!--  允許程式存取精確位置  -->
<uses-permission android:name="android.permission.ACCESS_FINE_LOCATION" />
<!--  允許程式存取粗略位置  -->
<uses-permission android:name="android.permission.ACCESS_COARSE_LOCATION" />

<application
    android:allowBackup="true"
    ...
    tools:targetApi="31">
    <!--  若目標版本在API 28或以上需要額外設定Apache  -->
    <uses-library
        android:name="org.apache.http.legacy"
        android:required="false" />
    <!--  此處要放入Maps SDK的API金鑰  -->
    <meta-data
        android:name="com.google.android.geo.API_KEY"
        android:value="YOUR_API_KEY"/>
    ...
</application>
</manifest>
```

接著修改MainActivity的程式碼，並在其中檢查權限，若未同意權限，則向使用者請求權限。

```
// 繼承OnMapReadyCallback
class MainActivity : AppCompatActivity(), OnMapReadyCallback {
    override fun onRequestPermissionsResult(
        requestCode: Int,
        permissions: Array<out String>,
        grantResults: IntArray
    ) {
        super.onRequestPermissionsResult(requestCode, permissions, grantResults)
        if (grantResults.isNotEmpty() && requestCode == 0) {
            // 檢查是否所有權限都已經被允許
            val allGranted = grantResults.all {
                it == PackageManager.PERMISSION_GRANTED
            }
            if (allGranted) {
                loadMap() // 重新讀取地圖
            } else {
```

```
            finish()      // 結束應用程式
        }
    }
}

override fun onCreate(savedInstanceState: Bundle?) {
    super.onCreate(savedInstanceState)
    // 省略…
    // 讀取地圖
    loadMap()
}

override fun onMapReady(map: GoogleMap) {
    // 是否允許精確位置權限
    val isAccessFineLocationGranted =
        ActivityCompat.checkSelfPermission(
            this, android.Manifest.permission.ACCESS_FINE_LOCATION
        ) == PackageManager.PERMISSION_GRANTED
    // 是否允許粗略位置權限
    val isAccessCoarseLocationGranted =
        ActivityCompat.checkSelfPermission(
            this, android.Manifest.permission.ACCESS_COARSE_LOCATION
        ) == PackageManager.PERMISSION_GRANTED
    if (isAccessFineLocationGranted && isAccessCoarseLocationGranted) {
        // 顯示目前定位的按鈕
        map.isMyLocationEnabled = true
    } else {
        // 請求權限，精確定位包含粗略定位，因此只要求精確定位權限就好
        ActivityCompat.requestPermissions(
            this,
            arrayOf(android.Manifest.permission.ACCESS_FINE_LOCATION),
            0
        )
    }
}

// 讀取地圖
private fun loadMap() {
    // 取得 SupportMapFragment
    val mapFragment = supportFragmentManager
        .findFragmentById(R.id.mapFragment) as SupportMapFragment
    mapFragment.getMapAsync(this) // 使用非同步的方式取得地圖
```

```
    }
}
```

執行該應用程式，並給予定位權限，地圖右上角會顯示一個定位按鈕，點選後便會移動至目前的位置，如圖 14-3 所示。

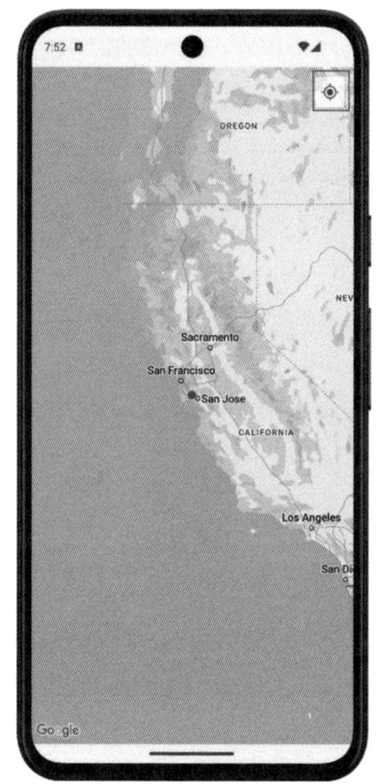

圖 14-3　地圖右上角顯示定位按鈕

14.1.3　標記地圖

新增地圖標記可使用 addMarker() 方法，方法內要傳入 MarkerOptions 類型的物件，它用於產生地圖的標記並提供多個屬性與方法，其中最為重要的是 position() 方法，它用於定義標記的位置，方法內要傳入 LatLng 類型的物件，該物件的第一與第二個參數分別為經度及緯度。

```
// 建立 MarkerOptions 物件
val marker = MarkerOptions()
// 設定座標
marker.position(LatLng(25.033611, 121.565000))
// 設定標記名稱
marker.title("台北 101")
```

```
// 設定是否可拖曳
marker.draggable(true)
// 將Marker加入地圖
map.addMarker(marker)
```

執行該應用程式，地圖會在指定位置加入標記，點選後會顯示名稱，如圖 14-4 所示。

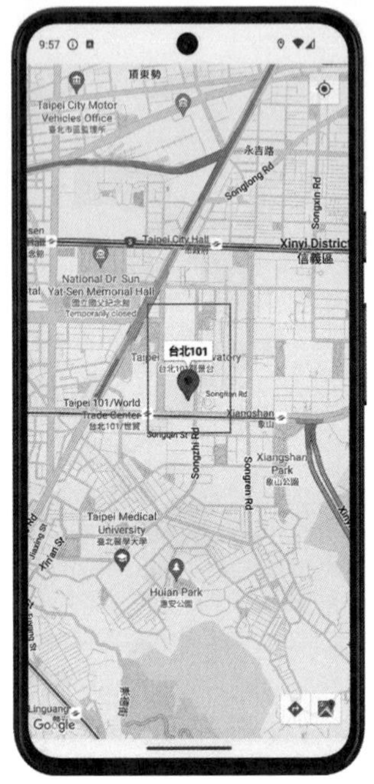

圖 14-4　地圖上顯示標記

14.1.4　移動地圖視角

移動地圖視角可使用 moveCamera() 方法，方法內要傳入 CameraUpdate 類型的物件，物件可藉由 CameraUpdateFactory 的 newLatLngZoom() 方法產生，方法內的第一個參數是 LatLng 類型的物件，用於移動視角至指定的經緯度，第二個參數是視角的深度，深度越大，地圖就離街道越近，如圖 14-5 所示。

```
// 移動地圖到指定的位置
map.moveCamera(
    CameraUpdateFactory.newLatLngZoom(
    LatLng(25.033611, 121.565000), 13f))
```

圖 14-5 移動畫面到指定地點

14.1.5 繪製地圖線段

繪製地圖線段，可使用 addPolyline() 方法，方法內要傳入 PolylineOptions 類型的物件，它用於產生地圖的線段，並提供多個屬性與方法，其中最為重要的是 add() 方法，它用於定義線段要行經的位置，並依據 add() 方法的先後順序來連結線段。

```
// 建立 PolylineOptions 物件
val polylineOpt = PolylineOptions()
// 加入三個要行經的座標
polylineOpt.add(LatLng(25.033611, 121.565000))
polylineOpt.add(LatLng(25.032435, 121.534905))
polylineOpt.add(LatLng(25.047924, 121.517081))
// 將線段設為藍色
polylineOpt.color(Color.BLUE)
// 將 PolylineOptions 加入地圖，並取得 Polyline 物件
val polyline = map.addPolyline(polylineOpt)
// 設定線段寬度
polyline.width = 10f
```

透過 addPolyline() 方法加入線段後，會回傳 Polyline 物件，此物件為地圖繪製完成的線段，取得後可使用 width 屬性控制線段的寬度，如圖 14-6 所示。

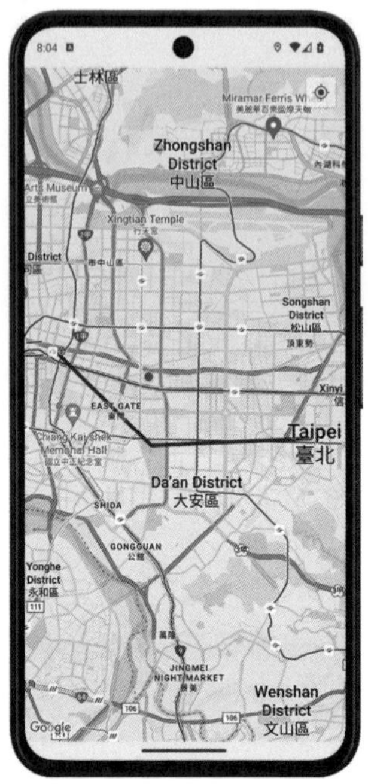

圖 14-6　地圖上顯示線段

14.2 實戰演練：地圖應用

本範例實作一個 Google 地圖的應用程式，藉此了解地圖的功能及使用方法，如圖 14-7 所示。

- 啟用 Map SDK for Android。
- 申請 API 金鑰。
- 匯入 Google Maps 函式庫。
- 向使用者請求定位權限。
- 在 Google 地圖上顯示定位按鈕、標記地圖、繪製線段以及移動視角。

圖 14-7　Google 地圖使用者介面

14.2.1　Google API 金鑰申請

在應用程式使用 Google Maps 之前，須申請 API 金鑰，才能使用其服務。

STEP 01 到 Google Cloud Platform 網頁（URL https://console.developers.google.com/apis/dashboard），並登入 Google 帳戶，點選「選取專案」後，選擇「新增專案」來建立新的專案，如圖 14-8 所示。

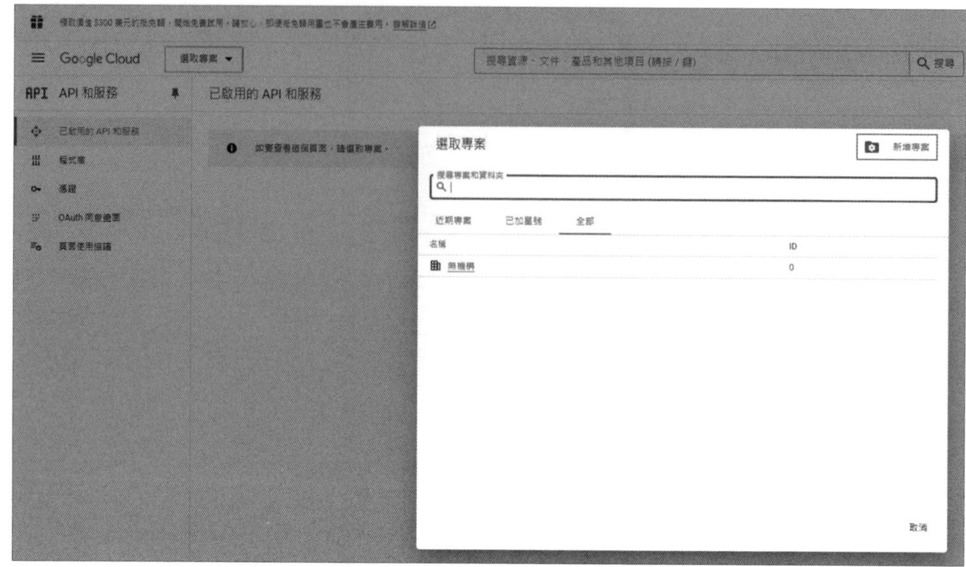

圖 14-8　新增 Google API 專案

STEP 02 輸入專案名稱後，點選「建立」按鈕，如圖 14-9 所示。

圖 14-9　設定專案名稱

STEP 03 專案建立完成後，在左上角的選取專案中找到已建立的專案，並搜尋「Maps SDK for Android」，如圖 14-10 所示。

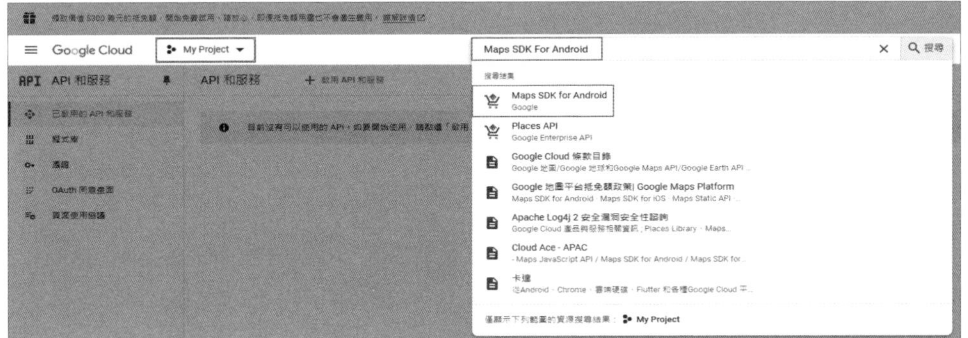

圖 14-10　選取專案並搜尋「Maps SDK for Android」

STEP 04 點選「啟用」按鈕，以啟動 Maps SDK for Android，如圖 14-11 所示。

圖 14-11　啟動 Maps SDK for Android

STEP 05 啟用後，如果是第一次使用 GCP，會需要你填入付款方式，如圖 14-12 所示。Google Maps 每個月都有免費額度，所以不用擔心會被扣款。計費方式可參考：

URL https://developers.google.com/maps/documentation/android-sdk/usage-and-billing。

圖 14-12　新增付款資訊

STEP 06 付款方式填寫完成後，會出現個人資訊調查表，填寫完成後點選「提交」按鈕，如圖 14-13 所示。

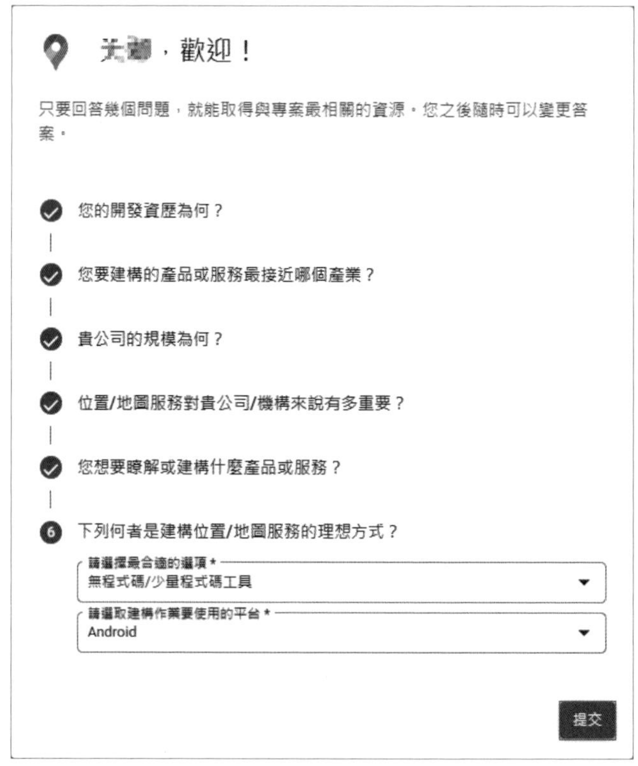

圖 14-13　填寫個人資訊

STEP 07 個人資訊填寫完成後，就會出現你的 API 金鑰，點選右下角的「前往 Google 地圖平台」按鈕，如圖 14-14 所示。

圖 14-14　開始使用 Google 地圖

STEP 08 接下來會詢問是否要保護金鑰，此處點選「以後再說」按鈕即可，如圖 14-15 所示。

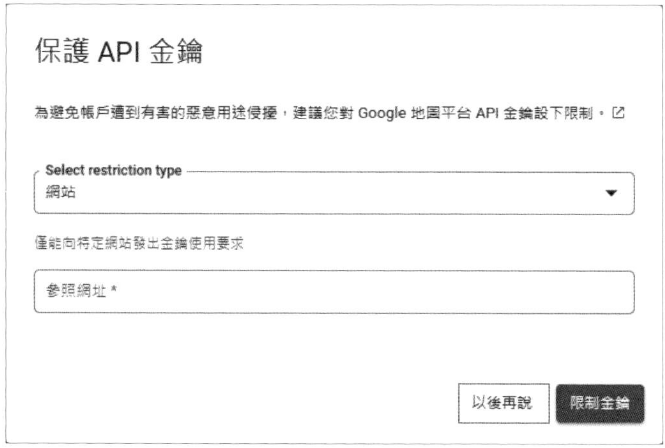

圖 14-15　保護 API 金鑰

STEP 09 接下來會自動回到專案頁面，點選「啟用 API」按鈕，如圖 14-16 所示。

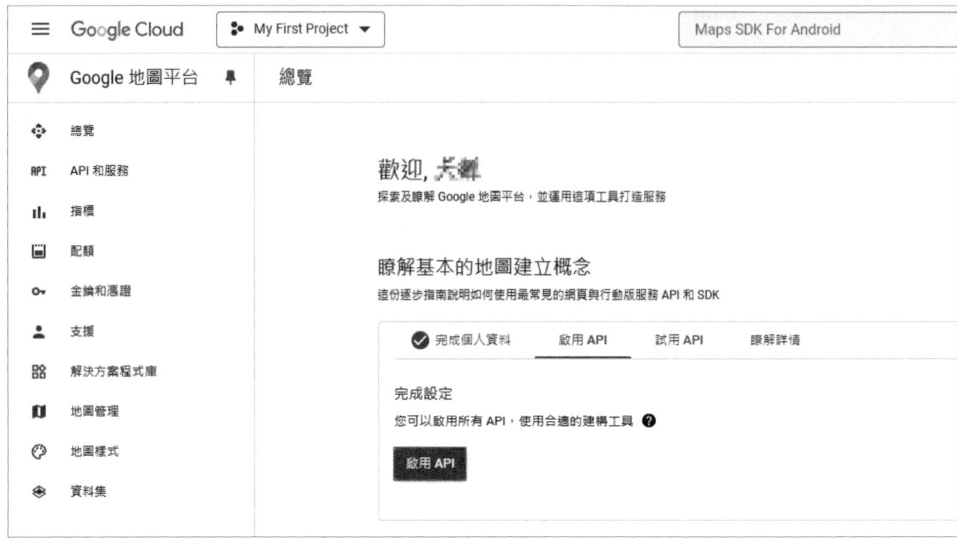

圖 14-16　啟用 API

STEP 10 點選「試用 API」按鈕，如圖 14-17 所示。

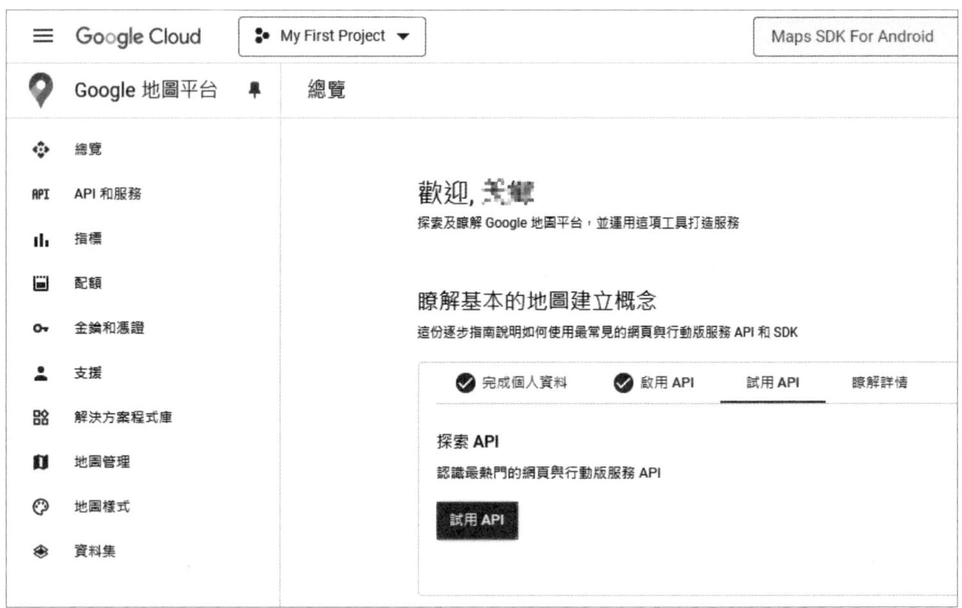

圖 14-17　試用 API

STEP 11 Maps SDK 介紹，點選「Done」按鈕，如圖 14-18 所示。

圖 14-18　試用 API

STEP 12 點選左側的「憑證」，右側可以看到申請完成的 API 金鑰。如果沒有出現，可以點選上方的「建立憑證」來新增 API 金鑰，如圖 14-19 所示。

圖 14-19　金鑰與憑證

14.2.2　匯入 Google Maps 函式庫

STEP 01 開啟位於 Android Studio 工具列的「SDK Manager」，如圖 14-20 所示。

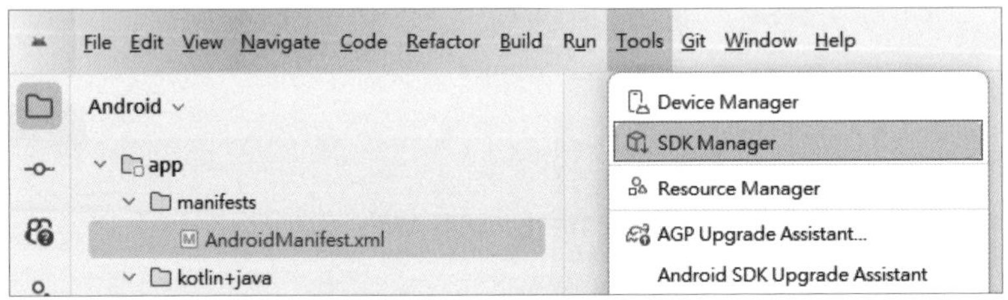

圖 14-20　SDK Manager

STEP 02 選擇 SDK Tools 的「Google Play services」，點選「OK」按鈕，如圖 14-21 所示。

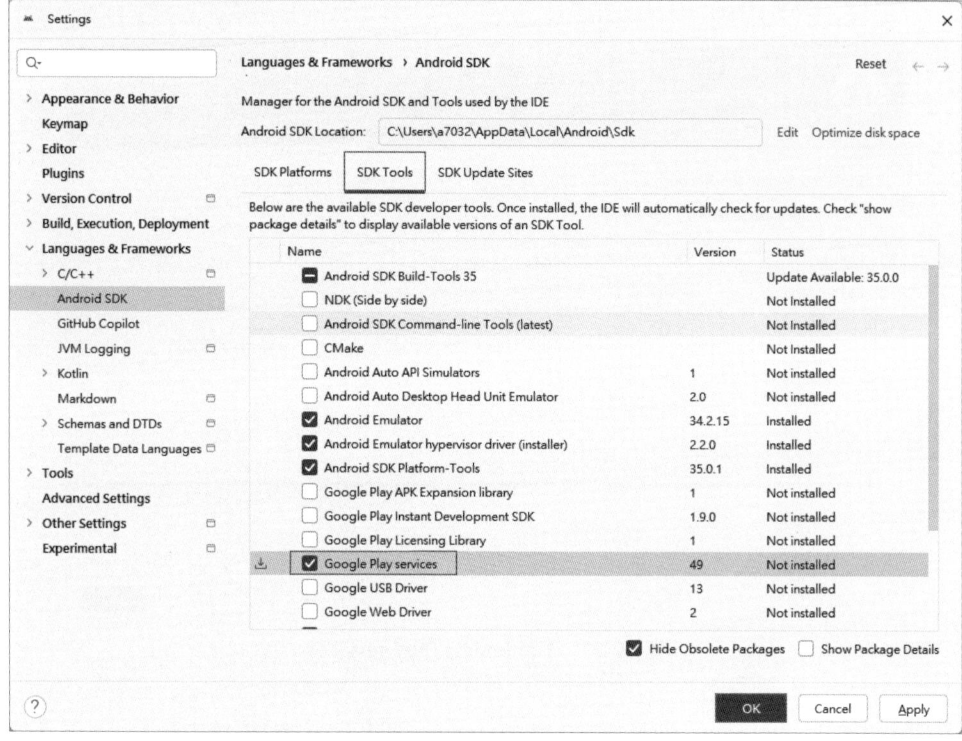

圖 14-21 選擇 SDK Tools 的 Google Play services

STEP 03 點選「OK」按鈕，以確認改變的儲存空間大小，如圖 14-22 所示。

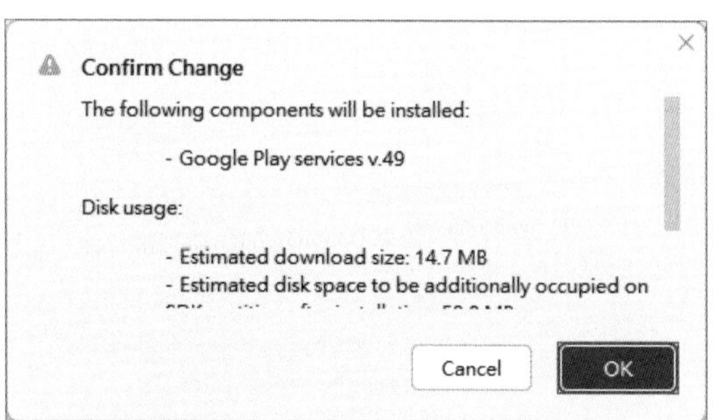

圖 14-22 確認改變的儲存空間大小

STEP 04 等待下載完成後，點選「Finish」按鈕，如圖 14-23 所示。

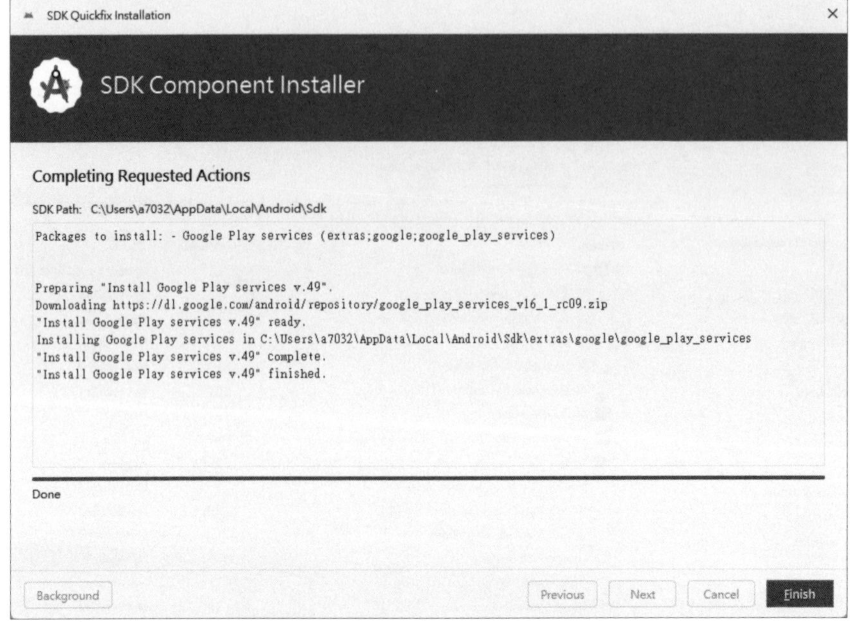

圖 14-23　下載 Google Play services

STEP 05 開啟 libs.versions.toml 檔案，在 [versions] 和 [libraries] 區塊中新增版本號及套件，如圖 14-24 所示。

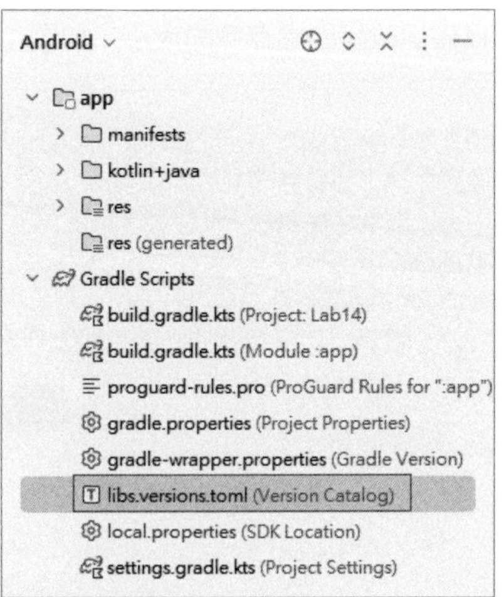

圖 14-24　在專案架構中開啟 libs.versions.toml

```
[versions]
…省略
google_maps = "19.0.0"

[libraries]
…省略
google_maps = { group = "com.google.android.gms", name = "play-services-maps",
version.ref = "google_maps" }

[plugins]
…省略
```

STEP 06 點選上方的「Sync Now」進行同步，此時會下載函式庫，如圖 14-25 所示。

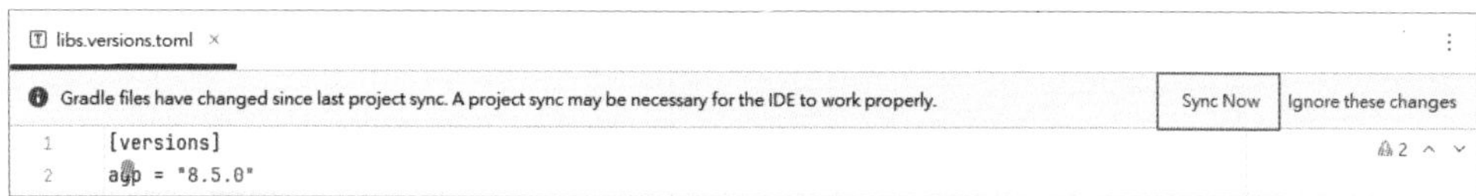

圖 14-25　進行同步

STEP 07 開啟 build.gradle.kts 檔案，在 dependencies 新增套件，如圖 14-26 所示。

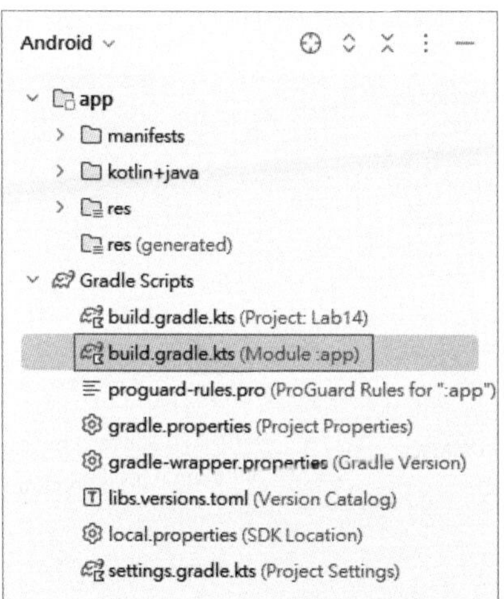

圖 14-26　在專案架構中開啟 libs.versions.toml

```
plugins {
    ...
}

android {
```

```
    namespace = "com.example.lab15"
    compileSdk = 34
    ...
}

dependencies {
    ...
    implementation(libs.google.maps)
}
```

STEP 08 點選上方的「Sync Now」進行同步，此時會引入函式庫到專案中，完成後即可在程式碼中使用，如圖 14-27 所示。

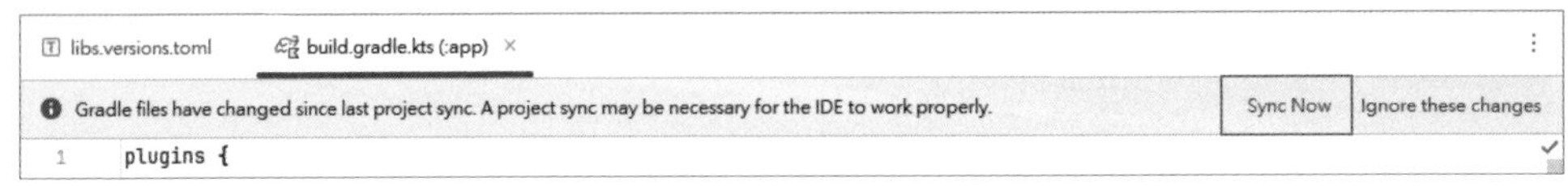

圖 14-27　進行同步

STEP 09 Google Maps 使用時須透過網路，因此在 AndroidManifest.xml 宣告網路權限及後續要使用的定位權限，並加入申請完成的 API 金鑰。另外，若要執行在 API 28 以上的裝置，則須額外設定 Apache HTTP。

```
<?xml version="1.0" encoding="utf-8"?>
<manifest xmlns:android="http://schemas.android.com/apk/res/android"
    xmlns:tools="http://schemas.android.com/tools">

    <!-- 允許程式使用網路權限 -->
    <uses-permission android:name="android.permission.INTERNET" />
    <!-- 允許程式存取精確位置 -->
    <uses-permission android:name="android.permission.ACCESS_FINE_LOCATION" />
    <!-- 允許程式存取粗略位置 -->
    <uses-permission android:name="android.permission.ACCESS_COARSE_LOCATION" />

    <application
        android:allowBackup="true"
        ...
        tools:targetApi="31">
        <!-- 若目標版本在API 28或以上需要額外設定Apache -->
        <uses-library
            android:name="org.apache.http.legacy"
            android:required="false" />
```

```
        <!-- 此處要放入Maps SDK的API金鑰 -->
        <meta-data
            android:name="com.google.android.geo.API_KEY"
            android:value="YOUR_API_KEY"/>
        <activity
            ...
        </activity>
    </application>
</manifest>
```

STEP 10 繪製 activity_main.xml，如圖 14-28 所示。

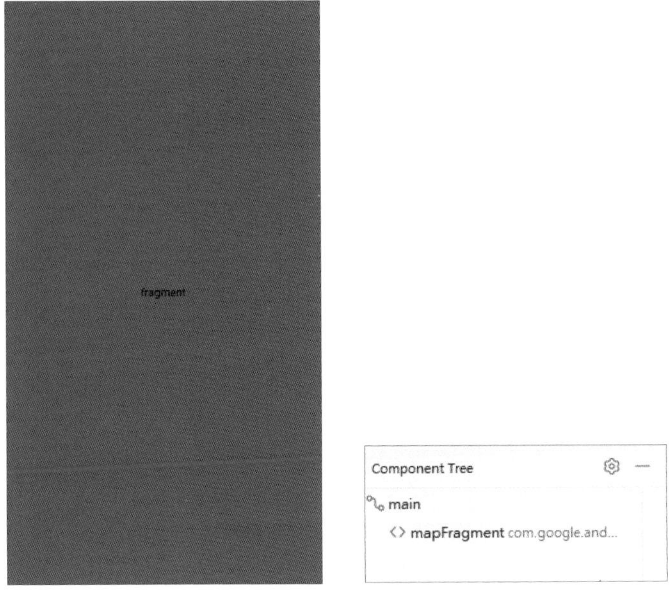

圖 14-28　地圖畫面（左）與元件樹（右）

對應的 XML 如下：

```
<?xml version="1.0" encoding="utf-8"?>
<androidx.constraintlayout.widget.ConstraintLayout
    xmlns:android="http://schemas.android.com/apk/res/android"
    xmlns:tools="http://schemas.android.com/tools"
    android:id="@+id/main"
    android:layout_width="match_parent"
    android:layout_height="match_parent"
    tools:context=".MainActivity">
```

```
    <fragment
        android:id="@+id/mapFragment"
        android:name="com.google.android.gms.maps.SupportMapFragment"
        android:layout_width="match_parent"
        android:layout_height="match_parent" />
</androidx.constraintlayout.widget.ConstraintLayout>
```

STEP 11 若螢幕呈現地圖，表示 Google Maps 安裝成功，如圖 14-29 所示。

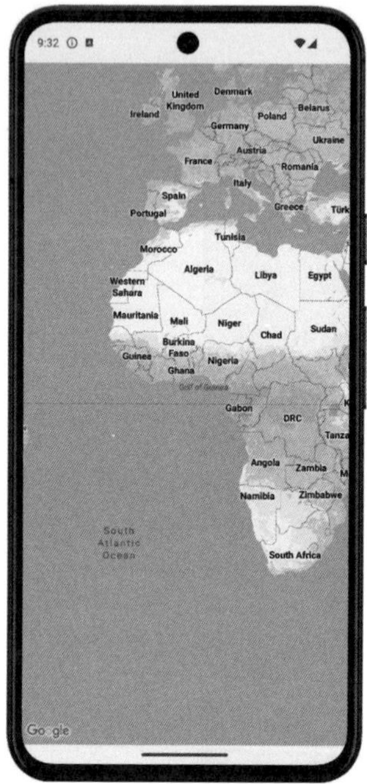

圖 14-29　Google 地圖畫面

14.2.3　程式設計

STEP 01 撰寫 MainActivity 程式，確認及要求定位權限，並新增標記及線段。

```
// 繼承 OnMapReadyCallback
class MainActivity : AppCompatActivity(), OnMapReadyCallback {
    override fun onRequestPermissionsResult(
        requestCode: Int,
        permissions: Array<out String>,
        grantResults: IntArray
    ) {
```

```
        super.onRequestPermissionsResult(requestCode, permissions, grantResults)
        if (grantResults.isNotEmpty() && requestCode == 0) {
            // 檢查是否所有權限都已經被允許
            val allGranted = grantResults.all {
                it == PackageManager.PERMISSION_GRANTED
            }
            if (allGranted) {
                loadMap() // 重新讀取地圖
            } else {
                finish()   // 結束應用程式
            }
        }
    }

    override fun onCreate(savedInstanceState: Bundle?) {
        super.onCreate(savedInstanceState)
        enableEdgeToEdge()
        setContentView(R.layout.activity_main)
        ViewCompat.setOnApplyWindowInsetsListener(findViewById(R.id.main)) { v,
insets ->
            val systemBars = insets.getInsets(WindowInsetsCompat.Type.
systemBars())
            v.setPadding(systemBars.left, systemBars.top, systemBars.right,
systemBars.bottom)
            insets
        }
        loadMap()       // 讀取地圖
    }

    // 實作 onMapReady，當地圖準備好時會呼叫此方法
    override fun onMapReady(map: GoogleMap) {
        // 是否允許精確位置權限
        val isAccessFineLocationGranted =
            ActivityCompat.checkSelfPermission(
                this, android.Manifest.permission.ACCESS_FINE_LOCATION
            ) == PackageManager.PERMISSION_GRANTED
        // 是否允許粗略位置權限
        val isAccessCoarseLocationGranted =
            ActivityCompat.checkSelfPermission(
                this, android.Manifest.permission.ACCESS_COARSE_LOCATION
            ) == PackageManager.PERMISSION_GRANTED
        if (isAccessFineLocationGranted && isAccessCoarseLocationGranted) {
```

```
            // 顯示目前位置與目前位置的按鈕
            map.isMyLocationEnabled = true
            // 加入標記
            val marker = MarkerOptions()
            marker.position(LatLng(25.033611, 121.565000))
            marker.title("台北101")
            marker.draggable(true)
            map.addMarker(marker)
            marker.position(LatLng(25.047924, 121.517081))
            marker.title("台北車站")
            marker.draggable(true)
            map.addMarker(marker)
            // 繪製線段
            val polylineOpt = PolylineOptions()
            polylineOpt.add(LatLng(25.033611, 121.565000))
            polylineOpt.add(LatLng(25.032435, 121.534905))
            polylineOpt.add(LatLng(25.047924, 121.517081))
            polylineOpt.color(Color.BLUE)
            val polyline = map.addPolyline(polylineOpt)
            polyline.width = 10f
            // 移動視角
            map.moveCamera(CameraUpdateFactory.newLatLngZoom(
                LatLng(25.035, 121.54), 13f))
        } else {
            // 請求權限
            // 精確定位包含粗略定位，因此只要求精確定位權限就好
            ActivityCompat.requestPermissions(
                this,
                arrayOf(android.Manifest.permission.ACCESS_FINE_LOCATION),
                0
            )
        }
    }

    // 讀取地圖
    private fun loadMap() {
        // 取得 SupportMapFragment
        val mapFragment = supportFragmentManager
            .findFragmentById(R.id.mapFragment) as SupportMapFragment
        // 使用非同步的方式取得地圖
        mapFragment.getMapAsync(this)
    }
}
```

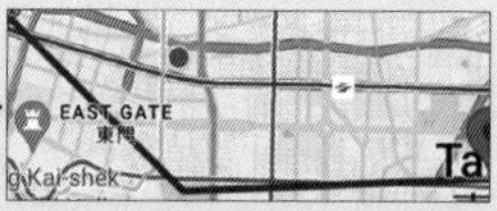

台北車站

EAST GATE
東門

15

SQLite

學習目標

- ❏ 了解資料庫的結構與資料表、欄位及紀錄等專有名詞
- ❏ 了解 SQLite 資料庫的用途及使用時機
- ❏ 使用 SQLiteOpenHelper 建立資料庫及資料表
- ❏ 使用 Android 提供的方法及 SQL 語法，對資料庫的資料表進行新增、修改、刪除和查詢等基本操作

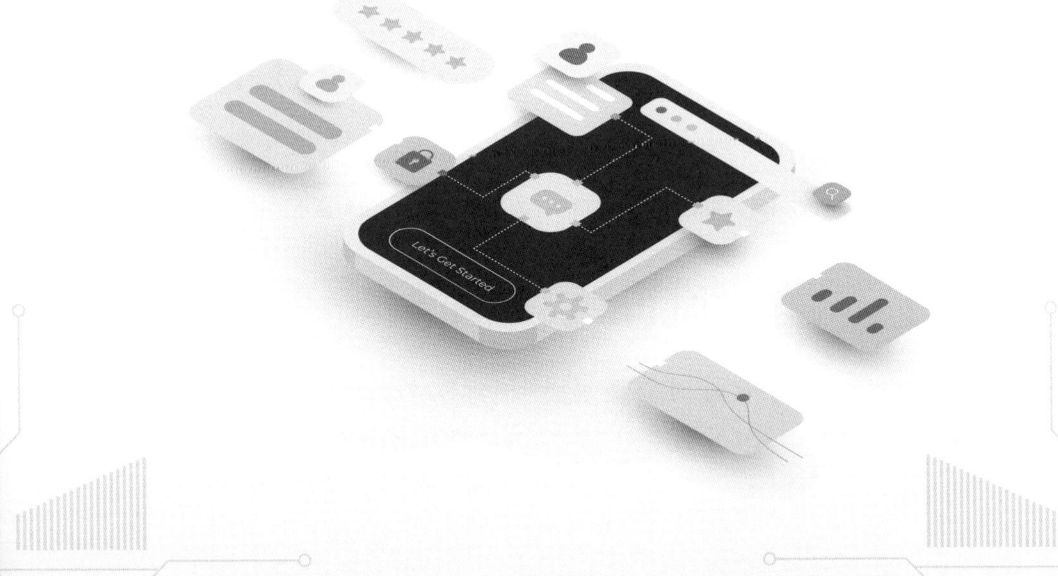

15.1 SQLite 資料庫

「資料庫」(Database)是一種用於儲存和管理資料的集合。透過資料庫管理系統(DBMS),我們可以對資料庫中的資料進行新增(Insert)、修改(Update)、刪除(Delete)和查詢(Query)。當資料量增加時,將資料存放於資料庫中,可以更有效地進行管理和檢索。

在 Android 應用程式中,內建了供開發者使用的 SQLite 套件。SQLite 是一個由 C 語言編寫的小型關聯式資料庫管理系統(RDBMS),由於其輕量和易用的特性,SQLite 常被整合於應用程式中作為嵌入式資料庫。

SQLite 常用於存放使用者或系統相關的資料,例如:Line、Facebook、Instagram 或 Chrome 等應用程式,會將個人設定、聊天訊息或歷史紀錄存放於資料庫中,如圖 15-1 所示。

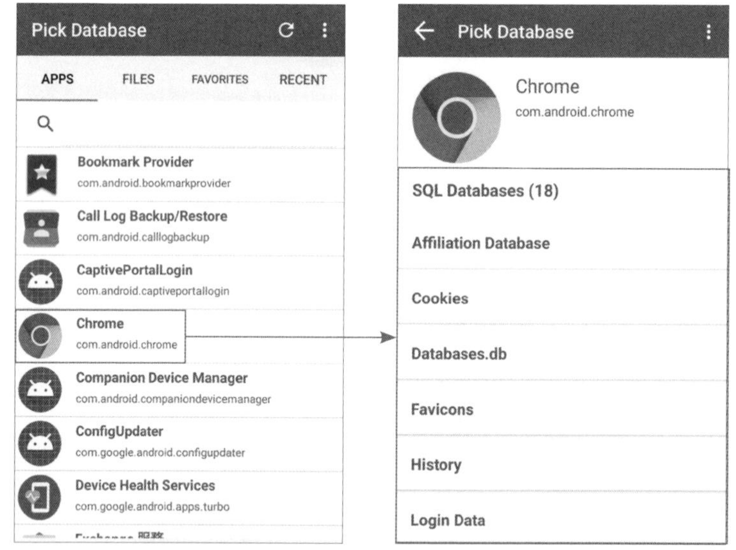

圖 15-1　使用資料庫的應用程式清單(左)與 Chrome 資料庫中的資料表(右)

15.1.1　建立 SQLiteOpenHelper

資料庫是由多個資料表(Table)構成,而每個資料表包含多個紀錄(Record)。Android SDK 提供了 SQLite 套件來處理資料庫的相關工作,其中 SQLiteOpenHelper 類別用於操作資料庫和資料表，例如：在應用程式第一次執行時，可以建立一個新的資料庫。開發者需建立一個類別繼承 SQLiteOpenHelper 來管理資料庫和資料表，便於後續進行資料的存取與管理。

STEP 01 在程式檔目錄按滑鼠右鍵，選擇「New → Kotlin Class/File」，如圖 15-2 所示。

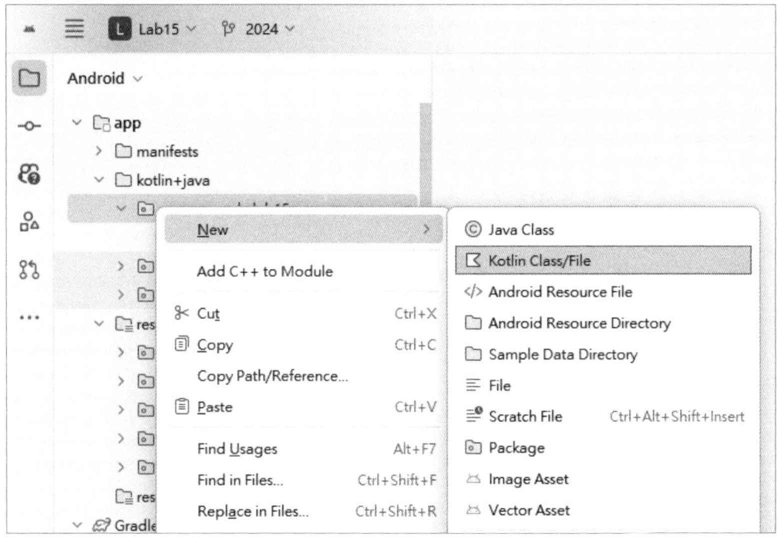

圖 15-2　點選 File 建立 Kotlin 類別

STEP 02 在視窗中輸入檔案的名稱與類型，建立一個名為「MyDBHelper」的類別檔案，並按下 Enter 鍵，系統會產生空白的類別檔，如圖 15-3 所示。

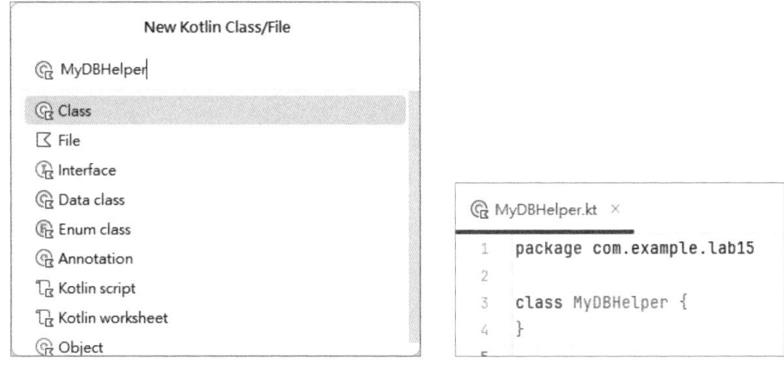

圖 15-3　建立新的類別（左）與空白的類別檔（右）

STEP 03 將 MyDBHelper 繼承 SQLiteOpenHelper，並撰寫資料庫相關的程式碼。

```
// 自訂建構子並繼承 SQLiteOpenHelper 類別
class MyDBHelper (
    context: Context,
    name: String = DB_NAME,
    factory: SQLiteDatabase.CursorFactory? = null,
    version: Int = VERSION
) : SQLiteOpenHelper(context, name, factory, version) {
    companion object {
        private const val DB_NAME = "myDatabase" // 資料庫名稱
        private const val VERSION = 1            // 資料庫版本
    }

    override fun onCreate(db: SQLiteDatabase) {
        // 加入建立資料表的 SQL 語法
    }

    override fun onUpgrade(db: SQLiteDatabase, oldVersion: Int, newVersion:
Int) {
        // 加入升級資料庫版本的 SQL 語法
    }
}
```

15.1.2 資料庫結構與設計

每個資料庫通常擁有多個資料表（Table），每個資料表下包含多筆具有相同結構的紀錄（Record），每筆紀錄皆由固定的欄位（Column）組成。如圖 15-4 所示，資料庫中有影片和聊天室等兩種資料表，每個資料表分別儲存不同的紀錄，影片資料表儲存每部影片的紀錄，每筆影片紀錄包含標題、字幕及翻譯；聊天室資料表儲存每間聊天室的紀錄，每筆聊天室紀錄包含房名、訊息及時間。

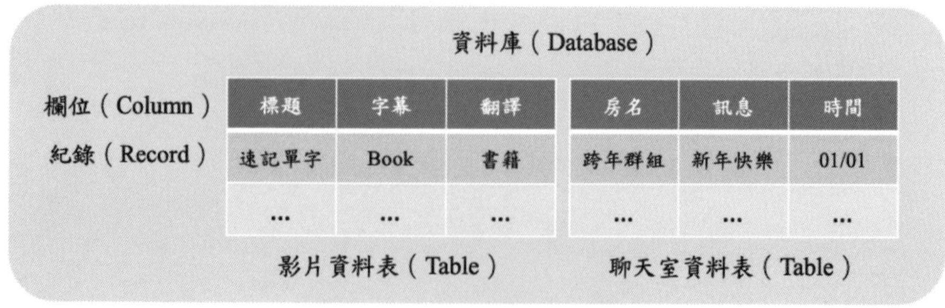

圖 15-4 資料庫與資料表示意圖

建立資料表可使用 SQL 的「CREATE TABLE」指令，這個指令需要指定表格的名稱，以及該表格儲存的每個資料欄位，以下使用指令產生名為「myTable」的表格。

```
CREATE TABLE myTable()
```

> **說明** SQL 的語法無大小寫之分。

表格名稱後方的括弧內，要定義該表格的資料欄位，每個資料表可擁有數個欄位，每個欄位都有其名稱與型態，型態會決定此欄位可儲存的資料類型，在 SQLite 資料庫的資料型態有以下三種，它們會對應到程式中的資料型別。

- INTEGER（整數）：對應 byte、short、int 和 long。
- REAL（小數）：對應 float 和 double。
- TEXT（字串）：對應 String。

定義資料欄位的語法如下，前者為欄位名稱，而後者為該欄位的資料型態。

```
TITLE INTEGER
```

通常在欄位中會增加「NOT NULL」的指令，表示該欄位不允許空值，避免資料產生非預期的結果。

```
TITLE INTEGER NOT NULL
```

此外，一個資料表必須包含一個「主鍵」欄位，這個欄位必須是唯一值，用於識別每一筆紀錄，而定義主鍵欄位須在後方增加「PRIMARY KEY」的指令。

```
TITLE TEXT PRIMARY KEY
```

結合以上語法，建立一個名為「myTable」資料表，表內有 book 及 price 兩個欄位，分別儲存文字與整數資料，其中 book 為主鍵欄位，而 price 不為空值。

```
CREATE TABLE myTable(book TEXT PRIMARY KEY, price INTEGER NOT NULL)
```

開發者可在 MyDBHelper 裡的 onCreate() 方法中，使用 SQLiteDatabase 的 execSQL() 方法，將以上 SQL 語法作為字串傳入，讓資料庫產生資料表。

```
override fun onCreate(db: SQLiteDatabase) {
    // 建立myTable表格，內含book文字欄位及price整數欄位
    db.execSQL("CREATE TABLE myTable(book text PRIMARY KEY,
```

```
                                        price integer NOT NULL)")
}
```

onCreate() 僅在第一次建立資料庫時執行，若希望資料庫建立後更新資料表的欄位，必須進行資料庫遷移（Migration），遷移有三個步驟，如圖 15-5 所示。

圖 15-5　資料庫遷移流程

STEP 01 將資料庫版本升級，當 SQLiteOpenHelper 偵測程式中的資料庫版本高於裝置的資料庫版本時，會呼叫 onUpgrade() 方法。

```
private const val VERSION = 2 // Step1：更新資料庫版本

override fun onUpgrade(db: SQLiteDatabase, oldVersion: Int, newVersion: Int) {
    ...
}
```

STEP 02 在 onUpgrade() 方法內執行以下 SQL 語法，以刪除舊資料表。該指令的意義為若 myTable 已經存在，則將其刪除。

```
DROP TABLE IF EXISTS myTable
```

STEP 03 刪除資料表後，重新呼叫 onCreate() 方法來建立新的資料表。

```
override fun onUpgrade(db: SQLiteDatabase, oldVersion: Int, newVersion: Int) {
    // Step2：刪除舊資料表
    db.execSQL("DROP TABLE IF EXISTS myTable")
    // Step3：重新執行 onCreate()，建立新資料表
    onCreate(db)
}
```

15.1.3　資料庫語法與應用

完成 MyDBHelper 中的資料庫與資料表定義後，在程式中產生 MyDBHelper 物件，並使用 writableDatabase 屬性建立可寫入的資料庫，它會回傳 SQLiteDatabase 類別，後續可藉由此類別進行資料庫操作。

```
val dbrw = MyDBHelper(this).writableDatabase
```

SQLiteDatabase 類別可使用 Android 提供的方法或 SQL 語法進行資料庫操作，以下會介紹這兩種方式如何進行資料新增、修改、刪除及查詢。

新增資料

為 myTable 資料表新增一筆百科全書的資料，如圖 15-6 所示。

book	price

Insert →

book	price
百科全書	900

圖 15-6　新增百科全書

❑ insert() 方法

```
// Step1：建立 ContentValues 物件，用於存放要新增的資料
val cv = ContentValues()
cv.put("book", "百科全書")          // book 欄位填入書籍名稱百科全書
cv.put("price", 900)               // price 欄位填入價格 900
// Step2：透過 insert() 放入 ContentValues 至 myTable 新增資料
dbrw.insert("myTable", null, cv)  // 新增資料
```

建立一個 ContentValues 物件，使用其 put() 方法，將欄位名稱（Key）及對應的資料（Value）儲存於物件，接著使用 insert() 方法，將 ContentValues 物件新增於對應的資料表中，若資料的型態與資料表定義的不同，該筆紀錄則無法新增。

❑ SQL 語法

```
dbrw.execSQL("INSERT INTO myTable(book, price) VALUES(?,?)",
        arrayOf("百科全書", 900))
```

使用 SQLiteDatabase 的 execSQL() 方法，將 SQL 語法作為字串傳入，並把欄位對應的資料以陣列傳入。

修改資料

將百科全書的價格修改為 200，如圖 15-7 所示。

book	price
百科全書	900
英文雜誌	500
歷史讀物	300

book	price
百科全書	200
英文雜誌	500
歷史讀物	300

圖 15-7　修改百科全書價格

❏ update() 方法

```
// Step1：建立ContentValues物件，用於存放要修改的資料
val cv = ContentValues()
cv.put("price", 200) // price欄位修改為200
// Step2：查詢book為百科全書的紀錄，透過update()修改資料
dbrw.update("myTable", cv, "book='百科全書'", null)
```

建立一個ContentValues物件，使用其put()方法，將要修改的欄位（price）及修改的值（200）儲存於物件，接著使用update()方法指定條件（book為百科全書），並將ContentValues物件修改於對應的資料表中，資料庫會尋找符合條件的紀錄，將其欄位修改成指定的值。

❏ SQL 語法

```
dbrw.execSQL("UPDATE myTable SET price = 200 WHERE book LIKE '百科全書'")
```

> **說明**　執行execSQL()方法，會將SQL語法作為字串傳入，若語法中含有字串內容，則需要以單引號包覆該字串，例如：上述SQL語法中的百科全書。

刪除資料

將百科全書從myTable資料表中刪除，如圖15-8所示。

book	price
百科全書	900
英文雜誌	500
歷史讀物	300

Delete

book	price
英文雜誌	500
歷史讀物	300

圖 15-8　刪除百科全書

❏ delete() 方法

```
// 查詢book為百科全書的紀錄，透過delete()刪除資料
dbrw.delete("myTable", "book='百科全書'", null)
```

指定特定資料表中的刪除條件（book 為百科全書），資料庫會尋找符合條件的紀錄，將其從資料表中刪除。

❑ SQL 語法

```
dbrw.execSQL("DELETE FROM myTable WHERE book LIKE '百科全書'")
```

查詢資料

從 myTable 資料表中查詢百科全書的資料，如圖 15-9 所示。

book	price
百科全書	900
英文雜誌	500
歷史讀物	300

Query

book	price
百科全書	900

圖 15-9　查詢百科全書

❑ query() 方法

```
var number = ""
var book = ""
var price = ""
// Step1：建立要取得的欄位
val column = arrayOf("book", "price")
// Step2：透過 query() 查詢 book 為百科全書的紀錄，並儲存至 Cursor
val c = dbrw.query("myTable", column, "book='百科全書'", null, null, null, null)
if (c.count > 0) {       // 判斷是否有資料
    c.moveToFirst()      // 從第一筆開始輸出
    // Step3：使用迴圈將 Cursor 內的資料取出
    for(i in 0 until c.count) {
        number += "$i\n"
        book += "${c.getString(0)}\n"     // 取得 book 欄位的資料
        price += "${c.getString(1)}\n"    // 取得 price 欄位的資料
        c.moveToNext() // 移至下一筆資料
    }
}
c.close()                // 資料取出後關閉 Cursor
```

此段程式碼使用 query() 方法指定條件（book 為百科全書）以及需要取得的欄位（book 與 price），資料庫會尋找符合條件的紀錄，並將指定的欄位回傳。以下詳細說明「查詢條件」及「回傳指定欄位」這兩項重要參數：

❍ 查詢條件

查詢紀錄時，可以指定特定的條件，這稱為「查詢條件」，例如：在書店尋找書籍，會先知道自己想找的書名或是書的類型，而查詢條件的程式寫法如下。

```
欄位名稱 = "資料內容"
```

資料庫會篩選出欄位名稱符合該資料內容的紀錄，如果查詢時輸入「null」，則會顯示該資料表中所有的紀錄。

❍ 回傳指定欄位

除了指定查詢條件外，也可以限定回傳的欄位，讓資料庫查詢到紀錄後，不必回傳所有的欄位，例如：找到書後只需要書名與價格，這樣能減少不必要的資訊，如果要指定回傳欄位，需要建立一組陣列，並將欄位名稱以字串類型填入。

```
val column = arrayOf("欄位名稱1", "欄位名稱2", "欄位名稱3")
```

使用 query() 方法後，會回傳一個 Cursor 類別，Cursor 如同一張篩選後的資料表，而內部會有一個指標指向一筆紀錄，如圖 15-10 所示，以下會介紹如何使用 Cursor 內的方法取得資料。

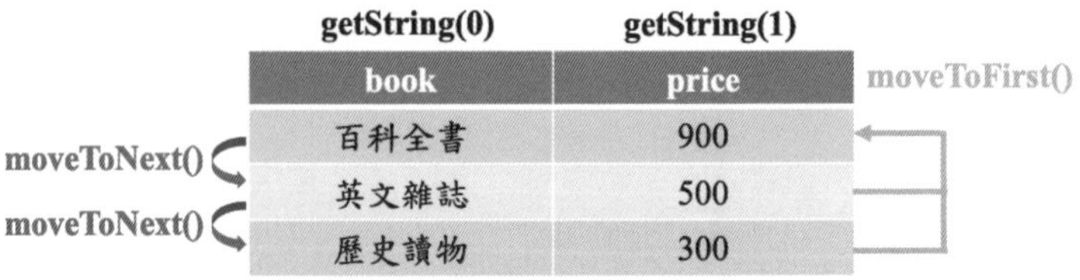

getString(0)	getString(1)
book	price
百科全書	900
英文雜誌	500
歷史讀物	300

moveToFirst()
moveToNext()
moveToNext()

圖 15-10　篩選後的資料表示意圖

❍ getCount() 用於取得查詢到的紀錄的總筆數，利用它可以確認是否有資料以及取出資料的次數。

❍ getString(columnIndex: Int) 用於將欄位順序傳入後取得該欄位的資料，欄位順序依照查詢時給予的回傳指定欄位作為排序，例如：回傳指定欄位為 arrayOf("book", "price")，使用 getString(0) 會得到 book 欄位的資料，而 getString(1) 會得到 price 欄位的資料，若欄位的資料為整數，則使用 getInt() 方法，其他資料類型則以此類推，但 SQLite 比較不嚴謹，因此所有資料都可以用 getString() 方法取得。

❍ moveToFirst() 用於將指標移至第一筆紀錄，通常查詢完會先呼叫此方法，確保資料由第一筆開始輸出。

❍ moveToNext() 用於將指標移至下一筆紀錄。

❑ SQL 語法

```
val c = dbrw.rawQuery("SELECT * FROM myTable WHERE book LIKE '百科全書'",null)
```

15.2 實戰演練：圖書管理系統

本範例實作一個圖書管理系統的應用程式，藉此了解 SQLite 資料庫的使用方法以及應用 SQL 語法進行資料的新增、修改、刪除與查詢，如圖 15-11 所示。

- 使用 SQLite 作為本地資料庫儲存圖書資料。
- 建立一個新的類別並繼承 SQLiteOpenHelper，來實作資料庫與資料表的建立。
- 點選「新增」按鈕，將輸入的書名及價格新增到資料表，如圖 15-12 所示。
- 點選「修改」按鈕，將輸入的書名修改成輸入的價格，如圖 15-13 所示。
- 點選「刪除」按鈕，將輸入的書名從資料表刪除，如圖 15-14 所示。
- 點選「查詢」按鈕，列出資料表所有的書名與價格，若有輸入書名，僅列出符合書名的資料，如圖 15-15 所示。

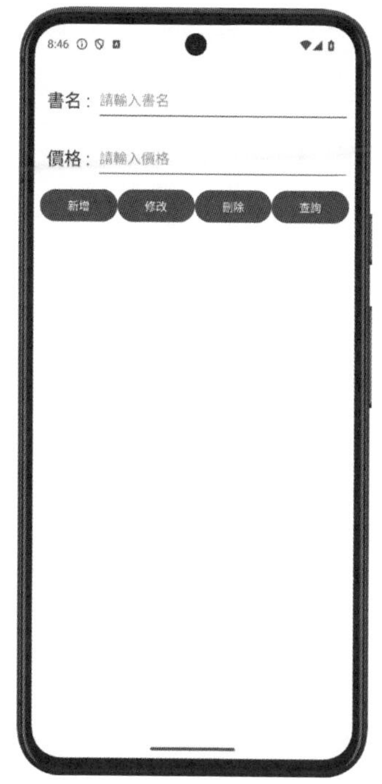

圖 15-11　圖書管理系統使用者介面

圖 15-12　新增百科全書（左）與查詢新增結果（右）

圖 15-13　修改百科全書價格（左）與查詢修改結果（右）

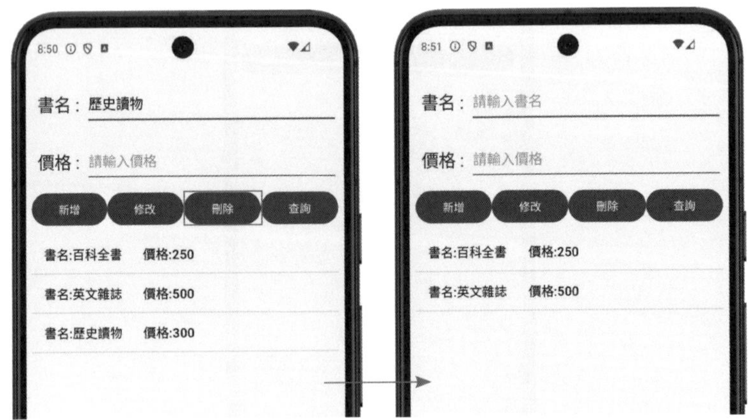

圖 15-14　刪除歷史讀物（左）與查詢刪除結果（右）

圖 15-15 查詢所有書籍（左）與查詢英文雜誌（右）

15.2.1 介面設計

STEP 01 建立最低支援版本為「API 24」的新專案，並新增如圖 15-16 所示的檔案。

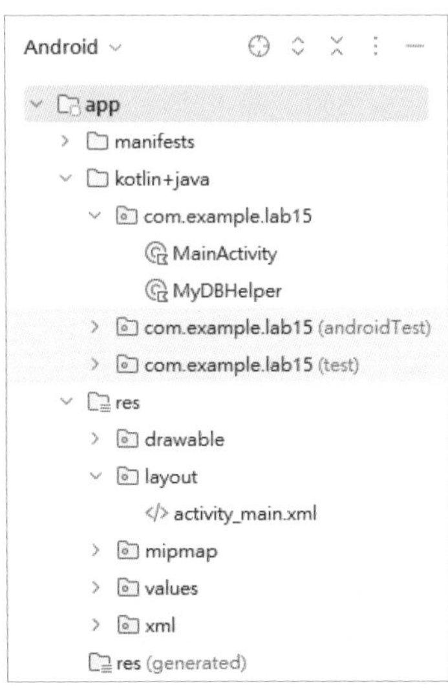

圖 15-16 圖書管理系統專案架構

STEP 02 繪製 activity_main.xml，如圖 15-17 所示。

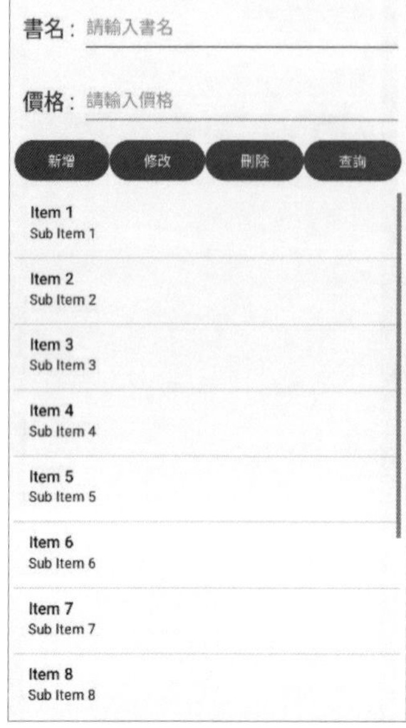

圖 15-17　圖書管理系統畫面（左）與元件樹（右）

對應的 XML 如下：

```
<?xml version="1.0" encoding="utf-8"?>
<androidx.constraintlayout.widget.ConstraintLayout
    xmlns:android="http://schemas.android.com/apk/res/android"
    xmlns:app="http://schemas.android.com/apk/res-auto"
    xmlns:tools="http://schemas.android.com/tools"
    android:id="@+id/main"
    android:layout_width="match_parent"
    android:layout_height="match_parent"
    tools:context=".MainActivity">

    <TextView
        android:id="@+id/tvBook"
        android:layout_width="wrap_content"
        android:layout_height="wrap_content"
        android:layout_marginStart="16dp"
        android:text="書名 :"
        android:textSize="22sp"
        app:layout_constraintBottom_toBottomOf="@+id/edBook"
        app:layout_constraintStart_toStartOf="parent"
        app:layout_constraintTop_toTopOf="@+id/edBook" />
```

```
<EditText
    android:id="@+id/edBook"
    android:layout_width="0dp"
    android:layout_height="56dp"
    android:layout_marginHorizontal="8dp"
    android:layout_marginTop="16dp"
    android:ems="10"
    android:hint="請輸入書名"
    android:inputType="textPersonName"
    app:layout_constraintEnd_toEndOf="parent"
    app:layout_constraintStart_toEndOf="@+id/tvBook"
    app:layout_constraintTop_toTopOf="parent" />

<TextView
    android:id="@+id/tvPrice"
    android:layout_width="wrap_content"
    android:layout_height="wrap_content"
    android:text="價格 :"
    android:textSize="22sp"
    app:layout_constraintBottom_toBottomOf="@+id/edPrice"
    app:layout_constraintStart_toStartOf="@+id/tvBook"
    app:layout_constraintTop_toTopOf="@+id/edPrice" />

<EditText
    android:id="@+id/edPrice"
    android:layout_width="0dp"
    android:layout_height="56dp"
    android:layout_marginTop="16dp"
    android:ems="10"
    android:hint="請輸入價格"
    android:inputType="number"
    app:layout_constraintEnd_toEndOf="@+id/edBook"
    app:layout_constraintStart_toStartOf="@+id/edBook"
    app:layout_constraintTop_toBottomOf="@+id/edBook" />

<LinearLayout
    android:id="@+id/linearLayout"
    android:layout_width="0dp"
    android:layout_height="wrap_content"
    android:layout_marginHorizontal="8dp"
    android:layout_marginTop="8dp"
    android:orientation="horizontal"
```

```
        app:layout_constraintEnd_toEndOf="parent"
        app:layout_constraintStart_toStartOf="parent"
        app:layout_constraintTop_toBottomOf="@+id/edPrice">

        <Button
            android:id="@+id/btnInsert"
            android:layout_width="wrap_content"
            android:layout_height="wrap_content"
            android:layout_weight="1"
            android:text=" 新增 " />

        <Button
            android:id="@+id/btnUpdate"
            android:layout_width="wrap_content"
            android:layout_height="wrap_content"
            android:layout_weight="1"
            android:text=" 修改 " />

        <Button
            android:id="@+id/btnDelete"
            android:layout_width="wrap_content"
            android:layout_height="wrap_content"
            android:layout_weight="1"
            android:text=" 刪除 " />

        <Button
            android:id="@+id/btnQuery"
            android:layout_width="wrap_content"
            android:layout_height="wrap_content"
            android:layout_weight="1"
            android:text=" 查詢 " />
    </LinearLayout>

    <ListView
        android:id="@+id/listView"
        android:layout_width="0dp"
        android:layout_height="0dp"
        android:layout_margin="8dp"
        app:layout_constraintBottom_toBottomOf="parent"
        app:layout_constraintEnd_toEndOf="parent"
        app:layout_constraintStart_toStartOf="parent"
        app:layout_constraintTop_toBottomOf="@+id/linearLayout" />
</androidx.constraintlayout.widget.ConstraintLayout>
```

15.2.2 程式設計

STEP 01 撰寫 MyDBHelper，建立一個名為「myTable」資料表，表內有 book 及 price 兩個欄位，分別儲存文字與整數資料，其中 book 為主鍵欄位，而 price 不為空值。

```
package com.example.lab15

import android.content.Context
import android.database.sqlite.SQLiteDatabase
import android.database.sqlite.SQLiteOpenHelper
// 自訂建構子並繼承 SQLiteOpenHelper 類別
class MyDBHelper (
    context: Context,
    name: String = DB_NAME,
    factory: SQLiteDatabase.CursorFactory? = null,
    version: Int = VERSION
) : SQLiteOpenHelper(context, name, factory, version) {
    companion object {
        private const val DB_NAME = "myDatabase"      // 資料庫名稱
        private const val VERSION = 1                 // 資料庫版本
    }

    override fun onCreate(db: SQLiteDatabase) {
        // 建立 myTable 資料表，表內有 book 字串欄位和 price 整數欄位
        db.execSQL("CREATE TABLE myTable(book text PRIMARY KEY, price integer
NOT NULL)")
    }

    override fun onUpgrade(db: SQLiteDatabase, oldVersion: Int, newVersion: Int) {
        // 升級資料庫版本時，刪除舊資料表，並重新執行 onCreate()，建立新資料表
        db.execSQL("DROP TABLE IF EXISTS myTable")
        onCreate(db)
    }
}
```

STEP 02 撰寫 MainActivity，建立 MyDBHelper，並透過 writableDatabase 取得 SQLite Database 實體，接著初始化 ListView 以及建立其他後續會使用的方法。

```
class MainActivity : AppCompatActivity() {
    private var items: ArrayList<String> = ArrayList()
    private lateinit var adapter: ArrayAdapter<String>
```

```
    private lateinit var dbrw: SQLiteDatabase

    override fun onCreate(savedInstanceState: Bundle?) {
        super.onCreate(savedInstanceState)
        enableEdgeToEdge()
        setContentView(R.layout.activity_main)
        ViewCompat.setOnApplyWindowInsetsListener(findViewById(R.id.main)) { v,
insets ->
            val systemBars = insets.getInsets(WindowInsetsCompat.Type.
systemBars())
            v.setPadding(systemBars.left, systemBars.top, systemBars.right,
systemBars.bottom)
            insets
        }

        // 取得資料庫實體
        dbrw = MyDBHelper(this).writableDatabase
        // 宣告Adapter並連結ListView
        adapter = ArrayAdapter(this,
            android.R.layout.simple_list_item_1, items)
        findViewById<ListView>(R.id.listView).adapter = adapter
        // 設定監聽器
        setListener()
    }

    override fun onDestroy() {
        super.onDestroy()
        dbrw.close() // 關閉資料庫
    }

    // 設定監聽器
    private fun setListener() {
    }

    // 建立showToast方法顯示Toast訊息
    private fun showToast(text: String) =
        Toast.makeText(this,text, Toast.LENGTH_LONG).show()

    // 清空輸入的書名與價格
    private fun cleanEditText() {
        findViewById<EditText>(R.id.edBook).setText("")
        findViewById<EditText>(R.id.edPrice).setText("")
```

書名：請輸入書名

價格：請輸入價格

```
    }
}
```

STEP 03 撰寫 setListener() 方法，設定按鈕監聽器。

```
// 設定監聽器
private fun setListener() {
    val edBook = findViewById<EditText>(R.id.edBook)
    val edPrice = findViewById<EditText>(R.id.edPrice)

    findViewById<Button>(R.id.btnInsert).setOnClickListener {
        // 判斷是否有填入書名或價格
        if (edBook.length() < 1 || edPrice.length() < 1)
            showToast("欄位請勿留空")
        else
            try {
                // 新增一筆書籍紀錄於 myTable 資料表
                dbrw.execSQL(
                    "INSERT INTO myTable(book, price) VALUES(?,?)",
                    arrayOf(edBook.text.toString(),
                        edPrice.text.toString())
                )
                showToast("新增:${edBook.text},價格:${edPrice.text}")
                cleanEditText()
            } catch (e: Exception) {
                showToast("新增失敗:$e")
            }
    }
    findViewById<Button>(R.id.btnUpdate).setOnClickListener {
        // 判斷是否有填入書名或價格
        if (edBook.length() < 1 || edPrice.length() < 1)
            showToast("欄位請勿留空")
        else
            try {
                // 尋找相同書名的紀錄並更新 price 欄位的值
                dbrw.execSQL("UPDATE myTable SET price = ${edPrice.text} WHERE
book LIKE '${edBook.text}'")
                showToast("更新:${edBook.text},價格:${edPrice.text}")
                cleanEditText()
            } catch (e: Exception) {
                showToast("更新失敗:$e")
            }
```

```
    }
    findViewById<Button>(R.id.btnDelete).setOnClickListener {
        // 判斷是否有填入書名
        if (edBook.length() < 1)
            showToast("書名請勿留空")
        else
            try {
                // 從 myTable 資料表刪除相同書名的紀錄
                dbrw.execSQL("DELETE FROM myTable WHERE book LIKE '${edBook.
text}'")
                showToast("刪除:${edBook.text}")
                cleanEditText()
            } catch (e: Exception) {
                showToast("刪除失敗:$e")
            }
    }
    findViewById<Button>(R.id.btnQuery).setOnClickListener {
        // 若無輸入書名則 SQL 語法為查詢全部書籍，反之查詢該書名資料
        val queryString = if (edBook.length() < 1)
            "SELECT * FROM myTable"
        else
            "SELECT * FROM myTable WHERE book LIKE '${edBook.text}'"

        val c = dbrw.rawQuery(queryString, null)
        c.moveToFirst()     // 從第一筆開始輸出
        items.clear()       // 清空舊資料
        showToast("共有${c.count}筆資料")
        for (i in 0 until c.count) {
            // 加入新資料
            items.add("書名:${c.getString(0)}\t\t\t\t價格:${c.getInt(1)}")
            c.moveToNext() // 移動到下一筆
        }
        adapter.notifyDataSetChanged() // 更新清單資料
        c.close()           // 關閉 Cursor
    }
}
```

書名:百科全書 價格:250
書名:英文雜誌 價格:500
書名:歷史讀物 價格:300

16

ContentProvider

學習目標

- ❑ 了解 ContentProvider 的用途及使用時機
- ❑ 使用 ContentProvider 提供與取得其他應用程式資料

16.1 ContentProvider

在第 15 章，我們學習了如何在應用程式中使用 SQLite 操作資料庫。而在本章中，我們將進一步探討如何為應用程式建立 ContentProvider，以將資料庫分享給其他應用程式，從而共享音訊、影片、圖片或聯絡人的資訊，且可以從其他應用程式操作資料，使得該應用程式不必重複建立新的資料庫。

ContentProvider（內容提供者）是 Android 應用程式的一個元件，它允許應用程式之間互相提供和操作資料。ContentProvider 分為 Provider（提供者）與 Resolver（解析者）兩種角色，Provider 須定義授權名稱，並提供內容讓 Resolver 操作，而 Resolver 則向特定授權名稱的 Provider 要求內容操作。

應用程式的內容會以特定格式的 Uri 類別來表示，開發者須透過授權名稱（Authority）來訪問其他應用程式的內容，如圖 16-1 所示。

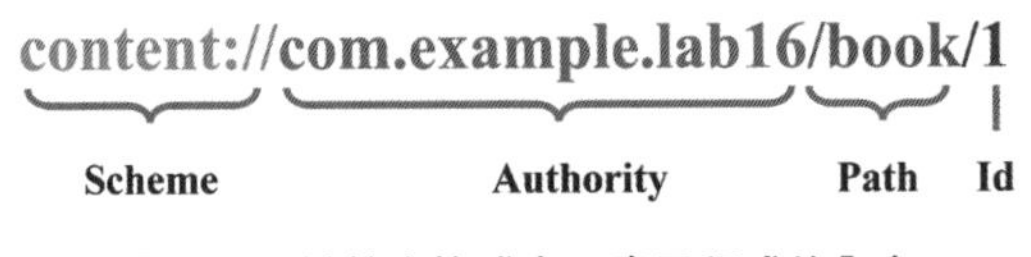

圖 16-1 以特定格式表示應用程式的內容

- ❍ Scheme 為前綴字，在 ContentProvider 中皆以「content://」表示。
- ❍ Authority 為可自定義的授權名稱，它用於識別內容的來源，一般會以應用程式 ID 表示。
- ❍ Path 為內容的路徑，可用於區分不同資料的存取，若無此需求可不填入。
- ❍ Id 為內容的唯一識別標籤，它可將資料庫中每筆紀錄建立獨立的 Uri。

16.1.1 建立 ContentProvider

在已擁有資料庫的應用程式專案中，建立提供內容的 Provider，讀者可以使用第 15 章的實戰演練來建立。

STEP 01 對程式檔目錄按滑鼠右鍵，選擇「New → Other → Content Provider」，如圖 16-2 所示。

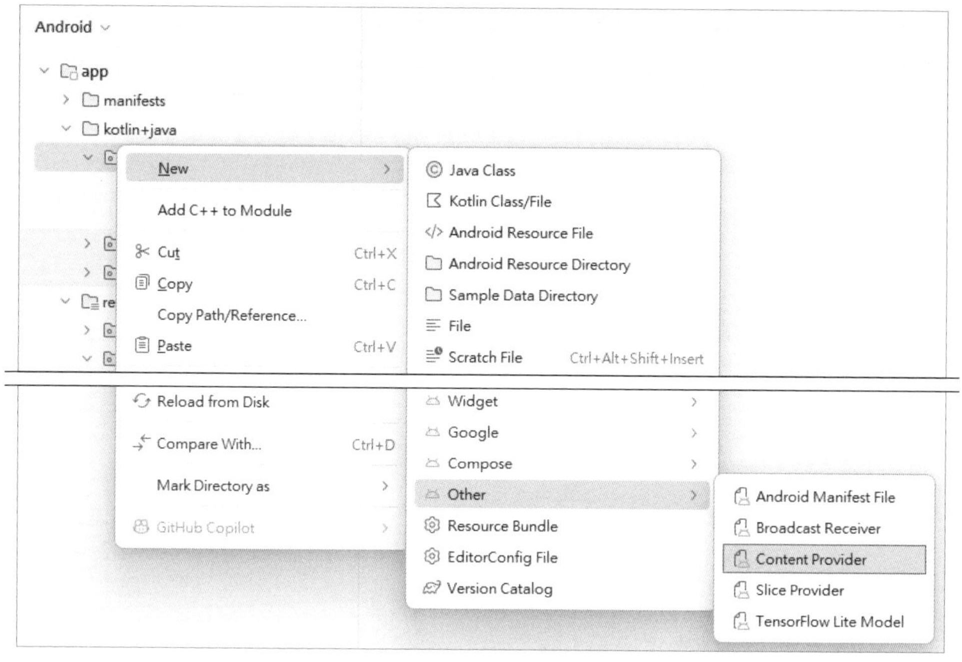

圖 16-2　建立新的 Content Provider

STEP 02 在配置視窗中，修改 Provider 的名稱及授權名稱後，點選「Finish」按鈕，如圖 16-3 所示。

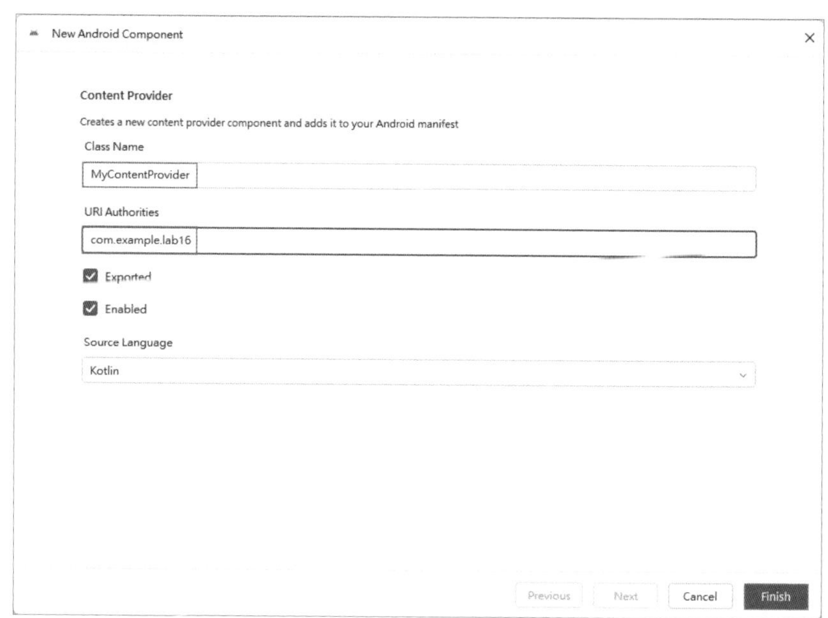

圖 16-3　輸入 Provider 名稱及授權名稱並點選「Finish」按鈕

STEP 03 Android Studio 會自動產生 ContentProvider 所需要的檔案，在目錄中會發現多了 MyContentProvider 程式檔，如圖 16-4 所示。

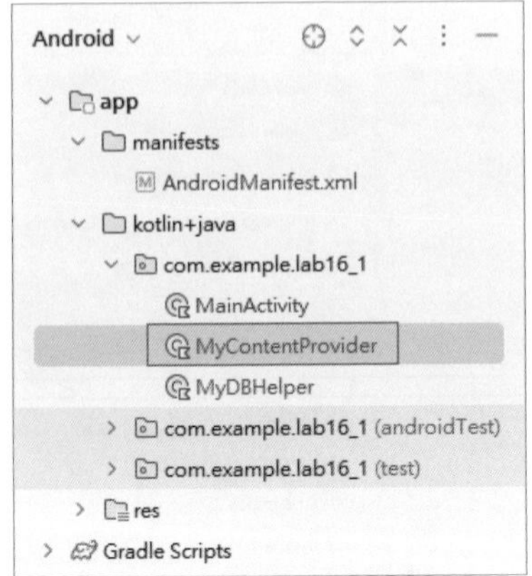

圖 16-4　目錄產生新的檔案

而 AndroidManifest.xml 也會自動增加 Provider 的資訊。

```
<?xml version="1.0" encoding="utf-8"?>
<manifest xmlns:android="http://schemas.android.com/apk/res/android"
    xmlns:tools="http://schemas.android.com/tools">

    <application
        android:allowBackup="true"
        ...
        tools:targetApi="31">
        <provider
            android:name=".MyContentProvider"
            android:authorities="com.example.lab16"
            android:enabled="true"
            android:exported="true" />

        <activity
            ...
        </activity>
    </application>
</manifest>
```

16.1.2 提供與解析 ContentProvider

實作 Provider

在實作ContentProvider時，須建立提供內容的Provider，Provider需要覆寫ContentProvider的方法，以進行資料庫的開啟和操作。以下是實作提供內容的Provider的示例，當Resolver發送請求時，會將資料新增到資料庫中。

```
class MyContentProvider : ContentProvider() {
    private lateinit var dbrw: SQLiteDatabase

    // Step1：當Resolver要求操作資料時，先開啟資料庫
    override fun onCreate(): Boolean {
        val context = context ?: return false
        // 取得資料庫實體
        dbrw = MyDBHelper(context).writableDatabase
        return true
    }
    // Step2：Resolver要求新增資料，則取得它給予的資料並新增於資料庫
    override fun insert(uri: Uri, values: ContentValues?): Uri? {
        // 取出其他應用程式給予的book資料
        val book = values ?: return null
        // 將資料新增於資料庫並回傳此筆紀錄的Id
        val rowId = dbrw.insert("myTable", null, book)
        // 回傳此筆紀錄的Uri
        return Uri.parse("content://com.example.lab16/$rowId")
    }

    override fun update(
        uri: Uri, values: ContentValues?, selection: String?,
        selectionArgs: Array<String>?
    ): Int = 0

    override fun delete(
        uri: Uri, selection: String?,
        selectionArgs: Array<String>?
    ): Int = 0

    override fun query(
        uri: Uri, projection: Array<String>?, selection: String?,
```

```
        selectionArgs: Array<String>?, sortOrder: String?
    ): Cursor? = null

    override fun getType(uri: Uri): String? = null
}
```

STEP 01 當 Resolver 要求操作資料時，Provider 會先進入 onCreate() 方法，此時需要將資料庫開啟，以便後續進行資料庫存取。

STEP 02 若 Resolver 要求新增資料，Provider 會進入 insert() 方法，若要求更新資料，則進入 update() 方法，以此類推，此時將 Resolver 給予的資料取出，並使用資料庫的 insert() 方法，將資料新增於資料庫，而 insert() 方法會回傳此筆紀錄的 Id，開發者可利用此 Id 建立此筆紀錄專屬的 Uri 物件，並將其回傳給 Resolver。

實作 Resolver

Provider 完成後，建立第二個應用程式專案作為解析內容的 Resolver，Resolver 需要先在 AndroidManifest.xml 定義 Provider 的 package 名稱，以便尋找對應的 Provider。

```
<?xml version="1.0" encoding="utf-8"?>
<manifest xmlns:android="http://schemas.android.com/apk/res/android"
    xmlns:tools="http://schemas.android.com/tools">

    <queries>
        <package android:name="com.example.lab16_1" />
    </queries>

    <application
        android:allowBackup="true"
        ...
        tools:targetApi="31">
        <activity
            ...
        </activity>
    </application>
</manifest>
```

接著在程式中撰寫以下程式碼，實作 Resolver 以新增資料。

```
// Step1：建立ContentValues物件，用於存放要新增的資料
val values = ContentValues()
```

```
values.put("book", "數學課本")   // book 欄位填入書籍名稱數學課本
values.put("price", 300)         // price 欄位填入價格 300
// Step2：透過 insert() 放入 Uri 及 ContentValues，讓 Provider 新增資料
val uri = Uri.parse("content://com.example.lab16")
val contentUri = contentResolver.insert(uri, values)
// Step3：判斷回傳的此筆紀錄 Uri 是否為 null，以確認資料新增的成功與否
if (contentUri != null)
    Toast.makeText(this, "新增：數學課本，價格:300", Toast.LENGTH_LONG).show()
else
    Toast.makeText(this,"新增失敗", Toast.LENGTH_LONG).show()
```

STEP 01 建立一個 ContentValues 物件，以儲存要新增的資料。

STEP 02 使用 ContentResolver 的 insert() 方法，將新增資料的操作交由 Provider 處理，該方法內傳入兩個參數，第一個參數為 Provider 的 Uri，第二個參數為需要新增的資料，當 Provider 新增完資料後，會回傳該筆紀錄的 Uri。

STEP 03 判斷該筆紀錄的 Uri，若值為 null 表示新增失敗。

16.2 實戰演練：圖書管理主從系統

本範例實作一個圖書管理主從系統的應用程式，以第 15 章的實戰演練為基礎，來建立 Provider 作為主系統提供內容存取，同時也建立第二個應用程式專案，實作 Resolver 作為子系統來請求資料操作。子系統可以對主系統進行資料的新增、修改、刪除及查詢，透過這個範例，我們可以了解 ContentProvider 的用途及使用方法，如圖 16-5 所示。

- 以第 15 章的實戰演練為基礎來建立 Provider，並將應用程式命名為「Lab16_1」。
- 建立第二個應用程式專案作為 Resolver，並將應用程式命名為「Lab16_2」。
- Provider 與 Resolver 的 Layout 大致相同，主要以標題與背景顏色作為區分。
- 點選 Resolver 的「新增」按鈕，向 Provider 新增書籍，如圖 16-6 所示。
- 點選 Resolver 的「修改」按鈕，向 Provider 修改價格，如圖 16-7 所示。
- 點選 Resolver 的「刪除」按鈕，向 Provider 刪除書籍，如圖 16-8 所示。
- 點選 Resolver 的「查詢」按鈕，向 Provider 查詢所有書籍，若有輸入書名，僅列出符合書名的資料，最後顯示於 Resolver 的 ListView，如圖 16-9 所示。

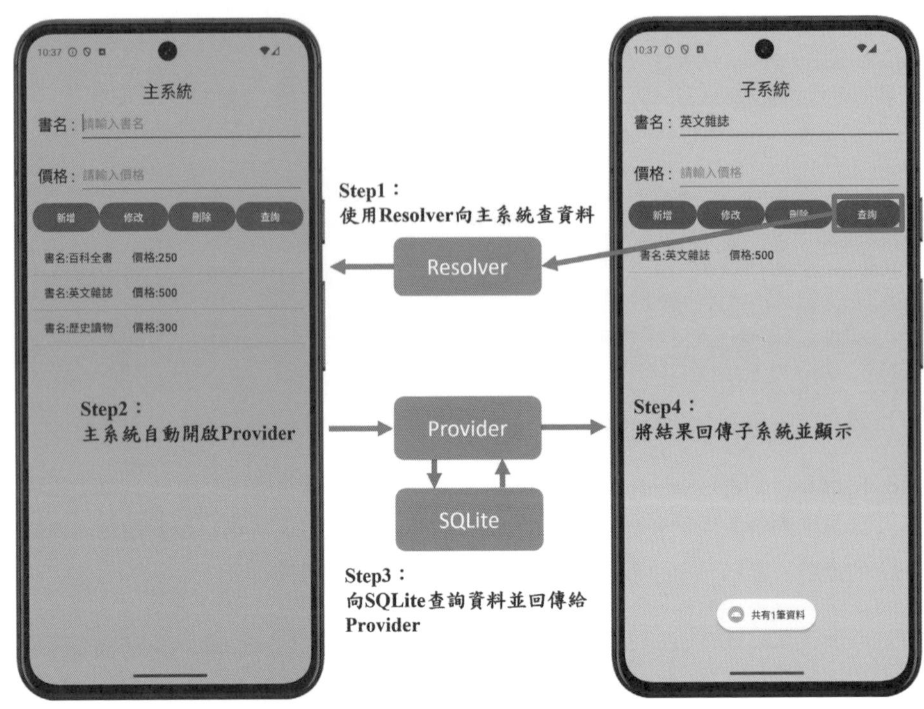

圖 16-5　圖書管理主從系統流程

圖 16-6　新增百科全書（左）與跨應用程式查詢新增結果（右）

圖 16-7　修改百科全書價格（左）與跨應用程式查詢修改結果（右）

圖 16-8　刪除歷史讀物（左）與跨應用程式查詢刪除結果（右）

圖 16-9　查詢所有書籍（左）與查詢英文雜誌（右）

16.2.1 圖書管理主系統介面設計

STEP 01 建立最低支援版本為「API 24」的新專案，並新增如圖 16-10 所示的檔案。

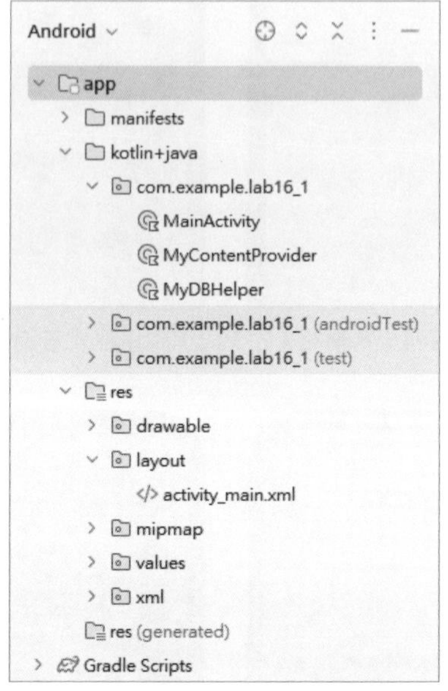

圖 16-10　圖書管理主系統專案架構

STEP 02 繪製 activity_main.xml，如圖 16-11 所示。

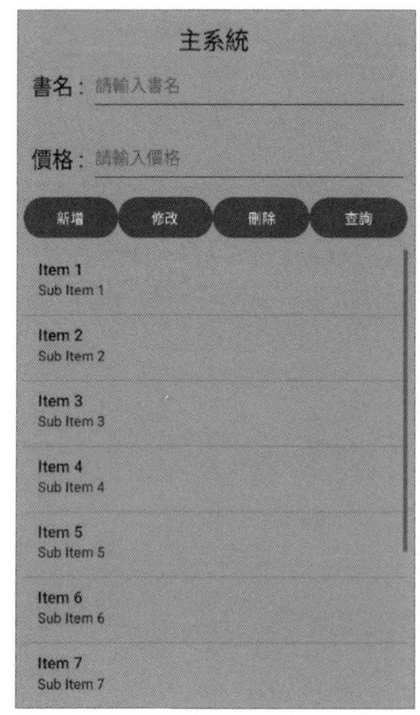

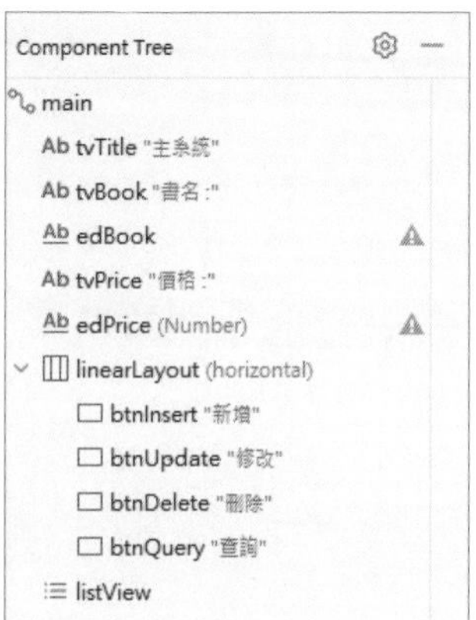

圖 16-11　圖書管理主系統畫面（左）與元件樹（右）

對應的 XML 如下：

```
<?xml version="1.0" encoding="utf-8"?>
<androidx.constraintlayout.widget.ConstraintLayout
    xmlns:android="http://schemas.android.com/apk/res/android"
    xmlns:app="http://schemas.android.com/apk/res-auto"
    xmlns:tools="http://schemas.android.com/tools"
    android:id="@+id/main"
    android:layout_width="match_parent"
    android:layout_height="match_parent"
    android:background="#FF9797"
    tools:context=".MainActivity">

    <TextView
        android:id="@+id/tvTitle"
        android:layout_width="match_parent"
        android:layout_height="wrap_content"
        android:layout_marginTop="12dp"
        android:gravity="center"
        android:text="主系統"
        android:textColor="@android:color/black"
        android:textSize="24sp"
        app:layout_constraintTop_toTopOf="parent" />

    <TextView
        android:id="@+id/tvBook"
        android:layout_width="wrap_content"
        android:layout_height="wrap_content"
        android:layout_marginStart="16dp"
        android:text="書名 :"
        android:textColor="@android:color/black"
        android:textSize="22sp"
        app:layout_constraintBottom_toBottomOf="@+id/edBook"
        app:layout_constraintStart_toStartOf="parent"
        app:layout_constraintTop_toTopOf="@+id/edBook" />

    <EditText
        android:id="@+id/edBook"
        android:layout_width="0dp"
        android:layout_height="56dp"
        android:layout_marginHorizontal="8dp"
        android:ems="10"
```

```
        android:hint=" 請輸入書名 "
        android:inputType="textPersonName"
        app:layout_constraintEnd_toEndOf="parent"
        app:layout_constraintStart_toEndOf="@+id/tvBook"
        app:layout_constraintTop_toBottomOf="@+id/tvTitle" />

    <TextView
        android:id="@+id/tvPrice"
        android:layout_width="wrap_content"
        android:layout_height="wrap_content"
        android:text=" 價格 :"
        android:textColor="@android:color/black"
        android:textSize="22sp"
        app:layout_constraintBottom_toBottomOf="@+id/edPrice"
        app:layout_constraintStart_toStartOf="@+id/tvBook"
        app:layout_constraintTop_toTopOf="@+id/edPrice" />

    <EditText
        android:id="@+id/edPrice"
        android:layout_width="0dp"
        android:layout_height="56dp"
        android:layout_marginTop="16dp"
        android:ems="10"
        android:hint=" 請輸入價格 "
        android:inputType="number"
        app:layout_constraintEnd_toEndOf="@+id/edBook"
        app:layout_constraintStart_toStartOf="@+id/edBook"
        app:layout_constraintTop_toBottomOf="@+id/edBook" />

    <LinearLayout
        android:id="@+id/linearLayout"
        android:layout_width="0dp"
        android:layout_height="wrap_content"
        android:layout_marginHorizontal="8dp"
        android:layout_marginTop="8dp"
        android:orientation="horizontal"
        app:layout_constraintEnd_toEndOf="parent"
        app:layout_constraintStart_toStartOf="parent"
        app:layout_constraintTop_toBottomOf="@+id/edPrice">

        <Button
            android:id="@+id/btnInsert"
```

```
            android:layout_width="wrap_content"
            android:layout_height="wrap_content"
            android:layout_weight="1"
            android:text="新增" />

        <Button
            android:id="@+id/btnUpdate"
            android:layout_width="wrap_content"
            android:layout_height="wrap_content"
            android:layout_weight="1"
            android:text="修改" />

        <Button
            android:id="@+id/btnDelete"
            android:layout_width="wrap_content"
            android:layout_height="wrap_content"
            android:layout_weight="1"
            android:text="刪除" />

        <Button
            android:id="@+id/btnQuery"
            android:layout_width="wrap_content"
            android:layout_height="wrap_content"
            android:layout_weight="1"
            android:text="查詢" />
    </LinearLayout>

    <ListView
        android:id="@+id/listView"
        android:layout_width="0dp"
        android:layout_height="0dp"
        android:layout_margin="8dp"
        app:layout_constraintBottom_toBottomOf="parent"
        app:layout_constraintEnd_toEndOf="parent"
        app:layout_constraintStart_toStartOf="parent"
        app:layout_constraintTop_toBottomOf="@+id/linearLayout" />
</androidx.constraintlayout.widget.ConstraintLayout>
```

16.2.2 圖書管理主系統程式設計

STEP 01 開啟 AndroidManifest.xml，將 Provider 的屬性修改。

```
<?xml version="1.0" encoding="utf-8"?>
<manifest xmlns:android="http://schemas.android.com/apk/res/android"
    xmlns:tools="http://schemas.android.com/tools">

    <application
        android:allowBackup="true"
        ...
        tools:targetApi="31">
        <provider
            android:name=".MyContentProvider"
            android:authorities="com.example.lab16"
            android:enabled="true"
            android:exported="true" />

        <activity
            ...
        </activity>
    </application>
</manifest>
```

STEP 02 撰寫 MyDBHelper，程式碼如同第 15 章的實戰演練。

```
// 自訂建構子並繼承 SQLiteOpenHelper 類別
class MyDBHelper (
    context: Context,
    name: String = DB_NAME,
    factory: SQLiteDatabase.CursorFactory? = null,
    version: Int = VERSION
) : SQLiteOpenHelper(context, name, factory, version) {
    companion object {
        private const val DB_NAME = "myDatabase"      // 資料庫名稱
        private const val VERSION = 1                  // 資料庫版本
    }

    override fun onCreate(db: SQLiteDatabase) {
        // 建立myTable資料表，表內有book字串欄位和price整數欄位
        db.execSQL("CREATE TABLE myTable(book text PRIMARY KEY, price integer
NOT NULL)")
```

```
    }

    override fun onUpgrade(db: SQLiteDatabase, oldVersion: Int, newVersion: Int) {
        // 升級資料庫版本時，刪除舊資料表，並重新執行 onCreate()，建立新資料表
        db.execSQL("DROP TABLE IF EXISTS myTable")
        onCreate(db)
    }
}
```

STEP 03 撰寫 MainActivity，程式碼如同第 15 章的實戰演練。

```
class MainActivity : AppCompatActivity() {
    private var items: ArrayList<String> = ArrayList()
    private lateinit var adapter: ArrayAdapter<String>
    private lateinit var dbrw: SQLiteDatabase

    override fun onCreate(savedInstanceState: Bundle?) {
        super.onCreate(savedInstanceState)
        enableEdgeToEdge()
        setContentView(R.layout.activity_main)
        ViewCompat.setOnApplyWindowInsetsListener(findViewById(R.id.main)) { v,
insets ->
            val systemBars = insets.getInsets(WindowInsetsCompat.Type.
systemBars())
            v.setPadding(systemBars.left, systemBars.top, systemBars.right,
systemBars.bottom)
            insets
        }

        // 取得資料庫實體
        dbrw = MyDBHelper(this).writableDatabase
        // 宣告 Adapter 並連結 ListView
        adapter = ArrayAdapter(this,
            android.R.layout.simple_list_item_1, items)
        findViewById<ListView>(R.id.listView).adapter = adapter
        // 設定監聽器
        setListener()
    }

    override fun onDestroy() {
        super.onDestroy()
        dbrw.close() // 關閉資料庫
```

```
    }

    // 設定監聽器
    private fun setListener() {
    }

    // 建立 showToast 方法顯示 Toast 訊息
    private fun showToast(text: String) =
        Toast.makeText(this,text, Toast.LENGTH_LONG).show()

    // 清空輸入的書名與價格
    private fun cleanEditText() {
        findViewById<EditText>(R.id.edBook).setText("")
        findViewById<EditText>(R.id.edPrice).setText("")
    }
}
```

書名：請輸入書名

價格：請輸入價格

STEP 04 撰寫 setListener() 方法，程式碼如同第 15 章的實戰演練。

```
// 設定監聽器
private fun setListener() {
    val edBook = findViewById<EditText>(R.id.edBook)
    val edPrice = findViewById<EditText>(R.id.edPrice)

    findViewById<Button>(R.id.btnInsert).setOnClickListener {
        // 判斷是否有填入書名或價格
        if (edBook.length() < 1 || edPrice.length() < 1)
            showToast("欄位請勿留空")
        else
            try {
                // 新增一筆書籍紀錄於 myTable 資料表
                dbrw.execSQL(
                    "INSERT INTO myTable(book, price) VALUES(?,?)",
                    arrayOf(edBook.text.toString(),
                        edPrice.text.toString())
                )
                showToast("新增:${edBook.text}, 價格:${edPrice.text}")
                cleanEditText()
            } catch (e: Exception) {
                showToast("新增失敗:$e")
            }
    }
```

```
    findViewById<Button>(R.id.btnUpdate).setOnClickListener {
        // 判斷是否有填入書名或價格
        if (edBook.length() < 1 || edPrice.length() < 1)
            showToast("欄位請勿留空")
        else
            try {
                // 尋找相同書名的紀錄並更新price欄位的值
                dbrw.execSQL("UPDATE myTable SET price = ${edPrice.text} WHERE
book LIKE '${edBook.text}'")
                showToast("更新:${edBook.text},價格:${edPrice.text}")
                cleanEditText()
            } catch (e: Exception) {
                showToast("更新失敗:$e")
            }
    }
    findViewById<Button>(R.id.btnDelete).setOnClickListener {
        // 判斷是否有填入書名
        if (edBook.length() < 1)
            showToast("書名請勿留空")
        else
            try {
                // 從myTable資料表刪除相同書名的紀錄
                dbrw.execSQL("DELETE FROM myTable WHERE book LIKE '${edBook.
text}'")
                showToast("刪除:${edBook.text}")
                cleanEditText()
            } catch (e: Exception) {
                showToast("刪除失敗:$e")
            }
    }
    findViewById<Button>(R.id.btnQuery).setOnClickListener {
        // 若無輸入書名則SQL語法為查詢全部書籍，反之查詢該書名資料
        val queryString = if (edBook.length() < 1)
            "SELECT * FROM myTable"
        else
            "SELECT * FROM myTable WHERE book LIKE '${edBook.text}'"

        val c = dbrw.rawQuery(queryString, null)
        c.moveToFirst()     // 從第一筆開始輸出
        items.clear()       // 清空舊資料
        showToast("共有${c.count}筆資料")
        for (i in 0 until c.count) {
```

```
            // 加入新資料
            items.add("書名:${c.getString(0)}\t\t\t\t價格:${c.getInt(1)}")
            c.moveToNext()  // 移動到下一筆
        }
        adapter.notifyDataSetChanged() // 更新清單資料
        c.close()           // 關閉Cursor
    }
}
```

書名:百科全書	價格:250
書名:英文雜誌	價格:500
書名:歷史讀物	價格:300

STEP 05 撰寫 MyContentProvider，當應用程式要求資料操作時，進行資料庫處理。

```
class MyContentProvider : ContentProvider() {
    private lateinit var dbrw: SQLiteDatabase

    override fun onCreate(): Boolean {
        val context = context ?: return false
        // 取得資料庫實體
        dbrw = MyDBHelper(context).writableDatabase
        return true
    }

    override fun insert(uri: Uri, values: ContentValues?): Uri? {
        // 取出其他應用程式給予的book資料
        val book = values ?: return null
        // 將資料新增於資料庫並回傳此筆紀錄的Id
        val rowId = dbrw.insert("myTable", null, book)
        // 回傳此筆紀錄的Uri
        return Uri.parse("content://com.example.lab16/$rowId")
    }

    override fun update(
        uri: Uri, values: ContentValues?, selection: String?,
        selectionArgs: Array<String>?
    ): Int {
        // 取出其他應用程式要搜尋的書名及要更新的價格
        val name = selection ?: return 0
        val price = values ?: return 0
        // 更新特定書名的價格，並回傳被更新的紀錄筆數
        return dbrw.update("myTable", price, "book='${name}'", null)
    }

    override fun delete(uri: Uri, selection: String?, selectionArgs: Array<
```

```
String>?): Int {
        // 取出其他應用程式要刪除的書名
        val name = selection ?: return 0
        // 刪除特定書名，並回傳被刪除的紀錄筆數
        return dbrw.delete("myTable", "book='${name}'", null)
    }

    override fun query(
        uri: Uri, projection: Array<String>?, selection: String?,
        selectionArgs: Array<String>?, sortOrder: String?
    ): Cursor? {
        // 取出其他應用程式要查詢的書名，若沒有書名則搜尋全部書籍
        val queryString = if (selection == null) null else "book='${selection}'"
        // 將搜尋完成的Cursor回傳
        return dbrw.query("myTable", null, queryString, null, null, null, null)
    }

    override fun getType(uri: Uri): String? = null
}
```

16.2.3 圖書管理子系統介面設計

STEP 01 建立最低支援版本為「API 24」的新專案，並新增如圖 16-12 所示的檔案。

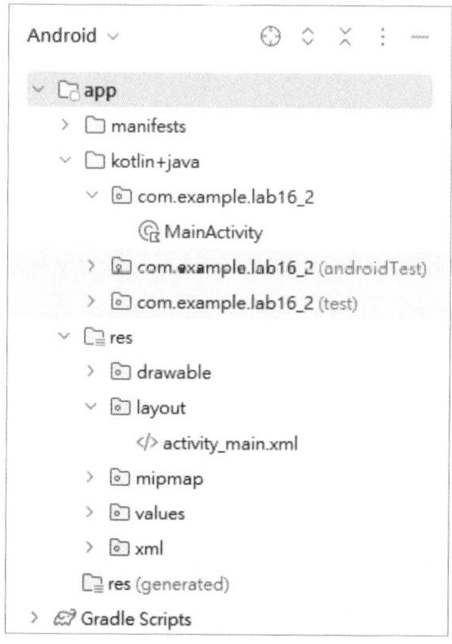

圖 16-12　圖書管理子系統專案架構

STEP 02 繪製 activity_main.xml，如圖 16-13 所示。

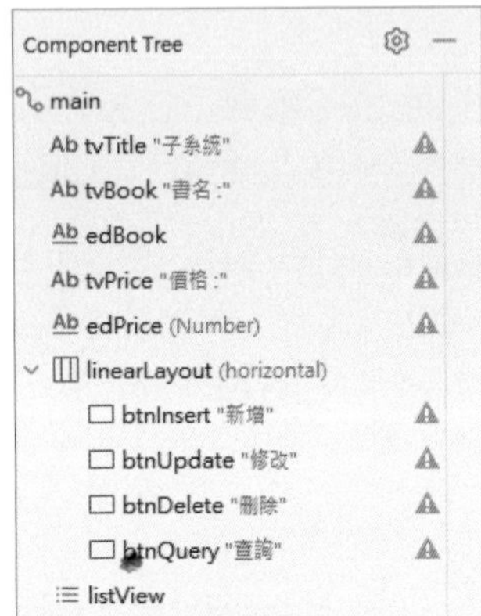

圖 16-13　圖書管理子系統畫面（左）與元件樹（右）

對應的 XML 如下：

```
<?xml version="1.0" encoding="utf-8"?>
<androidx.constraintlayout.widget.ConstraintLayout
    xmlns:android="http://schemas.android.com/apk/res/android"
    xmlns:app="http://schemas.android.com/apk/res-auto"
    xmlns:tools="http://schemas.android.com/tools"
    android:id="@+id/main"
    android:layout_width="match_parent"
    android:layout_height="match_parent"
    android:background="#ACD6FF"
    tools:context=".MainActivity">

    <TextView
        android:id="@+id/tvTitle"
        android:layout_width="match_parent"
        android:layout_height="wrap_content"
        android:layout_marginTop="12dp"
        android:gravity="center"
        android:text="子系統"
        android:textColor="@android:color/black"
        android:textSize="24sp"
```

```
        app:layout_constraintTop_toTopOf="parent" />

    <TextView
        android:id="@+id/tvBook"
        android:layout_width="wrap_content"
        android:layout_height="wrap_content"
        android:layout_marginStart="16dp"
        android:text="書名 :"
        android:textColor="@android:color/black"
        android:textSize="22sp"
        app:layout_constraintBottom_toBottomOf="@+id/edBook"
        app:layout_constraintStart_toStartOf="parent"
        app:layout_constraintTop_toTopOf="@+id/edBook" />

    <EditText
        android:id="@+id/edBook"
        android:layout_width="0dp"
        android:layout_height="56dp"
        android:layout_marginHorizontal="8dp"
        android:ems="10"
        android:hint="請輸入書名"
        android:inputType="textPersonName"
        app:layout_constraintEnd_toEndOf="parent"
        app:layout_constraintStart_toEndOf="@+id/tvBook"
        app:layout_constraintTop_toBottomOf="@+id/tvTitle" />

    <TextView
        android:id="@+id/tvPrice"
        android:layout_width="wrap_content"
        android:layout_height="wrap_content"
        android:text="價格 :"
        android:textColor="@android:color/black"
        android:textSize="22sp"
        app:layout_constraintBottom_toBottomOf="@+id/edPrice"
        app:layout_constraintStart_toStartOf="@+id/tvBook"
        app:layout_constraintTop_toTopOf="@+id/edPrice" />

    <EditText
        android:id="@+id/edPrice"
        android:layout_width="0dp"
        android:layout_height="56dp"
        android:layout_marginTop="16dp"
```

```
        android:ems="10"
        android:hint="請輸入價格"
        android:inputType="number"
        app:layout_constraintEnd_toEndOf="@+id/edBook"
        app:layout_constraintStart_toStartOf="@+id/edBook"
        app:layout_constraintTop_toBottomOf="@+id/edBook" />

    <LinearLayout
        android:id="@+id/linearLayout"
        android:layout_width="0dp"
        android:layout_height="wrap_content"
        android:layout_marginHorizontal="8dp"
        android:layout_marginTop="8dp"
        android:orientation="horizontal"
        app:layout_constraintEnd_toEndOf="parent"
        app:layout_constraintStart_toStartOf="parent"
        app:layout_constraintTop_toBottomOf="@+id/edPrice">

        <Button
            android:id="@+id/btnInsert"
            android:layout_width="wrap_content"
            android:layout_height="wrap_content"
            android:layout_weight="1"
            android:text="新增" />

        <Button
            android:id="@+id/btnUpdate"
            android:layout_width="wrap_content"
            android:layout_height="wrap_content"
            android:layout_weight="1"
            android:text="修改" />

        <Button
            android:id="@+id/btnDelete"
            android:layout_width="wrap_content"
            android:layout_height="wrap_content"
            android:layout_weight="1"
            android:text="刪除" />

        <Button
            android:id="@+id/btnQuery"
            android:layout_width="wrap_content"
```

```
            android:layout_height="wrap_content"
            android:layout_weight="1"
            android:text="查詢" />
    </LinearLayout>

    <ListView
        android:id="@+id/listView"
        android:layout_width="0dp"
        android:layout_height="0dp"
        android:layout_margin="8dp"
        app:layout_constraintBottom_toBottomOf="parent"
        app:layout_constraintEnd_toEndOf="parent"
        app:layout_constraintStart_toStartOf="parent"
        app:layout_constraintTop_toBottomOf="@+id/linearLayout" />
</androidx.constraintlayout.widget.ConstraintLayout>
```

16.2.4 圖書管理子系統程式設計

STEP 01 開啟 AndroidManifest.xml，定義 Provider 的 package 名稱。

```
<?xml version="1.0" encoding="utf-8"?>
<manifest xmlns:android="http://schemas.android.com/apk/res/android"
    xmlns:tools="http://schemas.android.com/tools">

    <queries>
        <package android:name="com.example.lab16_1" />
    </queries>

    <application
        android:allowBackup="true"
        ...
        tools:targetApi="31">
        <activity
            ...
        </activity>
    </application>
</manifest>
```

STEP 02 撰寫 MainActivity，初始化 ListView 以及建立其他後續會使用的方法。

```
class MainActivity : AppCompatActivity() {
    private var items: ArrayList<String> = ArrayList()
    private lateinit var adapter: ArrayAdapter<String>
    // 定義Provider的Uri
    private val uri = Uri.parse("content://com.example.lab16")

    override fun onCreate(savedInstanceState: Bundle?) {
        super.onCreate(savedInstanceState)
        enableEdgeToEdge()
        setContentView(R.layout.activity_main)
        ViewCompat.setOnApplyWindowInsetsListener(findViewById(R.id.main)) { v, insets ->
            val systemBars = insets.getInsets(WindowInsetsCompat.Type.systemBars())
            v.setPadding(systemBars.left, systemBars.top, systemBars.right, systemBars.bottom)
            insets
        }

        // 宣告Adapter並連結ListView
        adapter = ArrayAdapter(this,
            android.R.layout.simple_list_item_1, items)
        findViewById<ListView>(R.id.listView).adapter = adapter
        // 設定監聽器
        setListener()
    }

    // 設定監聽器
    private fun setListener() {

    }

    // 建立showToast方法顯示Toast訊息
    private fun showToast(text: String) =
        Toast.makeText(this,text, Toast.LENGTH_LONG).show()

    // 清空輸入的書名與價格
    private fun cleanEditText() {
        findViewById<EditText>(R.id.edBook).setText("")
        findViewById<EditText>(R.id.edPrice).setText("")
```

書名：請輸入書名

價格：請輸入價格

```
    }
}
```

STEP 03 撰寫 setListener() 方法，設定按鈕監聽器。

```
// 設定監聽器
private fun setListener() {
    val edBook = findViewById<EditText>(R.id.edBook)
    val edPrice = findViewById<EditText>(R.id.edPrice)

    findViewById<Button>(R.id.btnInsert).setOnClickListener {
        val name = edBook.text.toString()
        val price = edPrice.text.toString()
        // 判斷是否有填入書名或價格
        if (name.isEmpty() || price.isEmpty())
            showToast("欄位請勿留空")
        else {
            val values = ContentValues()
            values.put("book", name)
            values.put("price", price)
            // 透過 Resolver 向 Provider 新增一筆書籍紀錄，並取得該紀錄的 Uri
            val contentUri = contentResolver.insert(uri, values)
            // 判斷此紀錄的 Uri 是否為 null，若不是則新增成功
            if (contentUri != null) {
                showToast("新增:$name, 價格:$price")
                cleanEditText()
            } else
                showToast("新增失敗")
        }
    }
    findViewById<Button>(R.id.btnUpdate).setOnClickListener {
        val name = edBook.text.toString()
        val price = edPrice.text.toString()
        // 判斷是否有填入書名或價格
        if (name.isEmpty() || price.isEmpty())
            showToast("欄位請勿留空")
        else {
            val values = ContentValues()
            values.put("price", price)
            // 透過 Resolver 向 Provider 更新特定書籍的價格，並取得更新的筆數
            val count = contentResolver.update(uri, values, name, null)
            // 判斷更新筆數是否大於零，若是則更新成功
```

```
            if (count > 0) {
                showToast("更新:$name, 價格:$price")
                cleanEditText()
            } else
                showToast("更新失敗")
        }
    }
    findViewById<Button>(R.id.btnDelete).setOnClickListener {
        val name = edBook.text.toString()
        // 判斷是否有填入書名
        if (name.isEmpty())
            showToast("書名請勿留空")
        else {
            // 透過Resolver向Provider刪除特定書籍，並取得刪除的筆數
            val count = contentResolver.delete(uri, name, null)
            // 判斷刪除筆數是否大於零，若是則刪除成功
            if (count > 0) {
                showToast("刪除:${name}")
                cleanEditText()
            } else
                showToast("刪除失敗")
        }
    }
    findViewById<Button>(R.id.btnQuery).setOnClickListener {
        val name = edBook.text.toString()
        // 若無輸入書名則條件為null，反之條件為特定書名
        val selection = name.ifEmpty { null }
        // 透過Resolver向Provider查詢書籍，並取得Cursor
        val c = contentResolver.query(uri, null, selection, null, null)
        c ?: return@setOnClickListener // 若Cursor為null則回傳
        c.moveToFirst()     // 從第一筆開始輸出
        items.clear()       // 清空舊資料
        showToast("共有${c.count}筆資料")
        for (i in 0 until c.count) {
            // 加入新資料
            items.add("書名:${c.getString(0)}\t\t\t\t價格:${c.getInt(1)}")
            c.moveToNext() // 移動到下一筆
        }
        adapter.notifyDataSetChanged() // 更新清單資料
        c.close()           // 關閉Cursor
    }
}
```

書名:百科全書	價格:250
書名:英文雜誌	價格:500
書名:歷史讀物	價格:300

17

網路應用程式

學習目標

- ❑ 了解 API、HTTP 的觀念與關係
- ❑ 使用 HTTP 的 GET 方法與 POST 方法發送網路請求
- ❑ 了解 JSON 的觀念以及使用 GSON 進行 JSON 與物件間的轉換
- ❑ 使用 OkHttp 發送網路請求

17.1 API

在使用 Android 應用程式時，經常需要透過網路取得即時資料或是與伺服器交換訊息，在實現此功能之前，開發者應先了解網路應用程式的組成元素。

應用程式之間的溝通介面，稱為「API」(Application Programming Interface，應用程式介面)；「介面」(Interface)是指由一方定義的規則與使用方式，另一方須遵守並使用這些規則，如同雙方的媒介，例如：人與人之間的溝通可以使用語言、肢體或文字，而這些溝通方式就是所謂的「介面」。

API 的種類很多，透過網路取得資料的 API，稱為「Web API」。在 Web API 中有 Client、Server 及 Interface 三種角色，Client 是資料的需求者，Server 是資料的提供者，Interface 是需求者與提供者之間的溝通橋梁，而這個溝通橋梁通常會以 HTTP 通訊協定來實現，如圖 17-1 所示。

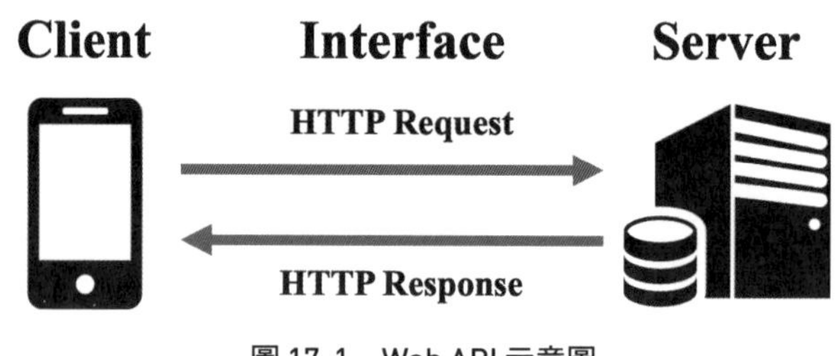

圖 17-1 Web API 示意圖

17.1.1 HTTP 通訊協定

HTTP(HyperText Transfer Protocol)是一種讓 Client 與 Server 之間進行溝通的通訊協定，Client 發送請求(Request)給 Server，Server 將資料回傳(Response)給 Client。現實生活中最常見的例子是開啟瀏覽器並輸入網址，等待一段時間後，瀏覽器會顯示對應的網頁內容，這就是 HTTP 的一種應用。

如圖 17-2 所示，Android 應用程式作為 Client 發送需求並與 Server 建立連線，Server 處理完資料後將其回傳，回傳的資料通常是 XML 或 JSON 等格式的字串，這些字串再透過解析器轉換成 Android 定義的資料型態。

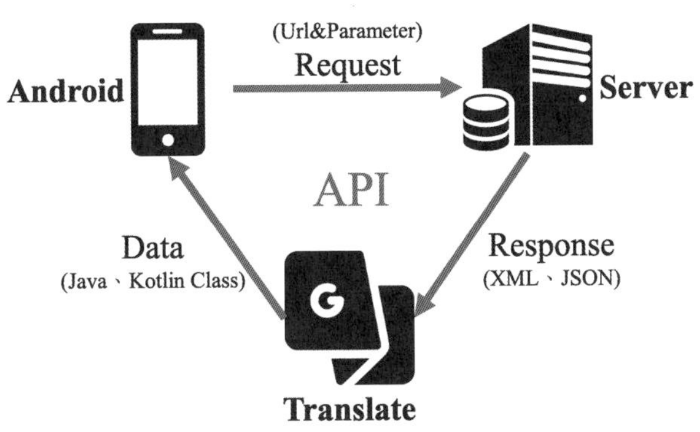

圖 17-2　Android 中的 Web API 示意圖

HTTP 通訊協定制定了多種請求資料的方法（HTTP Methods），其中以 GET 與 POST 最為常見，每個方法有各自傳遞參數的方式。以信件作為比喻，書信的格式是 HTTP 協定，信封上的寄件者與收件者資訊是 HTTP 標頭（http-header），信封內的書信是訊息主體（message-body），而 HTTP 方法就是郵差的寄信規則。GET 方法的參數會附加於網址後方，如同廣告信，人人都可看到內容，而 POST 方法的參數則放在訊息主體中，如同私人信件，內容只有寄信者與收信者知道，因此安全性也較高。

GET 方法

GET 方法的請求會將傳遞的參數附在網址後方，並在參數名稱前以「?」作為標示；如果有多個傳遞參數，則以「&」連接彼此，如圖 17-3 所示。網址後方加上「?」表示有參數需要傳遞，key1 和 key2 是參數的名稱，value1 和 value2 是參數的值，參數之間以「&」區分。

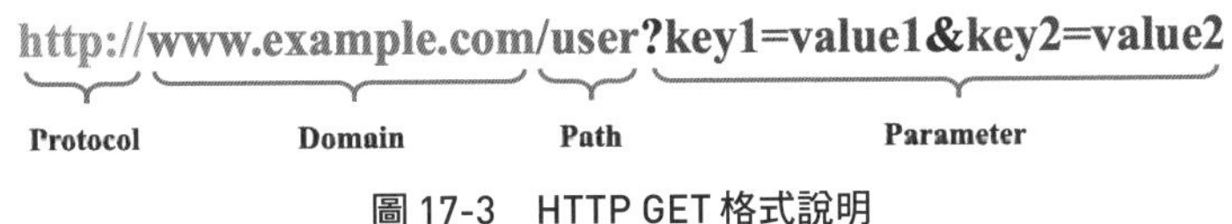

圖 17-3　HTTP GET 格式說明

使用瀏覽器發送以下網址來實作 GET 方法的請求，從 Server 取出 postId 為 1 的所有文章資料，如圖 17-4 所示。

```
https://jsonplaceholder.typicode.com/comments?postId=1
```

https://jsonplaceholder.typicode.com/comments?postId=1


```
[
  {
    "postId": 1,
    "id": 1,
    "name": "id labore ex et quam laborum",
    "email": "Eliseo@gardner.biz",
    "body": "laudantium enim quasi est quidem magnam voluptate ipsam eos\ntempora quo necessitat
  },
  {
    "postId": 1,
    "id": 2,
    "name": "quo vero reiciendis velit similique earum",
    "email": "Jayne_Kuhic@sydney.com",
    "body": "est natus enim nihil est dolore omnis voluptatem numquam\net omnis occaecati quod u
  },
  {
    "postId": 1,
    "id": 3,
    "name": "odio adipisci rerum aut animi",
    "email": "Nikita@garfield.biz",
    "body": "quia molestiae reprehenderit quasi aspernatur\naut expedita occaecati aliquam eveni
voluptates excepturi deleniti ratione"
  },
```


圖 17-4　HTTP GET 請求與回傳結果

執行後，瀏覽器會顯示 Server 回傳的資料，並以 JSON 格式表示，雖然 GET 方法易於使用，但有兩項缺點：

- 參數會附加在網址後方，因此任何人都能看到，不適合傳遞重要資料。
- 有長度限制，通常會限制 URL 長度不得超過 2048 個字元，因此不能傳遞過多的參數。

POST 方法

POST 方法需要將請求的參數附在訊息主體（message-body）中，因此無法像 GET 方法透過瀏覽器發送，但可利用特定網站來模擬，如圖 17-5 所示，以URL https://reqbin.com/ 網頁實作 POST 方法。

採用 POST 方法對URL https://tools-api.italkutalk.com/java/lab12/test 發送請求，傳遞參數以 JSON 格式表示，參數有 id 及 name，其值分別是「123」和「"王小明"」。

圖 17-5　HTTP POST 請求

執行後，網頁下方會顯示 Server 回傳的資料，並以 JSON 格式表示，如圖 17-6 所示，回傳參數有 id 及 result，id 為「123」，result 為「"Hello 王小明"」。

圖 17-6　HTTP POST 回傳結果

17.1.2 JSON

使用 HTTP 的 POST 方法傳遞的參數或 Server 回傳的資料，必須以特定格式的字串呈現，其中最常見的格式為「JSON」。JSON 是一種輕量級且易於閱讀的資料交換格式，它的資料類型包括數值、字串、布林值、陣列、物件及 null；資料格式以 Key-Value 的方式呈現，Key 為欄位名稱，並以雙引號包覆，Value 為該欄位的值，依據不同類型有各自的表達方式，如表 17-1 所示。

表 17-1　JSON 資料表達方式

資料類型	表達方式	範例
數值	直接填入數字	"key": 123
字串	以雙引號 "" 包覆	"key": "abc"
布林值	true 或 false	"key": true
陣列	以中括號 [] 包覆	"key": [1, 2, 3]
物件	以大括號 {} 包覆	"key": {"key2": 123}
null	填入 null	"key": null

如下所示，將左邊的資料結構以 JSON 表示後，會呈現圖 17-7 的結果。欄位名稱以字串的方式表示，並以冒號連接欄位的值；陣列以中括號包覆所有成員；而數值、字串與布林值則直接顯示。

```
val myObject = MyObject(
    bool = true,
    intArray = listOf(1, 2, 3),
    num = 123,
    str = "abc",
    strArray = listOf("a", "b", "c"),
)
```

```
{
  "bool": true,
  "intArray": [
    1,
    2,
    3
  ],
  "num": 123,
  "str": "abc",
  "strArray": [
    "a",
    "b",
    "c"
  ]
}
```

圖 17-7　JSON 資料結構

 GSON

Android 應用程式須透過解析器將物件轉換成 JSON 格式的字串，以發送 HTTP 的 POST 請求，這種將物件轉換成 JSON 字串的行為，稱為「序列化」(Serialization)。

Server 收到請求後，會將資料處理完畢並回傳 JSON 格式的字串，而 Android 應用程式收到回傳的 JSON 字串後，須透過解析器將其轉換成指定的物件來取得資料，這種將 JSON 字串轉換成物件的行為，稱為「反序列化」(Deserialization)。

Google 提供 GSON 這套函式庫，讓開發者以簡易的方式處理序列化與反序列化的轉換，如圖 17-8 所示。

圖 17-8　以 GSON 轉換物件與 JSON

STEP 01 使用 GSON 前，需要開啟 libs.versions.toml，新增 GSON 的版本號及套件。

```
[versions]
…省略
gson = "2.10.1"
```

```
[libraries]
…省略
gson = { group = "com.google.code.gson", name = "gson", version.ref = "gson" }
```

STEP 02 開啟 build.gradle.kts(:app)，並在 dependencies 區塊中引入 GSON 函式庫。

```
dependencies {
    …省略
    implementation(libs.gson)
}
```

說明 每次修改 Gradle Scripts 目錄下的檔案時，都需要點選上方的「Sync Now」或是 Gradle 的圖示，如圖 17-9 所示。

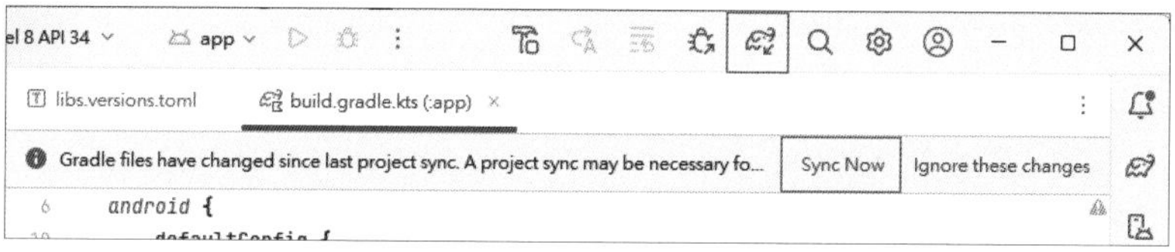

圖 17-9 同步 Gradle 設定到專案

序列化（將物件轉換成 JSON 字串）

STEP 01 設計一個要被轉換的資料結構。

```
data class MyObject(
    val num: Int,
    val str: String
)
```

STEP 02 建立此資料結構的物件，並使用 GSON 將其轉換成 JSON 字串，最後將字串以 Log 方式顯示，如圖 17-10 所示。

```
// 建立物件並設定欄位的值
val myObject = MyObject(
    num = 123,
    str = "abc"
)
// 建立 Gson 並使用其 toJson() 方法，將物件轉換成 JSON 字串
val json = Gson().toJson(myObject)
```

```
// 輸出JSON字串
Log.e("JSON字串", json)
```

```
E  {"num":123,"str":"abc"}
```

圖 17-10　物件轉換成 JSON 字串的結果

 反序列化（將 JSON 字串轉換成物件）

STEP 01 建立 JSON 字串，通常會由 Server 回傳。

```
val json = "{\"num\":456,\"str\":\"efg\"}"
```

STEP 02 使用 GSON 將 JSON 字串轉換成特定類型的物件，最後將物件的欄位值以 Log 方式顯示，如圖 17-11 所示。

```
// 建立Gson並使用其fromJson()方法，將JSON字串以MyObject格式輸出
val myObject = Gson().fromJson(json, MyObject::class.java)
// 輸出MyObject
Log.e("MyObject num", "num：${myObject.num}")
Log.e("MyObject str", "str：${myObject.str}")
```

```
E  num：456
E  str：efg
```

圖 17-11　JSON 字串轉換成物件的結果

17.1.3　OkHttp

OkHttp 是由 Square 提供的函式庫，它使開發者能快速地實作 HTTP 協定，讓連線的過程更加有效率，以達成 Client 與 Server 進行資料交換的目的。

STEP 01 使用 OkHttp 前，需要開啟 libs.versions.toml，新增 OkHttp 的版本號及套件。

```
[versions]
…省略
okhttp = "4.12.0"

[libraries]
…省略
```

```
okhttp = { group = "com.squareup.okhttp3", name = "okhttp", version.ref =
"okhttp" }
```

STEP 02 開啟 build.gradle.kts(:app)，並在 dependencies 區塊中引入 OkHttp 函式庫。

```
dependencies {
    …省略
    implementation(libs.okhttp)
}
```

STEP 03 由於要藉由網路取得資料，因此須在 AndroidManifest.xml 加入網路權限。

```
<!-- 允許程式使用網路權限 -->
<uses-permission android:name="android.permission.INTERNET" />
```

GET 方法

使用 OkHttp 進行 HTTP 的 GET 方法有三個步驟。

```
// Step1：建立 Request.Builder 物件，藉由 url() 將網址傳入，再建立 Request 物件
val req = Request.Builder()
    .url("https://jsonplaceholder.typicode.com/comments?postId=1")
    .build()
// Step2：建立 OkHttpClient 物件，藉由 newCall() 發送請求，並在 enqueue() 接收回傳
OkHttpClient().newCall(req).enqueue(object : Callback {
    // 發送成功執行此方法
    override fun onResponse(call: Call, response: Response) {
        // Step3：使用 response.body?.string() 取得 JSON 字串
        val json = response.body?.string()
    }
    // 發送失敗執行此方法
    override fun onFailure(call: Call, e: IOException) {
    }
})
```

STEP 01 建立 Request.Builder 物件，將請求的網址作為參數傳入 url() 方法，最後使用 build() 方法產生 Request 物件。

STEP 02 建立 OkHttpClient 物件，將 Request 物件作為參數傳入 newCall() 方法，並實作 Callback 介面，將其傳入 enqueue() 方法，等待 Server 回傳資料。

 Server 回傳資料後會執行 onResponse() 方法，開發者可使用 response.body?.string() 方法，將 JSON 字串取出。

POST 方法

使用 OkHttp 進行 HTTP 的 POST 方法有五個步驟。

```
// Step1：建立傳遞參數的資料類別
data class MyObject(
    val id: Int,
    val name: String
)

// Step2：宣告傳遞參數的類型及參數，並建立 RequestBody 物件
val type = "application/json; charset=utf-8".toMediaTypeOrNull()
val myObject = MyObject(123, "王小明")
val json = Gson().toJson(myObject)
val body = json.toRequestBody(type)

// Step3：建立 Request.Builder 物件，藉由 url() 將網址傳入及 post() 將參數傳入，再建立
// Request 物件
val req = Request.Builder()
    .url("https://tools-api.italkutalk.com/java/lab12/test")
    .post(body)
    .build()

// Step4：建立 OkHttpClient 物件，藉由 newCall() 發送請求，並在 enqueue() 接收回傳
OkHttpClient().newCall(req).enqueue(object : Callback {
    // 發送成功執行此方法
    override fun onResponse(call: Call, response: Response) {
        // Step5：使用 response.body?.string() 取得 JSON 字串
        val json = response.body?.string()
    }
    // 發送失敗執行此方法
    override fun onFailure(call: Call, e: IOException) {
    }
})
```

STEP 01 建立 MyObject 資料類別，該資料類別為傳遞參數的資料格式。

STEP 02 先定義傳遞格式為 JSON 字串，需要使用「application/json; charset=utf-8」，接著定義 MyObject 物件並設定參數，再透過 GSON 轉換為 JSON 字串，最後透過 toRequestBody() 方法轉換資料類型為 RequestBody。

STEP 03 建立 Request.Builder 物件，將請求的網址作為參數傳入 url() 方法，再將 body 傳入到 post() 方法，最後使用 build() 方法產生 Request 物件。

STEP 04 建立 OkHttpClient 物件，將 Request 物件作為參數傳入 newCall() 方法，並實作 Callback 介面，將其傳入 enqueue() 方法，等待 Server 回傳資料。

STEP 05 Server 回傳資料後，會執行 onResponse() 方法，開發者可使用 response.body?.string() 方法將 JSON 字串取出。

17.2 實戰演練：空氣品質查詢系統

本範例實作一個空氣品質查詢系統的應用程式，使用 GET 方法取得 JSON 字串並解析，藉此了解 Web API、GSON 與 OkHttp 的用途及使用方式，如圖 17-12 所示。

- 匯入 GSON 及 OkHttp 函式庫，以實作 JSON 字串解析與 HTTP 協定。
- 點選查詢按鈕後，使用 GET 方法向 API 來源：URL https://api.italkutalk.com/api/air 發送請求。
- 定義資料結構並使用 GSON，將 Server 回傳的 JSON 字串解析成該類型物件。
- 使用 runOnUiThread() 方法切換到 Main Thread，並將物件內的資訊以列表式 AlertDialog 顯示。

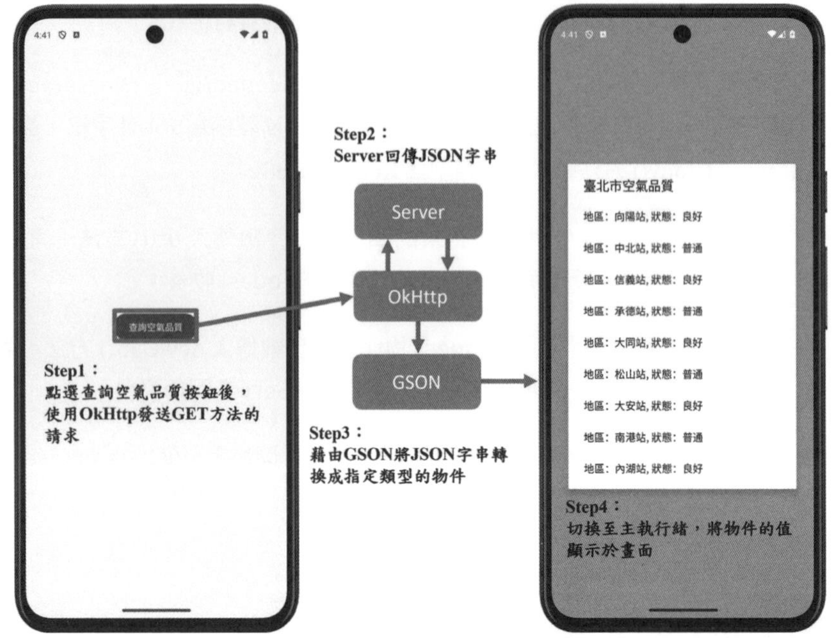

圖 17-12　空氣品質查詢系統流程

17.2.1　介面設計

STEP 01 建立最低支援版本為「API 24」的新專案，並新增如圖 17-13 所示的檔案。

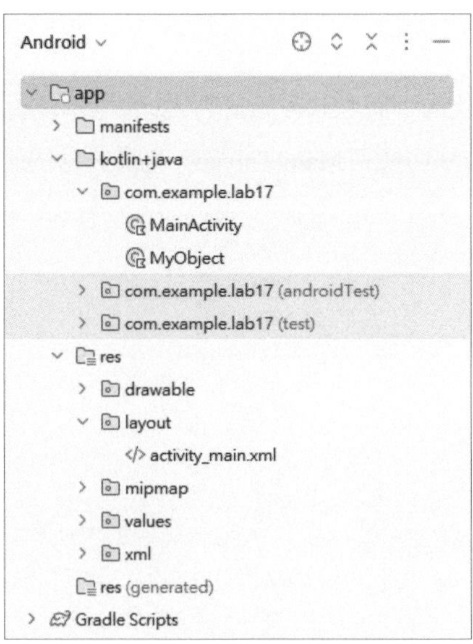

圖 17-13　空氣品質查詢系統專案架構

STEP 02 繪製 activity_main.xml，如圖 17-14 所示。

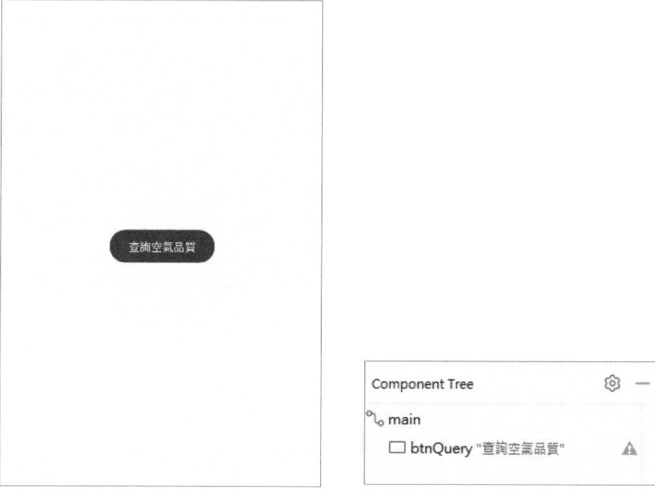

圖 17-14　空氣品質查詢系統畫面（左）與元件樹（右）

對應的 XML 如下：

```
<?xml version="1.0" encoding="utf-8"?>
<androidx.constraintlayout.widget.ConstraintLayout
    xmlns:android="http://schemas.android.com/apk/res/android"
    xmlns:app="http://schemas.android.com/apk/res-auto"
    xmlns:tools="http://schemas.android.com/tools"
    android:id="@+id/main"
    android:layout_width="match_parent"
    android:layout_height="match_parent"
    tools:context=".MainActivity">

    <Button
        android:id="@+id/btnQuery"
        android:layout_width="wrap_content"
        android:layout_height="wrap_content"
        android:text="查詢空氣品質"
        app:layout_constraintBottom_toBottomOf="parent"
        app:layout_constraintLeft_toLeftOf="parent"
        app:layout_constraintRight_toRightOf="parent"
        app:layout_constraintTop_toTopOf="parent" />
</androidx.constraintlayout.widget.ConstraintLayout>
```

17.2.2 匯入 GSON 及 OkHttp 函式庫

STEP 01 開啟 libs.versions.toml，新增 GSON 和 OkHttp 的版本號及套件。

```
[versions]
…省略
gson = "2.10.1"
okhttp = "4.12.0"

[libraries]
…省略
gson = { group = "com.google.code.gson", name = "gson", version.ref = "gson" }
okhttp = { group = "com.squareup.okhttp3", name = "okhttp", version.ref =
"okhttp" }
```

STEP 02 開啟 build.gradle.kts(:app)，並在 dependencies 區塊中引入 GSON 和 OkHttp 函式庫。

```
dependencies {
    …省略
    implementation(libs.gson)
    implementation(libs.okhttp)
}
```

17.2.3 程式設計

STEP 01 開啟 manifests 的 AndroidManifest.xml 檔，加入網路權限。

```
<uses-permission android:name="android.permission.INTERNET" />
```

STEP 02 開啟瀏覽器，將以下網址作為 API 來源，以發送 GET 方法的請求：URL https://api.italkutalk.com/api/air，測試 API 來源是否可正常使用且回傳資料，如圖 17-15 所示。

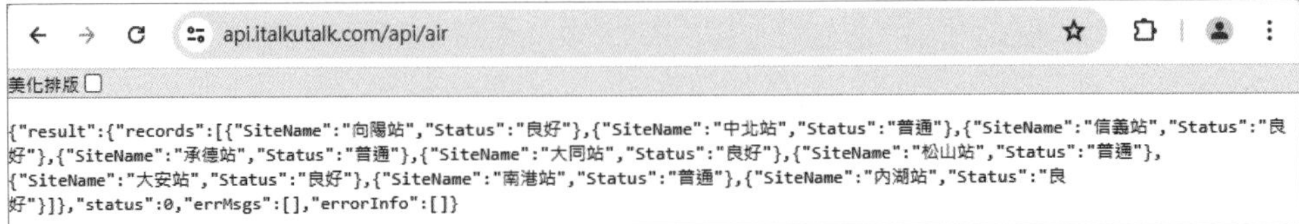

圖 17-15　以 GET 方法測試 API 來源是否正常

STEP 03 開啟此網頁：URL http://www.jsoneditoronline.org/，點選左側上方的「text」按鈕，並將Step2的回傳資料複製貼上至左側編輯區，點選中間的「Copy」按鈕，並點選右側上方的「tree」按鈕，回傳資料將排版成樹狀結構，如圖 17-16 所示。

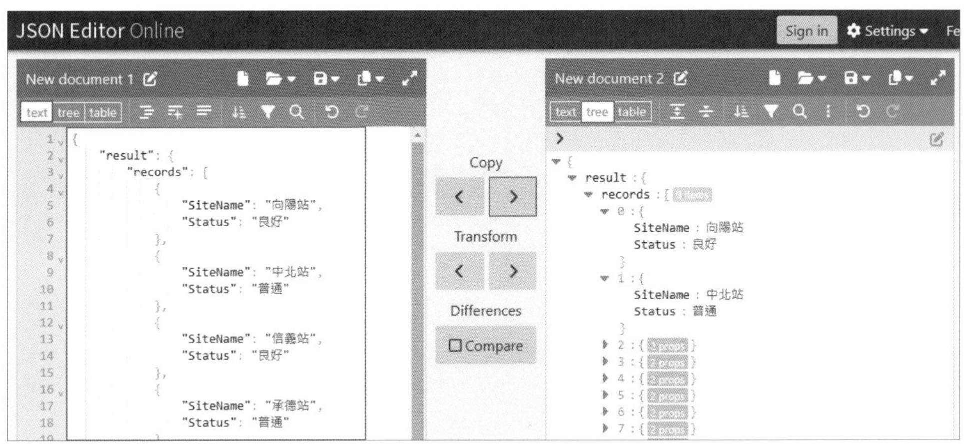

圖 17-16　排版後的 JSON 資料

STEP 04 依據 Step3 的資料結構，在程式檔中建立 MyObject 資料類別，該類別定義了 Server 回傳的資料類型，因此資料的結構須符合 JSON 中的格式。以下依網頁的樹狀結構進行比對，將所需要的欄位定義於 MyObject 類別。

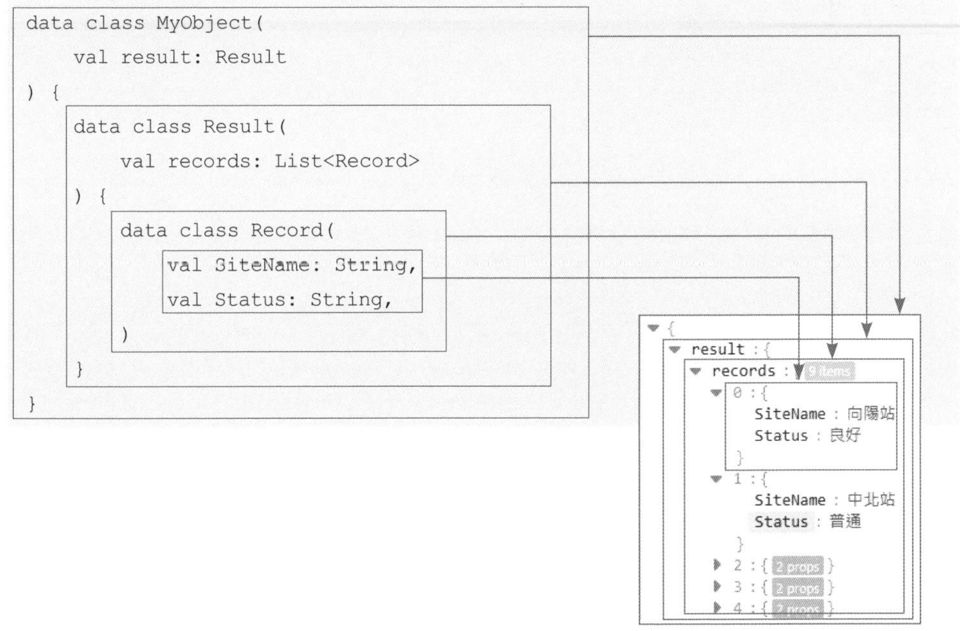

STEP 05 撰寫 MainActivity 程式。

```
class MainActivity : AppCompatActivity() {
    private lateinit var btnQuery: Button

    override fun onCreate(savedInstanceState: Bundle?) {
        super.onCreate(savedInstanceState)
        enableEdgeToEdge()
        setContentView(R.layout.activity_main)
        ViewCompat.setOnApplyWindowInsetsListener(findViewById(R.id.main)) { v,
insets ->
            val systemBars = insets.getInsets(WindowInsetsCompat.Type.
systemBars())
            v.setPadding(systemBars.left, systemBars.top, systemBars.right,
systemBars.bottom)
            insets
        }

        // 與 XML 中的元件綁定
        btnQuery = findViewById(R.id.btnQuery)
        // 設定按鈕點擊事件
        btnQuery.setOnClickListener {
            // 關閉按鈕避免重複點擊
            btnQuery.isEnabled = false
            // 發送請求
            setRequest()
        }
    }

    // 發送請求
    private fun setRequest() {

    }

    // 顯示結果
    private fun showDialog(myObject: MyObject) {

    }
}
```

STEP 06 撰寫 sendRequest() 方法。

```
// 發送請求
private fun sendRequest() {
    // 空氣品質指標 API
    val url = "https://api.italkutalk.com/api/air"
    // 建立 Request.Builder 物件，藉由 url() 將網址傳入，再建立 Request 物件
    val req = Request.Builder()
        .url(url)
        .build()

    // 建立 OkHttpClient 物件，藉由 newCall() 發送請求，並在 enqueue() 接收回傳
    OkHttpClient().newCall(req).enqueue(object : Callback {
        // 發送成功執行此方法
        override fun onResponse(call: Call, response: Response) {
            // 使用 response.body?.string() 取得 JSON 字串
            val json = response.body?.string()
            // 建立 Gson 並使用其 fromJson() 方法，將 JSON 字串以 MyObject 格式輸出
            val myObject = Gson().fromJson(json, MyObject::class.java)
            // 顯示結果
            showDialog(myObject)
        }

        // 發送失敗執行此方法
        override fun onFailure(call: Call, e: IOException) {
            runOnUiThread {
                // 開啟按鈕可再次查詢
                btnQuery.isEnabled = true
                // 顯示錯誤訊息
                Toast.makeText(this@MainActivity,
                    "查詢失敗 $e", Toast.LENGTH_SHORT
                ).show()
            }
        }
    })
}
```

STEP 07 撰寫 showDialog() 方法。

```
// 顯示結果
private fun showDialog(myObject: MyObject) {
    // 建立一個字串陣列，用於存放 SiteName 與 Status 資訊
```

```
    val items = mutableListOf<String>()
    // 將 API 資料取出並建立字串，並存放到字串陣列
    myObject.result.records.forEach { data ->
        items.add("地區：${data.SiteName}, 狀態：${data.Status}")
    }
    // 切換到主執行緒將畫面更新
    runOnUiThread {
        // 開啟按鈕可再次查詢
        btnQuery.isEnabled = true
        // 建立 AlertDialog 物件並顯示字串陣列
        AlertDialog.Builder(this@MainActivity)
            .setTitle("臺北市空氣品質")
            .setItems(items.toTypedArray(), null)
            .show()
    }
}
```

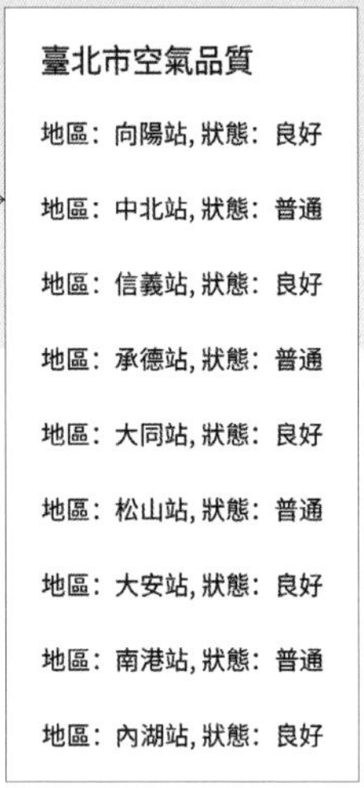

臺北市空氣品質

地區：向陽站, 狀態：良好

地區：中北站, 狀態：普通

地區：信義站, 狀態：良好

地區：承德站, 狀態：普通

地區：大同站, 狀態：良好

地區：松山站, 狀態：普通

地區：大安站, 狀態：良好

地區：南港站, 狀態：普通

地區：內湖站, 狀態：良好

18

通知訊息

學習目標

- ❏ 了解 Notification 及 Push Notification 的用途、差異與使用方式
- ❏ 認識 Firebase 雲端開發平台
- ❏ 使用 Firebase Cloud Messaging 實作 Push Notification

18.1 通知與推播

「通知」(Notification)是顯示於應用程式介面之外的訊息，用於提醒使用者有關應用程式的相關事件，例如：行事曆的行程提醒、新的聊天室訊息或新的廣告活動。當使用者點選通知時，便會開啟應用程式，如果通知的訊息是透過網路傳遞至應用程式，則稱為「推播通知」。

「推播通知」(Push Notification)是一種由後端 Server 推送訊息至使用者裝置的技術，它允許應用程式在未啟動的狀態下接收來自網路的推送訊息，例如：Line 聊天訊息或 Facebook 交友邀請。若能提供客製化或具有特定主題的推送訊息，讓使用者感到有趣或有價值，則可以提高使用者的回訪率，因此推播通知也常應用於商業行銷，如圖 18-1 所示的 iTalkuTalk 應用程式所示，使用者在未開啟應用程式的情況下，可以接收到交友邀請通知及聊天訊息通知。

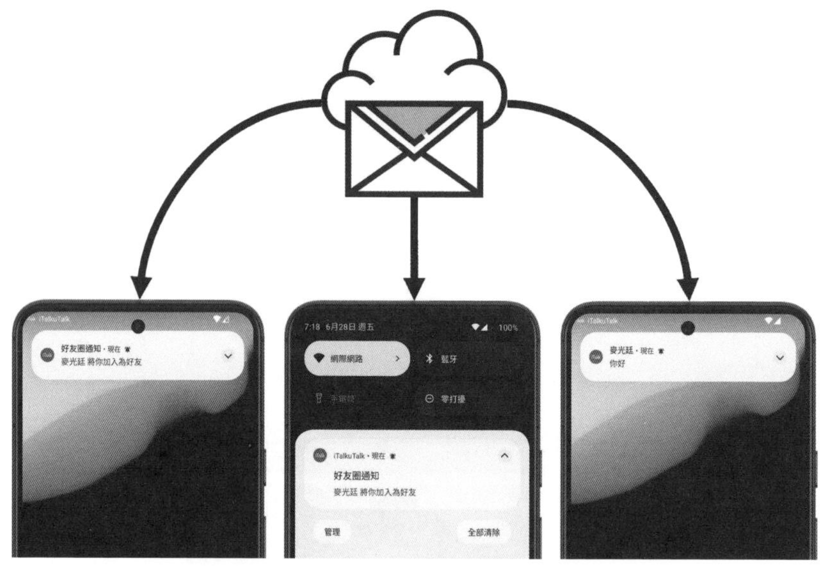

圖 18-1　交友邀請通知(左、中)與聊天訊息通知(右)

18.1.1 建立通知

從 Android 13 開始，在發送通知之前，需要先向使用者請求權限，因此須在 AndroidManifest.xml 加入通知權限。

```
<uses-permission android:name="android.permission.POST_NOTIFICATIONS" />
```

發送客製化通知內容的方式可以分為五個步驟，以下是通知的實作方式：

```
class MainActivity : AppCompatActivity() {
    // 宣告靜態變數
    companion object {
        private const val REQUEST_CODE = 0              // 請求碼
        private const val CHANNEL_ID = "Lab18"          // 通知頻道 Id
        private const val CHANNEL_NAME = "My Channel" // 通知頻道名稱
        private const val NOTIFICATION_ID = 0           // 通知 Id
    }

    // 宣告通知管理物件
    private lateinit var nm: NotificationManagerCompat

    override fun onRequestPermissionsResult(
        requestCode: Int,
        permissions: Array<out String>,
        grantResults: IntArray,
    ) {
        super.onRequestPermissionsResult(requestCode, permissions, grantResults)
        if (requestCode == REQUEST_CODE && grantResults.isNotEmpty() &&
            grantResults[0] == PackageManager.PERMISSION_GRANTED
        ) {
            sendNotification() // 重新發送通知
        } else {
            Toast.makeText(this, "你沒有通知權限", Toast.LENGTH_SHORT).show()
        }
    }

    override fun onCreate(savedInstanceState: Bundle?) {
        super.onCreate(savedInstanceState)
        // 省略…
        // Step1：建立通知管理物件
        nm = NotificationManagerCompat.from(this)
        // Step2：建立通知頻道
        createChannel()
        // Step3~5：檢查權限後發送通知
        sendNotification()
    }
```

```
    private fun createChannel() {
        // 若Android版本在8.0以上必須先建立通知頻道
        if (Build.VERSION.SDK_INT >= Build.VERSION_CODES.O) {
            // 設定頻道Id、名稱及訊息優先權
            val importance = NotificationManager.IMPORTANCE_HIGH
            val channel = NotificationChannel(CHANNEL_ID, CHANNEL_NAME, 
importance)
            // 建立頻道
            nm.createNotificationChannel(channel)
        }
    }

    private fun sendNotification() {
        // Step3：如果Android版本為13或以上，需要檢查是否有通知權限
        if (
            Build.VERSION.SDK_INT >= Build.VERSION_CODES.TIRAMISU &&
            ActivityCompat.checkSelfPermission(
                this, Manifest.permission.POST_NOTIFICATIONS
            ) != PackageManager.PERMISSION_GRANTED
        ) {
            // 請求通知權限
            ActivityCompat.requestPermissions(
                this, arrayOf(Manifest.permission.POST_NOTIFICATIONS), REQUEST_
CODE
            )
        } else {
            // Step4：建立Intent、PendingIntent，當通知被點選時開啟應用程式
            val intent = Intent(this, MainActivity::class.java)
            intent.flags = Intent.FLAG_ACTIVITY_NEW_TASK or Intent.FLAG_
ACTIVITY_CLEAR_TASK
            val pendingIntent = PendingIntent.getActivity(
                this, 0, intent, PendingIntent.FLAG_IMMUTABLE
            )
            // Step5：定義通知的訊息內容並發送
            val builder = NotificationCompat.Builder(this, CHANNEL_ID)
                .setSmallIcon(android.R.drawable.btn_star_big_on)// 通知圖示
                .setContentTitle("My Notification")    // 通知標題
                .setContentText("My Message")          // 通知內容
                .setContentIntent(pendingIntent)       // 通知被點選後的意圖
                .setAutoCancel(true)                   // 通知被點選後自動消失
                .setPriority(NotificationCompat.PRIORITY_DEFAULT) // 通知優先權
            nm.notify(NOTIFICATION_ID, builder.build())     // 發送通知於裝置
```

```
            }
        }
    }
```

STEP 01 建立一個 NotificationManagerCompat 物件，它用於管理通知相關的操作。

STEP 02 若應用程式的目標版本在 Android 8.0 以上，必須先建立通知頻道，建立頻道需要使用 NotificationChannel 類別，並傳入三個參數，第一個參數為頻道的識別標籤，第二個參數為頻道名稱，第三個參數為此頻道的訊息優先權，最後使用 NotificationManagerCompat 物件的 createNotificationChannel() 方法，將 NotificationChannel 物件作為參數傳入，以建立通知頻道。

STEP 03 在發送通知之前，若應用程式的目標版本在 Android 13 或以上，則需要先讓使用者允許通知權限。

STEP 04 建立一個用於啟動 MainActivity 的 Intent 物件，並建立 PendingIntent 作為通知被點選時的意圖參數。

STEP 05 使用 NotificationCompat.Builder() 方法建立通知訊息物件，該方法須傳入兩個參數，第一個參數為使用的對象（即 this），第二個參數為通知頻道的識別標籤，接著呼叫內部的方法設定通知的訊息內容，例如：setSmallIcon() 方法用於設定狀態欄顯示的圖示、setContentTitle() 方法設定通知標題等，最後使用 NotificationManagerCompat 物件的 notify() 方法來傳入通知的識別標籤，以及 NotificationCompat.Builder 物件的 build() 方法來發送通知訊息。

18.1.2 Firebase

實作推播通知的服務，需要一台推播伺服器（Push Notification Server）以及一台用於身分驗證和資料交換的網路伺服器（Web Server），這樣的架構搭建與維護，具有一定的技術門檻與費用，如圖 18-2 所示。

圖 18-2　推播通知服務架構

Firebase 是一個輔助應用程式的雲端開發平台，於 2016 年 Google 的 I/O 開發者大會上正式發表，它同時支援 Android、iOS 與 Web 三種平台，以及眾多程式語言，並提供多項雲端服務，例如：即時資料庫、資料分析和推播通知等，協助開發者在雲端快速建置後端服務，使開發者可以專注於應用程式的優化。

圖 18-3　Firebase

Firebase 提供眾多的雲端服務內容，如圖 18-4 所示，分為「開發」與「執行」等兩種類型。部分項目在流量或功能的限制下可免費使用，讓新創團隊與輕度使用者能節省開發與維護成本，其中一項「雲端訊息」（Cloud Messaging）的服務可用於實作推播通知功能，目前為免費服務。

開發（Build）

- 應用程式檢查（App Check）
- 應用程式託管（App Hosting）
- 身分驗證（Authentication）
- 雲端函數（Cloud Functions）
- 雲端儲存（Cloud Storage）
- 資料連接（Data Connect）
- 擴展功能（Extensions）
- Firestore
- 機器學習（Firebase ML）
- Genkit
- 託管服務（Hosting）
- 即時資料庫（Realtime Database）
- 生成式 AI（Generative AI）

Firebase

執行（Run）

- A/B 測試（A/B Testing）
- 應用程式分發（App Distribution）
- 雲端訊息（Cloud Messaging）
- 崩潰檢測（Crashlytics）
- Google 分析（Google Analytics）
- 應用程式內訊息（In-App Messaging）
- 效能監控（Performance Monitoring）
- 遠端配置（Remote Config）
- 測試實驗室（Test Lab）

圖 18-4　Firebase 雲端服務

開發（Build）

- 應用程式檢查（App Check）：應用程式檢查服務提供應用程式的完整性保護和設備驗證，確保只有合法的應用程式請求能夠通過，防止濫用和欺詐行為。
- 應用程式託管（App Hosting）：應用程式託管服務提供快速、安全的靜態和動態網站託管服務，支援全球 CDN 和 SSL 保護，並且可以輕鬆部署自定義域名。
- 身分驗證（Authentication）：身分驗證服務提供應用程式對使用者的身分進行註冊與驗證，並介接第三方登入服務，例如：Google、Facebook 等。
- 雲端函數（Cloud Functions）：雲端函數服務是一種無伺服器的後端解決方案，可以根據 Firebase 事件或 HTTP 請求執行自定義程式碼。
- 雲端儲存（Cloud Storage）：雲端儲存服務提供一個安全的檔案儲存解決方案，適合用於儲存和提供使用者生成的內容，例如：照片和影片。
- 資料連接（Data Connect）：資料連接服務允許將 PostgreSQL 資料庫直接連接到 Firebase，支援資料模型定義和查詢。
- 擴展功能（Extensions）：擴展功能服務提供預先建立的解決方案來完成常見任務，幫助開發者快速增加新功能，而不需要撰寫額外的程式碼。
- Firestore：Firestore 服務是一個靈活且可擴展的 NoSQL 資料庫，支援即時資料同步和離線資料訪問。

- 機器學習（Firebase ML）：Firebase 機器學習服務提供整合機器學習功能到應用程式中，支援多種機器學習模型和工具。
- Genkit：Genkit 服務是一個 AI 整合框架，幫助開發者建立 AI 功能，提供 AI 庫和外掛程式來加速開發。
- 託管服務（Hosting）：託管服務提供應用程式和網站的託管服務，支援全球範圍內的快速、安全交付。
- 即時資料庫（Realtime Database）：即時資料庫服務是一個 NoSQL 資料庫，提供即時資料同步和離線功能。
- 生成式 AI（Generative AI）：生成式 AI 服務支援生成 AI 內容的工具和服務，幫助開發者建立 AI 驅動的應用程式。

執行（Run）

- A/B 測試（A/B Testing）：A/B 測試服務允許開發者測試和比較應用程式不同版本的效果，從而優化使用者體驗。
- 應用程式分發（App Distribution）：應用程式分發服務提供快速、安全的測試版應用程式分發，讓測試人員可以迅速取得最新版本進行測試。
- 雲端訊息（Cloud Messaging）：雲端訊息服務允許開發者向使用者發送推播通知，從而提高使用者參與度。
- 崩潰檢測（Crashlytics）：崩潰檢測服務提供即時的應用程式崩潰報告，幫助開發者快速識別和修復問題。
- Google 分析（Google Analytics）：Google 分析服務提供強大的應用程式分析工具，幫助開發者深入了解使用者行為和應用程式使用情況。
- 應用程式內訊息（In-App Messaging）：應用程式內訊息服務允許開發者在應用程式內向使用者發送訊息，這些訊息可以是提示、促銷或提醒，以提升使用者互動性。
- 效能監控（Performance Monitoring）：效能監控服務幫助開發者識別和解決應用程式性能問題，提供詳細的性能報告。
- 遠端配置（Remote Config）：遠端配置服務允許開發者在不重新發布應用程式的情況下，動態修改應用程式的行為和外觀。
- 測試實驗室（Test Lab）：測試實驗室服務提供雲端測試設備和自動化測試工具，幫助開發者在多種設備和環境中進行應用程式測試。

18.1.3 雲端訊息

「雲端訊息」(Firebase Cloud Messaging，簡稱 FCM)是一種跨平台的訊息傳遞功能，能同時向不同平台的裝置發送推播通知，FCM 提供網頁版控制台，讓開發者可以快速測試或實際發送推播通知。

雲端訊息分為「通知訊息」(Notification Message)與「資料訊息」(Data Message)，兩者皆可附帶 Key-Value 格式的資料。通知訊息預設有 title、body、icon 等資料，並會自動呈現於裝置，一般用於發送推播訊息。而資料訊息則只有自定義的資料，且不會自動呈現於裝置，一般用於資料同步。

在使用雲端訊息之前，需要將 Android 專案連結到 Firebase 專案，並在 Android 專案中匯入 Firebase 函式庫，最後需建立一個類別繼承 FirebaseMessagingService 類別，並在 AndroidManifest.xml 中進行定義，以接收推播通知。以下會介紹 FirebaseMessagingService 類別的用途，其他部分會在本章的實戰演練中說明。

```
// 建立一個類別，使其繼承 FirebaseMessagingService 類別
class MyMessagingService : FirebaseMessagingService() {
    // 取得新的 Token 時被呼叫，通常會於第一次啟動應用程式時進入
    override fun onNewToken(token: String) {
        super.onNewToken(token)
        Log.e("onNewToken", token)
    }
    // 應用程式正呈現於螢幕且收到推播通知時進入
    override fun onMessageReceived(msg: RemoteMessage) {
        super.onMessageReceived(msg)
        // 藉由 forEach 將通知附帶的資料取出
        msg.data.entries.forEach {
            Log.e("data", "key:${it.key}, value:${it.value}")
        }
    }
}
```

- onNewToken()：當得到新的 Token 時被呼叫。通常是第一次啟動應用程式時，Firebase 會回傳該裝置的 Token，Token 為該裝置的識別標籤，可用於針對特定裝置發送推播通知。若未顯示 Token，表示該應用程式已產生 Token，如果需要新的 Token，可將應用程式卸載後重新安裝。
- onMessageReceived()：當應用程式呈現於螢幕且收到推播通知時被呼叫。開發者可藉由 msg.data.entries 取得通知附帶的 Key-Value 資料。

18.2 實戰演練：廣告活動系統

本範例實作一個廣告活動系統的應用程式，藉此了解通知與推播通知的差異及使用方式，如圖 18-5 所示。

- ❍ 連結 Android 專案與 Firebase 專案。
- ❍ 匯入 Firebase Cloud Messaging 函式庫，以實作推播通知。
- ❍ 點選「顯示折價券通知」按鈕，顯示通知於狀態欄。
- ❍ 使用 Firebase 網頁版控制台發送推播通知。

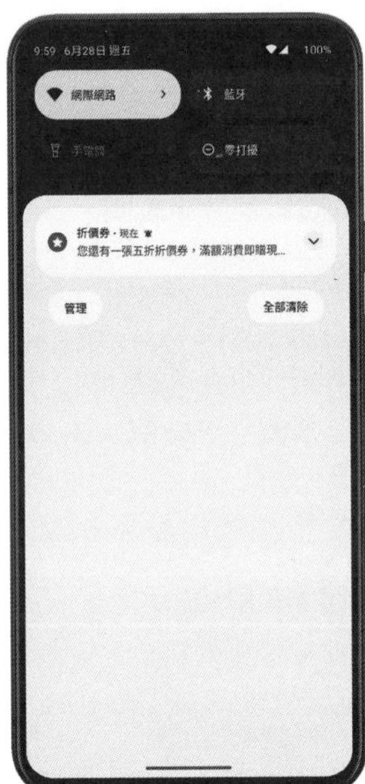

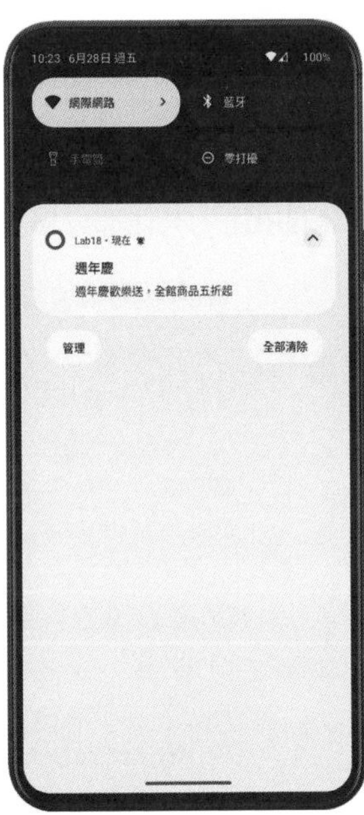

圖 18-5　廣告活動系統使用者介面（左）、折價券通知（中）與週年慶推播通知（右）

18.2.1　介面設計

STEP 01 建立最低支援版本為「API 24」的新專案，並新增如圖 18-6 所示的檔案。

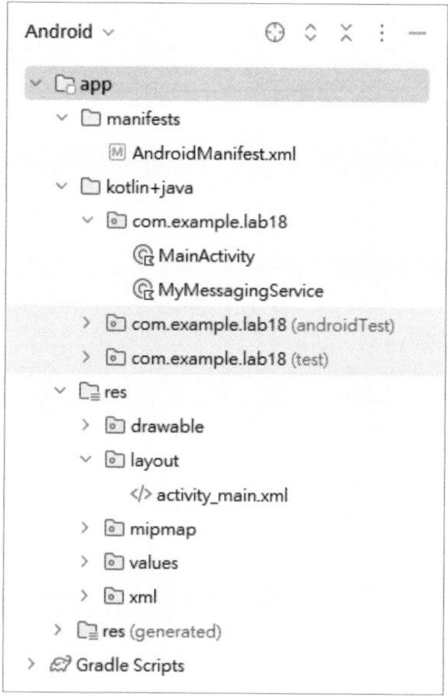

圖 18-6　廣告活動系統專案架構

STEP 02 繪製 activity_main.xml，如圖 18-7 所示。

圖 18-7　廣告活動系統畫面（左）與元件樹（右）

對應的 XML 如下：

```
<?xml version="1.0" encoding="utf-8"?>
<androidx.constraintlayout.widget.ConstraintLayout
    xmlns:android="http://schemas.android.com/apk/res/android"
    xmlns:app="http://schemas.android.com/apk/res-auto"
    xmlns:tools="http://schemas.android.com/tools"
    android:id="@+id/main"
```

```
    android:layout_width="match_parent"
    android:layout_height="match_parent"
    tools:context=".MainActivity">

    <Button
        android:id="@+id/btnShow"
        android:layout_width="wrap_content"
        android:layout_height="wrap_content"
        android:text="顯示折價券通知"
        android:textSize="22sp"
        app:layout_constraintBottom_toBottomOf="parent"
        app:layout_constraintLeft_toLeftOf="parent"
        app:layout_constraintRight_toRightOf="parent"
        app:layout_constraintTop_toTopOf="parent" />

</androidx.constraintlayout.widget.ConstraintLayout>
```

18.2.2 連結 Firebase Cloud Messaging

STEP 01 開啟 Firebase 網址：URL https://firebase.google.com，並點選「Get started」按鈕，如圖 18-8 所示。

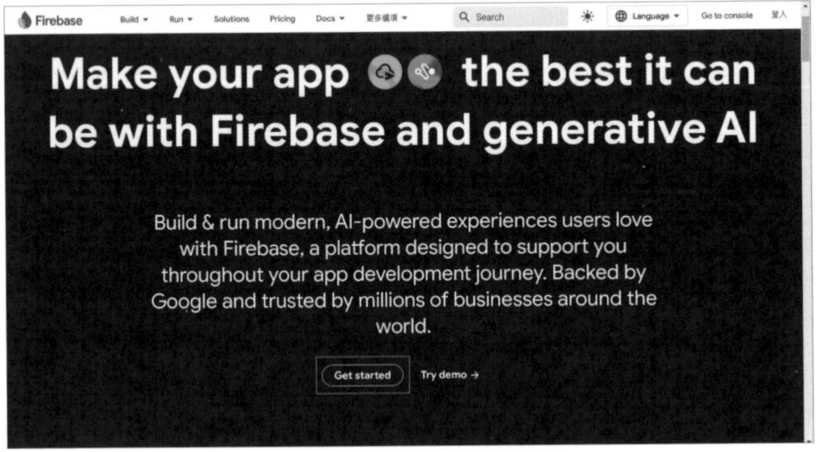

圖 18-8　Firebase 首頁

STEP 02 登入 Google 帳戶後，點選「建立專案」按鈕，如圖 18-9 所示。

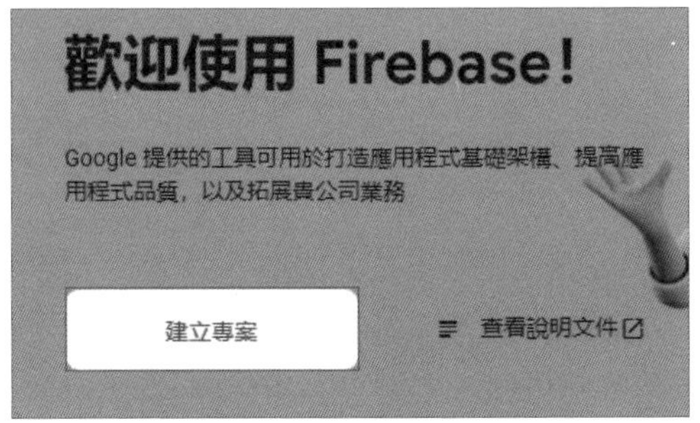

圖 18-9　建立 Firebase 專案

STEP 03 輸入專案名稱，並點選「繼續」按鈕，如圖 18-10 所示。

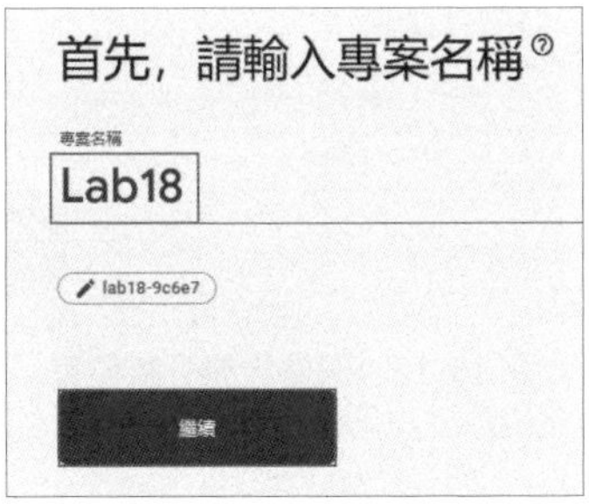

首先，請輸入專案名稱

Lab18

lab18-9c6e7

繼續

圖 18-10　輸入專案名稱

STEP 04 滾動至下方，並點選「繼續」按鈕，如圖 18-11 所示。

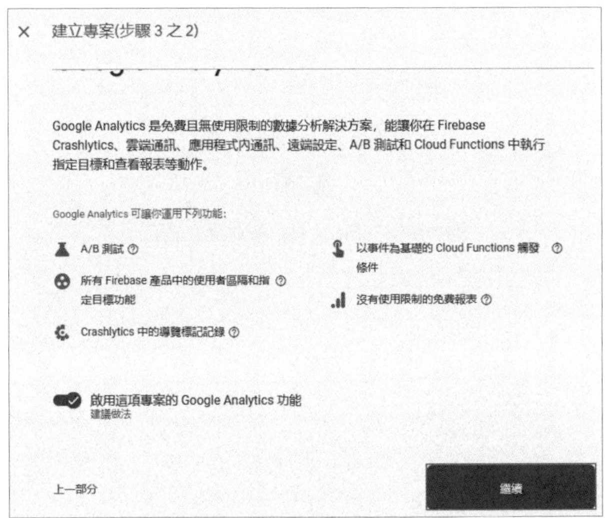

圖 18-11　開啟 Google Analytics

STEP 05 選擇數據分析位置，並接受聲明條款，再點選「建立專案」按鈕，如圖 18-12 所示。

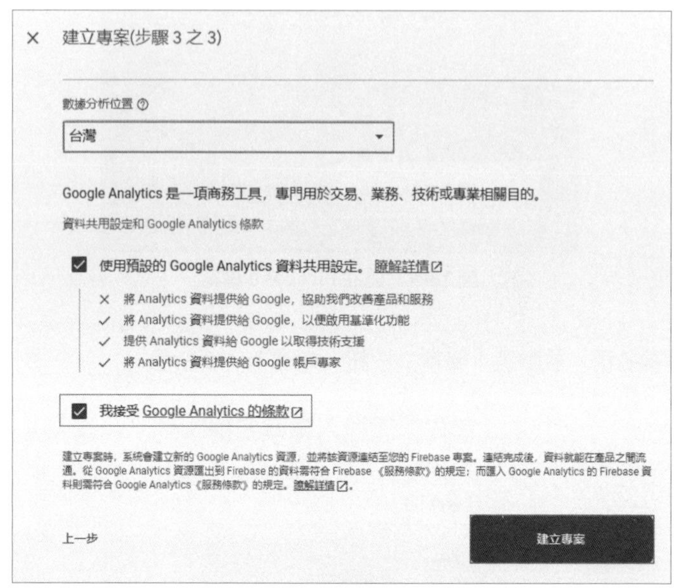

圖 18-12　選擇數據分析位置

STEP 06 等待專案建立完成後，點選「繼續」按鈕，如圖 18-13 所示。

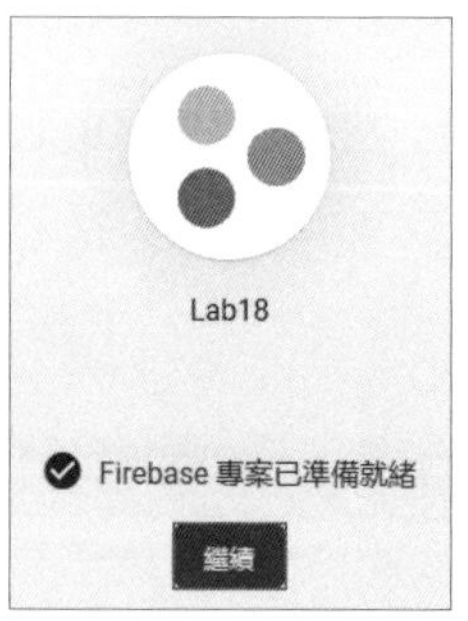

圖 18-13　Firebase 專案建立完成

STEP 07 點選 Android 圖示，為 Firebase 專案新增應用程式，如圖 18-14 所示。

圖 18-14　為 Firebase 專案新增應用程式

STEP 08 輸入 Android 專案的 package 名稱，並點選「註冊應用程式」按鈕，如圖 18-15 所示。

圖 18-15　註冊應用程式

STEP 09 點選「下載 google-services.json」按鈕，並將檔案依據指示放入 Android 專案的 app 資料夾中，最後點選「繼續」按鈕，如圖 18-16 所示。

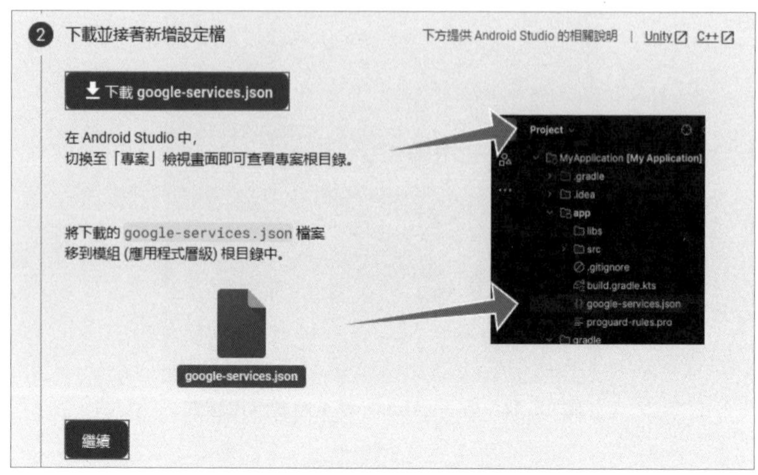

圖 18-16　下載設定檔並放入專案中

STEP 10 此步驟要匯入相關函式庫，這部分會在後續步驟進行，這裡先滾動至下方，點選「繼續」按鈕，如圖 18-17 所示。

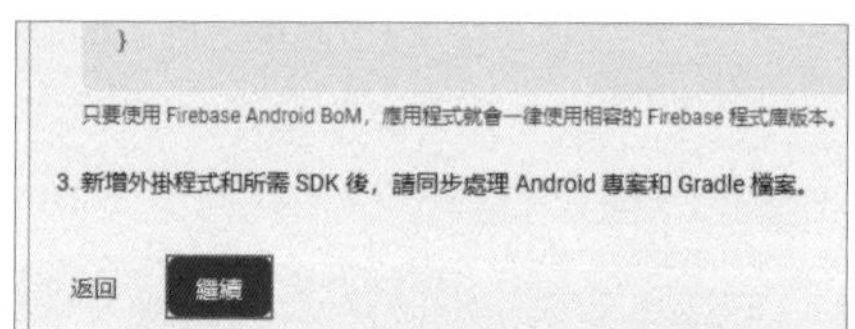

圖 18-17　先略過匯入函式庫步驟

STEP 11 點選「前往主控台」按鈕，以完成 Firebase 專案的連結，如圖 18-18 所示。

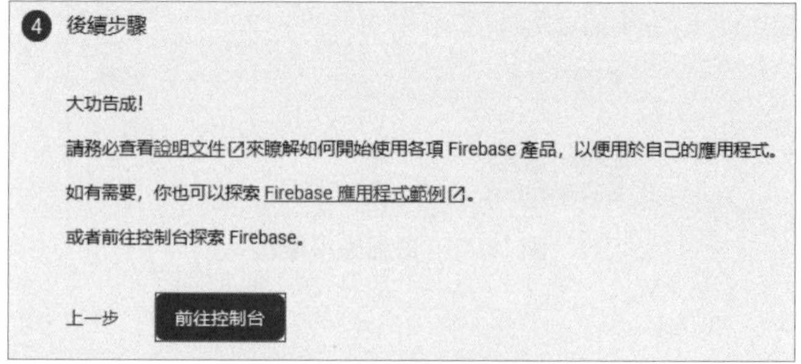

圖 18-18　前往主控台

STEP 12 回到Android專案，並開啟libs.versions.toml，在[versions]、[libraries]及[plugins]中輸入以下內容，完成後點選「Sync Now」。

```
[versions]
省略…
google_services = "4.4.2"
firebase_messaging = "24.0.0"

[libraries]
省略…
firebase-messaging = { group = "com.google.firebase", name = "firebase-messaging-ktx", version.ref = "firebase_messaging" }

[plugins]
省略…
google-services = { id = "com.google.gms.google-services", version.ref = "google_services" }
```

STEP 13 開啟build.gradle.kts(Project:Lab18)，在plugins區塊中輸入以下內容，完成後點選「Sync Now」。

```
plugins {
    省略…
    alias(libs.plugins.google.services) apply false
}
```

STEP 14 開啟build.gradle.kts(Module:app)，在plugins區塊及dependencies區塊中輸入以下內容，完成後點選「Sync Now」。

```
plugins {
    省略…
    alias(libs.plugins.google.services)
}

android {
    省略…
}

dependencies {
    省略…
    implementation(libs.firebase.messaging)
}
```

18.2.3 程式設計

STEP 01 撰寫 MainActivity 程式，建立按鈕監聽器並發送折價券通知。

```
class MainActivity : AppCompatActivity() {
    // 宣告靜態變數
    companion object {
        private const val REQUEST_CODE = 0                 // 請求碼
        private const val CHANNEL_ID = "Lab18"             // 通知頻道 Id
        private const val CHANNEL_NAME = "My Channel"   // 通知頻道名稱
        private const val NOTIFICATION_ID = 0              // 通知 Id
    }

    // 宣告通知管理物件
    private lateinit var nm: NotificationManagerCompat

    override fun onRequestPermissionsResult(
        requestCode: Int,
        permissions: Array<out String>,
        grantResults: IntArray,
    ) {
        super.onRequestPermissionsResult(requestCode, permissions, grantResults)
        if (requestCode == REQUEST_CODE && grantResults.isNotEmpty() &&
            grantResults[0] == PackageManager.PERMISSION_GRANTED
        ) {
            sendNotification()  // 重新發送通知
        } else {
            Toast.makeText(this, "你沒有通知權限", Toast.LENGTH_SHORT).show()
        }
    }

    override fun onCreate(savedInstanceState: Bundle?) {
        super.onCreate(savedInstanceState)
        enableEdgeToEdge()
        setContentView(R.layout.activity_main)
        ViewCompat.setOnApplyWindowInsetsListener(findViewById(R.id.main)) { v,
insets ->
            val systemBars = insets.getInsets(WindowInsetsCompat.Type.
systemBars())
            v.setPadding(systemBars.left, systemBars.top, systemBars.right,
systemBars.bottom)
            insets
```

```
        }

        // 建立通知管理物件
        nm = NotificationManagerCompat.from(this)
        // 建立通知頻道
        createChannel()

        findViewById<Button>(R.id.btnShow).setOnClickListener {
            // 檢查權限後發送通知
            sendNotification()
        }
    }

    private fun createChannel() {
        // 若Android版本在8.0以上必須先建立通知頻道
        if (Build.VERSION.SDK_INT >= Build.VERSION_CODES.O) {
            // 設定頻道Id、名稱及訊息優先權
            val importance = NotificationManager.IMPORTANCE_HIGH
            val channel = NotificationChannel(CHANNEL_ID, CHANNEL_NAME, importance)
            // 建立頻道
            nm.createNotificationChannel(channel)
        }
    }

    private fun sendNotification() {
        // 如果Android版本為13或以上，需要檢查是否有通知權限
        if (
            Build.VERSION.SDK_INT >= Build.VERSION_CODES.TIRAMISU &&
            ActivityCompat.checkSelfPermission(
                this, Manifest.permission.POST_NOTIFICATIONS
            ) != PackageManager.PERMISSION_GRANTED
        ) {
            // 請求通知權限
            ActivityCompat.requestPermissions(
                this, arrayOf(Manifest.permission.POST_NOTIFICATIONS), REQUEST_
CODE
            )
        } else {
            // 建立Intent、PendingIntent，當通知被點選時開啟應用程式
            val intent = Intent(this, MainActivity::class.java)
            intent.flags = Intent.FLAG_ACTIVITY_NEW_TASK or Intent.FLAG_
ACTIVITY_CLEAR_TASK
```

```
        val pendingIntent = PendingIntent.getActivity(
            this, 0, intent, PendingIntent.FLAG_IMMUTABLE
        )
        // 定義通知的訊息內容並發送
        val builder = NotificationCompat.Builder(this, CHANNEL_ID)
            .setSmallIcon(android.R.drawable.btn_star_big_on) // 通知圖示
            .setContentTitle("折價券")                        // 通知標題
            .setContentText("您還有一張五折折價券，滿額消費即贈現金回饋")// 通知內容
            .setContentIntent(pendingIntent)  // 通知被點選後的意圖
            .setAutoCancel(true)              // 通知被點選後自動消失
            .setPriority(NotificationCompat.PRIORITY_DEFAULT) // 通知優先權
        nm.notify(NOTIFICATION_ID, builder.build())   // 發送通知於裝置
    }
  }
}
```

STEP 02 撰寫 MyMessagingService 程式，使其繼承 FirebaseMessagingService 類別，並覆寫 onNewToken() 與 onMessageReceived() 方法。

```
// 建立一個類別，使其繼承 FirebaseMessagingService 類別
class MyMessagingService : FirebaseMessagingService() {
    // 取得新的 Token 時被呼叫，通常會於第一次啟動應用程式時進入
    override fun onNewToken(token: String) {
        super.onNewToken(token)
        Log.e("onNewToken", token)
    }
    // 應用程式正呈現於螢幕且收到推播通知時進入
    override fun onMessageReceived(msg: RemoteMessage) {
        super.onMessageReceived(msg)
        // 藉由 forEach 將通知附帶的資料取出
        msg.data.entries.forEach {
            Log.e("data", "key:${it.key}, value:${it.value}")
        }
    }
}
```

STEP 03 在 AndroidManifest.xml 中設定通知權限及 MyMessagingService。

```
<?xml version="1.0" encoding="utf-8"?>
<manifest xmlns:android="http://schemas.android.com/apk/res/android"
    xmlns:tools="http://schemas.android.com/tools">
```

```
    <uses-permission android:name="android.permission.POST_NOTIFICATIONS" />

    <application
        android:allowBackup="true"
        ...
        tools:targetApi="31">
        <service
            android:name=".MyMessagingService"
            android:exported="false">
            <intent-filter>
                <action android:name="com.google.firebase.MESSAGING_EVENT" />
            </intent-filter>
        </service>
        <activity
            ...
        </activity>
    </application>
</manifest>
```

STEP 04 將應用程式安裝至模擬器或實機，若「Logcat」有顯示 Token，表示已成功連結雲端訊息的服務，如圖 18-19 所示。

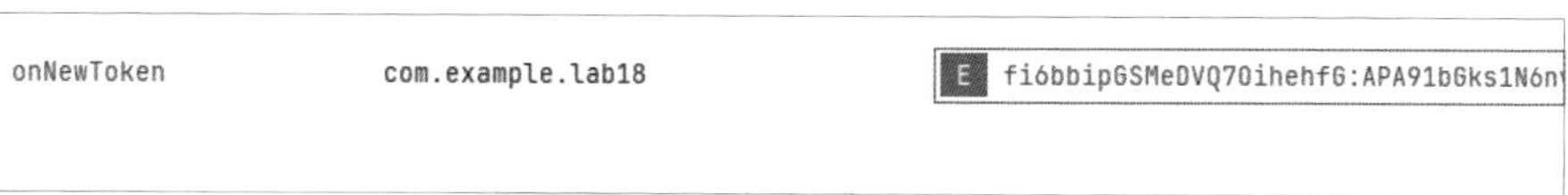

圖 18-19　顯示 Token

若 Logcat 未顯示 Token，有以下三種原因：

- Token 已產生：已產生過的 Token 不會再顯示，因此必須將應用程式卸載後重新安裝，以產生新的 Token。
- Firebase Cloud Messaging 未連接：請檢查是否完成 18.2.2 小節的所有步驟。
- 網路狀態不佳：請檢查網路是否可正常使用。

18.2.4　發送 Firebase Cloud Messaging

STEP 01 在控制台右側功能列中找到「Messaging」，並點選「建立第一個廣告活動」按鈕，如圖 18-20 所示。

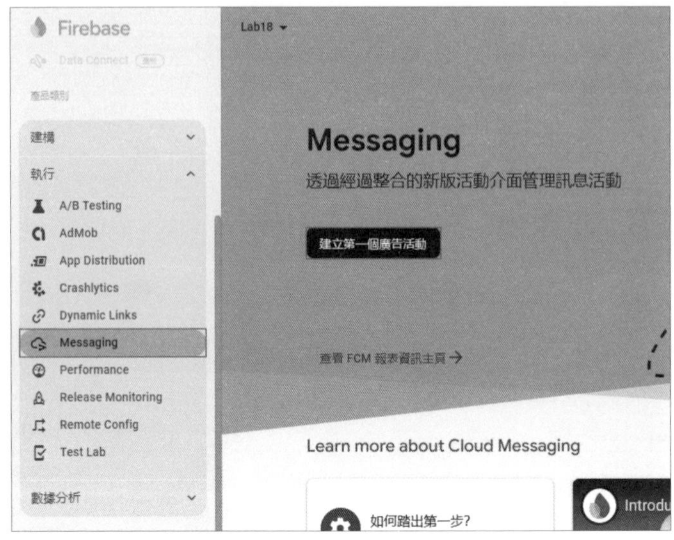

圖 18-20 Messaging 控制台

STEP 02 點選「Firebase 通知訊息」，並點選「建立」按鈕，如圖 18-21 所示。

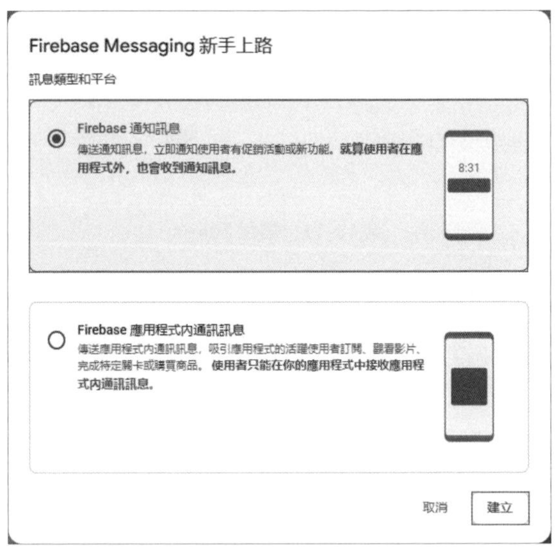

圖 18-21 選擇訊息類型

STEP 03 輸入通知標題及通知文字，並點選「下一步」按鈕，如圖 18-22 所示。

圖 18-22　輸入通知標題及通知文字

STEP 04 選擇要接收推播通知的應用程式，並點選「下一步」按鈕，如圖 18-23 所示。

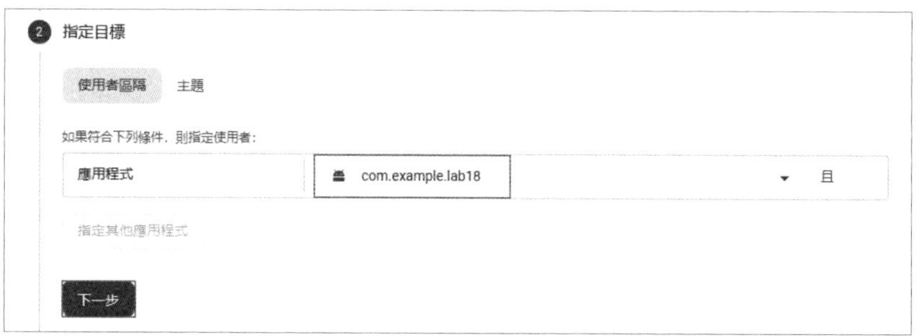

圖 18-23　選擇目標應用程式

STEP 05 選擇排定時間為「現在」，並點選「下一步」按鈕。略過設定重要事件，直接點選「下一步」按鈕，如圖 18-24 所示。

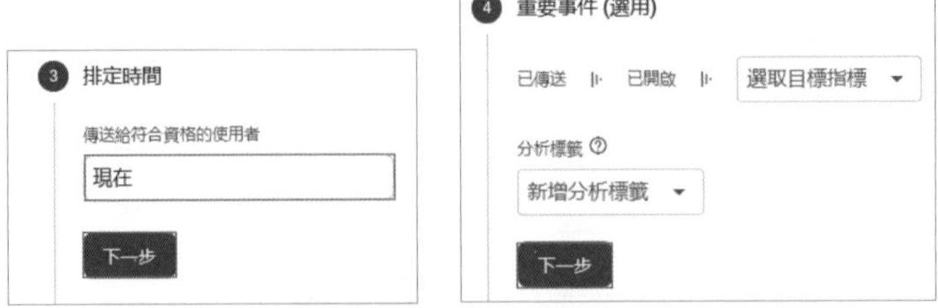

圖 18-24　選擇排定時間（左）與設定重要事件（右）

STEP 06 輸入自訂資料，並點選「審查」按鈕，如圖 18-25 所示。

圖 18-25　輸入自訂資料並審查

STEP 07 點選「發布」按鈕，以發送推播通知，如圖 18-26 所示。

圖 18-26　確認訊息設定

STEP 08 若應用程式正呈現於螢幕上，則不會顯示推播通知，但會收到通知附帶的資料，並顯示於 Logcat，如圖 18-27 所示。

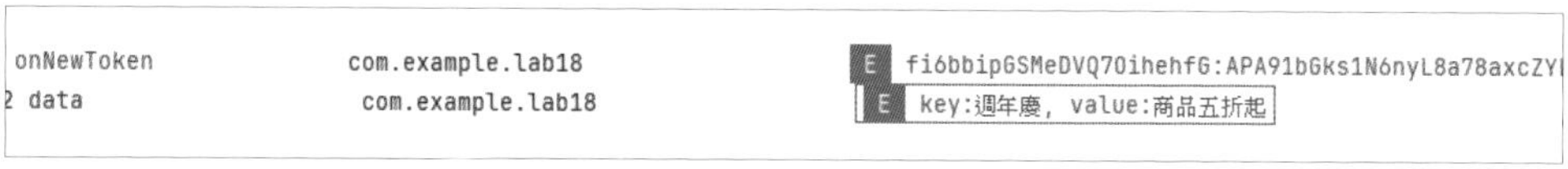

```
onNewToken        com.example.lab18     E  fi6bbipGSMeDVQ70ihehfG:APA91bGks1N6nyL8a78axcZY
2 data             com.example.lab18     E  key:週年慶, value:商品五折起
```

圖 18-27　顯示通知附帶的資料

STEP 09 若應用程式未開啟或在背景的情況下，則會顯示推播通知，如圖 18-28 所示。

圖 18-28　顯示推播通知

> **說 明**　測試時，需要注意裝置是否進入省電模式、開啟勿打擾功能或應用程式被列為電池優化對象，因為這些情況會造成推播通知無法接收。

19

人工智慧

學習目標

- ❑ 了解何謂人工智慧與機器學習
- ❑ 認識進行機器學習的基本流程
- ❑ 了解機器學習於行動裝置的限制
- ❑ 使用 ML Kit 實現圖像辨識

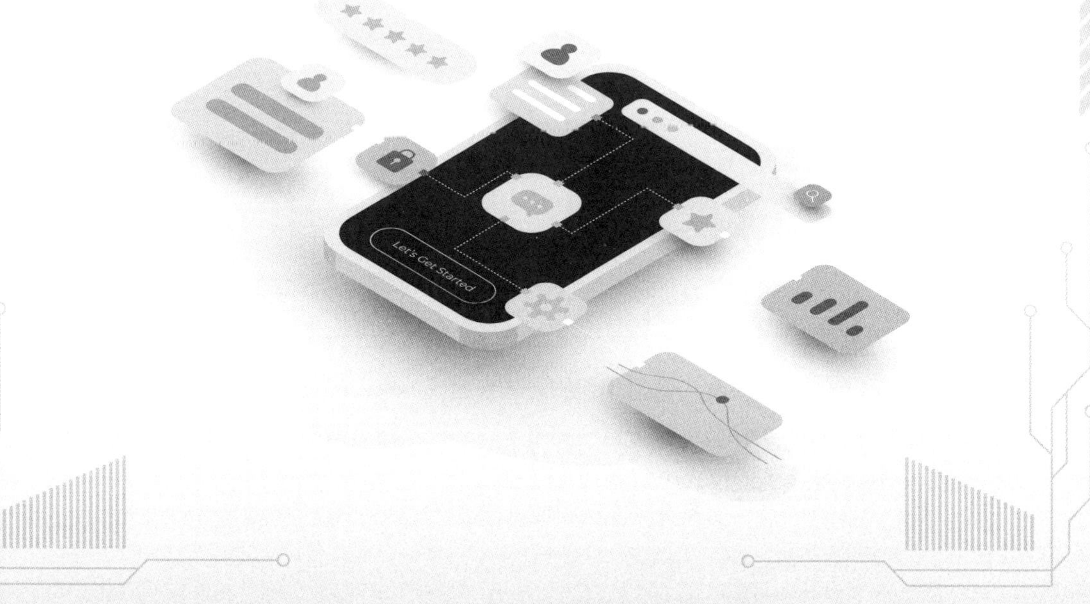

19.1 人工智慧與機器學習

「人工智慧」(Artificial Intelligence，AI)意指由人類設計並賦予機器智慧，使機器能夠進行類似於人類思考的行為，透過機器的運算能力和持久性，人工智慧可以代替人類解決需要費時費力的問題。而「機器學習」(Machine Learning，ML)是培養人工智慧的一種技術，透過程式設計讓機器從資料中學習，進而產生決策和處理事物的智慧。

在科技蓬勃發展的現代，硬體與軟體技術不斷向前邁進，人工智慧也逐漸被廣泛應用於生活中。常見的應用程式有虛擬助理、智慧相機及自動駕駛等，這些應用程式是由語音辨識、圖像辨識、人臉辨識及物件偵測等人工智慧技術所構成，例如：使用語音辨識分析使用者發音的狀況，並將辨識結果顯示於螢幕上，如圖 19-1 所示的 iTalkuTalk 應用程式。

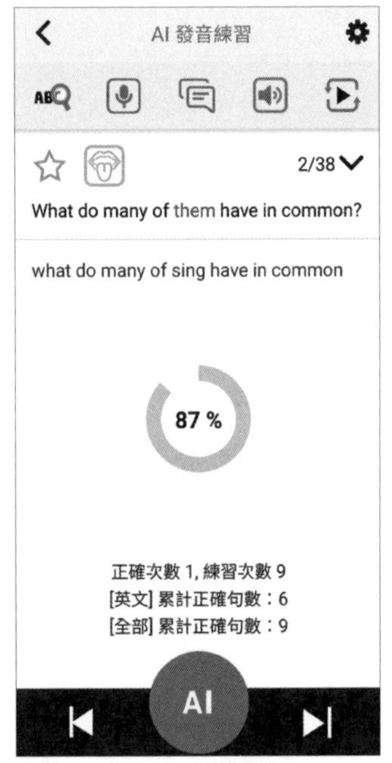

圖 19-1　應用語音辨識進行發音矯正

19.1.1 機器學習流程

培養人工智慧，需要經由機器學習的方式來達成，學習的過程包括原始資料收集、訓練數據準備、模型選擇與訓練、預測結果並驗證以及輸出機器模型，如果預測結果不如預期，則需調整學習的模式，如圖 19-2 所示。

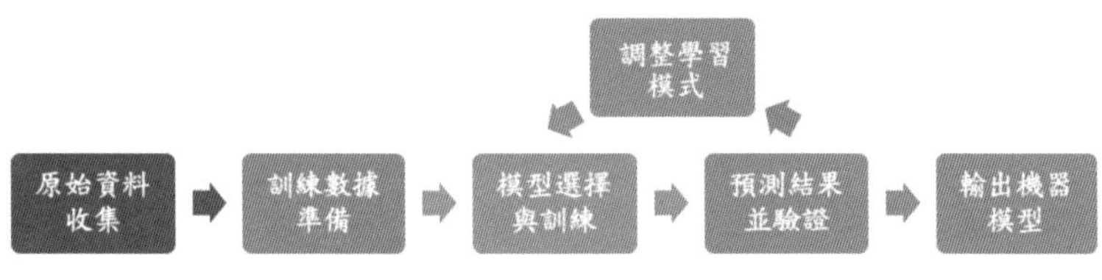

圖 19-2 機器學習流程

訓練完成後，會得到一個機器模型，將資料給予機器模型預測，使其輸出結果，如圖 19-3 所示。

圖 19-3 機器模型預測流程

19.1.2 ML Kit

機器學習的模型通常執行於擁有高運算能力的電腦上，若使用於行動裝置會受到以下的限制：

- 記憶體與儲存空間缺乏：行動裝置的記憶體與儲存空間不如電腦，因此機器模型不能過於複雜，以避免占用過多的資源。
- 運算能力不佳：行動裝置的運算能力不及電腦，因此只能使用較為簡單的演算法。
- 續航力不佳：大量複雜的運算容易耗電，在有限的電量下可能無法完成計算。

因上述的問題，一般的機器學習模型並不適合在行動裝置上執行，此外機器學習需要具備相關的專業知識才能完成，為此 Google 開發了「ML Kit」，讓行動裝置的開發者也能將人工智慧應用於行動裝置上。

圖 19-4 ML Kit

ML Kit 是 Google 專為行動裝置開發的機器學習函式庫，以簡單易用且功能強大的特性，讓開發者能輕鬆應用機器學習技術到實際開發上。ML Kit 的功能介紹，可參考：URL https://developers.google.com/ml-kit。

ML Kit 將文字辨識、圖像辨識、人臉辨識、語音辨識及物件偵測等視覺與自然語言技術設計成簡單易用的 API，讓開發者可以輕鬆使用這些功能，從而避免大量的前置作業困擾，若開發者希望自行訓練模型，Google 也提供相關方法。在本章中，我們將教導讀者如何使用 ML Kit 函式庫來快速建立擁有人工智慧的應用程式。

19.2 實戰演練：智慧相機

本範例實作一個智慧相機應用程式，藉此了解 ML Kit 函式庫的使用方法，如圖 19-5 所示。圖片的取得方式可參考第 11 章，本範例將使用 ML Kit 的圖片標籤 API，讀者可參考以下網址的說明：URL https://developers.google.com/ml-kit/vision/image-labeling。

若使用模擬器執行程式並拍照，會顯示虛擬的景象，讀者可以長按 Shift 鍵，並搭配滑鼠移動鏡頭，選擇好景象後放開鍵盤，即可固定鏡頭。

- ❍ 匯入 ML Kit 函式庫，以實作圖像辨識。
- ❍ 建立一個 ImageView 顯示拍照後的影像。
- ❍ 建立兩個 Button 並實作拍照及旋轉照片的功能。
- ❍ 建立一個 ListView 顯示圖像辨識的結果與可信度。
- ❍ 點選「拍照」及「旋轉 90 度」按鈕後，將圖像進行辨識並輸出結果。

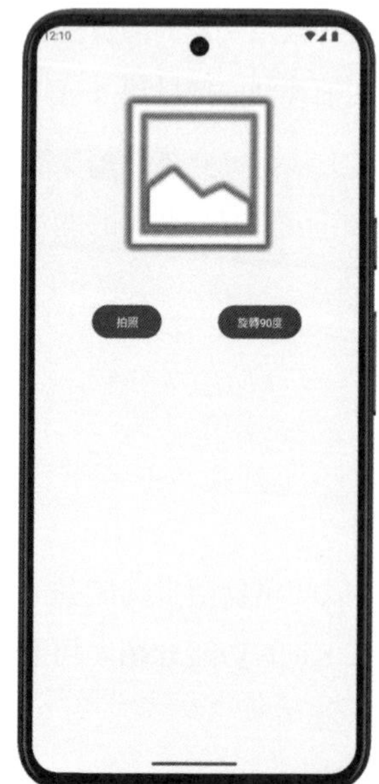

圖 19-5　智慧相機使用者介面（左）、拍照後辨識（中）與旋轉後辨識（右）

19.2.1 介面設計

STEP 01 建立最低支援版本為「API 24」的新專案，並新增如圖 19-6 所示的檔案。

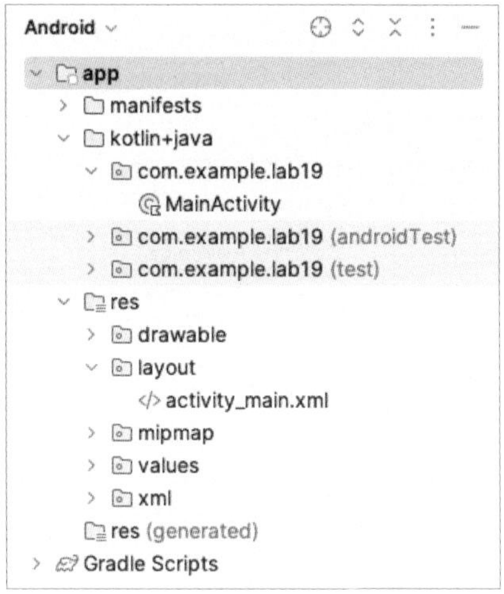

圖 19-6　智慧相機專案架構

STEP 02 繪製 activity_main.xml，如圖 19-7 所示。

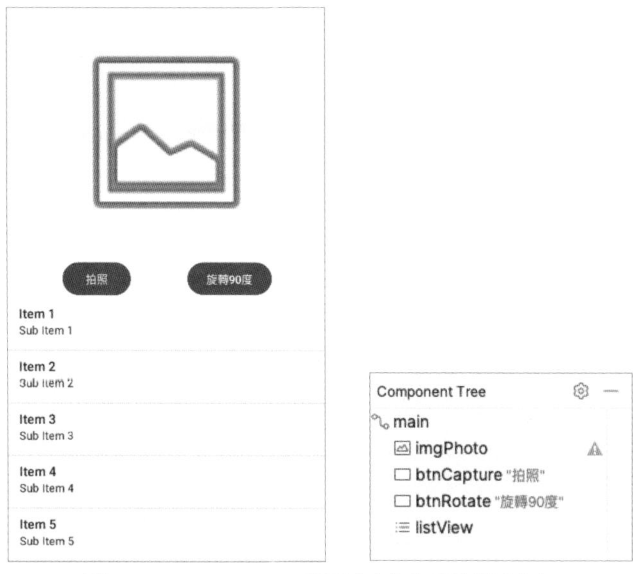

圖 19-7　MainActivity 畫面（左）與元件樹（右）

對應的 XML 如下：

```
<?xml version="1.0" encoding="utf-8"?>
<androidx.constraintlayout.widget.ConstraintLayout
    xmlns:android="http://schemas.android.com/apk/res/android"
    xmlns:app="http://schemas.android.com/apk/res-auto"
    xmlns:tools="http://schemas.android.com/tools"
    android:id="@+id/main"
    android:layout_width="match_parent"
    android:layout_height="match_parent"
    tools:context=".MainActivity">

    <ImageView
        android:id="@+id/imgPhoto"
        android:layout_width="250dp"
        android:layout_height="250dp"
        android:layout_marginTop="32dp"
        app:layout_constraintEnd_toEndOf="parent"
        app:layout_constraintStart_toStartOf="parent"
        app:layout_constraintTop_toTopOf="parent"
        app:srcCompat="@android:drawable/ic_menu_gallery" />

    <Button
        android:id="@+id/btnCapture"
        android:layout_width="wrap_content"
        android:layout_height="wrap_content"
        android:layout_marginTop="32dp"
        android:text="拍照"
        app:layout_constraintEnd_toStartOf="@+id/btnRotate"
        app:layout_constraintStart_toStartOf="parent"
        app:layout_constraintTop_toBottomOf="@+id/imgPhoto" />

    <Button
        android:id="@+id/btnRotate"
        android:layout_width="wrap_content"
        android:layout_height="wrap_content"
        android:text="旋轉90度"
        app:layout_constraintEnd_toEndOf="parent"
        app:layout_constraintStart_toEndOf="@+id/btnCapture"
        app:layout_constraintTop_toTopOf="@+id/btnCapture" />

    <ListView
```

```
        android:id="@+id/listView"
        android:layout_width="match_parent"
        android:layout_height="0dp"
        app:layout_constraintBottom_toBottomOf="parent"
        app:layout_constraintTop_toBottomOf="@+id/btnRotate" />
</androidx.constraintlayout.widget.ConstraintLayout>
```

19.2.2 匯入 ML Kit 函式庫

STEP 01 開啟 libs.versions.toml，在 [versions] 及 [libraries] 中輸入以下內容，完成後點選「Sync Now」。

```
[versions]
省略…
image_labeling = "17.0.8"

[libraries]
省略…
image_labeling = { group = "com.google.mlkit", name = "image-labeling",
version.ref = "image_labeling" }
```

STEP 02 開啟 build.gradle.kts(Module:app)，在 dependencies 區塊中輸入以下內容，完成後點選「Sync Now」。

```
dependencies {
    省略…
    implementation(libs.image.labeling)
}
```

19.2.3 程式設計

STEP 01 撰寫 MainActivity 程式，建立 ActivityResultLauncher 變數來啟動相機，並取得回傳的縮圖，然後由 ImageView 顯示，接著再將縮圖傳遞給 recognizeImage() 方法辨識。

```
class MainActivity : AppCompatActivity() {
    // 目前的圖片旋轉角度
    private var angle = 0f
```

```
    // 定義元件
    private lateinit var imgPhoto: ImageView
    private lateinit var btnCapture: Button
    private lateinit var btnRotate: Button

    // 宣告ActivityResultLauncher，取得回傳的照片
    private val startForResult = registerForActivityResult(
        ActivityResultContracts.TakePicturePreview()
    ) { bitmap: Bitmap? ->
        if (bitmap != null) {
            // 顯示拍攝的照片
            imgPhoto.setImageBitmap(bitmap)
            // 進行AI人工智慧圖形辨識
            recognizeImage(bitmap)
        }
    }

    override fun onCreate(savedInstanceState: Bundle?) {
        super.onCreate(savedInstanceState)
        enableEdgeToEdge()
        setContentView(R.layout.activity_main)
        ViewCompat.setOnApplyWindowInsetsListener(findViewById(R.id.main)) { v,
insets ->
            val systemBars = insets.getInsets(WindowInsetsCompat.Type.
systemBars())
            v.setPadding(systemBars.left, systemBars.top, systemBars.right,
systemBars.bottom)
            insets
        }

        // 綁定元件
        imgPhoto = findViewById(R.id.imgPhoto)
        btnCapture = findViewById(R.id.btnCapture)
        btnRotate = findViewById(R.id.btnRotate)

        // 拍攝照片
        btnCapture.setOnClickListener {
            // 用try-catch避免例外錯誤產生，若產生錯誤則使用Toast顯示
            try {
                // 使用startForResult來拍攝照片
                startForResult.launch(null)
            } catch (e: ActivityNotFoundException) {
```

```
                Toast.makeText(
                    this, "無相機應用程式", Toast.LENGTH_SHORT
                ).show()
            }
        }

        // 旋轉照片
        btnRotate.setOnClickListener {
            // 原本角度再加上 90 度
            angle += 90f
            // 使 ImageView 旋轉
            imgPhoto.rotation = angle
            // 取得 Bitmap
            val bitmap = imgPhoto.drawToBitmap()
            // 進行 AI 人工智慧圖形辨識
            recognizeImage(bitmap)
        }
    }

    // AI 人工智慧圖形辨識
    private fun recognizeImage(bitmap: Bitmap) {

    }
}
```

STEP 02 撰寫 recognizeImage() 方法，進行圖像辨識並將結果輸出於 ListView。

```
// AI 人工智慧圖形辨識
private fun recognizeImage(bitmap: Bitmap) {
    try {
        // 取得辨識標籤
        val labeler = ImageLabeling.getClient(
            ImageLabelerOptions.DEFAULT_OPTIONS
        )
        // 建立 InputImage 物件
        val inputImage = InputImage.fromBitmap(bitmap, 0)
        // 匹配辨識標籤與圖像，並建立執行成功與失敗的監聽器
        labeler.process(inputImage)
            .addOnSuccessListener { labels ->
                // 取得辨識結果與可信度
                val result = arrayListOf<String>()
                for (label in labels) {
```

```
                val text = label.text
                val confidence = label.confidence
                result.add("$text, 可信度：${confidence * 100}%")
            }
            // 將結果顯示於 ListView
            val listView = findViewById<ListView>(R.id.listView)
            listView.adapter = ArrayAdapter(
                this, android.R.layout.simple_list_item_1, result
            )
        }
        .addOnFailureListener { e ->
            Toast.makeText(
                this, "發生錯誤:${e.message}", Toast.LENGTH_SHORT
            ).show()
        }
    } catch (e: IOException) {
        e.printStackTrace()
    }
}
```

20

ViewModel 與 LiveData

學習目標

- ❏ 了解 ViewModel、LiveData 的觀念與關係
- ❏ 使用 ViewModel 保存資料
- ❏ 使用 LiveData 觀察資料變化

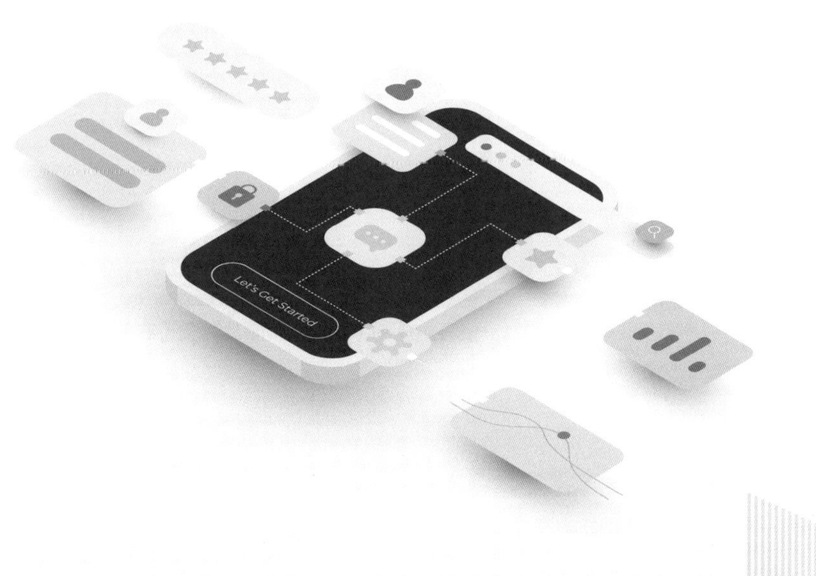

20.1 ViewModel

在 Android 應用程式中，當發生配置變更（例如：螢幕旋轉）時，Activity 或 Fragment 會被重建，即生命週期從 onDestroy() 回到 onCreate()，但這樣會導致所有的資料和元件狀態被重置，例如：在第 8 章的實戰演練中製作的通訊錄應用程式，當螢幕旋轉時，就會發現原先儲存的聯絡人資訊消失了，如圖 20-1 所示。

為了解決這個問題，我們可以使用 ViewModel 元件。ViewModel 元件是專門設計來保存和管理畫面相關資料的工具，能在配置變更期間保留資料，避免資料遺失，這是因為 ViewModel 的生命週期比 Activity 或 Fragment 更長，會在這些元件被重建時保留資料，直到它們的作用範圍（Scope）結束為止。

透過使用 ViewModel 元件，開發者可以確保應用程式在配置變更後，仍能維持一致的畫面狀態，以提升使用者體驗。

圖 20-1 螢幕旋轉前（左）與螢幕旋轉後（右）

20.1.1 ViewModel 的生命週期

ViewModel 的生命週期管理與 Activity 或 Fragment 不同，它的設計目的是在配置變更期間保留畫面資料，確保資料不會因為 Activity 或 Fragment 的重建而丟失。

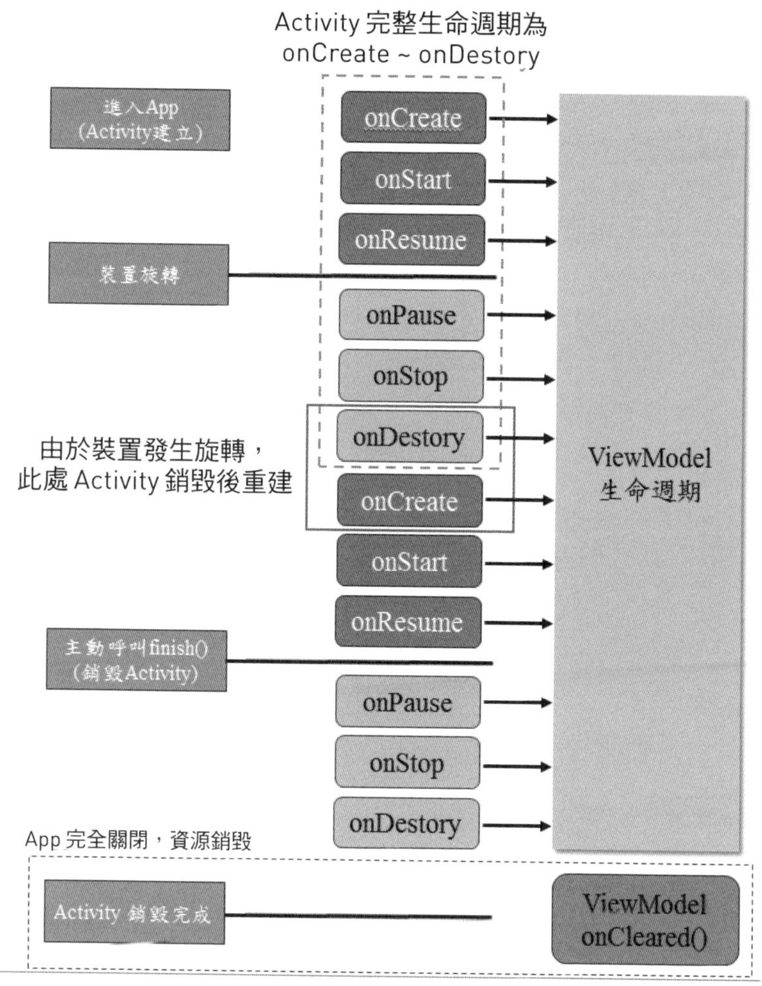

圖 20-2 ViewModel 與 Activity 的生命週期關係

如圖 20-2 所示，此圖展示了 ViewModel 生命週期的優勢。對於 Activity 來說，從 onCreate() 到 onDestroy() 表示完整的生命週期。當裝置發生旋轉事件時，Activity 會被銷毀並重建，而 ViewModel 則不會隨著畫面旋轉而被銷毀，因此將物件或資料定義在 ViewModel 中，可以確保資料不會隨著畫面旋轉而遺失，從而避免不必要的資料重新加載和計算；同樣的，ViewModel 與 Fragment 的生命週期關係也是如此。

圖20-2中每個生命週期階段的例子包括：

- 進入應用程式時，Activity進入onCreate()、onStart()、onResume()階段；此時表示畫面進入穩定階段。
- 裝置旋轉時，Activity進入onPause()、onStop()、onDestroy()，並重新進入onCreate()、onStart()、onResume()階段；此時畫面經過銷毀後馬上重建，但是ViewModel並不會隨之被銷毀。
- 主動呼叫finish()時，Activity進入onPause()、onStop()、onDestroy()階段；此時畫面完全關閉且資源釋放，ViewModel也會進入onCleared()階段，即ViewModel銷毀。

20.1.2 建立與使用ViewModel

在Android開發中，有兩種類型的ViewModel可以使用，即ViewModel類別和AndroidViewModel類別。ViewModel類別單純用於管理與畫面相關的資料，性能較優；AndroidViewModel類別相較於ViewModel類別，多了Application的訪問權，適合需要使用系統資源的情境，但性能較差。兩者的比較如表20-1所示。

表20-1 ViewModel與AndroidViewModel比較

特性	ViewModel	AndroidViewModel
繼承	繼承ViewModel類別實作。	繼承AndroidViewModel類別實作。
構造函數	不接受Application參數。	需要使用Application參數。
使用場景	一般邏輯處理、保存畫面資料。	一般邏輯處理、保存畫面資料以及需要訪問系統資源、資料庫、偏好設定等情景。
性能	性能較優。因為避免不必要的系統資源訪問，只專注在邏輯處理。	性能較差。引用Application參數會占用較大記憶體空間、可能因生命週期變化發生記憶體洩漏、頻繁使用Application會增加系統資源消耗。

 ViewModel類別

使用ViewModel類別的方法，須建立一個Kotlin類別的程式檔，並繼承ViewModel類別即可，程式碼如下：

```
class MyViewModel : ViewModel() {
    // 定義需要保存的資料及操作方法
}
```

定義完成 ViewModel 後，需要在 Activity 或 Fragment 取得 MyViewModel 的實例，程式碼如下：

```
// 取得 ViewModel 實例
val viewModel = ViewModelProvider(this)[MyViewModel::class.java]
```

以下為記錄計數器次數的範例應用：

STEP 01 建立一個 ViewModel 類別，並在其中定義計數次數及操作方法。

```
class MyViewModel : ViewModel() {
    // 宣告計數器變數
    var counter: Int = 0

    // 計數器增加方法
    fun incrementCounter() {
        counter++
    }
}
```

STEP 02 設計 MainActivity 程式碼，當按鈕被點擊時計數次數加一。

```
class MainActivity : AppCompatActivity() {
    override fun onCreate(savedInstanceState: Bundle?) {
        super.onCreate(savedInstanceState)
        // 省略…
        // 取得 ViewModel 實例
        val viewModel = ViewModelProvider(this)[MyViewModel::class.java]
        // 取得元件
        val tvCount = findViewById<TextView>(R.id.tvCount)
        val btnCount = findViewById<Button>(R.id.btnCount)
        // 設定計數器初始值
        tvCount.text = viewModel.counter.toString()
        // 設定按鈕點擊事件
        btnCount.setOnClickListener {
            // 呼叫 ViewModel 的 incrementCounter 方法
            viewModel.incrementCounter()
            // 更新計數器文字
            tvCount.text = viewModel.counter.toString()
        }
    }
}
```

STEP 03 將應用程式安裝至模擬器或實機，並將螢幕旋轉，可發現計數次數沒有隨畫面銷毀而重製，如圖 20-3 所示。

圖 20-3 螢幕旋轉前（左）與螢幕旋轉後（右）

AndroidViewModel 類別

使用 AndroidViewModel 類別的方法，須建立一個 Kotlin 類別的程式檔，並繼承 AndroidViewModel 類別，接著在構造函數中新增 Application 的參數，程式碼如下：

```
class MyViewModel(
    application: Application
) : AndroidViewModel(application) {
    // 定義需要保存的資料及操作方法
}
```

取得 AndroidViewModel 實例的方式與 ViewModel 類別一樣，程式碼如下：

```
// 取得 AndroidViewModel 實例
val viewModel = ViewModelProvider(this)[MyViewModel::class.java]
```

使用記錄計數器次數的範例來做修改，讓該 ViewModel 可以透過 Application 訪問系統資源，並取得應用程式的名稱。

STEP 01 修改 MyViewModel 繼承的類別，改為 AndroidViewModel 類別，接著在構造函數中新增 application 的參數，型別為 Application，最後新增 getAppName 方法取得應用程式名稱。

```
class MyViewModel(
    application: Application
) : AndroidViewModel(application) {

    // 宣告計數器變數
    var counter: Int = 0

    // 計數器增加方法
    fun incrementCounter() {
        counter++
    }

    // 從 res/values/strings.xml 取得 app_name 字串
    fun getAppName(): String {
        return getApplication<Application>().getString(R.string.app_name)
    }
}
```

調整構造函數以及繼承 AndroidViewModel

新增 getAppName 方法

STEP 02 調整 MainActivity 程式碼，整合 getAppName 方法與 counter 變數，讓顯示的文字為「應用程式名稱 : 計數值」。

```
class MainActivity : AppCompatActivity() {
    override fun onCreate(savedInstanceState: Bundle?) {
        super.onCreate(savedInstanceState)
        // 省略…
        // 取得 ViewModel 實例
        val viewModel = ViewModelProvider(this)[MyViewModel::class.java]
        // 取得元件
        val tvCount = findViewById<TextView>(R.id.tvCount)
        val btnCount = findViewById<Button>(R.id.btnCount)
        // 設定計數器初始值
        tvCount.text = "${viewModel.getAppName()}: ${viewModel.counter}"
        // 設定按鈕點擊事件
        btnCount.setOnClickListener {
            // 呼叫 ViewModel 的 incrementCounter 方法
            viewModel.incrementCounter()
            // 更新計數器文字
            tvCount.text = "${viewModel.getAppName()}: ${viewModel.counter}"
```

調整顯示樣式

```
        }
    }
}
```

STEP 03 將應用程式安裝至模擬器或實機，可發現計數次數前面多了應用程式名稱，如圖 20-4 所示。

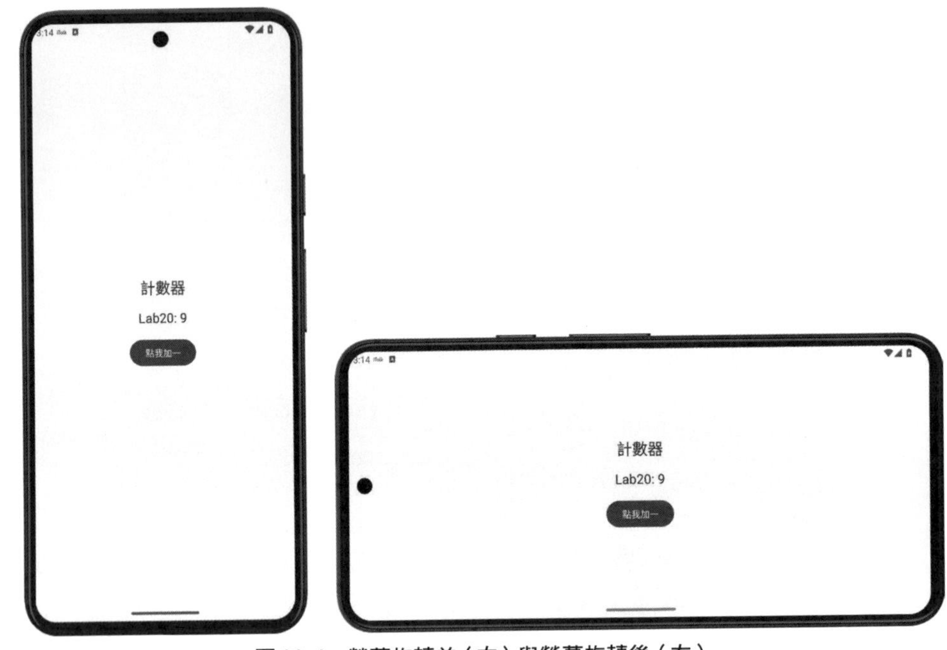

圖 20-4 螢幕旋轉前（左）與螢幕旋轉後（右）

20.2 LiveData

在開發 Android 應用程式時，我們經常需要處理畫面頻繁更新的問題，例如：在一個聊天應用程式中，當有新訊息到來時，需要即時更新使用者介面，如果直接在 Activity 或 Fragment 中處理資料更新，會導致程式碼複雜且難以維護。此外，當畫面發生配置變更（如旋轉螢幕）時，還需要額外處理資料保存和狀態恢復的問題。

為了解決這些問題，我們可以使用 LiveData 元件。LiveData 是一個可觀察的資料持有者，專門設計用來處理畫面資料的更新，它具有生命週期感知能力，這意味著 LiveData 只會在其觀察者（如 Activity、Fragment）處於有效的生命週期狀態時更新畫面，這樣可以避免因生命週期變化導致的崩潰，並確保各元件狀態的一致性。透過與 ViewModel 一起使用，也能確保 LiveData 資料的持久性。

如圖 20-5 所示的 iTalkuTalk 應用程式，透過觀察 LiveData 的資料變化，使得各 View 元件能夠自動響應並更新。

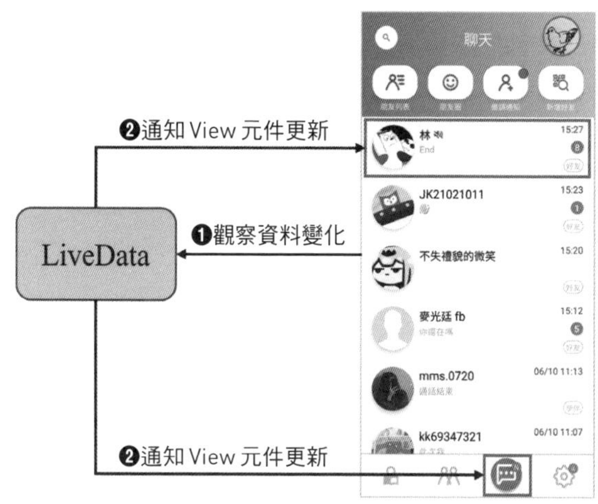

圖 20-5　新的聊天訊息

20.2.1　使用 LiveData 觀察資料變化

我們可以使用 LiveData 將原始資料封裝起來，讓這筆資料變成可以被觀察資料變化的狀態，當 LiveData 的資料發生改變了，LiveData 就會自動通知應用程式中的觀察者（例如：Activity 或 Fragment），這些觀察者就會自動獲取資料變化並進行畫面更新，讓開發者可以有效減少這些更新邏輯。

透過修改 20.1.2 小節的計數器範例應用，我們將展示如何使用 LiveData 來觀察資料變化並更新畫面，具體流程如下所示。

STEP 01 修改 MyViewModel 類別，並在其中使用 LiveData 封裝計數器的變數，同時修改 incrementCounter() 方法。

```
// Step1：宣告計數器變數，並建立計數器增加方法
class MyViewModel : ViewModel() {
    // 宣告計數器變數
    private val _counter = MutableLiveData<Int>()
    val counter: LiveData<Int> = _counter
```

```
    // 建立計數器增加方法
    fun incrementCounter() {
        _counter.value = (_counter.value ?: 0) + 1
    }
}
```

STEP 02 修改MainActivity程式檔，使用LiveData提供的observe()方法觀察變數，observer需要傳遞觀察者（即this），再透過Callback的方式取得計數值。完成後，將應用程式安裝至模擬器或實機，其結果應該要與圖20-3一致。

```
class MainActivity : AppCompatActivity() {
    override fun onCreate(savedInstanceState: Bundle?) {
        super.onCreate(savedInstanceState)
        // 省略…
        // 取得ViewModel實例
        val viewModel = ViewModelProvider(this)[MyViewModel::class.java]
        // 取得元件
        val tvCount = findViewById<TextView>(R.id.tvCount)
        val btnCount = findViewById<Button>(R.id.btnCount)
        // 設定按鈕點擊事件
        btnCount.setOnClickListener {
            // 呼叫ViewModel的方法
            viewModel.incrementCounter()
        }
        // Step3：觀察ViewModel的LiveData變數
        viewModel.counter.observe(this) { num ->
            tvCount.text = num.toString()
        }
    }
}
```

20.3 實戰演練：註冊介面應用

本範例實作一個簡易的註冊介面應用程式，藉此了解 ViewModel 和 LiveData 的使用方式，如圖 20-6 與圖 20-7 所示。

- 建立 MainViewModel 保存 MainActivity 頁面的資料。
- 使用 random() 方法模擬網路發生錯誤的情況。
- 建立已註冊帳號的清單，用於檢查帳號是否已經註冊過。
- 使用 LiveData 觀察註冊結果。
- 建立 SecActivity 作為註冊成功顯示頁面。

圖 20-6 輸入帳號密碼（左）與網路錯誤（右）

圖 20-7　帳號已存在（左）與註冊成功（右）

20.3.1　介面設計

STEP 01 建立最低支援版本為「API 24」的新專案，並新增如圖 20-8 所示的檔案。

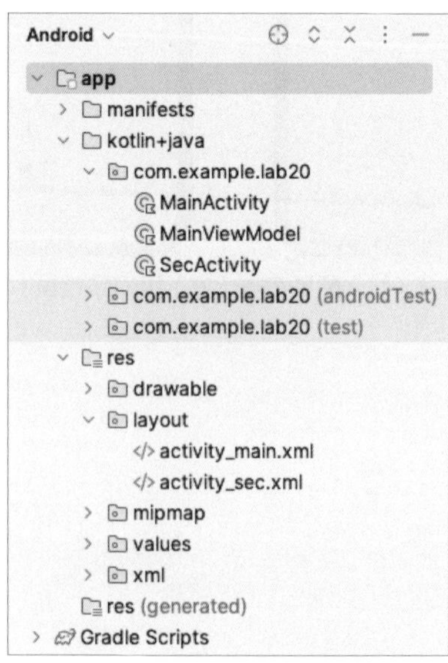

圖 20-8　註冊介面應用專案架構

STEP 02 繪製 activity_main.xml，製作註冊頁面，如圖 20-9 所示。

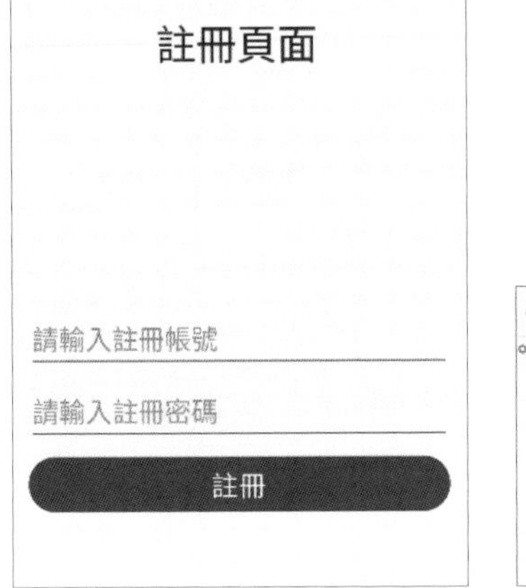

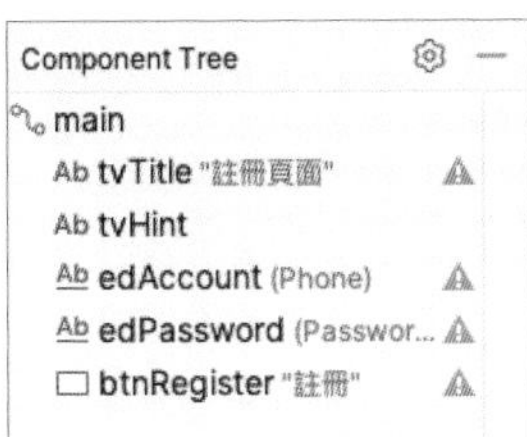

圖 20-9　註冊頁面（左）與元件樹（右）

對應的 XML 如下：

```
<?xml version="1.0" encoding="utf-8"?>
<androidx.constraintlayout.widget.ConstraintLayout
    xmlns:android="http://schemas.android.com/apk/res/android"
    xmlns:app="http://schemas.android.com/apk/res-auto"
    xmlns:tools="http://schemas.android.com/tools"
    android:id="@+id/main"
    android:layout_width="match_parent"
    android:layout_height="match_parent"
    tools:context=".MainActivity">

    <TextView
        android:id="@+id/tvTitle"
        android:layout_width="wrap_content"
        android:layout_height="wrap_content"
        android:layout_marginTop="24dp"
        android:text="註冊頁面"
        android:textSize="36sp"
        app:layout_constraintEnd_toEndOf="parent"
        app:layout_constraintStart_toStartOf="parent"
        app:layout_constraintTop_toTopOf="parent"
        app:layout_constraintVertical_chainStyle="packed" />

    <TextView
        android:id="@+id/tvHint"
```

```
        android:layout_width="wrap_content"
        android:layout_height="wrap_content"
        android:layout_marginTop="16dp"
        android:textColor="@android:color/holo_red_dark"
        android:textSize="24sp"
        android:textStyle="bold"
        app:layout_constraintEnd_toEndOf="parent"
        app:layout_constraintStart_toStartOf="parent"
        app:layout_constraintTop_toBottomOf="@+id/tvTitle" />

    <EditText
        android:id="@+id/edAccount"
        android:layout_width="match_parent"
        android:layout_height="56dp"
        android:layout_marginHorizontal="16dp"
        android:layout_marginTop="16dp"
        android:hint="請輸入註冊帳號"
        android:inputType="phone"
        android:textSize="24sp"
        app:layout_constraintBottom_toTopOf="@+id/edPassword"
        app:layout_constraintTop_toTopOf="parent"
        app:layout_constraintVertical_chainStyle="packed" />

    <EditText
        android:id="@+id/edPassword"
        android:layout_width="match_parent"
        android:layout_height="56dp"
        android:layout_marginHorizontal="16dp"
        android:layout_marginTop="8dp"
        android:hint="請輸入註冊密碼"
        android:inputType="textPassword"
        android:textSize="24sp"
        app:layout_constraintBottom_toTopOf="@+id/btnRegister"
        app:layout_constraintTop_toBottomOf="@+id/edAccount" />

    <Button
        android:id="@+id/btnRegister"
        android:layout_width="match_parent"
        android:layout_height="56dp"
        android:layout_marginHorizontal="16dp"
        android:layout_marginTop="8dp"
        android:text="註冊"
```

```
        android:textSize="24sp"
        app:layout_constraintBottom_toBottomOf="parent"
        app:layout_constraintTop_toBottomOf="@+id/edPassword" />
</androidx.constraintlayout.widget.ConstraintLayout>
```

STEP 03 繪製 activity_sec.xml，製作註冊成功頁面，如圖 20-10 所示。

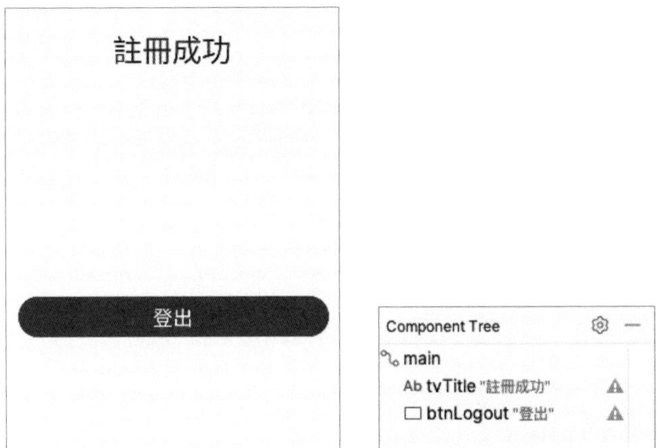

圖 20-10　註冊成功頁面（左）與元件樹（右）

對應的 XML 如下：

```
<?xml version="1.0" encoding="utf-8"?>
<androidx.constraintlayout.widget.ConstraintLayout
    xmlns:android="http://schemas.android.com/apk/res/android"
    xmlns:app="http://schemas.android.com/apk/res-auto"
    xmlns:tools="http://schemas.android.com/tools"
    android:id="@+id/main"
    android:layout_width="match_parent"
    android:layout_height="match_parent"
    tools:context=".SecActivity">

    <TextView
        android:id="@+id/tvTitle"
        android:layout_width="wrap_content"
        android:layout_height="wrap_content"
        android:layout_marginTop="24dp"
        android:text="註冊成功"
        android:textSize="36sp"
        app:layout_constraintEnd_toEndOf="parent"
        app:layout_constraintStart_toStartOf="parent"
```

```
        app:layout_constraintTop_toTopOf="parent"
        app:layout_constraintVertical_chainStyle="packed" />

    <Button
        android:id="@+id/btnLogout"
        android:layout_width="match_parent"
        android:layout_height="56dp"
        android:layout_marginTop="8dp"
        android:layout_marginHorizontal="16dp"
        android:text="登出"
        android:textSize="24sp"
        app:layout_constraintStart_toStartOf="parent"
        app:layout_constraintEnd_toEndOf="parent"
        app:layout_constraintTop_toTopOf="parent"
        app:layout_constraintBottom_toBottomOf="parent"/>
</androidx.constraintlayout.widget.ConstraintLayout>
```

20.3.2 程式設計

STEP 01 建立並開啟 MainViewModel 程式檔，繼承 ViewModel 類別後，撰寫 MainActivity 所需的變數及方法。

```
class MainViewModel : ViewModel() {
    // 模擬網路是否有問題，true 代表有問題，false 代表沒問題
    private val networkErr = listOf(true, false, false)

    // 已註冊過的帳號清單
    private val accountList = mutableListOf<String>()

    // 註冊結果，第一個參數為是否成功，第二個參數為訊息
    private val _registerResult = MutableLiveData<Pair<Boolean, String>>()
    val registerResult: LiveData<Pair<Boolean, String>> = _registerResult

    // 註冊帳號
    fun registerAccount(
        account: String,
        password: String
    ) {
        when {
            // 帳號或密碼為空
            account.isEmpty() || password.isEmpty() ->
```

```
            _registerResult.value = Pair(false, "帳號或密碼不得為空")

        // 網路有問題
        networkErr.random() ->
            _registerResult.value = Pair(false, "網路錯誤")

        // 帳號已存在
        accountList.contains(account) ->
            _registerResult.value = Pair(false, "帳號已存在")

        // 註冊成功
        else -> {
            accountList.add(account)
            _registerResult.value = Pair(true, "註冊成功")
        }
    }
  }
}
```

STEP 02 撰寫 MainActivity 程式。取得 MainViewModel 後，宣告並取得 XML 元件，當點擊「註冊」按鈕後，觸發 MainViewModel 的 registerAccount() 方法，最後觀察 MainViewModel 的 registerResult 檢查註冊結果。

```
class MainActivity : AppCompatActivity() {
    override fun onCreate(savedInstanceState: Bundle?) {
        super.onCreate(savedInstanceState)
        enableEdgeToEdge()
        setContentView(R.layout.activity_main)
        ViewCompat.setOnApplyWindowInsetsListener(findViewById(R.id.main)) { v,
insets ->
            val systemBars = insets.getInsets(WindowInsetsCompat.Type.
systemBars())
            v.setPadding(systemBars.left, systemBars.top, systemBars.right,
systemBars.bottom)
            insets
        }

        // 取得 ViewModel
        val viewModel = ViewModelProvider(this)[MainViewModel::class.java]

        // 取得元件
        val tvHint = findViewById<TextView>(R.id.tvHint)
```

```
        val edAccount = findViewById<TextView>(R.id.edAccount)
        val edPassword = findViewById<TextView>(R.id.edPassword)
        val btnRegister = findViewById<Button>(R.id.btnRegister)

        // 註冊帳號
        btnRegister.setOnClickListener {
            viewModel.registerAccount(
                edAccount.text.toString(),
                edPassword.text.toString()
            )
        }

        // 觀察註冊結果
        viewModel.registerResult.observe(this) { result ->
            // 顯示註冊結果
            Toast.makeText(
                this, result.second, Toast.LENGTH_SHORT
            ).show()
            // 判斷是否註冊成功
            if (result.first) {
                tvHint.text = result.second
                tvHint.setTextColor(
                    getColor(android.R.color.holo_green_dark)
                )
                // 跳轉至 SecActivity
                val i = Intent(this, SecActivity::class.java)
                startActivity(i)
            } else {
                tvHint.text = "註冊失敗：${result.second}"
                tvHint.setTextColor(
                    getColor(android.R.color.holo_red_dark)
                )
            }
        }
    }
}
```


STEP 03 撰寫 SecActivity 程式，加入按鈕監聽器，點擊後關閉 SecActivity。

```
class SecActivity : AppCompatActivity() {
    override fun onCreate(savedInstanceState: Bundle?) {
        super.onCreate(savedInstanceState)
```

```
        enableEdgeToEdge()
        setContentView(R.layout.activity_sec)
        ViewCompat.setOnApplyWindowInsetsListener(findViewById(R.id.main)) { v,
insets ->
            val systemBars = insets.getInsets(WindowInsetsCompat.Type.
systemBars())
            v.setPadding(systemBars.left, systemBars.top, systemBars.right,
systemBars.bottom)
            insets
        }

        // 登出
        findViewById<Button>(R.id.btnLogout).setOnClickListener {
            finish()
        }
    }
}
```

21

ViewBinding 與 DataBinding

學習目標

- ❏ 了解 ViewBinding、DataBinding 的觀念與關係
- ❏ 了解如何使用 ViewBinding 讓程式檔與 XML 佈局檔案進行單向綁定
- ❏ 了解如何使用 DataBinding 讓程式檔與 XML 佈局檔案進行雙向綁定
- ❏ 了解如何在 Activity、Fragment 及 Adapter 使用 ViewBinding 及 DataBinding

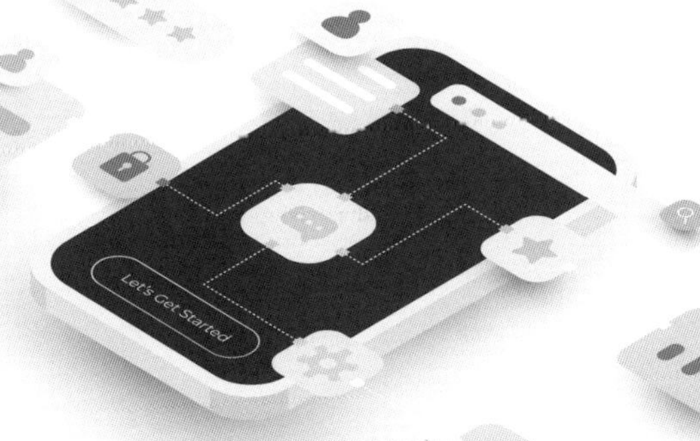

21.1 元件綁定方式

在過去的所有章節中，我們使用了 findViewById 的方式來取得 XML 中的佈局元件，這種方式雖然簡單直接，但隨著應用程式畫面越來越複雜，findViewById 會讓程式碼過於冗長，容易產生錯誤，且在維護上也變得更加困難。

如圖 21-1 所示的 iTalkuTalk 應用程式，在影片詳細頁面中，我們可以發現頂部有一系列按鈕，下面有影片的播放器、操作按鈕以及各種影片資訊。要透過 findViewById 取得這些元件並進行操作，程式碼會變得非常繁瑣且難以維護，為了解決這個問題，Android SDK 提供了 ViewBinding 和 DataBinding 兩種更高效、更安全的元件綁定方式。接下來，我們將介紹這兩種方式的使用方法。

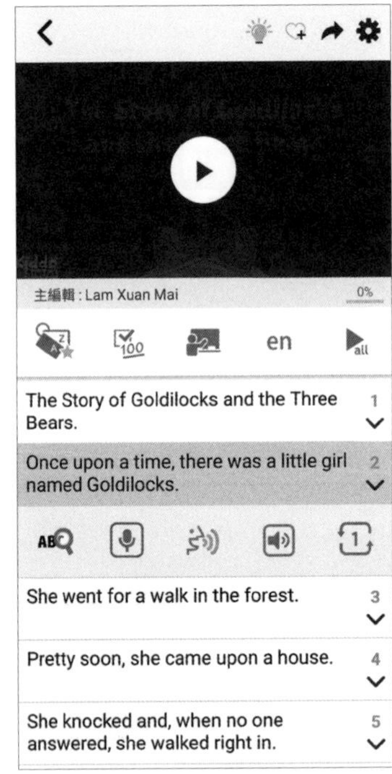

圖 21-1　影片詳細頁面

21.1.1 ViewBinding 使用方式

ViewBinding 是 Android Studio 3.6 之後引入的一種元件綁定方式，它可以讓我們在編譯時生成一個 ViewBinding 綁定類別的檔案，以類型安全的方式來訪問佈局中的所有元件。

以預設的 Android 專案為例子，我們會得到一個檔名為「activity_main.xml」的佈局檔案。當我們啟用 ViewBinding 後，Android Studio 會自動為所有的 XML 佈局檔案生成一個對應的綁定類別檔案，該檔案是唯讀的狀態。其檔案的命名規則如下：

- 將佈局檔案檔名的首個字母設定為大寫，並且去掉下劃線（_）。
- 接著將原下劃線所在位置之後的首個字母設定為大寫。
- 最後再加上「Binding」的後綴。
- 副檔名為「.java」檔。

基於上述的命名規則，我們可以得知activity_main.xml的綁定類別檔名為「ActivityMainBinding.java」，其檔案所在位置如圖 21-2 所示。

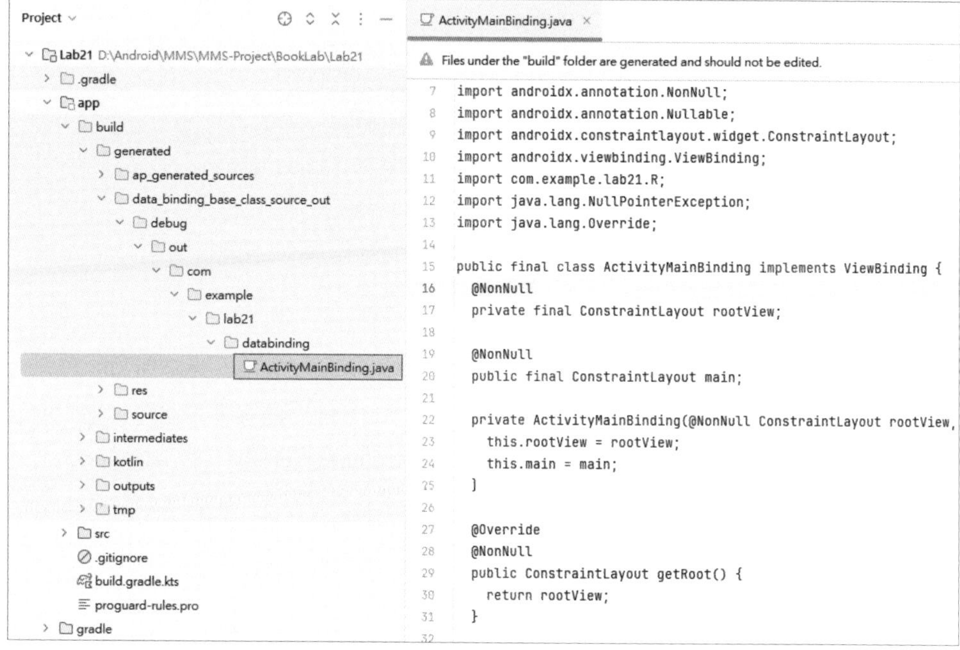

圖 21-2　ViewBinding 綁定類別所在位置

我們可透過取得 ActivityMainBinding.java 的實例，來直接操作 activity_main.xml 佈局檔案設定的元件。例如：我們有一個佈局元件為 TextView，其 id 為「tvTitle」，程式碼如下所示。

```
<TextView
    android:id="@+id/tvTitle"
    android:layout_width="wrap_content"
    android:layout_height="wrap_content"
    android:text="Hello World!"
    app:layout_constraintBottom_toBottomOf="parent"
    app:layout_constraintEnd_toEndOf="parent"
    app:layout_constraintStart_toStartOf="parent"
    app:layout_constraintTop_toTopOf="parent" />
```

我們可透過 ViewBinding 綁定類別提供的 inflate 方法，來取得 ActivityMainBinding 的實例，接著將該實例設定為顯示畫面。如下程式碼所示，其中的 layoutInflate 是 Activity 提供的屬性，其專門用來填滿佈局。

```
class MainActivity : AppCompatActivity() {
    override fun onCreate(savedInstanceState: Bundle?) {
        super.onCreate(savedInstanceState)
        // 取得 ActivityMainBinding 實例
        val binding = ActivityMainBinding.inflate(layoutInflater)
        // 設定顯示畫面
        setContentView(binding.root)
        // 省略…
    }
}
```

接著，可以透過 ActivityMainBinding 來直接獲取 XML 佈局檔案中的元件，我們可以直接對該元件進行操作。如下程式碼所示，我們取得了 id 為「tvTitle」的 TextView 元件，並對其設定文字顯示內容。

```
binding.tvTitle.text = "我使用 ViewBinding"
```

使用 ViewBinding 讓 XML 佈局檔案與 Activity 程式檔進行綁定的流程，如圖 21-3 所示。一般我們也會稱這種綁定方式為「單向綁定」，即程式檔能夠單方面取得佈局元件的綁定方式。

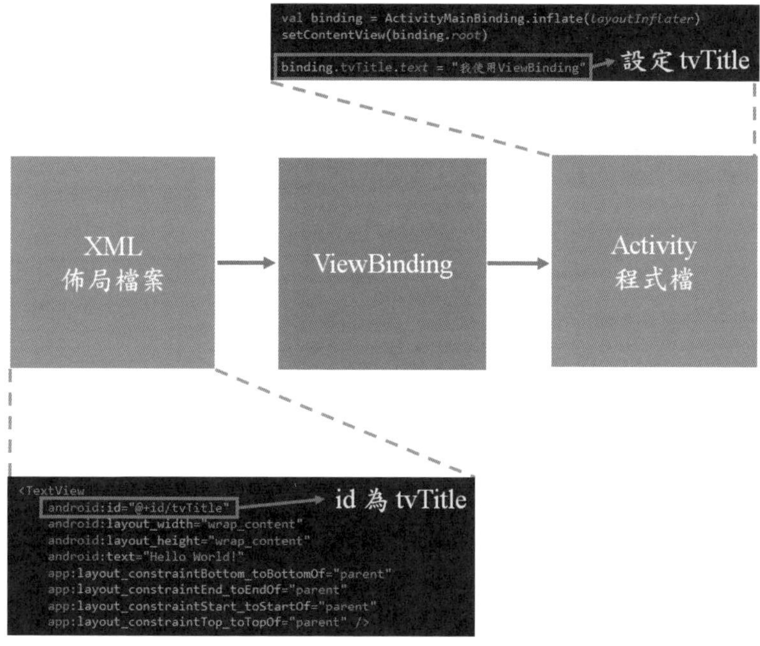

圖 21-3　佈局檔案與程式檔的 ViewBinding 範例

在上述的例子中，我們定義了 TextView 元件的 id 為「tvTitle」，但在 XML 的語法中，也提供下劃線（_）的命名方式，例如：將 id 命名為「tv_title」。實際上，在透過 ViewBinding 綁定類別取得佈局元件的過程中，ViewBinding 會將佈局元件的 id 重新命名，其命名規則如下：

- 去掉所有的下劃線字串。
- 接著將原下劃線所在位置之後的首個字母設定為大寫。

基於上述的命名規則，我們可以得知命名為「tv_title」的元件 id 在經過 ViewBinding 轉換後，其正確的名稱為「tvTitle」，所以我們在使用 ViewBinding 綁定類別取得該元件時，必須使用 binding.tvTitle 的方式。

使用 ViewBinding 有以下三個步驟：

STEP 01 啟用 ViewBinding 功能。先開啟 build.gradle.kts(Module:app) 檔案，在 android 設定的區塊中新增以下程式碼，完成後點選「Sync Now」。

```
android {
    namespace = "com.example.lab21"
    compileSdk = 34
    …省略
```

```
    buildFeatures {
        viewBinding = true
    }
}
```

STEP 02 當 ViewBinding 啟用後，Android Studio 會為 activity_main.xml 檔案生成一個名為「ActivityMainBinding」的綁定類別檔案。以下是 activity_main.xml 的佈局內容，我們設定一個 TextView 元件，其 id 為「tvTitle」。

```
<?xml version="1.0" encoding="utf-8"?>
<androidx.constraintlayout.widget.ConstraintLayout
    xmlns:android="http://schemas.android.com/apk/res/android"
    xmlns:app="http://schemas.android.com/apk/res-auto"
    xmlns:tools="http://schemas.android.com/tools"
    android:id="@+id/main"
    android:layout_width="match_parent"
    android:layout_height="match_parent"
    tools:context=".MainActivity">

    <TextView
        android:id="@+id/tvTitle"
        android:layout_width="wrap_content"
        android:layout_height="wrap_content"
        android:text="Hello World!"
        android:textSize="48sp"
        app:layout_constraintBottom_toBottomOf="parent"
        app:layout_constraintEnd_toEndOf="parent"
        app:layout_constraintStart_toStartOf="parent"
        app:layout_constraintTop_toTopOf="parent" />
</androidx.constraintlayout.widget.ConstraintLayout>
```

Hello World!

STEP 03 接著在對應的 MainActivity 中，取得 ActivityMainBinding 實例。總共有三個步驟需要設定，程式碼如下，結果如圖 21-4 所示。

```
class MainActivity : AppCompatActivity() {
    // Step1：定義 ActivityMainBinding 的綁定類別
    private lateinit var binding: ActivityMainBinding

    override fun onCreate(savedInstanceState: Bundle?) {
        super.onCreate(savedInstanceState)
        enableEdgeToEdge()
        // Step2：初始化綁定類別
        binding = ActivityMainBinding.inflate(layoutInflater)
        // Step3：設定畫面
        setContentView(binding.root)
        // 省略…
        // 撰寫自定義程式碼
        binding.tvTitle.text = "我使用 ViewBinding"
    }
}
```

定義 ViewBinding 並填滿畫面

我使用ViewBinding

圖 21-4　ViewBinding 範例畫面

上述的範例中，使用了 Activity 作為範例，以下將介紹如何在 Fragment 和 Adapter 使用 ViewBinding。

Fragment

假設我們現在有一個Fragment名為「FirstFragment」，其對應的Layout為fragment_first.xml。Android Studio為該Fragment生成的綁定類別檔案就會是FragmentFirstBinding，以下程式碼為設定範例。

```
class FirstFragment : Fragment() {
    // Step1：定義FragmentFirstBinding的綁定類別，以及取得binding的變數
    private var _binding: FragmentFirstBinding? = null
    private val binding get() = _binding!!

    override fun onCreateView(
        inflater: LayoutInflater,
        container: ViewGroup?,
        savedInstanceState: Bundle?,
    ): View {
        // Step2：初始化綁定類別，並回傳根元素
        _binding = FragmentFirstBinding.inflate(layoutInflater)
        return binding.root
    }

    override fun onDestroyView() {
        super.onDestroyView()
        // Step3：釋放綁定類別
        _binding = null
    }

    override fun onViewCreated(view: View, savedInstanceState: Bundle?) {
        super.onViewCreated(view, savedInstanceState)
        // 撰寫自定義程式碼
    }
}
```

定義ViewBinding並填滿畫面

定義ViewBinding並填滿畫面

重要：必須將binding銷毀

與Activity的綁定方法相似，但要注意的是在Fragment在使用ViewBinding時，需要在其畫面銷毀時（onDestroyView），將綁定物件清空，這樣才能避免記憶體洩漏的問題。

這是因為此時Fragment畫面的生命週期雖然已經進入銷毀階段，但其Fragment實例仍然存在，如果不將binding清空，binding可能會持續引用已被銷毀的元件，導致記憶體洩漏的風險。

Adapter

在第7、8章中，我們學到了如何使用清單元件。清單元件的Adapter通常會使用View.inflate()方法或LayoutInflater.from()方法，來取得Item項目的View實例，再透過findViewById取得對應元件。

現在我們一樣可以使用ViewBinding的方式取得Item項目的佈局，這樣就能省略findViewById的步驟。範例程式碼如下：

❑ 使用 View.inflate() 方法或 LayoutInflater.from() 方法填滿佈局

```
// 使用View.inflate()取得View實例
val view = View.inflate(
    parent.context, R.layout.adapter_vertical, null
)
// 使用LayoutInflater.from()取得View實例
val view = LayoutInflater.from(context).inflate(
    R.layout.adapter_vertical, parent, false
)
```

❑ 使用 ViewBinding 方法填滿佈局

```
// 使用ViewBinding取得Binding實例
val binding = AdapterVerticalBinding.inflate(
    LayoutInflater.from(context), parent, false
)
```

21.1.2 DataBinding 使用方式

DataBinding是一種比ViewBinding更強大的元件綁定方式，它不僅包含ViewBinding的所有功能，還可以反向將資料綁定到XML佈局檔案上，實現佈局檔案與程式檔的雙向綁定。

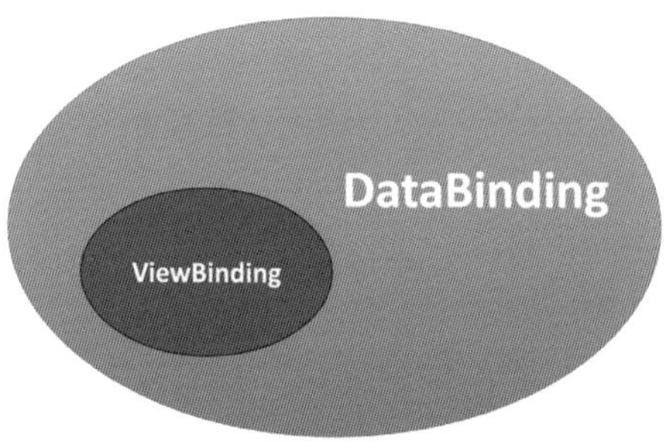

圖21-5 ViewBinding與DataBinding

DataBinding與ViewBinding一樣會自動為佈局檔案生成對應的綁定類別檔案，其命名的規則也是相同的，例如：activity_main.xml的綁定類別檔名為「ActivityMainBinding.java」。

啟用DataBinding的步驟，比ViewBinding更複雜一些。首先，我們需要引用Kapt（Kotlin Annotation Processing Tool）外掛程式，這是專門用來處理Kotlin語法的註解處理器。DataBinding必須使用Kapt來自動生成綁定類別，以處理XML佈局檔案中的屬性。

啟用DataBinding後，開發者不僅可以像ViewBinding一樣，直接從XML佈局檔案中操作元件，也可以從程式檔操作，在XML佈局檔案中自定義的參數。接下來，我們將介紹如何啟用DataBinding功能，以及如何實現Activity程式檔與XML佈局檔案的雙向綁定。

STEP 01 開啟libs.versions.toml檔案，在[plugins]區塊中新增kotlin-kapt，完成後點選「Sync Now」。

```
[versions]
…省略
kotlin = "1.9.0"

[libraries]
…省略

[plugins]
…省略
kotlin-kapt = { id = "org.jetbrains.kotlin.kapt", version.ref = "kotlin" }
```

STEP 02 開啟build.gradle.kts(Project:lab21)檔案，新增外掛程式，完成後點選「Sync Now」。

```
plugins {
    …省略
    alias(libs.plugins.kotlin.kapt) apply false
}
```

STEP 03 開啟build.gradle.kts(Module:app)檔案，在plugins及android設定的區塊中新增以下程式碼，完成後點選「Sync Now」。

```
plugins {
    …省略
    alias(libs.plugins.kotlin.kapt)
```

```
}

android {
    namespace = "com.example.lab21"
    compileSdk = 34
    …省略

    buildFeatures {
        dataBinding = true
    }
}
```

STEP 04 啟用 DataBinding 的功能後，我們需要將原始 XML 佈局檔案的根元素做轉換。例如：我們的 activity_main.xml 原始 XML 佈局程式碼如下所示。

```
<?xml version="1.0" encoding="utf-8"?>
<androidx.constraintlayout. widget.ConstraintLayout
    xmlns:android="http://schemas.android.com/apk/res/android"
    xmlns:app="http://schemas.android.com/apk/res-auto"
    xmlns:tools="http://schemas.android.com/tools"
    android:id="@+id/main"
    android:layout_width="match_parent"
    android:layout_height="match_parent"
    tools:context=".MainActivity">

    <TextView                                                    根元素
        android:id="@+id/tvTitle"
        android:layout_width="wrap_content"
        android:layout_height="wrap_content"
        android:text="Hello World!"
        android:textSize="48sp"
        app:layout_constraintBottom_toBottomOf="parent"
        app:layout_constraintEnd_toEndOf="parent"
        app:layout_constraintStart_toStartOf="parent"
        app:layout_constraintTop_toTopOf="parent" />
</androidx.constraintlayout.widget.ConstraintLayout>
```

STEP 05 我們可以對原本的根元素（ConstraintLayout）按下 Alt + Enter 鍵，接著選擇「Convert to data binding layout」，如圖 21-6 所示。

圖 21-6　切換 XML 根元素為 layout

STEP 06 點擊「切換」按鈕後，原本的 XML 佈局檔案將會自動將根元素切換為「layout」。

```
<?xml version="1.0" encoding="utf-8"?>
<layout xmlns:android="http://schemas.android.com/apk/res/android"
    xmlns:app="http://schemas.android.com/apk/res-auto"
    xmlns:tools="http://schemas.android.com/tools">

    <data>
                      佈局元件可使用的參數
    </data>

    <androidx.constraintlayout.widget.ConstraintLayout
        android:id="@+id/main"
        android:layout_width="match_parent"
        android:layout_height="match_parent"
        tools:context=".MainActivity">

        <TextView
            android:id="@+id/tvTitle"                        原始佈局
            android:layout_width="wrap_content"
            android:layout_height="wrap_content"
            android:text="Hello World!"
            android:textSize="48sp"
            app:layout_constraintBottom_toBottomOf="parent"
            app:layout_constraintEnd_toEndOf="parent"
            app:layout_constraintStart_toStartOf="parent"
            app:layout_constraintTop_toTopOf="parent" />
    </androidx.constraintlayout.widget.ConstraintLayout>
</layout>
```

我們在上述的佈局檔案程式碼中可以觀察到，轉換後除了將根元素切換為 <layout> 標籤外，還多了 <data> 標籤可以使用。<layout> 標籤表示該 XML 佈局檔案可以搭配 DataBinding 使用；<data> 標籤表示可以設定 XML 佈局檔案所需要的自定義參數。

我們可以將 XML 佈局檔案視為程式檔來看待，除了原始的佈局之外，我們還可以在 XML 佈局檔案中，定義所需的變數以及要引用的類別檔案。

假設我們要定義一個基礎變數為 title，其型別為字串，我們可以使用 <variable> 標籤，程式碼如下：

```
<data>
    <variable
        name="title"           變數名稱
        type="String" />
</data>                        變數類型
```

DataBinding 支援多種資料類型，除了基本資料類型外，也可以使用自定義的類別物件（Class）。

- 基本資料類型：String、Integer、Float、Boolean、Double 等。
- 自定義類型：任意 Java 或 Kotlin 的類別物件（Class）。

例如：我們有一個資料類別 User，程式碼如下所示，其中的 package 表示該類別所在的目錄位置。

```
package com.example.lab21      User 資料類別所在位置

data class User(
    val id: String,
    val name: String
)
```

現在我們可以在 XML 佈局檔案定義一個 user 變數，型別為上面定義的 User 資料類別，程式碼如下：

```
<data>
    <variable
        name="user"
        type="com.example.lab21.User" />      User 類別所在位置
</data>
```

定義完成變數後，如果我們想要引用某個函式庫或類別的內部方法，我們可以使用 <import> 標籤，程式碼如下所示，我們引用了 android.view 函式庫中的 View 類別。

```
<data>
    <variable
        name="title"
        type="String" />
    <import type="android.view.View" />    引用 Android 的 View 類別
</data>
```

以上是在 XML 佈局檔案中定義變數及引用類別檔案的方式。接下來是如何在佈局元件的屬性中引用這些參數。

我們需要使用「@{ 參數 }」的語法來寫入自定義的參數，例如：TextView 的文字內容設定為 title 變數，並且當 title 為 Null 時，隱藏 TextView 元件。

```
<TextView
    android:id="@+id/tvTitle"
    android:layout_width="wrap_content"
    android:layout_height="wrap_content"
    android:text="@{title}"    文字顯示內容為 title 變數
    android:textSize="48sp"
    android:visibility="@{title != null ? View.VISIBLE : View.GONE, default=
gone}"
    app:layout_constraintBottom_toBottomOf="parent"
    app:layout_constraintEnd_toEndOf="parent"    如果 title 變數為 NULL，就隱藏該元件
    app:layout_constraintStart_toStartOf="parent"
    app:layout_constraintTop_toTopOf="parent" />
```

在 android:visibility 屬性設定中，我們使用了三元運算子來判斷，當 title 不為 null 時，其顯示狀態設定為可見（View.VISIBLE）；否則為不可見（View.GONE）。此外，預設值設定為不可見（gone），預設值必須為原始佈局中支援的屬性字串，所以無法直接使用 View.GONE 來設定。

除了三元運算之外，DataBinding 還提供了許多豐富的運算式語法，讀者可參考：

URL https://developer.android.com/topic/libraries/data-binding/expressions

常見的運算符號有：

- 基本運算符號：加（+）、減（-）、乘（*）、除（/）。
- 三元運算子：「(條件) ? (條件成立執行) : (條件失敗執行)」。

❍ 邏輯運算符號：AND（&&）、OR（||）。

❍ 比較運算符號：大於（>）、小於（<）、等於（==）、不等於（!=）。

完成 XML 佈局檔案在 DataBinding 環境下的設定後，其完整的程式碼如下：

```
<?xml version="1.0" encoding="utf-8"?>
<layout xmlns:android="http://schemas.android.com/apk/res/android"
    xmlns:app="http://schemas.android.com/apk/res-auto"
    xmlns:tools="http://schemas.android.com/tools">

    <data>
        <variable
            name="title"
            type="String" />
        <import type="android.view.View" />
    </data>

    <androidx.constraintlayout.widget.ConstraintLayout
        android:id="@+id/main"
        android:layout_width="match_parent"
        android:layout_height="match_parent"
        tools:context=".MainActivity">

        <TextView
            android:id="@+id/tvTitle"
            android:layout_width="wrap_content"
            android:layout_height="wrap_content"
            android:text="@{title}"
            android:textSize="48sp"
            android:visibility="@{title != null ? View.VISIBLE : View.GONE,
default=gone}"
            app:layout_constraintBottom_toBottomOf="parent"
            app:layout_constraintEnd_toEndOf="parent"
            app:layout_constraintStart_toStartOf="parent"
            app:layout_constraintTop_toTopOf="parent" />
    </androidx.constraintlayout.widget.ConstraintLayout>
</layout>
```

自定義參數

設定屬性

接著在對應的 MainActivity 中，取得 ActivityMainBinding 的實例。總共有兩個步驟需要設定，程式碼如下：

```
class MainActivity : AppCompatActivity() {
    // Step1：定義ActivityMainBinding的綁定類別
    private lateinit var binding: ActivityMainBinding

    override fun onCreate(savedInstanceState: Bundle?) {
        super.onCreate(savedInstanceState)
        enableEdgeToEdge()
        // Step2：使用DataBindingUtil.setContentView()取得綁定類別並設定畫面
        binding = DataBindingUtil.setContentView(this, R.layout.activity_main)
        // 省略
    }
}
```

定義 DataBinding
並填滿畫面

我們可以設定 XML 佈局檔案中定義的參數，程式碼如下：

```
// 撰寫自定義程式碼
binding.title = "我使用DataBinding"
// 監聽點擊事件
binding.root.setOnClickListener {
    if (binding.title.isNullOrEmpty()) {
        binding.title = "我使用DataBinding"
    } else {
        binding.title = null
    }
}
```

我們設定 title 變數為「"我使用 DataBinding"」，接著監聽畫面點擊事件來切換 title 變數的值。由於我們在 XML 佈局檔案中，對 TextView 的 Visibility 屬性設定為「判斷 title 變數是否為 null」，是 null 的話就隱藏不顯示，其結果如圖 21-7 所示。

使用 DataBinding 來讓 XML 佈局檔案與 Activity 程式檔進行綁定的流程，如圖 21-8 所示。一般我們稱這種綁定方式為「雙向綁定」，即程式檔與佈局檔案能夠互相取得對方的參數。

圖 21-7　當 title 變數有值時（左）；當 title 變數為 null 時（右）

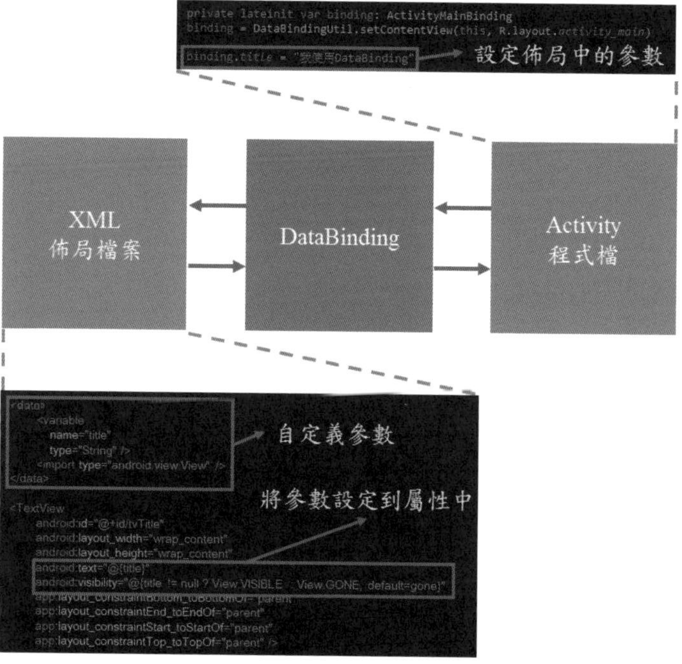

圖 21-8　佈局檔案與程式檔的 DataBinding 範例

Fragment

延續21.1.1小節的Fragment範例。DataBinding在Fragment使用的方式與ViewBinding非常相近，我們只需要確保將FirstFragment的佈局檔案根元素改為layout即可。

```
class FirstFragment : Fragment() {
    // Step1：定義FragmentFirstBinding的綁定類別，以及取得binding的變數
    private var _binding: FragmentFirstBinding? = null
    private val binding get() = _binding!!

    override fun onCreateView(                         定義ViewBinding並填滿畫面
        inflater: LayoutInflater,
        container: ViewGroup?,
        savedInstanceState: Bundle?,
    ): View {
        // Step2：初始化綁定類別，並回傳根元素
        _binding = DataBindingUtil.inflate(
            inflater, R.layout.fragment_first, container, false
        )
        return binding.root
    }

    override fun onDestroyView() {
        super.onDestroyView()
        // Step3：釋放綁定類別
        _binding = null                 <-- 重要：必須將binding銷毀
    }

    override fun onViewCreated(view: View, savedInstanceState: Bundle?) {
        super.onViewCreated(view, savedInstanceState)
        // 撰寫自定義程式碼
    }
}
```

Adapter

DataBinding在Adapter中的使用方式與ViewBinding相似，只需要將佈局檔案的根元素設定為layout即可。

```
// 使用DataBinding方法
val binding = AdapterVerticalBinding.inflate(
```

```
    LayoutInflater.from(context), parent, false
)
```

21.2 實戰演練：計算機應用

本範例實作一個簡易的計算機應用程式，藉此了解如何使用 DataBinding 將 LiveData 與 XML 佈局元件整合，如圖 21-9 所示。

- 啟用 DataBinding 功能。
- 建立一個新的 Layout 檔，實作鍵盤項目的畫面。
- 建立一個新的類別，並繼承 RecyclerView.Adapter 來實作客製化 Adapter。
- 使用 RecyclerView 搭配 GridLayoutManager 製作鍵盤畫面。
- 使用 Lambda 表達式實現鍵盤點擊事件。
- 將 DataBinding 與 Activity 的生命週期綁定，讓 XML 佈局元件可以使用 LiveData 這類帶有生命週期的資料，以實現自動更新元件狀態。
- 使用 LiveData 與 XML 佈局做雙向綁定，當輸入發生變化時，同步計算結果。

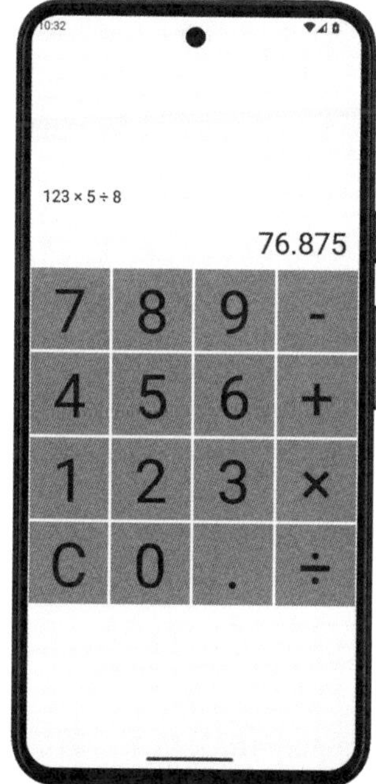

圖 21-9　計算機使用者介面

21.2.1 啟用 DataBinding

STEP 01 建立最低支援版本為「API 24」的新專案，並新增如圖 21-10 所示的檔案。

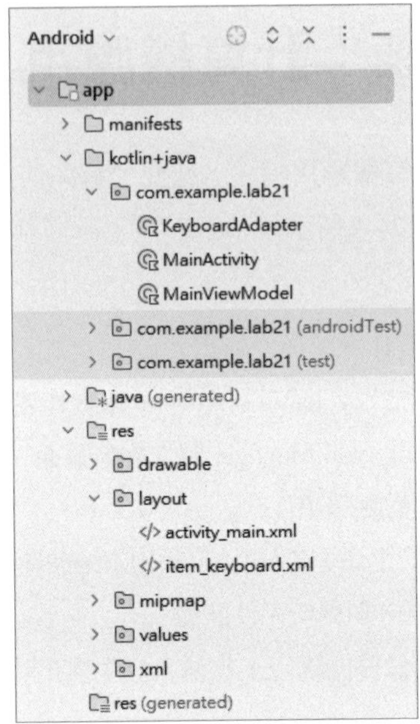

圖 21-10 計算機應用專案架構

STEP 02 引用 Kapt 外掛程式。首先開啟 libs.versions.toml 檔案，在 [plugins] 區塊中新增以下程式碼，完成後點選「Sync Now」。

```
[versions]
…省略
kotlin = "1.9.0"

[libraries]
…省略

[plugins]
…省略
kotlin-kapt = { id = "org.jetbrains.kotlin.kapt", version.ref = "kotlin" }
```

STEP 03 開啟 build.gradle.kts(Project:lab21) 檔案，新增外掛程式，完成後點選「Sync Now」。

```
plugins {
    …省略
    alias(libs.plugins.kotlin.kapt) apply false
}
```

STEP 04 開啟 build.gradle.kts(Module:app) 檔案，在 plugins 及 android 設定的區塊中新增以下程式碼，完成後點選「Sync Now」。

```
plugins {
    …省略
    alias(libs.plugins.kotlin.kapt)
}

android {
    namespace = "com.example.lab21"
    compileSdk = 34
    …省略

    buildFeatures {
        dataBinding = true
    }
}
```

21.2.2 介面設計

STEP 01 繪製 item_keyboard.xml，製作鍵盤項目畫面，如圖 21-11 所示。

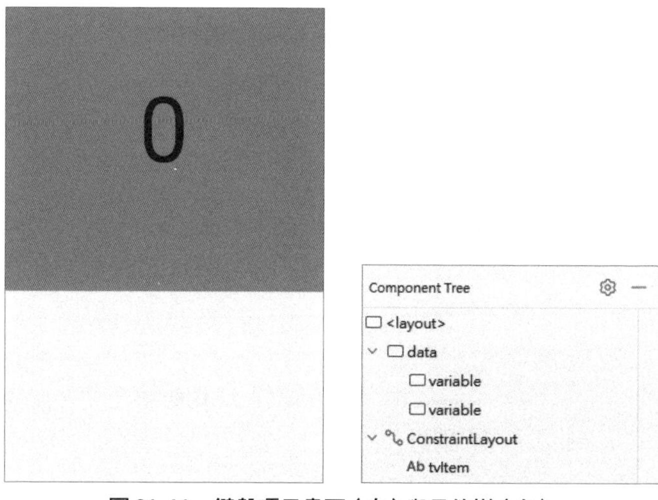

圖 21-11 鍵盤項目畫面（左）與元件樹（右）

對應的 XML 如下：

```
<?xml version="1.0" encoding="utf-8"?>
<layout xmlns:android="http://schemas.android.com/apk/res/android"
    xmlns:app="http://schemas.android.com/apk/res-auto"
    xmlns:tools="http://schemas.android.com/tools">

    <data>
        <!-- 鍵盤名稱 -->
        <variable
            name="key"
            type="String" />

        <!-- 是否為數字 -->
        <variable
            name="isNumber"
            type="Boolean" />
    </data>

    <androidx.constraintlayout.widget.ConstraintLayout
        android:layout_width="match_parent"
        android:layout_height="wrap_content"
        android:foreground="?attr/selectableItemBackgroundBorderless">

        <TextView
            android:id="@+id/tvItem"
            android:layout_width="0dp"
            android:layout_height="0dp"
            android:layout_margin="2dp"
            android:background="@{isNumber ? @android:color/darker_gray :
@android:color/holo_orange_dark}"
            android:gravity="center"
            android:text="@{key}"
            app:autoSizeTextType="uniform"
            app:layout_constraintBottom_toBottomOf="parent"
            app:layout_constraintDimensionRatio="1:1"
            app:layout_constraintEnd_toEndOf="parent"
            app:layout_constraintStart_toStartOf="parent"
            app:layout_constraintTop_toTopOf="parent"
            tools:background="@android:color/darker_gray"
            tools:text="0" />
    </androidx.constraintlayout.widget.ConstraintLayout>
</layout>
```

STEP 02 繪製 activity_main.xml，製作註冊頁面，如圖 21-12 所示。

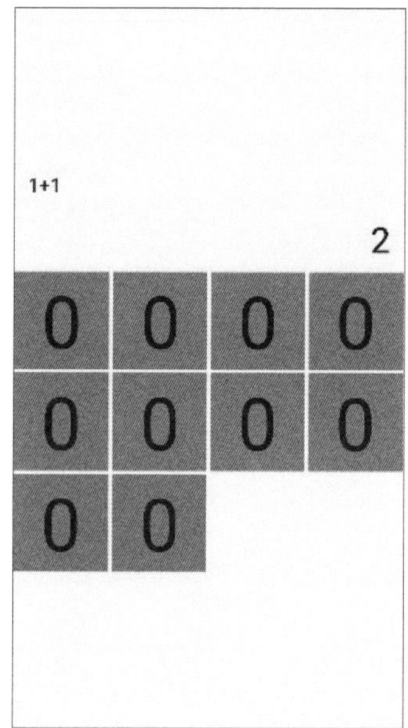

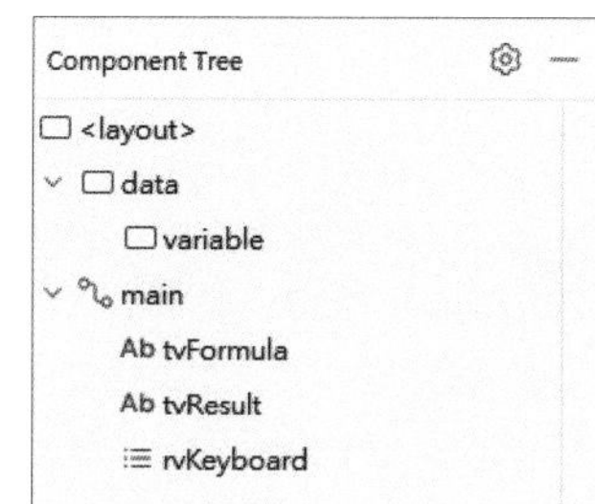

圖 21-12　計算機頁面（左）與元件樹（右）

對應的 XML 如下：

```
<?xml version="1.0" encoding="utf-8"?>
<layout xmlns:android="http://schemas.android.com/apk/res/android"
    xmlns:app="http://schemas.android.com/apk/res-auto"
    xmlns:tools="http://schemas.android.com/tools">

    <data>
        <!--  MainViewModel  -->
        <variable
            name="vm"
            type="com.example.lab21.MainViewModel" />
    </data>

    <androidx.constraintlayout.widget.ConstraintLayout
        android:id="@+id/main"
        android:layout_width="match_parent"
        android:layout_height="match_parent"
        tools:context=".MainActivity">

        <TextView
            android:id="@+id/tvFormula"
```

```
            android:layout_width="0dp"
            android:layout_height="wrap_content"
            android:paddingHorizontal="16dp"
            android:paddingVertical="8dp"
            android:text="@{vm.formula}"
            android:textSize="20sp"
            app:layout_constraintBottom_toTopOf="@+id/tvResult"
            app:layout_constraintEnd_toEndOf="parent"
            app:layout_constraintStart_toStartOf="parent"
            app:layout_constraintTop_toTopOf="parent"
            app:layout_constraintVertical_chainStyle="packed"
            tools:text="1+1" />

        <TextView
            android:id="@+id/tvResult"
            android:layout_width="0dp"
            android:layout_height="wrap_content"
            android:gravity="end"
            android:paddingHorizontal="16dp"
            android:paddingVertical="8dp"
            android:text="@{String.valueOf(vm.result)}"
            android:textSize="36sp"
            app:layout_constraintBottom_toTopOf="@+id/rvKeyboard"
            app:layout_constraintEnd_toEndOf="parent"
            app:layout_constraintStart_toStartOf="parent"
            app:layout_constraintTop_toBottomOf="@+id/tvFormula"
            tools:text="2" />

        <androidx.recyclerview.widget.RecyclerView
            android:id="@+id/rvKeyboard"
            android:layout_width="0dp"
            android:layout_height="wrap_content"
            app:layoutManager="androidx.recyclerview.widget.GridLayoutManager"
            app:layout_constraintBottom_toBottomOf="parent"
            app:layout_constraintEnd_toEndOf="parent"
            app:layout_constraintStart_toStartOf="parent"
            app:layout_constraintTop_toBottomOf="@+id/tvResult"
            app:spanCount="4"
            tools:listitem="@layout/item_keyboard" />
    </androidx.constraintlayout.widget.ConstraintLayout>
</layout>
```

> **說明** 撰寫完成後，讀者會發現與 MainViewModel 綁定的屬性，有出現紅色錯誤，這是因為 MainViewModel 的功能還尚未實作的關係，所以讀者可以暫時忽略或是先將該屬性暫時移除。

21.2.3 程式設計

STEP 01 建立並開啟 MainViewModel 程式檔，繼承 ViewModel 類別後，撰寫 MainActivity 及 XML 所需的變數及方法。

```
class MainViewModel : ViewModel() {
    // 宣告公式的 LiveData
    private val _formula = MutableLiveData<String>()
    val formula: LiveData<String> = _formula

    // 宣告計算結果的 LiveData
    private val _result = MutableLiveData<Float>()
    val result: LiveData<Float> = _result

    // 記錄最後一次按下的鍵
    private var lastKey = ""

    // 宣告運算符號類型
    private val operators = listOf("+", "-", "×", "÷")

    // 處理按下鍵盤事件
    fun onKeyClick(key: String) {
    }

    // 執行計算
    private fun calculate(): Float {
    }

    // 初始化預設值
    init {
        _formula.value = ""
        _result.value = 0f
    }
}
```

123 × 5 ÷ 8

76.875

STEP 02 撰寫 ViewModel 中的 onKeyClick() 方法，處理鍵盤按下後的事件。

```
// 處理按下鍵盤事件
fun onKeyClick(key: String) {
    when (key) {
        // 清除公式和結果
        "C" -> {
            _formula.value = ""
            _result.value = 0f
        }

        // 處理運算子
        in operators -> {
            val currentFormula = _formula.value ?: ""
            if (currentFormula.isEmpty() || lastKey in operators) {
                // 如果公式是空的或最後一次按下的是運算子，則不處理
                return
            } else {
                // 確保運算子和運算數之間有空格
                _formula.value = "$currentFormula $key "
            }
        }

        // 處理數字和小數點
        else -> {
            val currentFormula = _formula.value ?: ""
            if (key == "." && (currentFormula.isEmpty() || lastKey in
operators)) {
                // 小數點不能作為第一個字元或直接跟在運算子後面
                return
            }
            _formula.value = "$currentFormula$key"
            // 計算結果
            _result.value = calculate()
        }
    }
    // 更新最後一次按下的鍵
    lastKey = key
}
```

STEP 03 撰寫 ViewModel 中的 calculate() 方法，處理計算結果。

```
// 執行計算
private fun calculate(): Float {
    return try {
        // 取得公式
        val formula = _formula.value ?: return 0f
        // 分割公式成數值和運算子
        val parts = formula.split(" ")

        // 先處理乘除運算
        val stack = mutableListOf<String>()
        var i = 0
        while (i < parts.size) {
            val part = parts[i]
            if (part == "×" || part == "÷") {
                val prev = stack.removeAt(stack.size - 1).toFloat()
                val next = parts[i + 1].toFloat()
                val result = if (part == "×") prev * next else prev / next
                stack.add(result.toString())
                i += 2
            } else {
                stack.add(part)
                i++
            }
        }

        // 後處理加減運算
        var result = stack[0].toFloat()
        i = 1
        while (i < stack.size) {
            val operator = stack[i]
            val next = stack[i + 1].toFloat()
            result = when (operator) {
                "+" -> result + next
                "-" -> result - next
                else -> result
            }
            i += 2
        }

        result
```

```
    } catch (e: NumberFormatException) {
        -1f
    }
}
```

STEP 04 建立並開啟 KeyboardAdapter 程式檔，使其繼承 RecyclerView.Adapter，並建立 ViewHolder 類別，使其繼承 RecyclerView.ViewHolder，並撰寫客製化程式碼，其中的構造函數須傳遞按鍵陣列資料以及按鍵點擊事件。

```
// 鍵盤 Adapter，傳遞鍵盤的按鍵和點擊事件
class KeyboardAdapter(
    private val keys: List<String>,
    private val onKeyClick: (String) -> Unit
) : RecyclerView.Adapter<KeyboardAdapter.KeyboardViewHolder>() {

    class KeyboardViewHolder(
        private val binding: ItemKeyboardBinding
    ) : ViewHolder(binding.root) {
        // 綁定按鍵名稱和點擊事件
        fun bind(
            item: String,
            onKeyClick: (String) -> Unit
        ) {
            // 綁定按鍵名稱
            binding.key = item
            // 判斷是否為數字
            binding.isNumber = item.toIntOrNull() != null
            // 設定點擊事件
            binding.root.setOnClickListener { onKeyClick(item) }
            // 立即更新 UI
            binding.executePendingBindings()
        }

        companion object {
            // 建立 ViewHolder
            fun from(parent: ViewGroup) = KeyboardViewHolder(
                ItemKeyboardBinding.inflate(
                    LayoutInflater.from(parent.context),
                    parent, false
                )
            )
        }
```

```
    }

    override fun onCreateViewHolder(parent: ViewGroup, viewType: Int):
KeyboardViewHolder {
        return KeyboardViewHolder.from(parent)
    }

    override fun getItemCount(): Int {
        return keys.size
    }

    override fun onBindViewHolder(holder: KeyboardViewHolder, position: Int) {
        holder.bind(keys[position], onKeyClick)
    }
}
```

STEP 05 撰寫 MainActivity 程式，首先宣告 DataBinding 及 ViewModel 的變數，再來定義 doInitialize() 和 setupKeyboard() 方法。

```
class MainActivity : AppCompatActivity() {
    // 宣告 DataBinding 和 ViewModel
    private lateinit var binding: ActivityMainBinding
    private lateinit var viewModel: MainViewModel

    override fun onCreate(savedInstanceState: Bundle?) {
        super.onCreate(savedInstanceState)

        doInitialize()
        setupKeyboard()
    }

    // 執行初始化
    private fun doInitialize() {
    }

    // 設定鍵盤
    private fun setupKeyboard() {
    }
}
```

STEP 06 撰寫 MainActivity 中的 doInitialize() 方法，執行初始化。

```
// 執行初始化
private fun doInitialize() {
    enableEdgeToEdge()
    // 設定 DataBinding
    binding = DataBindingUtil.setContentView(this, R.layout.activity_main)
    ViewCompat.setOnApplyWindowInsetsListener(findViewById(R.id.main)) { v,
insets ->
        val systemBars = insets.getInsets(WindowInsetsCompat.Type.
systemBars())
        v.setPadding(systemBars.left, systemBars.top, systemBars.right,
systemBars.bottom)
        insets
    }
    // 取得 ViewModel 實例
    viewModel = ViewModelProvider(this)[MainViewModel::class.java]
    // 設定 DataBinding 生命週期
    binding.lifecycleOwner = this
    // 設定 DataBinding 的參數
    binding.vm = viewModel
}
```

說明 在執行初始化程式碼中，可以發現我們額外設定 binding 的生命週期所有者（lifecyclerOwner）為 MainActivity 本身，這是為了讓 DataBinding 能夠感知對應 Activity 的生命週期，從而自動處理 LiveData 的觀察行為。

STEP 07 撰寫 MainActivity 中的 setupKeyboard() 方法，設定鍵盤的顯示與點擊事件。

```
// 設定鍵盤
private fun setupKeyboard() {
    // 設定鍵盤
    val keys = listOf(
        "7", "8", "9", "-",
        "4", "5", "6", "+",
        "1", "2", "3", "×",
        "C", "0", ".", "÷"
    )
    // 設定 Adapter
    val adapter = KeyboardAdapter(keys) {
```

7	8	9	-
4	5	6	+
1	2	3	×
C	0	.	÷

```
        // 當按下鍵盤時，呼叫 ViewModel 的 onKeyClick 方法
        viewModel.onKeyClick(it)
    }
    // 設定 LayoutManager
    val layoutManager = GridLayoutManager(this, 4)
    // 設定 RecyclerView
    binding.rvKeyboard.layoutManager = layoutManager
    binding.rvKeyboard.adapter = adapter
}
```

22 協程框架

學習目標

- ❏ 認識協程框架（Coroutines）和協程（Coroutine）
- ❏ 使用 Coroutine 執行非同步任務
- ❏ 認識資料流（Flows）
- ❏ 認識 Flows 運算子
- ❏ 了解冷流（Cold Flow）和熱流（Hot Flow）的差異
- ❏ 了解 Flow、StateFlow、SharedFlow 及 Channel 差異

22.1 協程

為了避免讀者混淆「協程框架」和「協程」的意思，此處先進行說明。

- 協程框架（Coroutines）：Coroutines 一般泛指 Kotlin 的協程工具，即 kotlinx.coroutines。Coroutines 是提供執行和管理協程（Coroutine）的工具。
- 協程（Coroutine）：Coroutine 指的是協程本身，即任務執行單元。

在第 9 章中，我們學習了非同步的概念以及 Thread 類別的使用方法。在本章中，我們將介紹 Kotlin 程式語言提供的非同步設計工具—「協程框架」(Coroutines)。

首先，我們需要了解為什麼在執行非同步任務時，更推薦使用協程框架而不是使用 Thread 類別來建立背景執行緒（Background Thread），這是因為使用 Thread 類別來執行多個耗時任務時，每個任務都會在系統中建立一個對應的背景執行緒，如圖 22-1 所示。建立過多的背景執行緒，會讓 Android 系統分配大量的記憶體和系統資源來管理這些執行緒，從而造成不必要的效能浪費。

在系統資源嚴重不足的情況下，作業系統可能會限制背景執行緒的執行，進而影響應用程式的整體穩定性和效能，因此使用協程框架來執行非同步任務，是一個更好的選擇，因為協程框架可以讓多個耗時任務在同一個執行緒中執行，這大大提高了資源的利用效率。

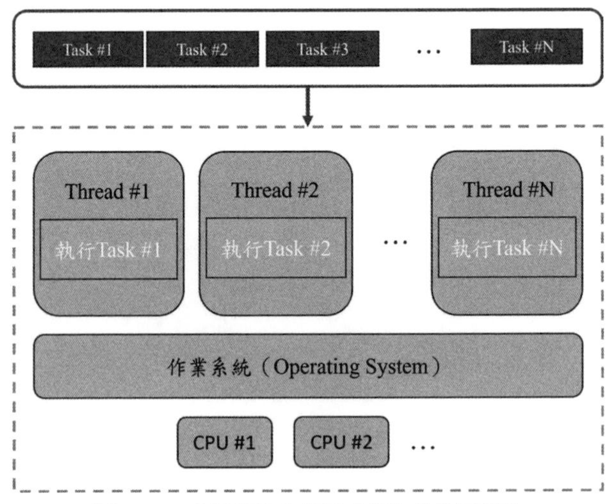

圖 22-1　多個任務在背景執行緒的執行狀況

圖 22-2 展示了如何使用協程框架（Kotlin Coroutines Library），將多個任務（Task）分配到不同的協程中執行。每個協程執行在現有的執行緒上，而不是每個任務都需要一個新的背景執行緒，這樣的設計方式可以大大減少系統資源的消耗，提高應用程式的效能。

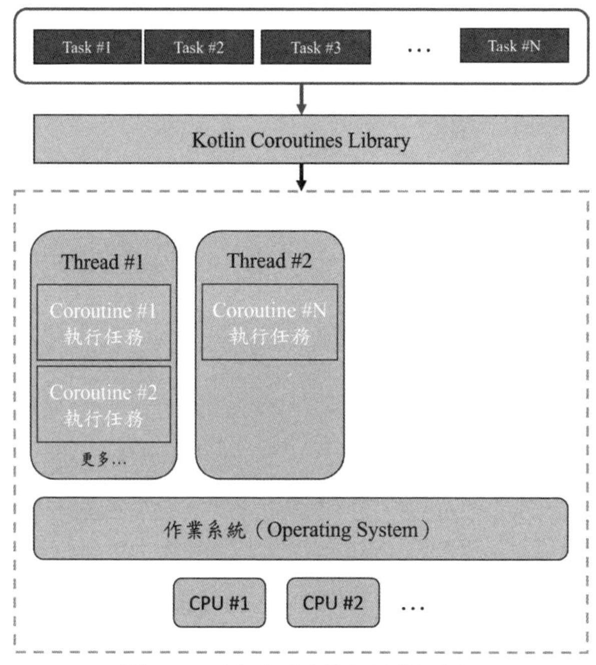

圖 22-2　多個任務在協程的執行狀況

22.1.1　協程的使用方式

協程的組成架構，如圖 22-3 所示，包括協程執行範圍（Coroutine Scope）、協程上下文（Coroutine Context）、協程建構器（Coroutine Builder）以及工作（Job）。

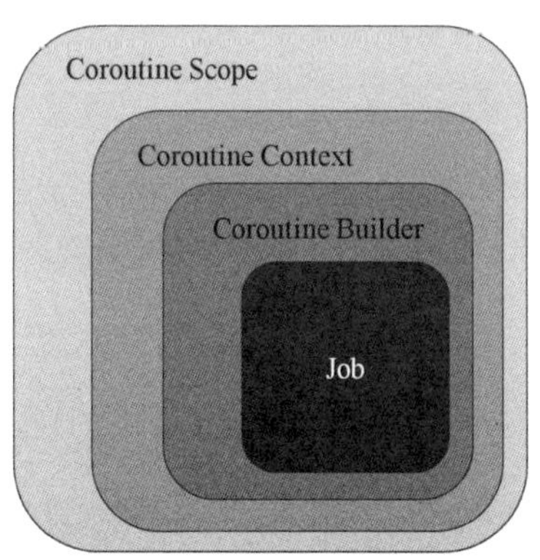

圖 22-3　協程的組成架構

在 Kotlin 中，圖 22-3 對應的語法如圖 22-4 所示。該範例定義了一個工作，該工作將協程啟動在 I/O 操作的調度器中，透過 Job 類別提供的 start() 和 join() 方法來啟動，並等待任務執行完成。

要執行的工作　協程執行範圍　協程上下文　協程建構器

```
val job: Job = CoroutineScope(Dispatchers.IO).launch {
    fetchData() // 要執行的程式碼
}
// 啟動協程並執行工作
job.start()
// 等待協程完成
job.join()
```

圖 22-4　協程的啟動語法範例

協程執行範圍（Coroutine Scope）

協程執行範圍決定了協程的生命週期，確保協程在特定的範圍內執行，並在完成後正確的清理資源。在 Android 開發中，會根據不同的情況使用不同的作用域，如表 22-1 所示。

表 22-1　常用的協程執行範圍

作用域	說明
GlobalScope	用於啟動全局範圍的協程，其生命週期與應用程式相同。較少使用，容易因管理不當而造成記憶體洩漏。
CoroutineScope	自定義的協程範圍，生命週期由開發者控制。
lifecycleScope	在 Activity 或 Fragment 中使用，對應生命週期的 onCreate 到 onDestroy。
viewModelScope	在 ViewModel 中使用，與 ViewModel 的生命週期綁定。

在 Fragment 中，一般較少使用 lifecycleScope，而是會使用 viewLifecycleOwner.lifecycleScope，這是因為 viewLifecycleOwner 表示該 Fragment 中 View 的生命週期，即 onCreateView 到 onDestroyView，所以在 Fragment 畫面消失時，才能及時清理協程的資源。

> **說明**　viewModelScope 需要引用 androidx.lifecycle 函式庫才能使用，引用的方式會在實戰演練中介紹。

協程上下文（Coroutine Context）

協程上下文是一個包含協程執行訊息的集合。包含：

❏ 調度器（Dispatcher）

調度器決定協程在哪種類型的執行緒執行，如表 22-2 所示。

表 22-2 常用的協程執行範圍

調度器	說明
Dispatchers.Main	在主執行緒中執行，用於更新畫面。
Dispatchers.IO	用於執行 I/O 操作，如資料庫讀寫。
Dispatchers.Default	用於執行 CPU 密集型任務，如影像渲染。
Dispatchers.Unconfined	不指定執行緒，而是由目前呼叫的執行緒執行。例如：在主執行緒呼叫，協程就會在主執行緒上執行。

❏ 工作（Job）

工作用來管理協程的生命週期。在圖 22-4 的範例中，展示了協程啟動後會回傳一個 Job 物件，讓開發者可以控制任務的執行。而在協程上下文中，也可以設定一個 Job 物件來管理協程，其優先度高於協程回傳的 Job 物件。如圖 22-5 所示，每個協程回傳的物件為子 Job，而我們定義了一個父 Job 到所有協程上，其中的子 Job 可以控制其對應的協程，而不會影響到其他的子 Job，但是父 Job 可以控制所有的子 Job 啟動或取消狀態。

```
// 父 Job
val parentJob: Job = Job()
// 子 Job 1
val childJob1: Job = CoroutineScope(Dispatchers.IO + parentJob).launch {
    fetchData() // 要執行的程式碼
}
// 子 Job 2
val childJob2: Job = CoroutineScope(Dispatchers.IO + parentJob).launch {
    fetchData() // 要執行的程式碼
}
```


圖 22-5 在協程上下文中傳遞 Job 類別

❏ 名稱（CoroutineName）

設定協程的名稱，一般用於進行偵錯，程式碼如下：

```
val job: Job = CoroutineScope(Dispatchers.IO + CoroutineName("測試")).launch {
    // 用 Log 輸出該 Coroutine 的名稱
    Log.d("Coroutine", "Coroutine Name: ${coroutineContext[CoroutineName]}")
}
```

❑ 異常處理器（CoroutineExceptionHandler）

異常處理器用來處理協程中的錯誤狀況。程式碼如下所示，當發生錯誤時，會搭配 CoroutineName 使用 Log，將錯誤顯示出來。

```
val handler = CoroutineExceptionHandler { coroutineContext, exception ->
    // 用 Log 輸出錯誤訊息
    Log.e("Coroutine", "${coroutineContext[CoroutineName]} 發生錯誤 $exception")
}
val job: Job = CoroutineScope(Dispatchers.IO + CoroutineName(" 測試 ") + handler).
launch {
    // 模擬發生錯誤
    throw RuntimeException(" 發生錯誤 ")
}
```

協程建構器（Coroutine Builder）

協程有兩種啟動方式，如表 22-3 所示。

表 22-3　常用的協程執行範圍

方法	說明
launch	啟動一個新的協程，回傳一個 Job 類別，可以用來控制協程的生命週期。適合用於不需要回傳結果的任務。
async	啟動一個新的協程，並回傳一個 Deferred 類別，可以用於獲取協程的執行結果。Deferred 繼承自 Job，所以也可以用來控制協程的生命週期，適合用於需要回傳計算結果的協程。

決定協程要執行的執行緒位置，除了在協程上下文中指定外，也可以透過協程建構器來設定。如下程式碼所示，下方的程式碼在上下文中指定為調度器 IO，但在建構器中指定為調度器 Main，最終該協程內的任務會執行在主執行緒（Main Thread）。

```
CoroutineScope(Dispatchers.IO).launch(Dispatchers.Main) {
    // 執行在主執行緒
}
```

Job 類別和 Deferred 類別常用的方法，如表 22-4 所示。

表 22-4　Job 類別和 Deferred 類別常用的方法

方法	說明
cancel	取消協程。
join	等待協程完成。
start	開始協程（如果協程還沒有開始）。
isActive	檢查協程是否處於活躍狀態。
isCompleted	檢查協程是否已完成。
isCancelled	檢查協程是否已取消。
await（Deffered 類別）	等待並獲取協程結果。

工作（Job）

Job 類別的使用方式，如表 22-4 所示。透過上述的介紹，我們知道 Job 類別可以視為協程的生命週期管理工具，如圖 22-6 所示。

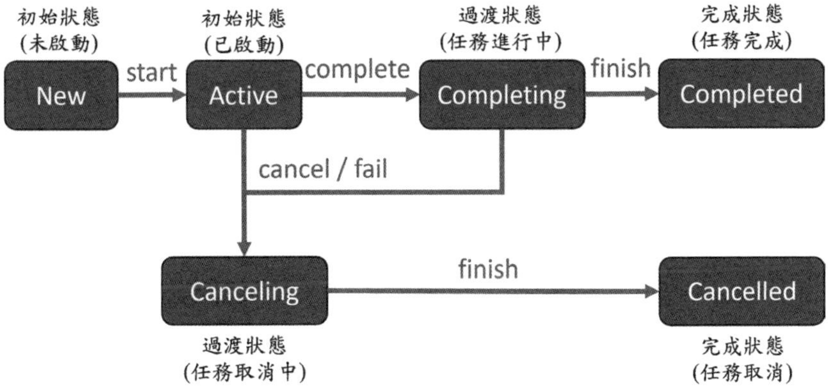

圖 22-6　協程的生命週期

- New（初始狀態，未啟動）：協程已建立，但尚未啟動。
- Active（已啟動）：協程已啟動，正在執行或等待中。
- Completing（過渡狀態，任務進行中）：協程正在完成其任務，這是完成的過渡狀態。
- Completed（完成狀態，任務完成）：協程的任務已完成。
- Canceling（過渡狀態，任務取消中）：協程正在取消其任務，這是取消的過渡狀態。
- Cancelled（完成狀態，任務取消）：協程的任務已取消。

> 說明　協程進入 Completed 或 Cancelled 這些完成狀態，就無法再次執行協程。協程在這些完成狀態下，意味著它已經完成了它的工作，無論是成功完成還是被取消，都無法再次重啟。

22.1.2 其他協程概念

 延遲啟動與預設啟動

協程可以透過不同的啟動模式來控制其執行，「預設啟動」(Default Start) 模式會立即啟動協程，而「延遲啟動」(Lazy Start) 模式則會在需要時才啟動，範例程式碼如下：

```
// 預設啟動：定義後立即啟動協程
val job1 = CoroutineScope(Dispatchers.IO).launch {
    // 任務程式碼
    Log.d("Coroutine", "預設啟動")
}
// ---------------------------
// 延遲啟動：定義後不立即啟動協程
val job2 = CoroutineScope(Dispatchers.IO).launch(start = CoroutineStart.LAZY) {
    // 任務程式碼
    Log.d("Coroutine", "延遲啟動")
}
// 啟動job2
job2.start()
```

使用 Deferred 取得結果

當需要取得協程的計算結果時，可以使用 async 建構器回傳一個 Deferred 物件，該物件可以用 await 方法來獲取結果。需要注意 Deferred 回傳結果只能在另一個協程內取得。

```
val deferred: Deferred<Int> = CoroutineScope(Dispatchers.IO).async {
    // 計算任務
    return@async 42
}

CoroutineScope(Dispatchers.Main).launch {
    // 等待deferred任務完成
    val result: Int = deferred.await()
    Log.d("Coroutine", "result: $result")
}
```

暫停（Suspend）和恢復（Resume）

協程的主要優勢之一是能夠在不阻塞執行緒的情況下暫停和恢復執行，這是透過 suspend 關鍵字實現的。需要注意的是，標記為 suspend 的方法本身，並不是協程，而是代表該方法只能在協程內部執行。

suspend 方法的典型用途是執行長時間運作的任務或需要等待的操作，這些操作可以在協程內被暫停和恢復，而不會阻塞目前執行的執行緒，我們以下方的程式碼來說明。

```
// 啟動協程
CoroutineScope(Dispatchers.Main).launch {
    Log.d("Coroutine", "Before fetchData")
    val result = fetchData()
    Log.d("Coroutine", "After fetchData: $result")
}

// 使用 suspend 關鍵字修飾函數，表示該函數是一個協程函數
private suspend fun fetchData(): Int {
    return coroutineScope {
        // 使用 async 建立 deferred 任務
        val deferred: Deferred<Int> = async(start = CoroutineStart.LAZY) {
            // 模擬耗時操作
            delay(1000)
            return@async 42
        }
        // 啟動 deferred 任務
        deferred.start()
        // 等待 deferred 任務完成
        deferred.await()
    }
}
```

在這個例子中，fetchData 方法被標記為 suspend，表示它是一個協程函數，必須在協程內部呼叫。該方法內部使用了 coroutineScope 函數來建立一個協程作用域，最後 fetchData 回傳計算結果。

啟動協程後，先透過 Log 印出「Before fetchData」，接著執行 fetchData 方法，最後再印出「After fetchData: 42」。這個例子展示了協程的優勢，讓我們可以使用同步的概念來設計非同步的執行任務，提升程式的可讀性。

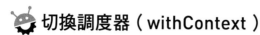

 切換調度器（withContext）

withContext 是用來切換協程內部的調度器，讓我們可以在同一個協程作用域中，使用不同的調度器來執行任務。

```
// 啟動協程
CoroutineScope(Dispatchers.Main).launch {
    // 切換至 IO 執行緒，執行 fetchData 函數
    val result = withContext(Dispatchers.IO) {
        fetchData()
    }
    // 在主執行緒中執行
    Log.d("Coroutine", "After fetchData: $result")
}

// 使用 suspend 關鍵字修飾函數，表示該函數是一個協程函數
private suspend fun fetchData(): Int {
    return coroutineScope {
        // 使用 async 建立 deferred 任務
        val deferred: Deferred<Int> = async(start = CoroutineStart.LAZY) {
            // 模擬耗時操作
            delay(3000)
            return@async 42
        }
        // 啟動 deferred 任務
        deferred.start()
        // 等待 deferred 任務完成
        deferred.await()
    }
}
```

協程的超時處理

協程可以設定超時來防止長時間執行，有兩種方法可以使用，即 withTimeout 方法及 withTimeoutOrNull 方法。

❏ withTimeout 方法

若執行時間超過 1 秒，withTimeout 方法會拋出錯誤。

```
// 啟動協程
CoroutineScope(Dispatchers.Main).launch {
```

```
    try {
        // 超時時間為 1 秒
        withTimeout(1000) {
            // 長時間執行的任務
        }
    } catch (e: TimeoutCancellationException) {
        Log.e("Coroutine", "Timeout")
    }
}
```

❑ withTimeoutOrNull 方法

若執行時間超過 1 秒，withTimeoutOrNull 方法會回傳 Null 值。

```
// 啟動協程
CoroutineScope(Dispatchers.Main).launch {
    // 超時時間為 1 秒
    val result = withTimeoutOrNull(1000) {
        // 長時間執行任務
    }
    // 判斷 result 是否為 null
    if (result != null) {
        // 若不為 null，則印出結果
        Log.d("Coroutine", "Result: $result")
    } else {
        // 若為 null，則印出超時
        Log.e("Coroutine", "Timeout")
    }
}
```

協程的結構化併發設計

在上面的介紹中，我們學到了如何啟動一個協程來執行任務。而我們也可以透過協程建構器，在協程內部再次建立多個協程，程式碼如下：

```
// 建立協程
val parentJob: Job = CoroutineScope(Dispatchers.IO).launch {
    // 啟動子協程一
    val childJob1 = launch(Dispatchers.Main) {
        // 任務一
    }
    // 啟動子協程二
```

```
    val childJob2 = launch(Dispatchers.IO) {
        // 任務二
    }
    // 啟動子協程三
    val childJob3 = launch { // 未指定調度器，使用父協程的調度器
        // 任務三
    }
    // …更多
}
```

在上方的程式碼中，我們在父協程內部啟動了三個子協程，每個子協程都可以設定其上下文。這樣的設計方式有以下優點：

- 自動管理生命週期：協程的生命週期由其作用範圍自動管理，確保所有子協程在範圍內完成各自的任務。
- 錯誤傳播：當子協程失敗時，錯誤會自動傳播給父協程，允許集中處理錯誤。
- 資源釋放：當協程範圍結束時，所有未完成的子協程會自動取消，確保資源不會被浪費。

> **說 明** 子協程除了可以被自己的子 Job 類別管理生命週期，也會受到父協程的生命週期管理。這樣會延伸出一個問題，例如：子協程發生錯誤狀況，錯誤會自動通知父協程，導致父協程進入完成狀態（參考圖 22-6 生命週期），這樣會使所有子協程強制中斷任務執行，我們可以使用 SupervisorJob 類別解決此問題。

SupervisorJob 類別

SupervisorJob 是 Job 的一個特殊子類別，與 Job 不同，SupervisorJob 允許子協程獨立於父協程執行，當子協程失敗時，不會影響其他子協程或父協程，這在需要容忍部分任務失敗，而在不影響整體工作的情況下，非常有用。使用方式也很簡單，只需要將 SupervisorJob 類別設定到父協程的上下文中，即可解決。

```
// 建立協程，使用 SupervisorJob 避免子協程的錯誤
val parentJob: Job = CoroutineScope(Dispatchers.IO + SupervisorJob()).launch {
    // 啟動子協程一
    val childJob1 = launch(Dispatchers.Main) {
        // 任務一
    }
    // 啟動子協程二
    val childJob2 = launch(Dispatchers.IO) {
```

```
        // 任務二
    }
    // 啟動子協程三
    val childJob3 = launch { // 未指定調度器，使用父協程的調度器
        // 任務三
    }
    // …更多
}
```

runBlocking 建構器

除了 launch 和 async 外，還有個特殊的協程建構器—「runBlocking」。runBlocking 不需要設定協程的執行範圍及上下文，它能夠直接啟動一個新的協程，並阻塞目前的執行緒，直到該協程執行完畢，並且無回傳值。在實際開發中較少使用，一般只用於測試環境。範例程式碼如下：

```
override fun onCreate(savedInstanceState: Bundle?) {
    super.onCreate(savedInstanceState)
    // 使用 runBlocking 執行任務
    runBlocking {
        Log.d("Coroutine", "阻塞執行緒，並等待任務完成")
    }
    Log.d("Coroutine", "任務完成後才會執行")
}
```

22.2 資料流

「資料流」(Flows)是建立於協程框架之上的高效能、非同步資料流的處理工具，它能夠幫助我們在不阻塞執行緒的情況下，處理大量的資料操作。資料流也提供一系列運算子來操作和轉換資料流，使得資料流處理變得更加簡單和高效。

資料流的設計原理

如圖 22-7 所示，資料流的設計原理可以透過生產者、中介器、消費者等三個角色來理解。

❑ 生產者（資料提供者）

生產者是提供資料的來源，資料來源可以是資料庫查詢或是 Web API 請求的結果，接著將資料發送到中介器。

❑ 中介器（資料轉換器）

中介器是負責將生產者提供的資料進行轉換，例如：篩選、限制、合併等操作，轉換完成後，再發送到消費者。

❑ 消費者（資料收集者）

消費者負責收集中介器傳遞過來的資料，並對資料進行處理，例如：給畫面顯示。

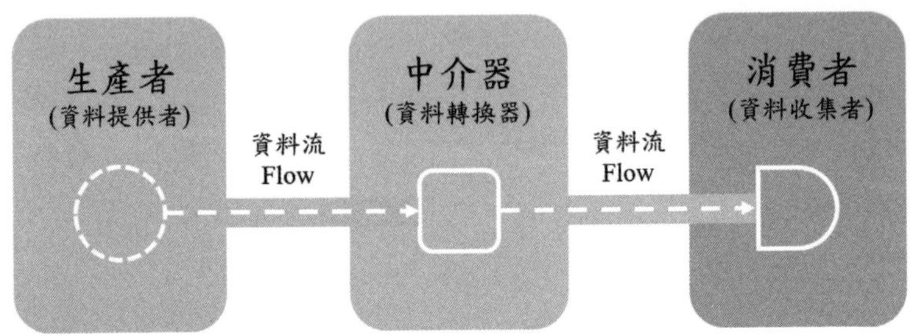

圖 22-7　Flows 的主要角色

建立資料流的方式

建立資料流的方式有三種：

❑ 使用 flowOf()

當有一個簡單且固定的陣列資料時，可以使用 flowOf() 快速建立。

```
val numberFlow: Flow<Int> = flowOf(0, 1, 2, 3, 4)
```

❑ 使用 asFlow()

將陣列資料轉換為 Flow。與 flowOf() 方法相似，適用於將現有的陣列資料進行轉換。

```
val numList = listOf(0, 1, 2, 3, 4)
val numberFlow: Flow<Int> = numList.asFlow()
```

❑ 使用 flow{}

當資料流的邏輯相對複雜時，可以使用 flow{} 來自定義處理。flow{} 內部屬於協程處理範圍，所以可以使用 delay 或其他非阻塞的方法。

```
val numberFlow: Flow<Int> = flow {
    for (i in 0..4) {
        emit(i)
        delay(1000)
    }
}
```

以下是一個簡單的範例，讓我們透過程式碼來了解生產者、中介器及消費者的作用。在這個範例中，我們定義了生產者（counterFlow）變數，型別為 Flow，功能是每秒鐘發送一個數字，接著我們啟動一個協程來收集生產者，我們使用中介器（map 方法）將資料進行轉換，最後讓消費者（collect 方法）將資料印出來，其結果應該會是「0, 2, 4, 6」，如圖 22-8 所示。

```
// 啟動協程，收集 Flow
CoroutineScope(Dispatchers.Main).launch {
    // 生產者
    counterFlow
        // 中介器，將數字乘以 2
        .map { it * 2 }
        // 消費者
        .collect { number ->
            // 印出結果
            Log.d("Flow", "number: $number")
        }
}

// 資料來源，每秒發送一個數字
private val counterFlow: Flow<Int> = flow {
    val intList = (0..3).toList()
    intList.forEach {
        emit(it)
        delay(1000)
    }
}
```

D	number: 0
D	number: 2
D	number: 4
D	number: 6

圖 22-8　輸出結果

22.2.1 資料流的運算子

資料流（Flows）提供了多種運算子來操作和轉換資料流，這些運算子可以分為幾類，包括：篩選運算子、轉換運算子、合併運算子、篩選和限制運算子、錯誤處理運算子和終端運算子等，以下將列出常用的運算子。

篩選運算子

篩選運算子用於根據條件篩選資料流中的元素，如表 22-5 及圖 22-9 所示。

表 22-5　資料流篩選運算子

運算子	說明
filter	篩選滿足條件的元素。
filterNot	篩選不滿足條件的元素。

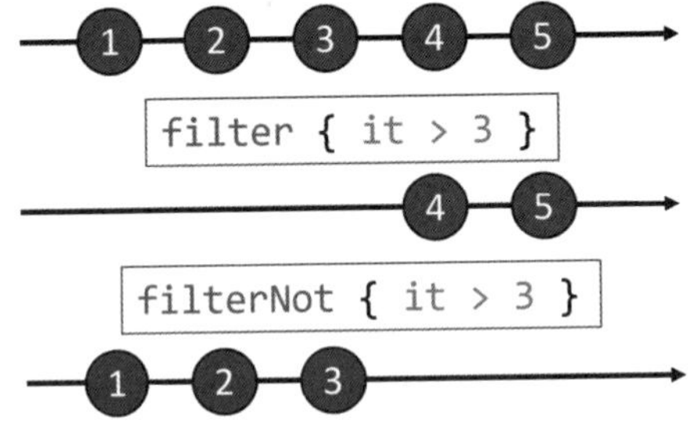

圖 22-9　資料流篩選運算子

轉換運算子

轉換運算子用於將資料流中的每個元素轉換為另一個值，如表 22-6 及圖 22-10 所示。

表 22-6　資料流轉換運算子

運算子	說明
map	將每個元素轉換為另一個值。
mapNotNull	將每個元素轉換為另一個值並排除 null。

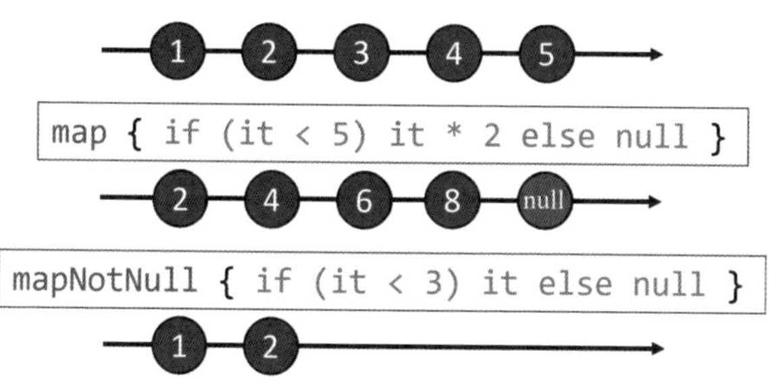

圖 22-10　資料流轉換運算子

合併運算子

合併運算子用於將多個資料流合併為一個資料流，如表 22-7 及圖 22-11 所示。

表 22-7　資料流合併運算子

運算子	說明
zip	將兩個資料流按順序合併。
combine	將兩個資料流合併，並在其中一個變化時組合最新值。

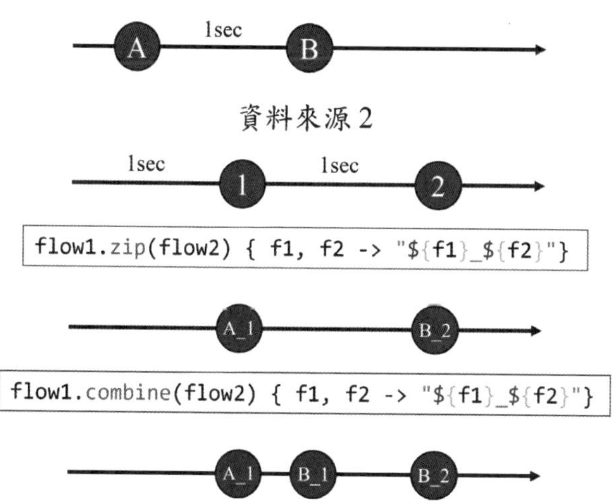

圖 22-11　資料流合併運算子

篩選和限制運算子

篩選和限制運算子用於過濾或限制資料流中的元素數量，如表 22-8 及圖 22-12 所示。

表 22-8　資料流過濾和限制運算子

運算子	說明
take	只保留前 N 個元素。
drop	丟棄前 N 個元素。

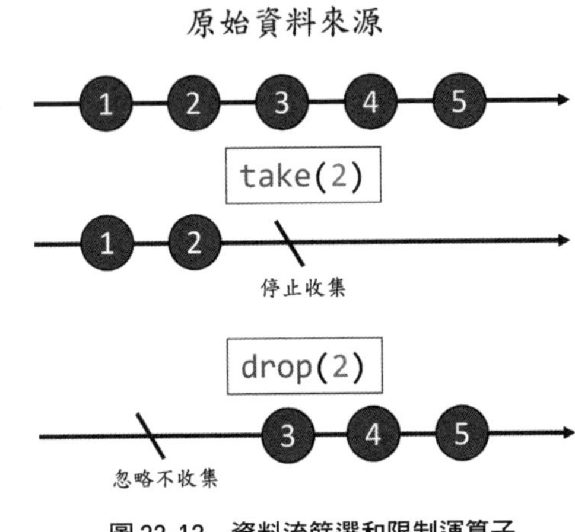

圖 22-12　資料流篩選和限制運算子

錯誤處理運算子

錯誤處理運算子用於處理資料流中的異常情況，如表 22-9 及圖 22-13 所示。

表 22-9　資料流錯誤處理運算子

運算子	說明
catch	捕獲資料流中的異常並處理。
retry	在發生異常時重試 N 次。

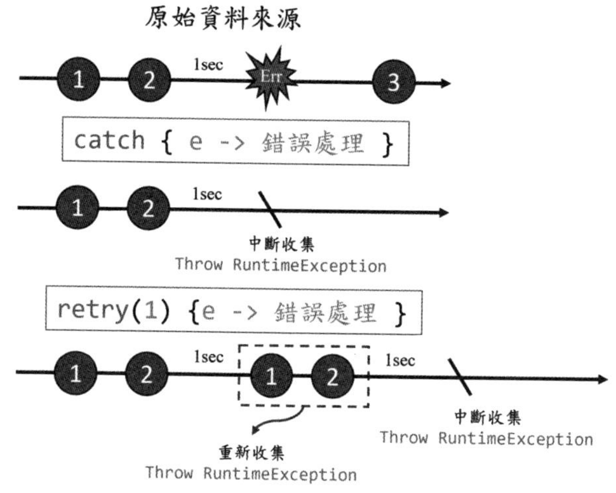

圖 22-13 資料流錯誤處理運算子

終端運算子

終端運算子是消費者取得資料的方式，用於取得資料流中的元素，並搭配其他運算子處理，如表 22-10 所示。

表 22-10 資料流終端運算子

運算子	說明
collect	收集資料流中的元素。
toList	將數字資料轉換為清單。
first	收集資料流中的第一個元素。
firstOrNull	收集資料流中的第一個元素，若為空則回傳 null。

範例程式碼如下：

```
// 建立 Flow，連續發送 0, 1, 2, 3, 4
val numbers = flowOf(0, 1, 2, 3, 4)
// 啟動協程
CoroutineScope(Dispatchers.Main).launch {
    // 1. collect 運算子，收集 Flow 連續發送的資料
    counterFlow
        // 中介器，將數字乘以 2
        .map { it * 2 }
        // 消費者
        .collect { number ->
```

```
            // 處理數字
        }

    // 2. toList 運算子，將Flow轉換為List
    val numberList: List<Int> = numbers.toList()

    // 3. first 運算子，取得第一個元素
    val firstNumber: Int = numberList.first()

    // 4. firstOrNull 運算子，取得第一個元素，若為空則回傳null
    val firstOrNullNumber: Int? = numberList.firstOrNull()
}
```

22.2.2 冷流與熱流

Flows的資料來源可以分為「冷流」（Cold Flow）和「熱流」（Hot Flow）。冷流是被動式發送資料，只有消費者開始收集時才會開始發送資料；而熱流是主動式發送資料，無論是否有消費者收集，都會發送資料。

冷流（Cold Flow）

冷流就像是一台點唱機，只有當你投幣並選擇歌曲時，它才會開始播放音樂。而你再次投幣選歌時，點唱機都會從頭開始播放音樂。換句話說，冷流是只有在有收集者時，才會開始發送資料。而每個收集者都會獨立地收到完整的資料流。

以下程式碼是一個簡單的範例，我們在協程中重複收集同一個Flow資料源（coldFlow），而每次收集的結果都會重新印出「1, 2, 3」的數值，這表示每次收集冷流時，coldFlow都會重新開始發送資料。

```
// 建立 Cold Flow
val coldFlow = flow {
    println("Flow started")
    emit(1)
    emit(2)
    emit(3)
}
// 啟動協程
CoroutineScope(Dispatchers.Main).launch {
    // 收集Cold Flow
    coldFlow.collect { number ->
```

```
        // 會輸出1, 2, 3
        Log.d("Cold Flow1", "number: $number")
    }
    // 再次收集Cold Flow
    coldFlow.collect { number ->
        // 會再次輸出1, 2, 3
        Log.d("Cold Flow2", "number: $number")
    }
}
```

熱流（Hot Flow）

熱流就像是一個直播節目，無論是否有觀眾在看，它都會一直直播，觀眾可以隨時加入觀看，但他們只能看到當下正在播放的內容，無法看到之前的部分。換句話說，熱流會在沒有收集者的情況下繼續發送資料，且所有收集者共享同一個資料流。

熱流有以下三個種類：

❑ StateFlow

StateFlow 會持有最新的一筆資料，並在該資料發生變化時重新發送，這確保了無論消費者何時開始收集，至少都有一筆資料可以使用，它總是保留最新的值，當新的收集者開始收集時，會立即接收到最新的狀態值。StateFlow 適合用於需要在多個地方觀察相同狀態的場景，例如：在 ViewModel 中管理畫面狀態。StateFlow 與 LiveData 非常相似，但 StateFlow 能夠在初始階段設定一個預設值。

以下是 StateFlow 在 Android 開發中的範例。我們在 ViewModel 中定義了一個型別為 StateFlow 的計數器變數。在 Activity 中啟動協程，並收集 StateFlow，將結果顯示到 TextView 上。我們可以透過點擊按鈕來讓計數值加一，此時 StateFlow 的值發生改變，會自動通知所有收集者，並將新值更新到 TextView 上。

```
// 定義ViewModel
class CounterViewModel : ViewModel() {
    // 宣告計數器StateFlow，初始值為0
    private val _counter = MutableStateFlow(0)
    val counter: StateFlow<Int> = _counter.asStateFlow()
    // 定義增加計數器的方法
    fun increment() {
        _counter.value += 1
    }
}
```

```
// MainActivity
class MainActivity : AppCompatActivity() {
    private lateinit var binding: ActivityMainBinding
    override fun onCreate(savedInstanceState: Bundle?) {
        super.onCreate(savedInstanceState)
        binding = ActivityMainBinding.inflate(layoutInflater)
        setContentView(binding.root)
        // 取得ViewModel實例
        val viewModel = ViewModelProvider(this)[CounterViewModel::class.java]
        // 啟動協程
        lifecycleScope.launch {
            // 收集StateFlow並將結果顯示到畫面上
            viewModel.counter.collect { count ->
                binding.tvCount.text = count.toString()
            }
        }
        // 點擊後讓計數值加一
        binding.btnIncrement.setOnClickListener {
            viewModel.increment()
        }
    }
}
```

❏ SharedFlow

SharedFlow 允許多個收集者共享同一個資料流的發送項目。與 StateFlow 不同，SharedFlow 沒有保持最新狀態的特性，而是更適合於事件流的傳遞，例如：單次事件（One-time Event）的處理、訊息通知或是頁面導航事件等。

SharedFlow 可以設定緩衝區（Buffer），可以保存最近發送的幾筆資料，使其功能類似於 StateFlow。SharedFlow 也有重播機制，讓新的收集者也可以收集到過去發送的項目，使其功能類似於 Cold Flow。

以下是 SharedFlow 在 Android 開發中的範例。我們在 ViewModel 中定義了一個型別為 SharedFlow 的訊息變數。在 Activity 中啟動協程，並收集 SharedFlow，將結果顯示到 TextView 上。我們可以透過點擊按鈕發送訊息，此時 SharedFlow 會發送訊息給所有收集者，並將新訊息更新到 TextView 上。

```
// 定義 ViewModel
class MessageViewModel : ViewModel() {
    // 宣告訊息 SharedFlow，用於發送訊息
    private val _messageFlow = MutableSharedFlow<String>(
```

```
        replay = 1,                  // 重放最後一條訊息
        extraBufferCapacity = 1  // 保留一個額外的訊息
    )
    val messageFlow: SharedFlow<String> = _messageFlow.asSharedFlow()
    // 設定訊息
    fun sendMessage(message: String) {
        // 發送訊息只能在協程中進行
        viewModelScope.launch {
            _messageFlow.emit(message)
        }
    }
}
// MainActivity
class MainActivity : AppCompatActivity() {
    private lateinit var binding: ActivityMainBinding
    override fun onCreate(savedInstanceState: Bundle?) {
        super.onCreate(savedInstanceState)
        binding = ActivityMainBinding.inflate(layoutInflater)
        setContentView(binding.root)
        // 取得 ViewModel 實例
        val viewModel = ViewModelProvider(this)[MessageViewModel::class.java]
        // 啟動協程
        lifecycleScope.launch {
            // 收集 SharedFlow 並將結果顯示到畫面上
            viewModel.messageFlow.collect { msg ->
                binding.tvCount.text = msg
            }
        }
        // 點擊後傳遞測試訊息
        binding.btnIncrement.setOnClickListener {
            viewModel.sendMessage("測試訊息")
        }
    }
}
```

❏ Channel

Channel 主要用於整合多個發送者與收集者之間的溝通。一般會使用 Channel 來實現協程之間的溝通機制，類似於第 9 章介紹的 Handler 機制。以下是 Channel 的簡單範例。

在這個範例中，我們在 ViewModel 中定義了一個型別為 Channel 的事件變數。在 Activity 中，啟動協程並從 Channel 中收集事件，將結果顯示為 Toast。點擊按鈕後，會發送一個事件，Channel 會將事件傳遞給所有收集者。

```
// 定義 ViewModel
class EventViewModel : ViewModel() {
    // 定義事件的Channel
    private val _eventChannel = Channel<String>()
    val eventChannel: ReceiveChannel<String> = _eventChannel

    // 設定事件
    fun sendEvent(event: String) {
        // 發送事件只能在協程中進行
        viewModelScope.launch {
            _eventChannel.send(event)
        }
    }
}
// MainActivity
class MainActivity : AppCompatActivity() {
    private lateinit var binding: ActivityMainBinding
    override fun onCreate(savedInstanceState: Bundle?) {
        super.onCreate(savedInstanceState)
        binding = ActivityMainBinding.inflate(layoutInflater)
        setContentView(binding.root)
        // 取得ViewModel實例
        val viewModel = ViewModelProvider(this)[EventViewModel::class.java]
        // 啟動協程
        lifecycleScope.launch {
            // 從Channel取得所有訊息並顯示到畫面上
            for (event in viewModel.eventChannel) {
                Toast.makeText(this@MainActivity, event, Toast.LENGTH_SHORT).
show()
            }
        }
        // 點擊後傳遞測試訊息
        binding.btnIncrement.setOnClickListener {
            viewModel.sendEvent("測試事件")
        }
    }
}
```

以下是 Flow、StateFlow、SharedFlow 和 Channel 的比較表。

表 22-11　Flows 比較

特性	Flow	StateFlow	SharedFlow	Channel
類型	冷流	熱流	熱流	熱流
使用場景	資料流、計算序列	狀態管理	事件流	協程溝通

特性	Flow	StateFlow	SharedFlow	Channel
最新狀態保持	否	是	否	否
重播機制	否	最新值	可設定	否
多收集者	否	是	是	是
終止機制	可完成或取消	持續發送直到取消	持續發送直到取消	可關閉
緩衝區	可設定	無	可設定	可設定

22.3 實戰演練：倒數計數器應用

本範例實作一個簡易的倒數計數器應用程式，藉此了解協程和資料流在實際開發上的應用，如圖 22-14 所示。

- 啟用 DataBinding 功能。
- 建立一個 Drawable 檔，自定義一個圓形進度條。
- 透過 DataBinding，將 ViewModel 的執行方法與 XML 佈局的點擊事件整合。
- 使用 StateFlow 與 XML 佈局做雙向綁定，當倒數值發生變化時，同步更新畫面。
- 使用 Job 類別管理倒數計時的工作狀態。

圖 22-14　倒數計數器使用者介面

22.3.1 啟用 DataBinding 及引用 Lifecycle 函式庫

STEP 01 建立最低支援版本為「API 24」的新專案，並新增如圖 22-15 所示的檔案。

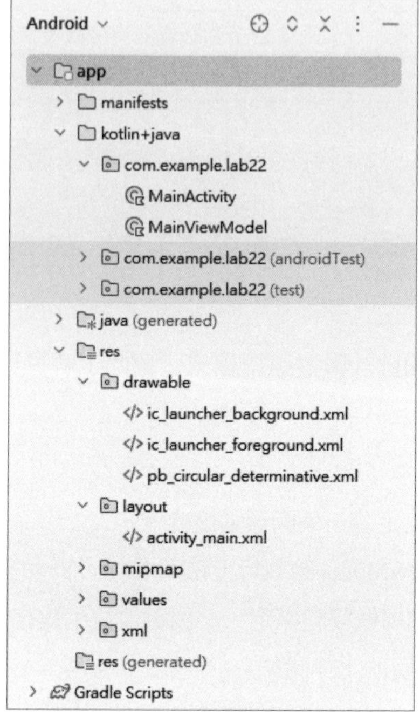

圖 22-15 倒數計數器專案架構

STEP 02 開啟 libs.versions.toml 檔案，在 [versions]、[libraries] 及 [plugins] 區塊中新增以下程式碼，完成後點選「Sync Now」。

```
[versions]
…省略
kotlin = "1.9.0"
lifecycle = "2.8.3"

[libraries]
…省略
lifecycle-viewmodel = { group = "androidx.lifecycle", name = "lifecycle-viewmodel", version.ref = "lifecycle" }

[plugins]
…省略
kotlin-kapt = { id = "org.jetbrains.kotlin.kapt", version.ref = "kotlin" }
```

STEP 03 開啟 build.gradle.kts(Project:lab22) 檔案，新增外掛程式，完成後點選「Sync Now」。

```
plugins {
    …省略
    alias(libs.plugins.kotlin.kapt) apply false
}
```

STEP 04 開啟 build.gradle.kts(Module:app) 檔案，在 plugins、android 及 dependencies 設定的區塊中新增以下程式碼，完成後點選「Sync Now」。

```
plugins {
    …省略
    alias(libs.plugins.kotlin.kapt)
}

android {
    namespace = "com.example.lab22"
    compileSdk = 34
    …省略

    buildFeatures {
        dataBinding = true
    }
}

dependencies {
    …省略
    implementation(libs.lifecycle.viewmodel)
}
```

22.3.2 介面設計

STEP 01 繪製 pb_circular_determinative.xml，製作圓形進度條，如圖 22-16 所示。

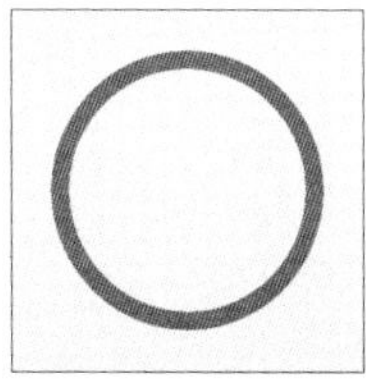

圖 22-16　圓形進度條

對應的 XML 如下：

```
<?xml version="1.0" encoding="utf-8"?>
<layer-list xmlns:android="http://schemas.android.com/apk/res/android">
    <!-- 背景環 -->
    <item android:id="@android:id/background">
        <shape
            android:shape="ring"
            android:thicknessRatio="20"
            android:useLevel="false">
            <solid android:color="@android:color/darker_gray" />
        </shape>
    </item>

    <!-- 進度環 -->
    <item android:id="@android:id/progress">
        <rotate
            android:fromDegrees="270"
            android:toDegrees="270">
            <shape
                android:shape="ring"
                android:thicknessRatio="20">
                <solid android:color="@android:color/holo_green_dark" />
            </shape>
        </rotate>
    </item>
</layer-list>
```

STEP 02 繪製 activity_main.xml，製作倒數計數器頁面，如圖 22-17 所示。

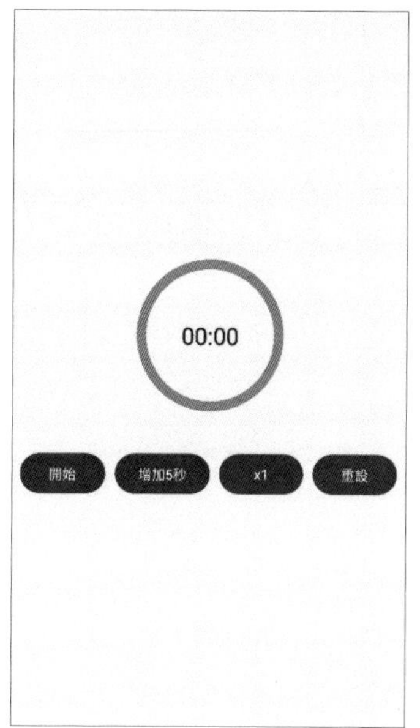

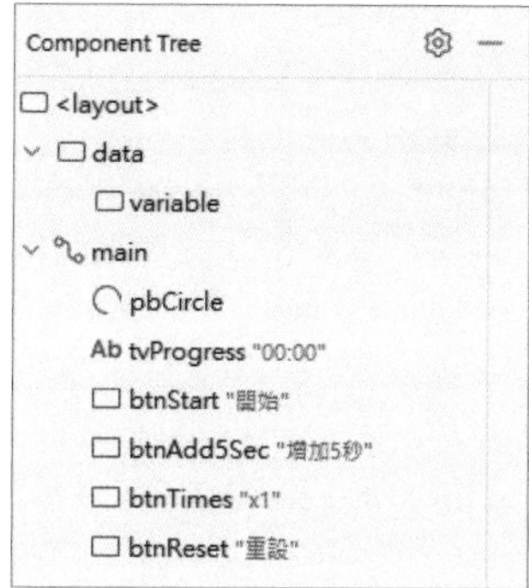

圖 22-17　倒數計數器頁面（左）與元件樹（右）

對應的 XML 如下：

```
<?xml version="1.0" encoding="utf-8"?>
<layout xmlns:android="http://schemas.android.com/apk/res/android"
    xmlns:app="http://schemas.android.com/apk/res-auto"
    xmlns:tools="http://schemas.android.com/tools">

    <data>
        <!--  MainViewModel  -->
        <variable
            name="vm"
            type="com.example.lab22.MainViewModel" />
    </data>

    <androidx.constraintlayout.widget.ConstraintLayout
        android:id="@+id/main"
        android:layout_width="match_parent"
        android:layout_height="match_parent"
        tools:context=".MainActivity">

        <ProgressBar
            android:id="@+id/pbCircle"
            android:layout_width="0dp"
```

```
        android:layout_height="0dp"
        android:indeterminateOnly="false"
        android:max="100"
        android:progress="@{vm.progress, default=0}"
        android:progressDrawable="@drawable/pb_circular_determinative"
        app:layout_constraintBottom_toTopOf="@+id/btnStart"
        app:layout_constraintDimensionRatio="1:1"
        app:layout_constraintEnd_toEndOf="parent"
        app:layout_constraintStart_toStartOf="parent"
        app:layout_constraintTop_toTopOf="parent"
        app:layout_constraintVertical_chainStyle="packed"
        app:layout_constraintWidth_max="200dp" />

    <TextView
        android:id="@+id/tvProgress"
        android:layout_width="wrap_content"
        android:layout_height="wrap_content"
        android:text='@{vm.formattedTimeLeft, default="00:00"}'
        android:textColor="@android:color/black"
        android:textSize="24sp"
        app:layout_constraintBottom_toBottomOf="@+id/pbCircle"
        app:layout_constraintEnd_toEndOf="@+id/pbCircle"
        app:layout_constraintStart_toStartOf="@+id/pbCircle"
        app:layout_constraintTop_toTopOf="@+id/pbCircle"
        tools:text="00:00" />

    <Button
        android:id="@+id/btnStart"
        android:layout_width="wrap_content"
        android:layout_height="wrap_content"
        android:layout_marginTop="16dp"
        android:onClick="@{() -> vm.startOrPauseTimer()}"
        android:text='@{vm.isRunning ? "暫停" : "開始", default="開始"}'
        app:layout_constraintBottom_toBottomOf="parent"
        app:layout_constraintEnd_toStartOf="@+id/btnAdd5Sec"
        app:layout_constraintStart_toStartOf="parent"
        app:layout_constraintTop_toBottomOf="@+id/pbCircle" />

    <Button
        android:id="@+id/btnAdd5Sec"
        android:layout_width="wrap_content"
        android:layout_height="wrap_content"
```

```
            android:onClick="@{() -> vm.addFiveSeconds()}"
            android:text="增加5秒"
            app:layout_constraintEnd_toStartOf="@+id/btnTimes"
            app:layout_constraintStart_toEndOf="@+id/btnStart"
            app:layout_constraintTop_toTopOf="@+id/btnStart" />

        <Button
            android:id="@+id/btnTimes"
            android:layout_width="wrap_content"
            android:layout_height="wrap_content"
            android:onClick="@{() -> vm.addMultiplier()}"
            android:text='@{"x" + vm.multiplier, default="x1"}'
            app:layout_constraintEnd_toStartOf="@+id/btnReset"
            app:layout_constraintStart_toEndOf="@+id/btnAdd5Sec"
            app:layout_constraintTop_toTopOf="@+id/btnStart" />

        <Button
            android:id="@+id/btnReset"
            android:layout_width="wrap_content"
            android:layout_height="wrap_content"
            android:onClick="@{() -> vm.resetTimer()}"
            android:text="重設"
            app:layout_constraintEnd_toEndOf="parent"
            app:layout_constraintStart_toEndOf="@+id/btnTimes"
            app:layout_constraintTop_toTopOf="@+id/btnStart" />

    </androidx.constraintlayout.widget.ConstraintLayout>
</layout>
```

22.3.3 程式設計

STEP 01 建立並開啟 MainViewModel 程式檔，繼承 ViewModel 類別後，撰寫 MainActivity 及 XML 所需的變數及方法。

```
class MainViewModel : ViewModel() {
    // 靜態成員
    companion object {
        // 預設時間
        private const val DEFAULT_TIME = 60
        // 預設進度
        private const val DEFAULT_PROGRESS = 100
        // 預設倍數
        private const val DEFAULT_MULTIPLIER = 1
    }

    // 剩餘時間
    private val _timeLeft = MutableStateFlow(DEFAULT_TIME)
    val timeLeft: StateFlow<Int> = _timeLeft.asStateFlow()

    // 進度條
    private val _progress = MutableStateFlow(DEFAULT_PROGRESS)
    val progress: StateFlow<Int> = _progress.asStateFlow()

    // 是否正在倒數
    private val _isRunning = MutableStateFlow(false)
    val isRunning: StateFlow<Boolean> = _isRunning.asStateFlow()

    // 倍數
    private val _multiplier = MutableStateFlow(DEFAULT_MULTIPLIER)
    val multiplier: StateFlow<Int> = _multiplier.asStateFlow()

    // 格式化後的時間
    private val _formattedTimeLeft = MutableStateFlow(formatTime(DEFAULT_TIME))
    val formattedTimeLeft: StateFlow<String> = _formattedTimeLeft.asStateFlow()

    // 倒數計時的工作物件
    private var job: Job? = null

    // 最大時間
    private var maxTime = DEFAULT_TIME
```

01:38

```
    // 開始或暫停倒數計時
    fun startOrPauseTimer() {
    }

    // 加五秒
    fun addFiveSeconds() {
    }

    // 加倍數
    fun addMultiplier() {
    }

    // 重設倒數計時
    fun resetTimer() {
    }

    // 更新進度條
    private fun updateProgress() {
    }

    // 格式化時間
    private fun formatTime(seconds: Int): String {
    }

    override fun onCleared() {
        super.onCleared()
        // 釋放資源
        job?.cancel()
        job = null
    }
}
```

暫停　增加5秒　x4　重設

STEP 02 撰寫 ViewModel 中的 startOrPauseTimer() 方法，開始或暫停倒數計時。

```
// 開始或暫停倒數計時
fun startOrPauseTimer() {
    if (job == null) {
        // 開始倒數計時
        _isRunning.value = true
        // 使用協程執行倒數計時
        job = viewModelScope.launch {
            while (_timeLeft.value > 0) {
```

```
                    // 根據倍數延遲一段時間
                    delay(1000 / _multiplier.value.toLong())
                    // 更新剩餘時間
                    _timeLeft.value -= 1
                    // 更新進度條
                    updateProgress()
                }
                // 倒數計時結束，job 設為 null
                job = null
                // 更新狀態
                _isRunning.value = false
            }
        } else {
            // 暫停倒數計時
            job?.cancel()
            job = null
            _isRunning.value = false
        }
}
```

STEP 03 撰寫 ViewModel 中的 addFiveSeconds() 方法，增加 5 秒的計數時間。

```
// 增加 5 秒
fun addFiveSeconds() {
    _timeLeft.value += 5
    // 更新最大時間
    if (_timeLeft.value > maxTime) {
        maxTime = _timeLeft.value
    }
    // 更新進度條
    updateProgress()
}
```

STEP 04 撰寫 ViewModel 中的 addMultiplier() 方法，增加倒數計時的倍數。

```
// 加倍數
fun addMultiplier() {
    // 1 -> 2 -> 4 -> 8 -> 1
    _multiplier.value = when (_multiplier.value) {
        1 -> 2
        2 -> 4
        4 -> 8
```

```
        else -> 1
    }
}
```

STEP 05 撰寫 ViewModel 中的 resetTimer() 方法，重設倒數計時。

```
// 重設倒數計時
fun resetTimer() {
    _timeLeft.value = DEFAULT_TIME
    maxTime = DEFAULT_TIME
    _progress.value = DEFAULT_PROGRESS
    _isRunning.value = false
    job?.cancel()
    job = null
    _formattedTimeLeft.value = formatTime(DEFAULT_TIME)
}
```

STEP 06 撰寫 ViewModel 中的 updateProgress() 方法，更新進度條。

```
// 更新進度條
private fun updateProgress() {
    // 計算進度，最大為100
    _progress.value = (_timeLeft.value.toDouble() / maxTime * 100).toInt()
    _formattedTimeLeft.value = formatTime(_timeLeft.value)
}
```

STEP 07 撰寫 ViewModel 中的 formatTime() 方法，格式化時間。

```
// 格式化時間
private fun formatTime(seconds: Int): String {
    val minutes = seconds / 60
    val remainingSeconds = seconds % 60
    return String.format("%02d:%02d", minutes, remainingSeconds)
}
```

STEP 08 撰寫 MainActivity 程式，首先宣告 DataBinding 及 ViewModel 的變數，再執行功能初始化。

```
class MainActivity : AppCompatActivity() {
    // 宣告DataBinding和ViewModel
    private lateinit var binding: ActivityMainBinding
    private lateinit var viewModel: MainViewModel
```

```
    override fun onCreate(savedInstanceState: Bundle?) {
        super.onCreate(savedInstanceState)

        doInitialize()
    }

    // 執行初始化
    private fun doInitialize() {
        enableEdgeToEdge()
        // 設定 DataBinding
        binding = DataBindingUtil.setContentView(this, R.layout.activity_main)
        ViewCompat.setOnApplyWindowInsetsListener(findViewById(R.id.main)) { v,
insets ->
            val systemBars = insets.getInsets(WindowInsetsCompat.Type.
systemBars())
            v.setPadding(systemBars.left, systemBars.top, systemBars.right,
systemBars.bottom)
            insets
        }
        // 取得 ViewModel 實例
        viewModel = ViewModelProvider(this)[MainViewModel::class.java]
        // 設定 DataBinding 生命週期
        binding.lifecycleOwner = this
        // 設定 DataBinding 的參數
        binding.vm = viewModel
    }
}
```

Room 資料庫

學習目標

- ❏ 了解 Room 與 SQLite 的關係
- ❏ 了解 Room 建立資料庫及資料表的方式
- ❏ 了解如何使用 DAO 對資料庫進行操作
- ❏ 學習使用 App Inspection 檢查資料庫存取功能

23.1 Room 資料庫

Room 是 Google 在 2017 年推出的一個函式庫，它是建立於 SQLite 之上的抽象層，用於避免開發者直接使用 SQLite 提供的 API 操作本地資料庫。推出 Room 的目的是解決開發者在直接使用 SQLite 時可能遇到的一些常見問題，例如：重複的 SQL 語法、讀寫錯誤處理和維護的困難。使用 Room，能讓本地資料庫的存取方式更加簡單，Room 也與協程框架進行整合，可以有效避免 SQL 操作造成的執行緒堵塞問題。

如圖 23-1 所示，Room 資料庫主要由三個部分組成：

❏ SQLite

SQLite 是 Room 底層的資料庫。不熟悉的讀者可以回到第 15 章進行複習。Room 實際上是基於 SQLite 建立的，它不是替代 SQLite，而是對 SQLite 進行了一層抽象包裝，使得資料庫操作變得更加簡單和安全。

❏ Entity（實體）

Entity 表示資料庫中的資料結構。每個 Entity 類別對應於資料庫中的一個資料表。Entity 使用註解（Annotation）的方式來定義表格名稱和欄位名稱，並且可以包含一些約束條件，如主鍵（Primary Key）和外鍵（Foreign Key）等。

❏ DAO（資料存取物件）

DAO 是定義資料庫操作的介面。我們對資料庫的存取都是經由 DAO 來執行，例如：新增、修改、刪除及查詢操作等。DAO 也是使用註解來關聯 SQL 操作的方法，並且 Room 在編譯時，會自動生成實現這些操作的具體 SQL 語法。

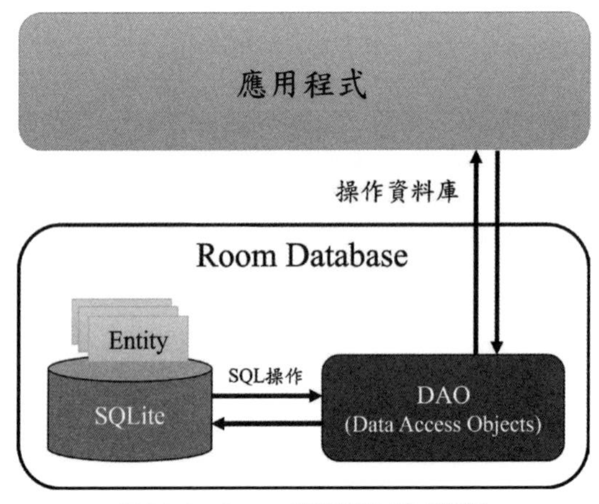

圖 23-1　Room 資料庫的組成架構

23.1.1 建立 Room 資料庫

引用 Room 函式庫和 Lifecycle 函式庫

首先，我們需要引用兩個重要的函式庫，即 Room 函式庫和 Lifecycle 函式庫。Room 函式庫用於在專案中使用 Room 來操作資料庫，提供簡化的資料庫存取方法；Lifecycle 函式庫則用於在 ViewModel 中管理協程的生命週期，使資料操作能夠在 ViewModel 的生命週期內進行，從而避免記憶體洩漏以及阻塞主執行緒的狀況。

STEP 01 開啟 libs.versions.toml 檔案，在 [versions]、[libraries] 及 [plugins] 區塊中新增以下程式碼，完成後點選「Sync Now」。

```
[versions]
kotlin = "1.9.0"
…省略
lifecycle = "2.8.3"
room = "2.6.1"

[libraries]
…省略
lifecycle-viewmodel = { group = "androidx.lifecycle", name = "lifecycle-viewmodel", version.ref = "lifecycle" }
room-runtime = { group = "androidx.room", name = "room-runtime", version.ref = "room" }
room-ktx = { group = "androidx.room", name = "room-ktx", version.ref = "room" }
room-compiler = { group = "androidx.room", name = "room-compiler", version.ref = "room" }

[plugins]
…省略
kotlin-kapt = { id = "org.jetbrains.kotlin.kapt", version.ref = "kotlin" }
```

STEP 02 開啟 build.gradle.kts(Project:lab23) 檔案，新增外掛程式，完成後點選「Sync Now」。

```
plugins {
    …省略
    alias(libs.plugins.kotlin.kapt) apply false
}
```

STEP 03 開啟 build.gradle.kts(Module:app) 檔案，在 plugins、android 及 dependencies 設定的區塊中新增以下程式碼，完成後點選「Sync Now」。

```
plugins {
    …省略
    alias(libs.plugins.kotlin.kapt)
}

android {
    namespace = "com.example.lab23"
    compileSdk = 34
    …省略

    buildFeatures {
        dataBinding = true
    }
}

dependencies {
    …省略
    implementation(libs.lifecycle.viewmodel)
    implementation(libs.room.runtime)
    implementation(libs.room.ktx)
    kapt(libs.room.compiler)
}
```

完成以上步驟後，就成功將 Room 函式庫和 Lifecycle 函式庫引用到我們專案中。

建立 Room 資料庫

我們來開始學習如何建立 Room 資料庫，以記事本應用為範例，其建立流程如圖 23-2 所示。

圖 23-2　Room 資料庫建立流程

STEP 01 定義 Entity。

建立一個自定義的資料類別檔案，名稱為「Note」。id 表示這筆資料的唯一值，用於識別每一筆資料，title 表示記事本的標題，content 表示記事本的內容，timestamp 表示記事本的編輯時間。

```
data class Note(
    val id: Int,
    val title: String,
    val content: String,
    val timestamp: Long
)
```

接著我們使用 Room 函式庫提供的註解（Annotation）來修飾 Note 類別。以下使用基本的註解功能來實作，更進階的註解使用方式將在後續的 23.1.3 小節中詳細介紹。

```
@Entity(tableName = "notes")
data class Note(
    @PrimaryKey(autoGenerate = true)
    val id: Int,
    val title: String,
    val content: String,
    val timestamp: Long
)
```

標記該資料結構為 Room 資料庫中的實體（Entity）。資料表名稱為 note

標記該欄位為 Entity 中的主鍵。id 的值需要自動產生

STEP 02 定義操作介面 DAO。

建立一個自定義的介面（Interface）檔案，名稱為「NoteDao」，接著在其中定義可操作的方法，我們以基本的新增、修改、刪除及查詢作為範例。

```
interface NoteDao {
    // 取得所有記事本
    suspend fun getAllNotes(): List<Note>
    // 新增記事本
    suspend fun insertNote(note: Note)
    // 刪除記事本
    suspend fun deleteNote(note: Note)
    // 更新記事本
    suspend fun updateNote(note: Note)
}
```

> 說明　為避免阻塞執行緒，需要使用 suspend 修飾執行方法，表示該方法只能執行在協程中，不熟悉的讀者可以回到第 22 章複習。

接著我們使用 Room 函式庫提供的註解來修飾 NoteDao 操作介面。以下使用基本的註解功能來實作，更進階的註解使用方式將在後續的 23.1.3 小節中詳細介紹。

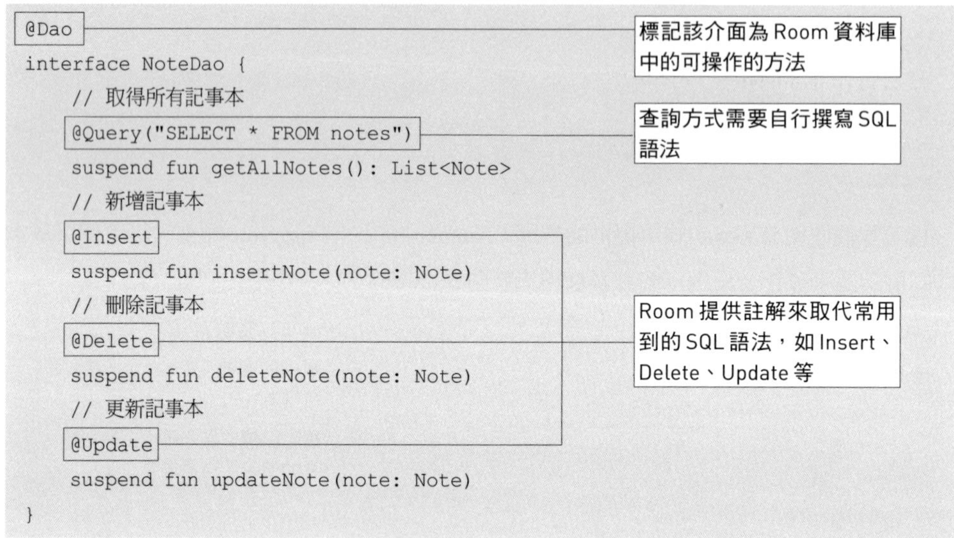

```
@Dao
interface NoteDao {
    // 取得所有記事本
    @Query("SELECT * FROM notes")
    suspend fun getAllNotes(): List<Note>
    // 新增記事本
    @Insert
    suspend fun insertNote(note: Note)
    // 刪除記事本
    @Delete
    suspend fun deleteNote(note: Note)
    // 更新記事本
    @Update
    suspend fun updateNote(note: Note)
}
```

標記該介面為 Room 資料庫中的可操作的方法
查詢方式需要自行撰寫 SQL 語法
Room 提供註解來取代常用到的 SQL 語法，如 Insert、Delete、Update 等

STEP 03 建立 Database。

建立一個自定義的抽象類別檔案，名稱為「NoteDatabase」，該類別必須繼承 RoomDatabase 類別。接著定義一個抽象類別的方法，用於取得先前設計好的 DAO 介面，最後使用註解來修飾該類別。

```
@Database(
    // 定義資料表類別
    entities = [Note::class],
    // 定義資料庫版本
    version = 1
)
abstract class NoteDatabase : RoomDatabase() {
    // 定義抽象方法，用來取得 DAO 操作介面
    abstract fun noteDao(): NoteDao

    // 定義靜態方法，用來取得資料庫實例
    companion object {
        // ...
```

標記該抽象類別為 Room 資料庫。在 entities 定義先前設計好的 Note 資料類別。在 version 定義資料庫的版本號

```
    }
}
```

由於資料庫的存取和資料寫入可能非常頻繁，不斷建立新的資料庫實例，容易造成系統資源的過度消耗，並可能導致應用程式性能下降。為了解決這個問題，我們使用單例模式來取得資料庫實例，確保應用程式中只會建立一個資料庫實例，這樣可以避免反覆建立資料庫實例帶來的資源開銷，並提高應用的效能和穩定性。

接著實作 NoteDatabase 抽象類內部的靜態方法，用來取得資料庫實例。

```
// 定義靜態方法，用來取得資料庫實例
companion object {
    // 定義資料庫實例變數
    @Volatile
    private var instance: NoteDatabase? = null

    // 定義靜態方法，用來取得資料庫實例
    fun getDatabase(context: Context): NoteDatabase =
        // 使用雙重鎖定機制，確保資料庫實例只會被建立一次
        instance ?: synchronized(this) {
            // 若資料庫實例為null，則建立資料庫實例
            instance ?: buildDatabase(context).also { instance = it }
        }

    // 定義靜態方法，用來建立資料庫實例
    private fun buildDatabase(context: Context) =
        Room.databaseBuilder(
            context.applicationContext,
            NoteDatabase::class.java,
            "note_database"
        ).fallbackToDestructiveMigration().build()
}
```

確保 Database 實例只會被建立一次

❶應用程式的上下文
❷要建立的資料庫
❸資料庫名稱

以上就是 Room 資料庫的建立流程。在一般情況下，我們只會為應用程式建立一個資料庫，如果有多個 Entity 的話，讀者可以修改 Step3 的註解內容，如下所示。

```
@Database(
    // 定義資料表類別
    entities = [Note::class, Note2::class],
    // 定義資料庫版本
    version = 2
)
```

新增 Note2 資料類別

當資料庫中的 Entity 內容發生改變時，必須要改變版本號，避免發生例外錯誤

23.1.2 Room資料庫的操作

在這一小節中，我們將學習如何使用Room資料庫通過DAO來進行資料操作。一般而言，Room的操作會搭配ViewModel一起使用，以避免在裝置配置發生變化時，由於生命週期的重置，而導致資料存取失敗（例如：IOException）。透過ViewModel來操作Room資料庫，可以確保資料操作的持續性和可靠性，提供更好的使用者體驗。

使用Room進行資料操作

以下是如何在ViewModel中使用Room進行資料操作的實際範例：

STEP 01 建立一個自定義類別檔案，名稱為「MainViewModel」。由於資料庫操作涉及到應用程式資源的存取，所以我們需要繼承AndroidViewModel來實作。

```
class MainViewModel(
    application: Application
) : AndroidViewModel(application){
    // Room存取方法
}
```

STEP 02 在操作資料庫之前，我們需要取得先前定義好的NoteDao操作介面。透過NoteDatabase定義的靜態方法取得NoteDatabase的實例，接著透過內部成員的noteDao方法取得NoteDao操作介面。

```
// 取得NoteDao，用於操作資料庫
private val noteDao: NoteDao =
    NoteDatabase.getDatabase(application).noteDao()
```

STEP 03 接著我們可以開始使用noteDao操作資料庫，如下程式碼所示。對於從資料庫取得資料的方式，會搭配LiveData或是StateFlow實作，方便開發者可以使用響應式的設計方式來觀察資料的變化。

```
// 使用LiveData保存所有記事本資料
private val _allNotes = MutableLiveData<List<Note>>()
val allNotes: LiveData<List<Note>> get() = _allNotes
// 取得所有記事本
fun getAllNotes() {
    viewModelScope.launch(Dispatchers.IO) {
        // 將取得的資料設定給LiveData
```

```
        _allNotes.postValue(noteDao.getAllNotes())
    }
}
// 新增記事本
fun insert(note: Note) {
    viewModelScope.launch(Dispatchers.IO) {
        noteDao.insertNote(note)
    }
}
// 刪除記事本
fun delete(note: Note) {
    viewModelScope.launch(Dispatchers.IO) {
        noteDao.deleteNote(note)
    }
}
// 更新記事本
fun update(note: Note) {
    viewModelScope.launch(Dispatchers.IO) {
        noteDao.updateNote(note)
    }
}
```

以上就是 Room 資料庫的操作方式。讀者可以自行設計對應的 Activity 程式檔來取得 MainViewModel 的實例，並呼叫上述設計的方法，完成對資料庫的操作。

使用 App Inspection 工具檢查 Room 的存取功能

將設計完成的應用程式安裝至模擬器或實機後，我們可以使用 Android Studio 提供的 App Inspection 工具，來檢查 Room 的存取功能是否正確。

STEP 01 選擇「View → Tool Windows → App Inspection」，如圖 23-3 所示。

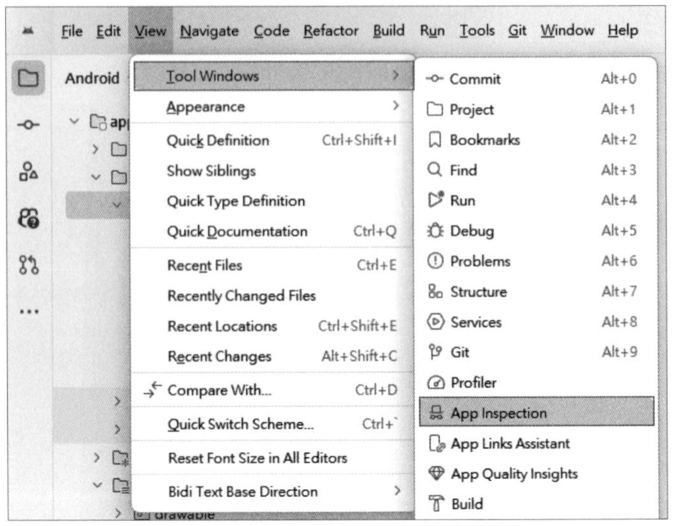

圖 23-3　開啟 App Inspection

STEP 02 開啟 App Inspection 後，會在 Android Studio 下方彈出相關工具列，如圖 23-4 所示。

該工具包含了資料庫檢查（Database Inspector）、網路檢查（Network Inspector）及背景任務檢查（Background Task Inspector），能夠有效輔助開發者檢查應用程式是否有效能上的問題。

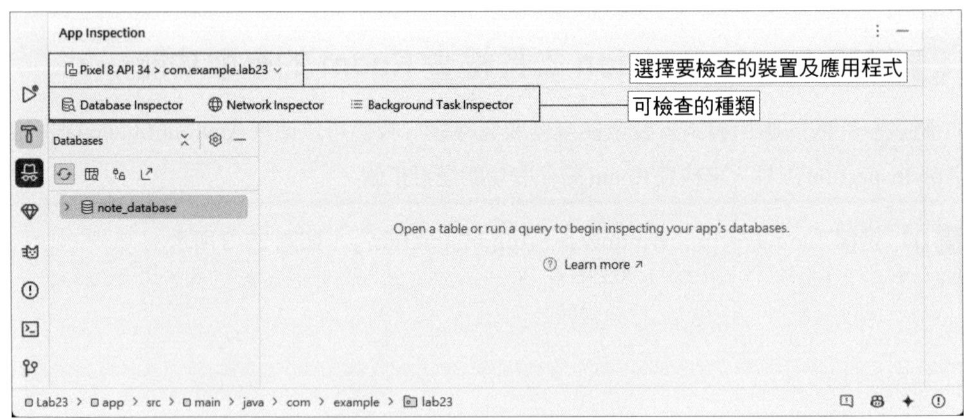

圖 23-4　App Inspection 工具

STEP 03 選擇 Database Inspector 後，我們可以看到下方會列出該應用程式建立的資料庫（note_database）以及包含的資料表（notes），如圖 23-5 所示。

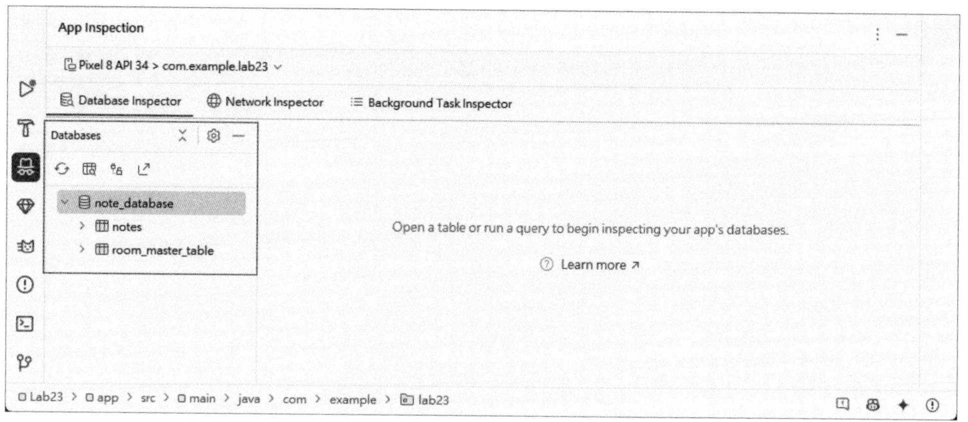

圖 23-5　Database Inspector

STEP 04 點選 notes 資料表後，我們可以看到側邊會顯示對應的表格，如圖 23-6 所示。

該表格表示應用程式在資料庫中儲存的資料，如果勾選「Live updates」，就可以即時觀察應用程式的資料儲存狀態。

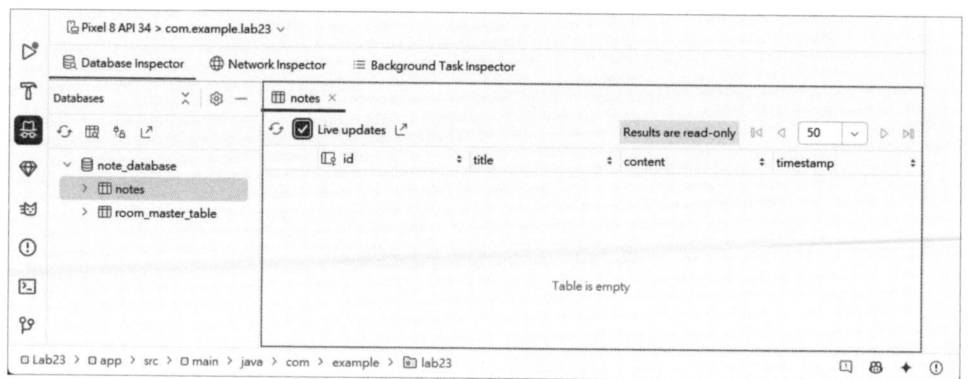

圖 23-6　notes 資料表

STEP 05 現在呼叫 MainViewModel 中的 insert 方法，來將記事本資料寫入到 Room 資料庫，我們可以觀察到 note 資料表同步更新了，如圖 23-7 所示。

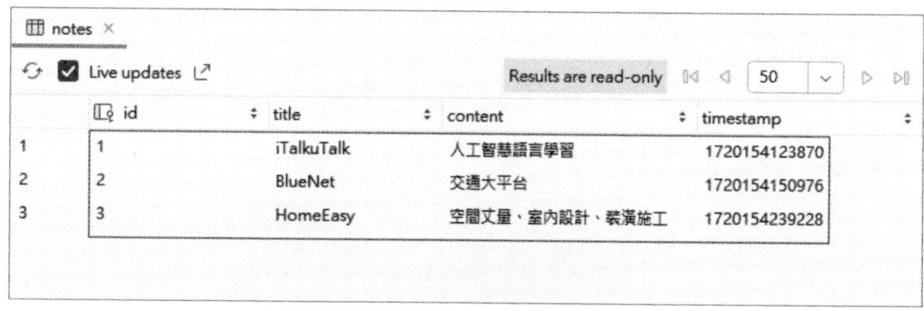

notes　Live updates　Results are read-only　50

	id	title	content	timestamp
1	1	iTalkuTalk	人工智慧語言學習	1720154123870
2	2	BlueNet	交通大平台	1720154150976
3	3	HomeEasy	空間丈量、室內設計、裝潢施工	1720154239228

圖 23-7　notes 資料表新增資料

STEP 06 接著我們呼叫 MainViewModel 中的 update 方法，修改 id 為 2 的資料內容，我們可以觀察到 note 資料表同步更新，如圖 23-8 所示。

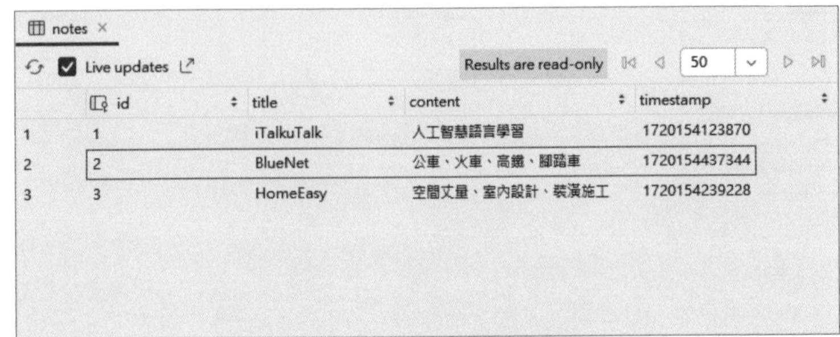

圖 23-8　notes 資料表修改資料

STEP 07 最後我們呼叫 MainViewModel 中的 delete 方法，刪除 id 為 2 的資料內容，我們可以觀察到 note 資料表同步更新，如圖 23-9 所示。

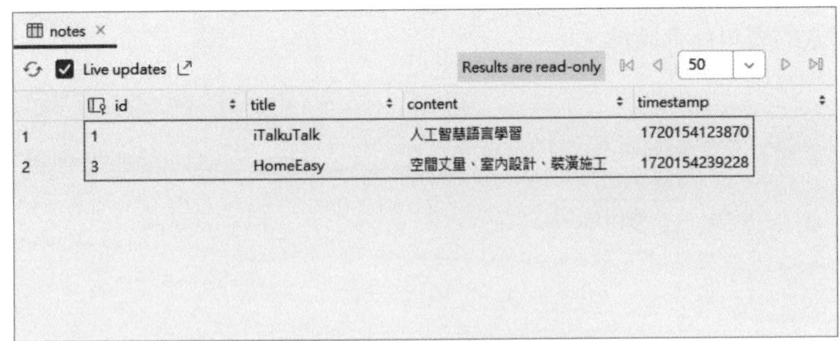

圖 23-9　notes 資料表刪除資料

23.1.3　Room 常用註解

在這一小節中，我們將介紹 Room 中的常用註解，這些註解能夠幫助我們更方便進行資料庫操作。每個註解都有一些屬性和方法，可以根據需求進行設定和使用。

@Entity 相關註解

❏ @Entity

將資料類別映射到 SQLite 的資料表，屬性如表 23-1 所示。

表 23-1 @Entity 屬性

屬性	說明	用途
tableName	設定資料表名稱。	預設為資料類別名稱。用於自定義表格命名。
primaryKeys	設定主鍵。	用於有多個主鍵欄位的狀況。
indices	設定索引。	用於加快查詢速度。例如：需要頻繁查詢某個欄位時，可以將該欄位新增到索引中。
foreignKeys	設定外鍵。	用於與其他資料表相關聯。

範例如下程式碼所示，定義了兩個 Entity，即使用者資料表（User）和記事本資料表（Note）。我們將 Note 資料表的 title 欄位設定為索引，以此加快搜尋速度。Note 資料表與 User 資料表做相關聯，當 User 資料被刪除時，相關聯的 Note 資料也會同時被刪除。

```
@Entity(tableName = "users")
data class User(
    @PrimaryKey(autoGenerate = true)
    val id: Int = 0,
    val name: String,
    val email: String,
    // 其他欄位…
)
@Entity(
    tableName = "notes",
    // 對title欄位建立唯一索引
    indices = [Index(value = ["title"], unique = true)],
    // 設定外鍵，關聯users表的id欄位
    foreignKeys = [ForeignKey(
        entity = User::class,              // 關聯的實體類別
        parentColumns = ["id"],            // 父表的主鍵欄位
        childColumns = ["userId"],         // 目前表的外鍵欄位
        onDelete = ForeignKey.CASCADE  // 設定刪除父表資料時，同時刪除子表的相關資料
    )]
)
data class Note(
    @PrimaryKey(autoGenerate = true)   // 主鍵，並且自動生成
    val id: Int = 0,
    val userId: Int,
    val title: String,
    val content: String,
    val timestamp: Long
)
```

❑ @PrimaryKey

用於標註主鍵欄位，屬性如表 23-2 所示。

表 23-2 @Primary 屬性

屬性	說明	用途
autoGenerate	設定是否自動生成主鍵。	適用於需要唯一標識且自動生成的欄位。

範例如下程式碼所示，將 Note 資料表的 id 欄位設定為主鍵，並且會自動生成。

```
@Entity(tableName = "notes")
data class Note(
    @PrimaryKey(autoGenerate = true) // 主鍵，並且自動生成
    val id: Int,
    val title: String,
    val content: String,
    val timestamp: Long
)
```

❑ @ColumnInfo

定義資料表欄位的額外屬性，例如：欄位名稱和預設值，屬性如表 23-3 所示。

表 23-3 @ColumnInfo 屬性

屬性	說明	用途
name	設定欄位名稱。	適用於欄位名稱與變數名不一致時。
typeAffinity	設定欄位類型。	例如：TEXT、INTEGER 等。預設為 UNDEFINED，表示為欄位的資料型別。
defaultValue	設定欄位的預設值。	定義初始值。

範例如下程式碼所示，將 Note 資料表的 title 欄位重新命名為「note_title」，並預設初始值為 Untitled 字串。

```
@Entity(tableName = "notes")
data class Note(
    @PrimaryKey(autoGenerate = true)
    val id: Int,
    // 將title欄位重命名為note_title，並設定預設值
    @ColumnInfo(
        name = "note_title",
        defaultValue = "Untitled"
```

```
    )
    val title: String,
    val content: String,
    val timestamp: Long
)
```

❏ @Ignore

忽略不需要儲存在資料表中的欄位。範例程式碼如下：

```
@Entity(tableName = "notes")
data class Note(
    @PrimaryKey(autoGenerate = true)
    val id: Int,
    val title: String,
    val content: String,
    @Ignore // 忽略這個欄位，不會在資料庫中儲存
    val isSelected: Boolean = false
)
```

@Dao 相關註解

❏ @Dao

用於將一個介面（Interface）定義為 Data Access Object（DAO），即資料存取物件。DAO 包含訪問資料庫的方法，@Dao 本身無屬性可設定。

```
@Dao
interface NoteDao {
    // 相關操作方法
}
```

❏ @Insert

用於標註資料寫入的方法，屬性如 23-4 所示。

表 23-4 @Insert 屬性

屬性	說明	用途
onConflict	設定寫入衝突的處理策略。	適用於需要處理插入時發生的衝突情況，例如：主鍵重複的狀況。

onConflict 有五個策略屬性可以使用，如表 23-5 所示。

表 23-5 onConflict 屬性

屬性	說明	用途
REPLACE	替換舊資料。	適用於希望新資料替換現有資料的情況。
IGNORE	忽略新資料。	適用於希望保持現有資料不變，而不插入重複資料的情況。
ABORT	取消操作，並轉返當前變更。	適用於希望在發生衝突時終止操作，並轉返目前變更的情況。
FAIL	取消操作，但不轉返變更。	適用於希望在發生衝突時僅終止目前操作，但保留之前的變更。
ROLLBACK	取消操作，並轉返所有變更。	與 ABORT 相似，但更注重轉返。即所有的操作若不是全部成功，就是全部失敗。

範例如下程式碼所示，當寫入發生衝突時，替換掉舊資料，寫入新資料。

```
// 設定衝突策略為替換
@Insert(onConflict = OnConflictStrategy.REPLACE)
suspend fun insert(note: Note)
```

❑ @Update

用於標註資料更新方法。沒有可設定屬性，範例程式碼如下：

```
@Update
suspend fun update(note: Note)
```

❑ @Delete

用於標註資料刪除方法。沒有可設定屬性，範例程式碼如下：

```
@Delete
suspend fun delete(note: Note)
```

❑ @Query

標註自定義 SQL 語法。常應用於查詢資料或是刪除指定資料，範例程式碼如下：

```
// 取得所有記事本資料
@Query("SELECT * FROM notes")
suspend fun getAllNotes(): List<Note>
// 取得指定 id 的記事本資料
@Query("SELECT * FROM notes WHERE id = :noteId")
suspend fun getNoteById(noteId: Int): Note?
```

```
// 刪除指定id的記事本資料
@Query("DELETE FROM notes WHERE id = :noteId")
suspend fun deleteNoteById(noteId: Int)
```

@Database 註解

@Database註解用於定義Room資料庫，包含資料表和版本信息，屬性如表23-6所示。

表 23-6 @Database 屬性

屬性	說明	用途
entities	涵蓋的 Entity 類別。	告訴 Room 資料庫應該包含哪些資料表。
version	資料庫版本號。	每當資料庫結構發生改變，應增加版本號。
exportSchema	是否導出資料庫模式。	預設為 true。用來生成資料庫架構的描述檔案（JSON），以便於開發者檢查資料庫結構或進行版本控制。

範例程式碼如下：

```
@Database(
    // 定義資料表類別
    entities = [Note::class],
    // 定義資料庫版本
    version = 1,
    // 不匯出資料庫結構
    exportSchema = false
)
abstract class NoteDatabase : RoomDatabase() {
    // 定義抽象方法，用來取得DAO操作介面
    abstract fun noteDao(): NoteDao

    // 定義靜態方法，用來取得資料庫實例
    companion object {
        // ...
    }
}
```

23.2 實戰演練：記事本應用

本範例實作一個簡易的記事本應用程式，藉此了解 Room 資料庫的使用方法，如圖 23-10、圖 23-11 及圖 23-12 所示。

- 啟用 DataBinding 功能。
- 引用 Android Studio 的內建的向量圖檔。
- 建立一個 Drawable 檔，自定義記事本項目的背景。
- 建立記事本的 Entity、DAO 及 Database 檔案。
- 建立 ViewModel 來管理 Room 資料庫的操作方法。
- 使用 RecyclerView 實作記事本清單功能。
- 使用自定義 Dialog 介面來新增或編輯記事本資料。
- 點擊 RecyclerView 的項目觸發編輯記事本功能。
- 長按 RecyclerView 的項目觸發刪除記事本功能。

圖 23-10　無記事本資料（左）、新增記事本（右）

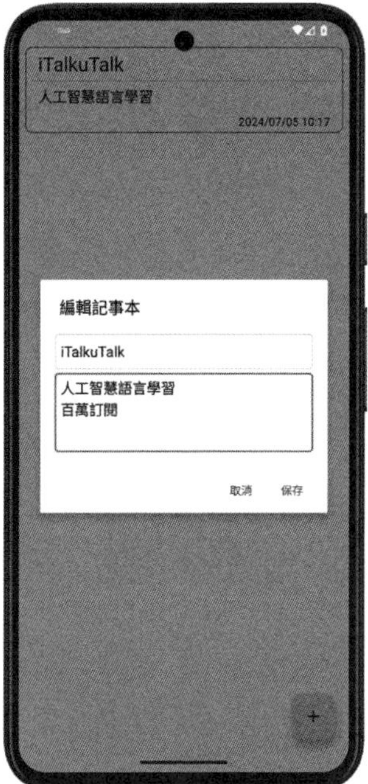

圖 23-11　成功新增記事本（左）、編輯記事本（右）

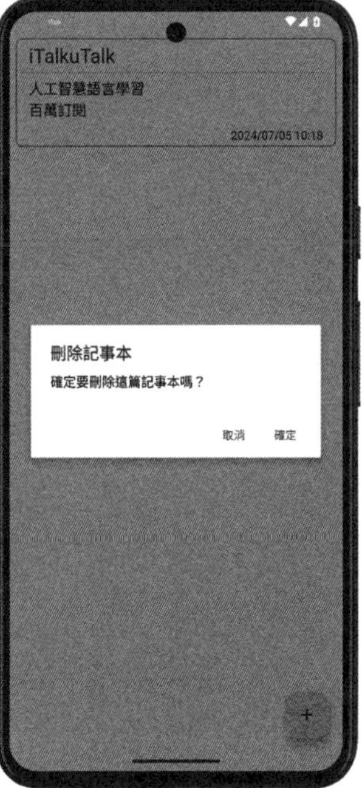

圖 23-12　成功編輯記事本（左）、刪除記事本（右）

23.2.1 啟用 DataBinding 及引用相關函式庫

STEP 01 建立最低支援版本為「API 24」的新專案，並新增如圖 23-13 所示的檔案。其中的 baseline_add_24.xml 和 baseline_sentiment_very_dissatisfied_24.xml 檔案是由 Android Studio 提供的向量圖庫產生，我們將在 23.2.2 小節介紹，此處可以先忽略。

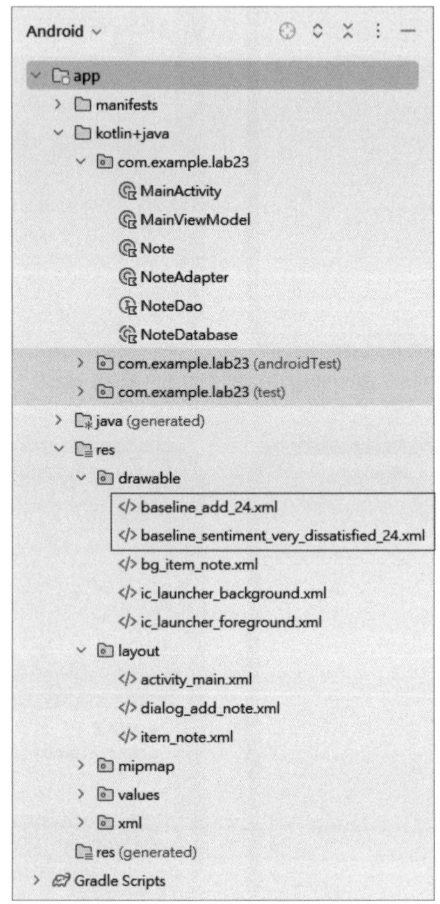

圖 23-13 記事本專案架構

STEP 02 開啟 libs.versions.toml 檔案，在 [versions]、[libraries] 及 [plugins] 區塊中新增以下程式碼，完成後點選「Sync Now」。

```
[versions]
kotlin = "1.9.0"
```

```
…省略
lifecycle = "2.8.3"
room = "2.6.1"

[libraries]
…省略
lifecycle-viewmodel = { group = "androidx.lifecycle", name = "lifecycle-viewmodel", version.ref = "lifecycle" }
room-runtime = { group = "androidx.room", name = "room-runtime", version.ref = "room" }
room-ktx = { group = "androidx.room", name = "room-ktx", version.ref = "room" }
room-compiler = { group = "androidx.room", name = "room-compiler", version.ref = "room" }

[plugins]
…省略
kotlin-kapt = { id = "org.jetbrains.kotlin.kapt", version.ref = "kotlin" }
```

STEP 03 開啟 build.gradle.kts(Project:lab23) 檔案，新增外掛程式，完成後點選「Sync Now」。

```
plugins {
    …省略
    alias(libs.plugins.kotlin.kapt) apply false
}
```

STEP 04 開啟 build.gradle.kts(Module:app) 檔案，在 plugins、android 及 dependencies 設定的區塊中新增以下程式碼，完成後點選「Sync Now」。

```
plugins {
    …省略
    alias(libs.plugins.kotlin.kapt)
}

android {
    namespace = "com.example.lab23"
    compileSdk = 34
    …省略

    buildFeatures {
        dataBinding = true
    }
```

```
}

dependencies {
    …省略
    implementation(libs.lifecycle.viewmodel)
    implementation(libs.room.runtime)
    implementation(libs.room.ktx)
    kapt(libs.room.compiler)
}
```

23.2.2 介面設計

STEP 01 引用 baseline_add_24.xml 和 baseline_sentiment_very_dissatisfied_24.xml 向量圖檔。選擇「drawable → New → Vector Asset」，如圖 23-14 所示。

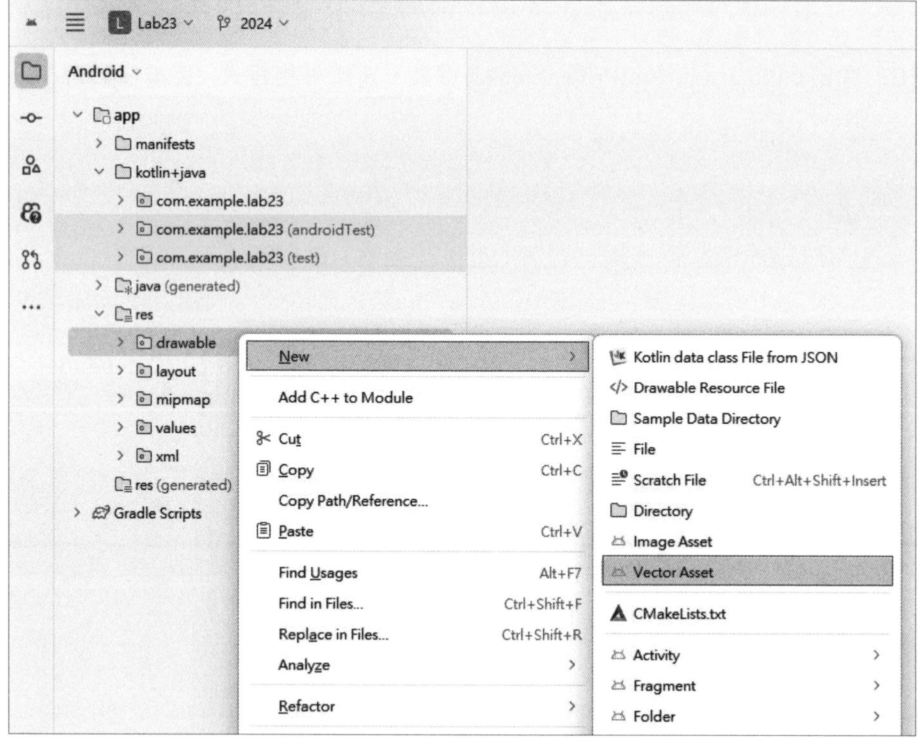

圖 23-14 Android Studio 向量圖庫位置

STEP 02 選擇「Clip art:」右側的圖示，如圖 23-15 所示。

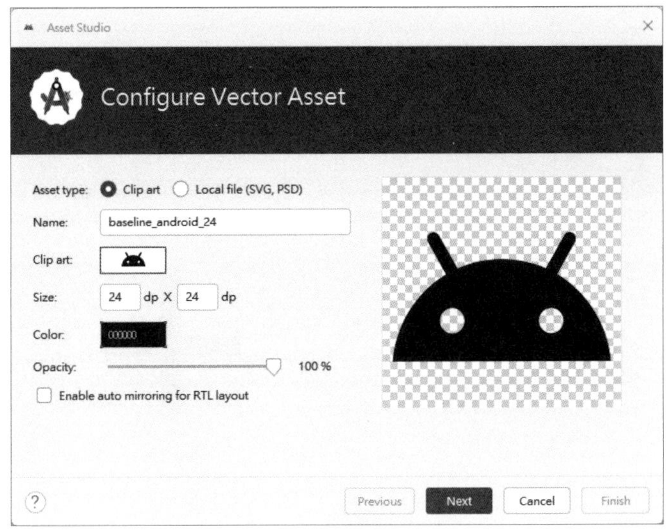

圖 23-15　設定向量圖檔

STEP 03 接著就會開啟 Android Studio 內建的向量圖庫，如圖 23-16 所示。此處讀者可選擇自己喜歡的圖示來替換。

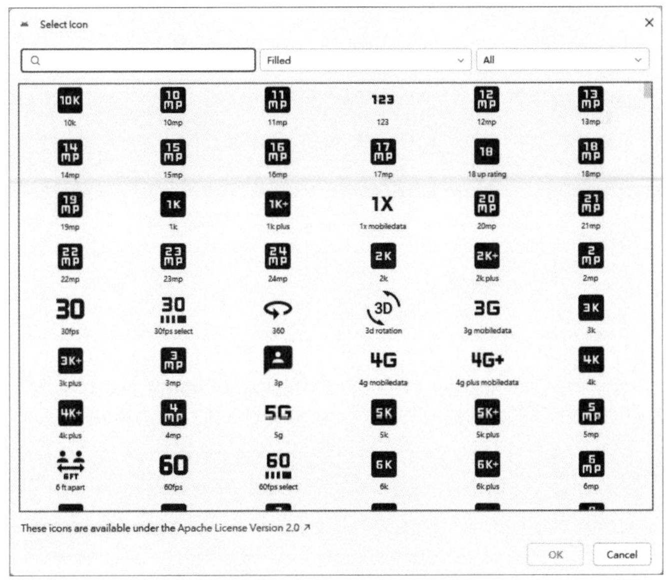

圖 23-16　選擇向量圖檔

STEP 04 挑選完成向量圖檔後，會回到設定向量圖檔的位置，點選「Next」按鈕，如圖 23-17 所示。

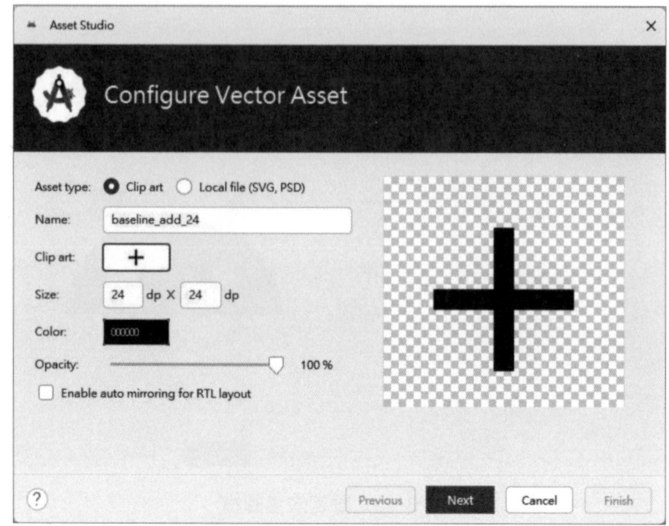

圖 23-17　設定向量圖檔

STEP 05 確認向量圖檔的存放位置，並點選「Finish」按鈕，便成功新增向量圖到 drawable 目錄中，如圖 23-18 所示。

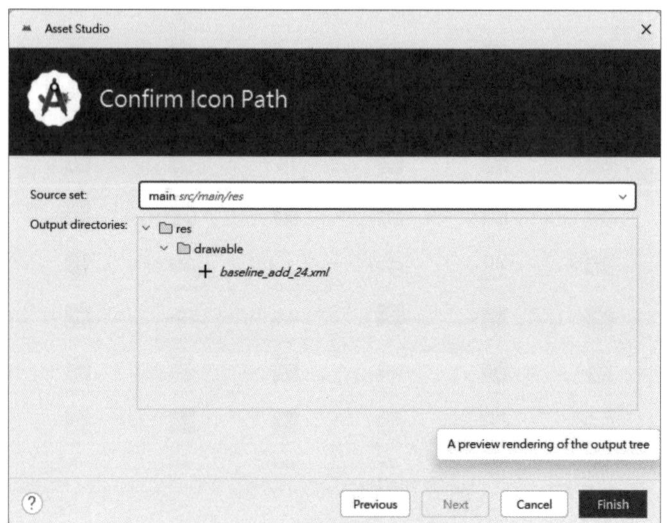

圖 23-18　確認向量圖檔存放位置

STEP 06 再重複 Step1-5 的步驟一次，新增任意一張能夠表示記事本無資料的圖示。在此範例中，我們選擇關鍵字為「very dissatisfied」的圖示，如圖 23-19 所示。

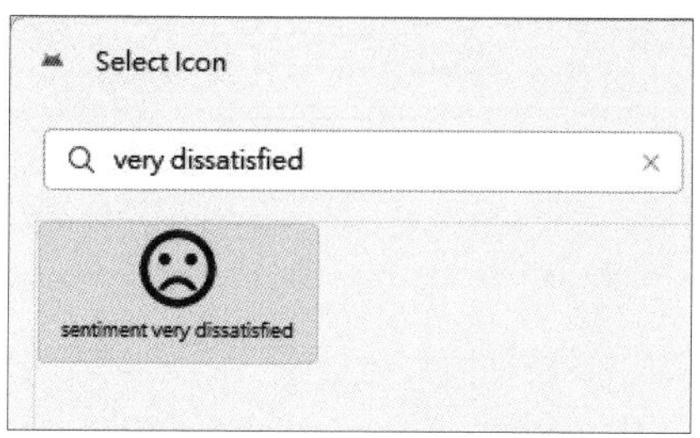

圖 23-19　選擇表示難過的圖示

STEP 07 繪製 bg_item_note.xml，製作記事本項目的背景圖，如圖 23-20 所示。

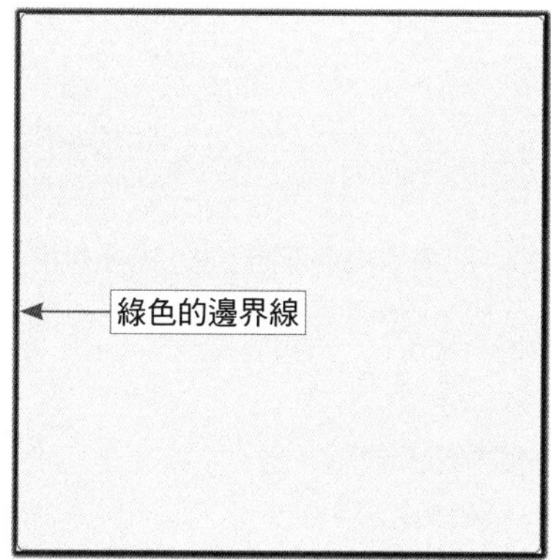

圖 23-20　記事本項目背景圖示

對應的 XML 如下：

```
<?xml version="1.0" encoding="utf-8"?>
<shape xmlns:android="http://schemas.android.com/apk/res/android"
    android:shape="rectangle">

    <!-- 四角的弧度設定 -->
    <corners android:radius="8dp" />

    <!-- 邊框設定 -->
    <stroke
        android:width="1dp"
        android:color="@android:color/holo_green_dark" />

</shape>
```

STEP 08 繪製 item_note.xml，製作記事本項目頁面，如圖 23-21 所示。

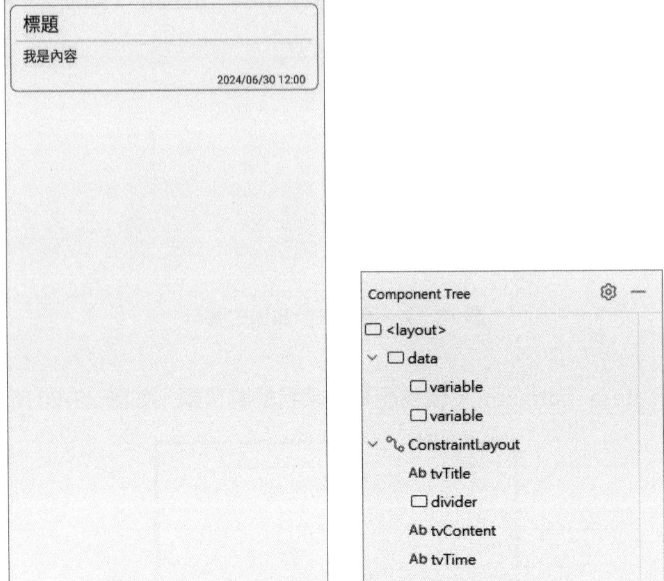

圖 23-21　記事本項目頁面（左）與元件樹（右）

對應的 XML 如下：

```
<?xml version="1.0" encoding="utf-8"?>
<layout xmlns:android="http://schemas.android.com/apk/res/android"
    xmlns:app="http://schemas.android.com/apk/res-auto"
    xmlns:tools="http://schemas.android.com/tools">

    <data>
        <!--  記事本項目  -->
        <variable
            name="note"
            type="com.example.lab23.Note" />
        <!--  格式化後的時間  -->
        <variable
            name="formatTime"
            type="String" />
    </data>

    <androidx.constraintlayout.widget.ConstraintLayout
        android:layout_width="match_parent"
        android:layout_height="wrap_content"
```

```
        android:layout_marginHorizontal="8dp"
        android:layout_marginTop="8dp"
        android:background="@drawable/bg_item_note"
        android:foreground="?attr/selectableItemBackgroundBorderless">

        <TextView
            android:id="@+id/tvTitle"
            android:layout_width="0dp"
            android:layout_height="wrap_content"
            android:paddingHorizontal="16dp"
            android:paddingVertical="4dp"
            android:text="@{note.title}"
            android:textSize="24sp"
            app:layout_constraintEnd_toEndOf="parent"
            app:layout_constraintStart_toStartOf="parent"
            app:layout_constraintTop_toTopOf="parent"
            tools:text="標題" />

        <com.google.android.material.divider.MaterialDivider
            android:id="@+id/divider"
            android:layout_width="0dp"
            android:layout_height="1dp"
            android:layout_marginHorizontal="8dp"
            app:layout_constraintEnd_toEndOf="parent"
            app:layout_constraintStart_toStartOf="parent"
            app:layout_constraintTop_toBottomOf="@+id/tvTitle" />

        <TextView
            android:id="@+id/tvContent"
            android:layout_width="0dp"
            android:layout_height="wrap_content"
            android:paddingHorizontal="16dp"
            android:paddingVertical="4dp"
            android:text="@{note.content}"
            android:textSize="18sp"
            app:layout_constraintEnd_toEndOf="parent"
            app:layout_constraintStart_toStartOf="parent"
            app:layout_constraintTop_toBottomOf="@+id/divider"
            tools:text="我是內容" />

        <TextView
            android:id="@+id/tvTime"
```

```
            android:layout_width="0dp"
            android:layout_height="wrap_content"
            android:gravity="end"
            android:paddingHorizontal="16dp"
            android:paddingVertical="4dp"
            android:text="@{formatTime}"
            android:textSize="14sp"
            app:layout_constraintEnd_toEndOf="parent"
            app:layout_constraintStart_toStartOf="parent"
            app:layout_constraintTop_toBottomOf="@+id/tvContent"
            tools:text="2024/06/30 12:00" />

    </androidx.constraintlayout.widget.ConstraintLayout>
</layout>
```

STEP 09 繪製 activity_main.xml，製作記事本主頁，如圖 23-22 所示。

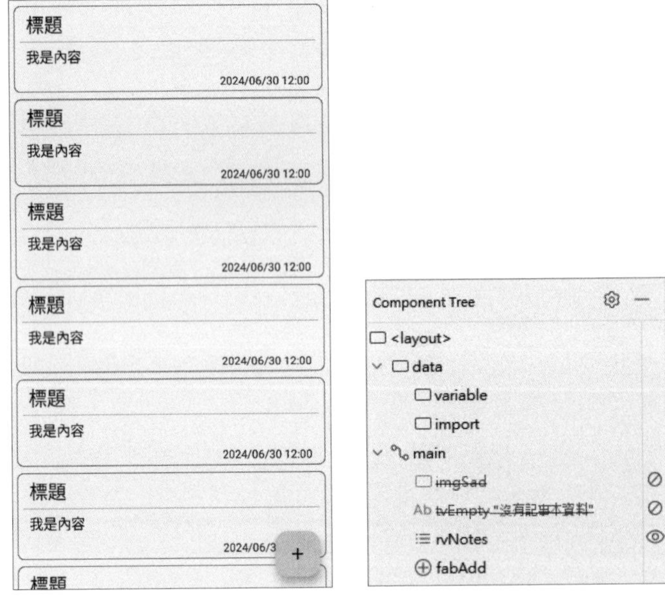

圖 23-22　記事本主頁（左）與元件樹（右）

對應的 XML 如下：

```
<?xml version="1.0" encoding="utf-8"?>
<layout xmlns:android="http://schemas.android.com/apk/res/android"
    xmlns:app="http://schemas.android.com/apk/res-auto"
    xmlns:tools="http://schemas.android.com/tools">
```

```
    <data>
        <!--  MainViewModel  -->
        <variable
            name="vm"
            type="com.example.lab23.MainViewModel" />

        <import type="android.view.View" />
    </data>

    <androidx.constraintlayout.widget.ConstraintLayout
        android:id="@+id/main"
        android:layout_width="match_parent"
        android:layout_height="match_parent"
        tools:context=".MainActivity">

        <androidx.appcompat.widget.AppCompatImageView
            android:id="@+id/imgSad"
            android:layout_width="100dp"
            android:layout_height="100dp"
            android:visibility="@{vm.allNotes.size() &lt;= 0 ? View.VISIBLE :
View.GONE, default=gone}"
            app:layout_constraintBottom_toTopOf="@+id/tvEmpty"
            app:layout_constraintEnd_toEndOf="parent"
            app:layout_constraintStart_toStartOf="parent"
            app:layout_constraintTop_toTopOf="parent"
            app:layout_constraintVertical_chainStyle="packed"
            app:srcCompat="@drawable/baseline_sentiment_very_dissatisfied_24" />

        <TextView
            android:id="@+id/tvEmpty"
            android:layout_width="wrap_content"
            android:layout_height="wrap_content"
            android:text="沒有記事本資料"
            android:textSize="24sp"
            android:visibility="@{vm.allNotes.size() &lt;= 0 ? View.VISIBLE :
View.GONE, default=gone}"
            app:layout_constraintBottom_toBottomOf="parent"
            app:layout_constraintEnd_toEndOf="parent"
            app:layout_constraintStart_toStartOf="parent"
            app:layout_constraintTop_toBottomOf="@+id/imgSad" />

        <androidx.recyclerview.widget.RecyclerView
            android:id="@+id/rvNotes"
            android:layout_width="0dp"
```

```
            android:layout_height="0dp"
            android:visibility="@{vm.allNotes.size() > 0 ? View.VISIBLE :
View.GONE, default=visible}"
            app:layout_constraintBottom_toBottomOf="parent"
            app:layout_constraintEnd_toEndOf="parent"
            app:layout_constraintStart_toStartOf="parent"
            app:layout_constraintTop_toTopOf="parent"
            tools:listitem="@layout/item_note" />

        <com.google.android.material.floatingactionbutton.FloatingActionButton
            android:id="@+id/fabAdd"
            android:layout_width="wrap_content"
            android:layout_height="wrap_content"
            android:layout_marginEnd="16dp"
            android:layout_marginBottom="16dp"
            android:importantForAccessibility="no"
            android:src="@drawable/baseline_add_24"
            app:layout_constraintBottom_toBottomOf="parent"
            app:layout_constraintEnd_toEndOf="parent" />

    </androidx.constraintlayout.widget.ConstraintLayout>
</layout>
```

STEP 10 繪製 dialog_add_note.xml，製作新增記事本 Dialog，如圖 23-23 所示。

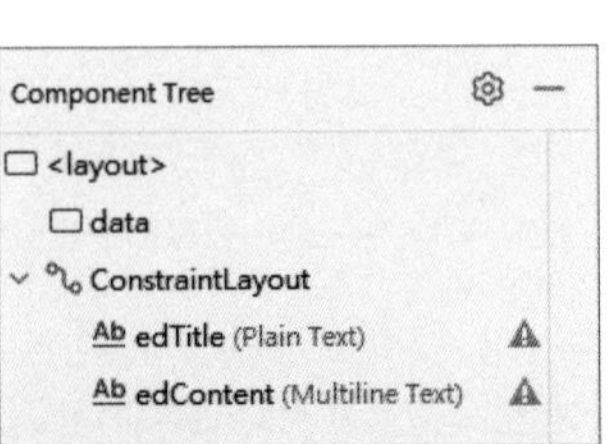

圖 23-23　新增記事本 Dialog（左）與元件樹（右）

對應的 XML 如下：

```
<?xml version="1.0" encoding="utf-8"?>
<layout xmlns:android="http://schemas.android.com/apk/res/android"
    xmlns:app="http://schemas.android.com/apk/res-auto">

    <data>

    </data>

    <androidx.constraintlayout.widget.ConstraintLayout
        android:layout_width="match_parent"
        android:layout_height="wrap_content"
        android:orientation="vertical"
        android:padding="16dp">

        <EditText
            android:id="@+id/edTitle"
            android:layout_width="match_parent"
            android:layout_height="48dp"
            android:background="@android:drawable/editbox_background"
            android:hint="標題"
            android:inputType="text"
            app:layout_constraintEnd_toEndOf="parent"
            app:layout_constraintStart_toStartOf="parent"
            app:layout_constraintTop_toTopOf="parent" />

        <EditText
            android:id="@+id/edContent"
            android:layout_width="match_parent"
            android:layout_height="100dp"
            android:background="@android:drawable/editbox_background"
            android:gravity="top"
            android:hint="內容"
            android:inputType="textMultiLine"
            app:layout_constraintEnd_toEndOf="parent"
            app:layout_constraintStart_toStartOf="parent"
            app:layout_constraintTop_toBottomOf="@+id/edTitle" />

    </androidx.constraintlayout.widget.ConstraintLayout>
</layout>
```

23.2.3 程式設計

STEP 01 建立並開啟 Note 程式檔。

撰寫記事本的資料結構後，使用 Room 註解修飾，使 Note 程式檔成為 Room 資料庫的實體（Entity）。

```
@Entity(tableName = "notes")
data class Note(
    @PrimaryKey(autoGenerate = true)
    val id: Int,
    val title: String,
    val content: String,
    val timestamp: Long
)
```

STEP 02 建立並開啟 NoteDao 程式檔。

撰寫記事本資料的操作方法後，使用 Room 註解修飾，使 NoteDao 程式檔成為 Room 操作資料庫的介面（DAO）。

```
@Dao
interface NoteDao {
    // 取得所有記事本
    @Query("SELECT * FROM notes")
    suspend fun getAllNotes(): List<Note>
    // 新增記事本
    @Insert
    suspend fun insertNote(note: Note)
    // 刪除記事本
    @Delete
    suspend fun deleteNote(note: Note)
    // 更新記事本
    @Update
    suspend fun updateNote(note: Note)
}
```

STEP 03 建立並開啟 NoteDatabase 程式檔。

使其繼承 RoomDatabase 後，新增 noteDao 方法，用於取得操作資料庫的 NoteDao 介面，最後撰寫靜態方法，使 NoteDatabase 的實例化方式為單例模式。

```
@Database(
    // 定義資料表類別
    entities = [Note::class],
    // 定義資料庫版本
    version = 1
)
abstract class NoteDatabase : RoomDatabase() {
    // 定義抽象方法，用來取得 DAO 操作介面
    abstract fun noteDao(): NoteDao

    // 定義靜態方法，用來取得資料庫實例
    companion object {
        // 定義資料庫實例變數
        @Volatile
        private var instance: NoteDatabase? = null

        // 定義靜態方法，用來取得資料庫實例
        fun getDatabase(context: Context): NoteDatabase =
            // 使用雙重鎖定機制，確保資料庫實例只會被建立一次
            instance ?: synchronized(this) {
                // 若資料庫實例為 null，則建立資料庫實例
                instance ?: buildDatabase(context).also { instance = it }
            }

        // 定義靜態方法，用來建立資料庫實例
        private fun buildDatabase(context: Context) =
            Room.databaseBuilder(
                context.applicationContext,
                NoteDatabase::class.java,
                "note_database"
            ).fallbackToDestructiveMigration().build()
    }
}
```

STEP 04 建立並開啟 NoteAdapter 程式檔，使其繼承 RecyclerView.Adapter。

在內部建立 ViewHolder 類別，使其繼承 RecyclerView.ViewHolder，最後撰寫客製化程式碼，其中構造函數需傳遞記事本項目點擊事件。

```
class NoteAdapter(
    // 點擊監聽器
    private val onNoteClick: (Note) -> Unit,
```

```
    // 長按監聽器
    private val onNoteLongClick: (Note) -> Unit
) : RecyclerView.Adapter<NoteAdapter.NoteViewHolder>() {
    // 記錄所有記事資料
    private var notes: List<Note> = emptyList()

    // 設定新的記事資料
    fun setNotes(newNotes: List<Note>) {
        this.notes = newNotes
        notifyDataSetChanged()
    }

    class NoteViewHolder(
        private val binding: ItemNoteBinding
    ) : RecyclerView.ViewHolder(binding.root) {
        fun bind(
            note: Note,
            onNoteClick: (Note) -> Unit,
            onNoteLongClick: (Note) -> Unit
        ) {
            // 設定 DataBinding 的參數
            binding.note = note
            // 設定格式化日期字串
            binding.formatTime = toFormattedDateString(note.timestamp)
            // 設定點擊監聽器
            binding.root.setOnClickListener { onNoteClick(note) }
            binding.root.setOnLongClickListener {
                onNoteLongClick(note)
                true
            }
            // 立即更新 UI
            binding.executePendingBindings()
        }

        // 將時間戳記轉換為格式化日期字串
        private fun toFormattedDateString(time: Long): String {
            // 設定日期格式
            val dateFormat = SimpleDateFormat(
                "yyyy/MM/dd HH:mm", Locale.getDefault()
            )
            // 將時間戳記轉換為日期字串
            return dateFormat.format(Date(time))
```

iTalkuTalk
人工智慧語言學習
百萬訂閱
2024/07/05 10:18

```
        }

        companion object {
            fun from(parent: ViewGroup) = NoteViewHolder(
                ItemNoteBinding.inflate(
                    LayoutInflater.from(parent.context),
                    parent, false
                )
            )
        }
    }

    override fun onCreateViewHolder(parent: ViewGroup, viewType: Int):
NoteViewHolder {
        return NoteViewHolder.from(parent)
    }

    override fun getItemCount(): Int = notes.size

    override fun onBindViewHolder(holder: NoteViewHolder, position: Int) {
        holder.bind(notes[position], onNoteClick, onNoteLongClick)
    }
}
```

STEP 05 建立並開啟 MainViewModel 程式檔，繼承 AndroidViewModel 類別後，撰寫 MainActivity 及 XML 所需的變數及方法。

```
class MainViewModel(
    application: Application
) : AndroidViewModel(application) {
    // 取得NoteDao，用於操作資料庫
    private val noteDao: NoteDao =
        NoteDatabase.getDatabase(application).noteDao()

    // 使用 LiveData 保存所有記事本資料
    private val _allNotes = MutableLiveData<List<Note>>()
    val allNotes: LiveData<List<Note>> get() = _allNotes

    // 取得所有記事本
    fun queryAllNotes() {
        viewModelScope.launch(Dispatchers.IO) {
            // 將取得的資料設定給 LiveData
```

```
            _allNotes.postValue(noteDao.getAllNotes())
        }
    }

    // 新增記事本
    fun insert(note: Note) {
        viewModelScope.launch(Dispatchers.IO) {
            noteDao.insertNote(note)
            queryAllNotes()
        }
    }
    // 刪除記事本
    fun delete(note: Note) {
        viewModelScope.launch(Dispatchers.IO) {
            noteDao.deleteNote(note)
            queryAllNotes()
        }
    }
    // 更新記事本
    fun update(note: Note) {
        viewModelScope.launch(Dispatchers.IO) {
            noteDao.updateNote(note)
            queryAllNotes()
        }
    }

    init {
        // 初始化 LiveData
        _allNotes.value = emptyList()
    }
}
```

STEP 06 撰寫 MainActivity 程式。

首先宣告 DataBinding 及 ViewModel 的變數，並建立相關的方法。

```
class MainActivity : AppCompatActivity() {
    // 宣告DataBinding和ViewModel
    private lateinit var binding: ActivityMainBinding
    private lateinit var viewModel: MainViewModel

    // 設定記事本Adapter
    private lateinit var noteAdapter: NoteAdapter
```

```
    override fun onCreate(savedInstanceState: Bundle?) {
        super.onCreate(savedInstanceState)

        doInitialize()
        setupNoteList()
        setListener()
    }

    // 執行初始化
    private fun doInitialize() {
    }

    // 設定記事本清單
    private fun setupNoteList() {
    }

    // 設定監聽器
    private fun setListener() {
    }

    // 顯示編輯記事本 Dialog
    private fun showNoteEditDialog(note: Note?) {
    }

    // 顯示刪除記事本 Dialog
    private fun showDeleteDialog(note: Note) {
    }
}
```

STEP 07 撰寫 MainActivity 中的 doInitialize() 方法，執行初始化功能。

```
// 執行初始化
private fun doInitialize() {
    enableEdgeToEdge()
    // 設定 DataBinding
    binding = DataBindingUtil.setContentView(this, R.layout.activity_main)
    ViewCompat.setOnApplyWindowInsetsListener(findViewById(R.id.main)) { v,
insets ->
        val systemBars = insets.getInsets(WindowInsetsCompat.Type.systemBars())
        v.setPadding(systemBars.left, systemBars.top, systemBars.right,
systemBars.bottom)
```

```
        insets
    }
    // 取得ViewModel實例
    viewModel = ViewModelProvider(this)[MainViewModel::class.java]
    // 設定DataBinding生命週期
    binding.lifecycleOwner = this
    // 設定DataBinding的參數
    binding.vm = viewModel
    // 取得所有記事本
    viewModel.queryAllNotes()
}
```

STEP 08 撰寫 MainActivity 中的 setupNoteList() 方法，設定記事本清單資料顯示。

```
// 設定記事本清單
private fun setupNoteList() {
    // 建立記事本Adapter
    noteAdapter = NoteAdapter(
        onNoteClick = { note -> showNoteEditDialog(note) },
        onNoteLongClick = { note -> showDeleteDialog(note) }
    )
    // 設定LayoutManager
    val layoutManager = LinearLayoutManager(this)
    // 設定RecyclerView
    binding.rvNotes.layoutManager = layoutManager
    binding.rvNotes.adapter = noteAdapter
    // 觀察LiveData
    viewModel.allNotes.observe(this) { notes ->
        // 更新Adapter的記事本清單
        noteAdapter.setNotes(notes)
    }
}
```


STEP 09 撰寫 MainActivity 中的 setListener() 方法，設定按鈕點擊監聽器。

```
// 設定監聽器
private fun setListener() {
    binding.fabAdd.setOnClickListener {
        showNoteEditDialog(null)
    }
}
```

STEP 10 撰寫 MainActivity 中的 showNoteEditDialog() 方法，顯示編輯或新增記事本的自定義 Dialog 元件。

```
// 顯示編輯記事本 Dialog
private fun showNoteEditDialog(note: Note?) {
    // 載入自定義編輯記事本 Dialog 的 DataBinding
    val dialogBinding = DialogAddNoteBinding.inflate(layoutInflater)
    // 如果是編輯記事本，則顯示原本的標題和內容
    if (note != null) {
        dialogBinding.edTitle.setText(note.title)
        dialogBinding.edContent.setText(note.content)
    }
    // 建立記事本 Dialog
    val dialog = AlertDialog.Builder(this)
        // 設定 Dialog 的標題
        .setTitle(
            if (note == null) "新增記事本" else "編輯記事本"
        )
        // 設定 Dialog 的顯示內容
        .setView(dialogBinding.root)
        // 設定 Dialog 的按鈕
        .setPositiveButton("保存") { _, _ ->
            // 取得使用者輸入的標題和內容
            val title = dialogBinding.edTitle.text.toString()
            val content = dialogBinding.edContent.text.toString()
            // 建立新的記事本
            val newNote = Note(
                id = note?.id ?: 0,
                title = title,
                content = content,
                timestamp = System.currentTimeMillis()
            )
            // 判斷是否為編輯記事本
            if (note != null) {
                viewModel.update(newNote)
            } else {
                viewModel.insert(newNote)
            }
        }
        .setNegativeButton("取消", null)
        // 建立 Dialog
        .create()
```

```
    // 顯示 Dialog
    dialog.show()
}
```

編輯記事本

iTalkuTalk

人工智慧語言學習
百萬訂閱

取消 保存

STEP 11 撰寫 MainActivity 中的 showDeleteDialog() 方法，顯示刪除記事本的 Dialog 元件。

```
// 顯示刪除記事本 Dialog
private fun showDeleteDialog(note: Note) {
    // 建立刪除 Dialog
    val dialog = AlertDialog.Builder(this)
        // 設定 Dialog 的標題
        .setTitle("刪除記事本")
        // 設定 Dialog 的訊息
        .setMessage("確定要刪除這篇記事本嗎？")
        // 設定 Dialog 的按鈕
        .setPositiveButton("確定") { _, _ ->
            viewModel.delete(note)
        }
        .setNegativeButton("取消", null)
        // 建立 Dialog
        .create()
    // 顯示 Dialog
    dialog.show()
}
```

刪除記事本

確定要刪除這篇記事本嗎？

取消 確定